Catalogage avant publication de Bibliothèque et Archives nationales du Québec et Bibliothèque et Archives Canada

Saulnier, Bernard, 1951-

L'éolien au cœur de l'incontournable révolution énergétique

Comprend des réf. bibliogr.

ISBN 978-2-89544-145-8

1. Énergie éolienne. 2. Énergie éolienne – Québec (Province). 3. Ressources énergétiques – Aspect de l'environnement. 4. Énergie éolienne – Aspect économique. 5. Réseaux électriques (Énergie) – Gestion. I. Reid, Réal. II. Titre.

HD9502.5.W552S28 2009 333.9'2 C2009-940842-2

Couverture : Gracieuseté : Environnement Canada

Bernard Saulnier :
Figures : 2.1, 2.9, 2.15, 3.4, 3.5, 6.3, 7.3, 7.4, 7.5
Photos : aux pages xxiv, xxxiv, 14, 17, 47, 53, 66, 74, 94, 114, 131, 138, 258

Réal Reid :
Figures : 2.7, 2.10
Photo : à la page 318

ISBN 978-2-89544-145-8

Dépôt légal – Bibliothèque nationale du Québec, 2009
Dépôt légal – Bibliothèque nationale du Canada, 2009

GARANT DES FORÊTS INTACTES

15 %

Imprimé avec des encres végétales sur du papier dépourvu d'acide et de chlore et contenant 50 % de matières recyclées dont 15 % de matières post-consommation.

IMPRIMÉ AU CANADA/PRINTED IN CANADA

L'éolien

AU CŒUR DE L'INCONTOURNABLE RÉVOLUTION ÉNERGÉTIQUE

ÉDITIONS MULTIMONDES
930, rue Pouliot
Québec (Québec) G1V 3N9
CANADA
Téléphone : 418 651-3885
Téléphone sans frais : 1 800 840-3029
Télécopie : 418 651-6822
Télécopie sans frais : 1 888 303-5931
multimondes@multim.com
http://www.multim.com

DISTRIBUTION AU CANADA
PROLOGUE INC.
1650, boul. Lionel-Bertrand
Boisbriand (Québec) J7H 1N7
CANADA
Téléphone : 450 434-0306
Tél. sans frais : 1 800 363-2864
Télécopie : 450 434-2627
Téléc. sans frais : 1 800 361-8088
prologue@prologue.ca
http://www.prologue.ca

DISTRIBUTION EN BELGIQUE
La SDL Caravelle S.A.
Rue du Pré aux Oies, 303
Bruxelles
BELGIQUE
Téléphone : +32 2 240.93.00
Télécopie : +32 2 216.35.98
Sarah.Olivier@SDLCaravelle.com
http://www.SDLCaravelle.com/

DISTRIBUTION EN FRANCE
LIBRAIRIE DU QUÉBEC
30, rue Gay-Lussac
75005 Paris
FRANCE
Téléphone : 01 43 54 49 02
Télécopie : 01 43 54 39 15
direction@librairieduquebec.fr
http://www.librairieduquebec.fr

DISTRIBUTION EN SUISSE
SERVIDIS SA
chemin des chalets 7
CH-1279 Chavannes-de-Bogis
SUISSE
Téléphone : (021) 803 26 26
Télécopie : (021) 803 26 29
pgavillet@servidis.ch
http://www.servidis.ch

Les Éditions MultiMondes reconnaissent l'aide financière du gouvernement du Canada par l'entremise du Programme d'aide au développement de l'industrie de l'édition (PADIÉ) pour leurs activités d'édition. Elles remercient la Société de développement des entreprises culturelles du Québec (SODEC) pour son aide à l'édition et à la promotion. Elles remercient également le Conseil des Arts du Canada de l'aide accordée à leur programme de publication.

Gouvernement du Québec – Programme de crédit d'impôt pour l'édition de livres – gestion SODEC.

Bernard Saulnier
et Réal Reid

L'éolien

AU CŒUR DE L'INCONTOURNABLE RÉVOLUTION ÉNERGÉTIQUE

ÉDITIONS
MULTIMONDES

À nos petits-enfants:
Alexis, Philippe, Joëlle, Émilie, Xavier et Éloi

Remerciements

C'est grâce à l'implication d'un grand nombre de personnes si nous sommes parvenus au terme de ce projet. Notre reconnaissance va tout d'abord à nos compagnes, Françoise Sauvé et Marcelle Marquis, pour l'appui sans réserve et sans faille dont elles nous ont gratifiés tout au long de ce travail. Nous disons un grand merci à Søren Krohn, pour sa lecture sagace du manuscrit ainsi qu'à Jean-Marc Gagnon, notre éditeur pour l'enthousiasme qu'il a manifesté tout au long de ce projet ; leur engagement et la passion qu'ils ont pour leur métier d'éducateurs nous ont permis d'éviter quelques pièges de la vulgarisation scientifique. Un clin d'œil à Christian Masson qui nous a pointé l'entrée du sentier… et un merci très spécial à Daniel Rodrigue, magicien de l'univers informatique. Pour sa patience, son professionalisme et son souci du travail bien fait, chapeau bas à l'équipe MultiMondes. Merci aussi à tous ceux et celles qui, dans nos familles comme dans nos cercles personnels d'activités et d'amitiés, nous ont témoigné leur intérêt et leur encouragement constants.

Nous saluons finalement nos correspondants éoliens d'ici et d'ailleurs, ceux dont le travail inspiré continue de faire progresser l'éolien et tous ceux qui nous ont si généreusement facilité l'utilisation du matériel graphique de leur univers professionnel. Nos remerciements vont à Robert Benoît et Wei Yu (RPN, Environnement Canada), J. Charles Smith (UWIG), Thomas Ackermann (Energynautics), Larry Flowers, Vikki Kourkouliotis et Mike Linenberger (NREL), Jesper Runge Kristoffersen (Vattenfall), Gitte Agersbaek (energinet.dk), Ron Henderson (ERCOT), Kurt Rohrig (ISET), Ryan Wiser (Lawrence Berkeley Labs), John P. Harper (Birch Tree Capital), Bernard Chabot (ADEME), Paul Gipe (Windworks), Lester R. Brown et Reah Janise Kauffman (Earth Policy Institute), Linette Riis (Danish Windturbine Owners Association), Christi Newman (EWEA), Sarah Bryce (GWEC), Nina Campbell (AIÉ/IEA), Shawna Seldon (AWEA), Ariane Sabourin et Sean Whittaker(ACÉÉ/CanWEA), Anders Brask (EMD), Anna Scannell (3Tier), Naomi Pierce (Second Wind), Søren Therkildsen (DWC ApS), David W. Gilmore (Climatronics), Peter Laffin (Campbell Scientific Canada), Désiré Le Gouriérès, Oriole Hernon et au webmestre du Red Electrica de España.

Table des matières

Liste des figures

Liste des tableaux

Liste des encadrés

CONVENTIONS ET UNITÉS

Multiplicateurs :

Dans cet ouvrage, nous utilisons les multiplicateurs des normes nationales du Canada dérivés du système international d'unités[1] :

Facteur par lequel l'unité est multipliée

		Préfixe	Symbole
10^3 =	1 000	kilo	k
10^6 =	1 000 000	méga	M
10^9 =	1 000 000 000	giga	G
10^{12} =	1 000 000 000 000	téra	T
10^{15} =	1 000 000 000 000 000	péta	P

Ces multiplicateurs seront entre autres utilisés pour exprimer les valeurs :

de puissance :

W, pour watts

kW = 10^3 W = 1 000 W

MW = 10^6 W = 1 000 000 W

GW = 10^9 W = 1 000 000 000 W

TW = 10^{12} W = 1 000 000 000 000 W

d'énergie :

Wh, pour wattheure, ou la quantité d'énergie produite par l'application d'une puissance de 1 watt pendant une heure

kWh, pour kilowattheure

MWh, pour mégawattheure

GWh, pour gigawattheure

TWh, pour térawattheure

1. *Guide de familiarisation au système métrique*, norme nationale du Canada, CAN-3-001-02-73. ACNOR-Z234.1-1973, préparé par l'Association Canadienne de Normalisation.

Et valeurs monétaires :

Sauf mention explicite, les valeurs monétaires seront exprimées en $ et en ¢ canadiens

k$, pour milliers de $,

M$, pour millions de $

G$, pour milliards de $

Puissance vs énergie :

La puissance électrique s'exprime en watts (W). 1 watt représente la puissance électrique produite par un courant d'un ampère (A) qui traverse une différence de potentiel d'un volt (V). Mathématiquement, la puissance s'écrit comme le produit d'un courant, I et d'une différence de potentiel électrique, V.

$$P = V \times I$$

Le kilowatt (kW) est une unité de puissance électrique qui équivaut à 1 000 watts (W).

L'énergie électrique s'exprime en Wh (wattheure) et correspond à la consommation d'une puissance de 1 watt pendant une heure. Mathématiquement, l'énergie électrique s'écrit comme le produit d'une puissance P (W) et d'une durée T (en heures, h).

$$E = P \times T$$

Un kilowattheure (kWh) représente une quantité d'énergie de 1 000 wattheures.

Une ampoule de 100 W (0,1 kW), allumée pendant une heure consomme 100 Wh ou 0,1 kWh. Une ampoule de 50 watts allumée pendant deux heures consomme la même quantité d'énergie.

De même, une éolienne produisant une puissance moyenne de 1 MW pendant 24 heures aura produit 24 MWh d'énergie, sous forme d'électricité.

Autres unités de mesure d'énergie :

La demande d'énergie d'un pays est fréquemment exprimée en unité de Pétajoules (PJ)

Le joule est une unité de mesure d'énergie ; 1 joule (J) vaut 1 watt-seconde

1 pétajoule (PJ)	=	0,278 TWh = 10^{15} joules (J),
1 pétajoule	=	10^{15} wattsecondes × (1 heure/3 600 secondes) = 0,278 × 10^{12} wattheures
	=	0,278 × 10^{12} wattheures = 0,278 TWh
1 kWh	=	3,6 mégaJoules (MJ)
1 kWh	=	1 000 wattheures × (3 600 secondes/heure) = 3,6 × 10^6 Joules = 3,6 MJ
1TWh	=	10^9 kWh = 10^6 MWh = 10^3 GWh = 3,6 PJ

Une unité souvent utilisée dans les statistiques internationales de consommation d'énergie est la tep (Tonne d'équivalent pétrole). Selon le produit pétrolier dont on parle, la valeur énergétique (calorifique pour être précis) d'une tep varie. Pour des raisons pratiques, on lui associe un facteur d'équivalence correspondant à environ 42 GJ. Selon le produit pétrolier, il faut de 7 à 7,5 barils de pétrole pour constituer une tep. Un baril de pétrole contient 159 litres de produit. Pour une équivalence du pouvoir calorifique d'un litre de combustible fossile, on peut retenir qu'un litre de diesel ou de fuel léger représente l'équivalent d'environ 36 MJ, soit approximativement 10 kWh d'énergie thermique. Les valeurs exactes dépendent du produit pétrolier.

Vitesse du vent :

La vitesse du vent est exprimée en unités de m/s (mètres par seconde)

1 m/s = 3,6 km/h (kilomètre par heure) ; un vent de 7,0 m/s correspond donc à 25,2 km/h.

DÉFINITIONS

FU:

Le facteur d'utilisation (FU) = puissance moyenne produite par unité de puissance installée.

Pour un équipement de production, on calcule généralement le FU sur une base annuelle:

- La puissance moyenne est l'énergie annuelle produite divisée par les 8 760 heures de l'année.
- Le FU est donc l'énergie annuelle produite ÷ 8 760 heures ÷ puissance installée.

Par exemple, pour une éolienne de 2 MW (puissance installée) produisant 7 000 MWh d'énergie par année, le FU sera calculé de la façon suivante:

7 000 MWh ÷ 8 760 h = 0,8 MW = puissance moyenne

FU = puissance moyenne ÷ puissance installée

FU = 0,8 MW ÷ 2 MW = 0,4

on peut aussi exprimer le FU en pourcentage, soit, dans ce cas, FU = 40 %.

De la même façon, pour calculer le FU d'une ampoule de 100 watts fonctionnant 3 heures par jour, on calcule sa consommation annuelle:

100 W × 3 heures/jour × 365 jours/an = 109,5 kWh/an

sa consommation moyenne est de:

109,5 kWh/an ÷ 8760 heures/an = 12,5 watts

et son FU est de: 12,5 W ÷ 100 W = 0,125 ou 12,5 %.

Équilibrage :

Processus d'exploitation courant par lequel l'opérateur du réseau de transport d'électricité voit à maintenir l'équilibre offre-demande en tout temps, grâce aux moyens d'intervention mis à sa disposition dans le plan de production journalière.

Pour faire face aux divers aléas qui affectent le réseau (demande, événements planifiés ou pannes d'équipements imprévisibles), l'opérateur du réseau mobilise le niveau des moyens de production requis pour maintenir la fréquence du réseau et assurer la stabilité du réseau en tout temps. Au Québec, la demande peut varier à un taux – prévisible – qui atteint 3 000 MW par heure.

En comparaison, les variations – également prévisibles – de la production éolienne agrégée qui s'intègre à un grand réseau est beaucoup plus faible. L'Espagne, dont la demande de pointe atteint 45 000 MW, gère la production de 15 000 MW de centrales éoliennes réparties à la grandeur du pays. La figure 9.2 montre que la demande varie d'un facteur 2 à l'intérieur d'une journée alors que l'éolien ne varie que d'environ 15 %. Annuellement, la production éolienne répondait à 11,8 % des besoins électriques espagnols à la fin de 2007 (voir la figure 3.9).

Valeur en puissance :

La valeur en puissance est un terme qui désigne la capacité reconnue à un équipement de production de prendre en charge une partie de la demande une fois en exploitation. C'est une caractéristique importante pour ceux qui planifient l'expansion du réseau puisqu'elle participe à l'établissement des moyens de gestion dont disposera l'exploitant pour faire face à la demande de pointe anticipée sur un horizon multi-annuel. (Voir à la section 9.2.1 l'encadré Terminologie de la fiabilité du réseau électrique en énergie et en puissance.)

Dans le cas de l'éolien, la valeur en puissance peut être assimilée à la probabilité de sa présence pendant les 200 à 300 heures de demande de pointe du réseau. La corrélation entre la demande électrique et la présence de vent accroît la valeur en puissance de l'éolien ; l'exemple du chauffage électrique au Québec illustre bien cette influence.

Support en puissance :

Le support en puissance est un critère utilisé dans la planification d'un futur réseau. Il est associé à la valeur en puissance d'un équipement de production en période de pointe. Pour une centrale conventionnelle à débit de puissance commandé (centrale thermique au gaz naturel, centrale hydroélectrique adossée à un réservoir, par exemple), sous réserve que l'approvisionnement en carburant soit disponible au moment de la pointe, la valeur en puissance de cet équipement correspond typiquement à 90 % de sa capacité installée. Le support en puissance d'un équipement de production dont la valeur en puissance est inférieure à sa capacité de production peut être fourni par un autre équipement de production spécifiquement dédié à cet usage ou par des moyens de gestion de la demande qui peuvent rendre un service équivalent à l'opérateur du réseau en cours d'exploitation (par exemple, contrats de puissance interruptible, télédélestage séquentiel de charges non critiques). On considère dans ce livre que le support en puissance d'une centrale éolienne représente la différence entre la capacité que devrait avoir une centrale hydraulique conventionnelle (opérant à FU de 0,6) de même production énergétique annuelle que la centrale éolienne considérée, et la valeur en puissance à la pointe de cette centrale éolienne. (Voir aussi la discussion sur les particularités de la valeur en puissance de l'éolien et la Terminologie de la fiabilité du réseau à la section 9.2.1.)

Préambule

Cet ouvrage décrit pourquoi et comment la filière éolienne s'impose aujourd'hui dans le monde comme la technologie de production emblématique du développement durable. L'intérêt des auteurs envers cette technologie provient d'une observation attentive, depuis plus de 25 ans, de l'évolution éolienne mondiale solidement enracinée dans l'ingénierie appliquée. Ce travail cherche à mettre en perspective les attraits de cette filière d'avenir en l'examinant à l'intérieur du cadre d'analyse commun à toutes les filières de production d'énergie : gisement, technologie de conversion, rendement, coût, fiabilité, maturité, aléas, fluctuations, cycle de vie, impact environnemental, mode de développement, mode d'application, contraintes d'exploitation, complémentarité, etc. Ces caractéristiques sont celles qu'imposent les exigences opérationnelles des trois grandes fonctions de base des réseaux électriques : la Production, le Transport et la Distribution. Nous avons écrit ce livre sur l'éolien et l'électricité avec le souci de discuter de l'intégration de cette filière énergétique prometteuse au réseau électrique tout en souhaitant que cela éclairera le lecteur sur la réalité de la planification, de l'exploitation et de l'évolution du réseau électrique.

L'objectif des auteurs est de mieux faire comprendre comment les caractéristiques de l'éolien doivent être prises en compte pour réussir son intégration dans un réseau électrique ; cela nous amène à expliquer les règles et pratiques qui régissent la planification et la conduite du réseau électrique. Cette connaissance des règles du jeu de l'électricité est indispensable. Sans elle, toute discussion sur l'intégration de la filière éolienne dans le réseau se réduit rapidement à des généralités, qui prennent trop souvent la forme de préjugés tenaces. Nous verrons plus particulièrement comment un ensemble de pratiques et de tâches complexes assurent les conditions d'un approvisionnement énergétique fiable et sécuritaire à tous les abonnés d'un réseau électrique.

Nous verrons aussi comment la diversité des horizons de décision s'imbrique dans le but commun de garantir la fiabilité de ces approvisionnements à chaque instant et de façon continue dans le temps partout sur le territoire desservi par un réseau électrique. Ces notions permettent de bien saisir la réalité des enjeux de l'éolien et d'en discuter avec la rigueur et l'imagination qui s'imposent. Les visées éducatives ne font pas pour autant de ce livre un manuel d'ingénierie des réseaux électriques ; il cherche avant tout à intéresser le lecteur à ce qui se trouve derrière l'interrupteur. L'éolien servira de guide pour découvrir l'univers des réseaux électriques souvent présenté de façon plus compliquée que nécessaire pour apprécier tout l'intérêt que présente sa planification, son exploitation et son évolution.

C'est au cœur d'une hiérarchie complexe de décisions que la filière éolienne s'intègre de plus en plus fortement dans les réseaux électriques du monde entier. À travers la réalité complexe de l'exploitation de réseaux électriques, l'audace des bâtisseurs de l'industrie éolienne continue de surprendre tant par l'ampleur de leurs réalisations que par la vigueur de leurs ambitions. La part qu'occupe la production éolienne dans la fourniture des besoins électriques du Danemark, de l'Allemagne, de l'Espagne ou du Texas – en un temps record – et les réalisations de centrales offshore en mer du Nord parlent de cela.

Malgré tous les projets qui se trouvent à divers stades d'avancement dans le monde, cette éducation du public à l'éolien n'a pas véritablement eu lieu au Québec jusqu'ici. Peu d'efforts ont été faits pour intéresser les abonnés à la remarquable capacité d'adaptation qu'a démontrée la technologie éolienne à répondre aux exigences d'exploitation du réseau électrique. Ce livre vise donc à examiner l'éolien en se plaçant du point de vue de l'exploitant du réseau avec le souci d'introduire clairement les enjeux techniques qui sous-tendent les décisions concernant les futurs approvisionnements énergétiques à privilégier.

C'est sur cette toile de fond que l'énergie éolienne poursuit sa percée dans tous les réseaux électriques du monde aujourd'hui. Cette percée s'explique par la performance technique, économique et environnementale de cette forme d'énergie encore trop méconnue.

Pour illustrer les divers enjeux techniques et économiques associés à la problématique d'intégration des apports énergétiques éoliens dans un réseau électrique, nos exemples sont le plus souvent tirés du cadre de planification et d'exploitation du réseau électrique sur le territoire du Québec, de même que des caractéristiques de l'offre et de la demande au Québec. Prenant en compte les formidables atouts hydroélectriques, les caractéristiques de la demande énergétique et le gisement éolien fabuleux du Québec, on verra pourquoi et comment cette filière est appelée à prendre une place dominante dans la fourniture des nouveaux approvisionnements énergétiques requis pour répondre à la croissance des besoins québécois, pour alimenter le marché des énergies vertes sur ses réseaux voisins, et pour se substituer à la combustion de carburants fossiles dans le marché du chauffage et, à plus long terme, au transport des biens et des personnes via les vecteurs électricité et/ou hydrogène. La mise en valeur du fabuleux gisement éolien du Québec laisse entrevoir en ce sens des perspectives énergétiques stimulantes pour la richesse collective des Québécois.

À terme, la place de l'éolien est appelée à dépasser, par au moins un ordre de grandeur, le plafond de 5 % que lui assigne, à l'horizon 2015, la stratégie énergétique du Québec. L'évolution des règles de planification et d'exploitation des réseaux électriques dans le monde suggère un réexamen en profondeur de cette contrainte qui entrave l'éolien.

C'est ce que ce livre tente de démontrer, en s'appuyant sur ce que raconte l'histoire récente, à tous égards remarquable, de la renaissance de l'industrie éolienne moderne et de son intégration réussie dans les réseaux électriques du monde. À l'aide des enjeux discutés et des exemples présentés dans cet ouvrage, le lecteur pourra facilement transposer les perspectives d'intégration de l'éolien à la réalité des réseaux électriques de contextes énergétiques différents de celui du Québec. L'éolien est une filière incontournable dans l'avenir énergétique du monde.

Gracieuseté : Environnement Jeunesse – Campagne 10000 dessins pour changer le destin des changements climatiques – 2005 ; http://www.enjeu.qc.ca/

Introduction

Savoir c'est aussi pouvoir

For also knowledge itself is power,
in Meditationes Sacrae (1597),
Francis Bacon (1561-1626)

Quand on réfléchit à la diversité et à l'accessibilité des moyens techniques disponibles aujourd'hui en comparaison de ceux dont disposaient nos arrière-grands-parents, il faut bien convenir que la technologie est un puissant déterminant de l'organisation du quotidien des personnes et des sociétés. Qu'il s'agisse de s'alimenter, de communiquer, de s'informer, de créer, de produire des biens, de fournir des services, d'occuper son temps et son espace à travers les mille et un intérêts que chacun cultive, de vaquer aux occupations les plus ordinaires, la dimension technologique façonne les habitudes de vie et fixe le temps de réalisation de tous nos projets, grands et petits, publics ou privés. Les produits de l'ingénierie moderne exercent une pression continue sur l'organisation et l'évolution du monde.

Sans la présence d'une variété de services de toutes natures, la ville la plus moderne se retrouve dans un chaos indescriptible. Qu'il s'agisse de répondre aux besoins d'alimentation en eau, de collecte et de traitement des eaux usées, d'énergie, d'électricité, de télécommunications, de transport (routes et autoroutes, chemins de fer, ports, aéroports, métros, autobus, vélos, voies piétonnières), des problématiques organisationnelles interdépendantes, d'une grande complexité, se posent dans la planification de l'espace public. Tous ces réseaux doivent cohabiter pour assurer la fourniture de tous ces services essentiels qui sont à la base de la qualité de vie des populations.

Aussi puissante ou raffinée soit-elle, toute cette diversité technologique n'est rien sans apport énergétique, sans la force motrice qui permet à cette multitude de fonctions et de tâches de s'accomplir. Cette réalité vaut pour chaque organisme vivant, chaque machine, chaque procédé et s'applique à tous les systèmes et infrastructures qui assurent les conditions de vie d'une société moderne. Un approvisionnement énergétique fiable et sécuritaire constitue ainsi la condition première de la qualité de vie de toute communauté.

1.1 Qualité de vie, approvisionnement énergétique et électricité

De toutes les formes que prend l'énergie pour faciliter la réalisation de nos tâches quotidiennes, aucune n'est plus essentielle ni plus flexible que l'électricité. De fait, l'activité économique, partout sur la planète, se conjugue au rythme de l'électricité. Parmi tous les réseaux qui contribuent à la qualité de vie, il n'en est pas un seul qui puisse livrer ses fruits sans le concours de la fée électricité.

Qu'on songe seulement à la grave menace que le verglas de 1998 a fait courir à la santé publique en mettant à risque l'alimentation électrique du système d'approvisionnement en eau potable de Montréal.

Le réseau électrique est ainsi un actif stratégique dont on ne réalise pas toujours combien il est vital pour la qualité de vie des citoyens d'un territoire et de la bonne marche de la société. L'électricité est de fait la seule source dont on convient qu'elle doit entrer dans chaque foyer, où qu'il se trouve sur le territoire. Elle s'impose comme une condition première de tout objectif de développement social et économique structurant à travers le monde. Cette réalité est reconnue par les administrations publiques sur tous les continents.

Aussi magique soit-elle, l'électricité n'est pas gratuite. Aussi essentielle soit-elle, l'électricité est un produit qui s'achète et se vend. Son caractère d'universalité exige aussi que son commerce soit réglementé dans le meilleur intérêt de toutes les catégories d'abonnés. Pour le marché de l'électricité, cela n'est pas une option, mais bien une obligation légale faite au distributeur et encadrée par un processus réglementaire rigoureux.

Le réseau électrique occupe une place primordiale au sein de la hiérarchie des services publics essentiels. Et pourtant, il faut le rappeler, un quart de la population mondiale (plus de 2 milliards de personnes) n'y a pas accès aujourd'hui. Tout un contraste avec le monde des pays développés où la dépendance à l'électricité est telle que chacun possède le réflexe conditionné d'actionner l'interrupteur même durant une panne d'électricité…

Rien ne doit être tenu pour acquis pourtant quand on dispose d'un tel réseau, car l'électricité n'est pas à proprement parler de l'énergie. Elle est un vecteur énergétique ; le réseau électrique ne sert qu'à transporter et à distribuer, jusqu'à la maison ou l'usine, l'énergie produite par les centrales. L'électricité est produite à la centrale, là où se trouvent concentrés ses stocks d'énergie potentielle, son carburant. Chaque centrale s'alimente à un carburant spécifique : l'eau pour une centrale hydroélectrique, le pétrole, le charbon, ou le gaz pour une centrale thermique, le vent pour une centrale éolienne, et le matériau fissile pour une centrale nucléaire. La centrale transforme le carburant en puissance électrique qui est alors injectée dans le réseau électrique et acheminée ainsi jusqu'aux abonnés. Et la magie de l'électricité, c'est qu'en actionnant l'interrupteur, cette puissance, produite parfois à des milliers de kilomètres, devient instantanément disponible à chacun, sur demande, pour n'importe lequel des dizaines d'appareils électriques sur lesquels il compte pour répondre à ses besoins.

1.2 Le défi de l'intégration : dans les coulisses du réseau électrique...

De la centrale qui produit l'électricité jusqu'à la maison, les électrons voyagent sur de longues distances. Ils suivent un parcours sur lequel ils sont aiguillés grâce à la coordination de plusieurs groupes d'opérateurs spécialisés qui voient au bon fonctionnement du réseau électrique dans ses opérations de production, de transport et de distribution. Derrière l'interrupteur, un univers complexe de fils, de postes, de circuits de protection, d'automatismes et d'appareillages électriques est aux aguets, sous la coordination d'une armée d'électriciens chevronnés qui veillent au grain ; un univers de contraintes, de normes et de règles se cache. Il est nécessaire d'en connaître l'utilité et d'en comprendre l'organisation et la pertinence pour apprécier les problématiques auxquelles doit se conformer chaque centrale qui se raccorde au réseau.

L'éolien doit évidemment s'intégrer harmonieusement dans la planification, la gestion et l'exploitation d'un réseau électrique dont la mission première est d'approvisionner sa clientèle en continu en tenant compte d'un grand nombre d'aléas. C'est aux dimensions multiples de cet « écosystème » méconnu que constitue le réseau électrique que ce livre s'intéresse. Et c'est grâce à la filière de la production éolienne que nous allons redécouvrir les subtilités de la planification et de l'exploitation du réseau en même temps que les avantages de cette source d'énergie remarquable à tous égards.

Cet ouvrage s'adresse à tous ceux qui sont désireux de comprendre les caractéristiques opérationnelles des technologies des réseaux électriques et la réalité complexe de leur conception, de leur planification et de leur exploitation. L'éolien fournit un terreau particulièrement riche pour mettre en évidence la nécessaire coopération qui doit exister entre planificateurs, équipementiers, promoteurs, producteurs et électriciens-exploitants du réseau électrique. Cette coopération n'apparaît pas toujours évidente. Des quiproquos continuent d'embrouiller les esprits sur la mise en valeur des formidables atouts de la filière éolienne ; ils appauvrissent la discussion sur les réels enjeux d'intégration de cette filière prometteuse et dévaluent sa compétitivité économique. C'est le cas, entre autres, de la notion de variabilité malheureusement trop souvent confondue avec celle d'intermittence, qui impute à l'éolien des pénalités de coût injustifiées. Certaines idées préconçues ont la vie dure, et on doit s'étonner de les entendre reprises même par des grands administrateurs du réseau électrique. Ce livre entend apporter les précisions nécessaires à une analyse contextuelle de la notion de variabilité pour permettre une discussion rigoureuse des enjeux d'intégration physique.

Le bon fonctionnement du réseau est un défi quotidien. Pour le relever, il faut compter sur toutes les connaissances d'ingénierie appliquée pour en arriver à des solutions pratiques à la fois pertinentes, fiables et économiques. Bien sûr, ces mots peuvent paraître usés à force d'avoir été utilisés à toutes les sauces, mais ils n'en sont pas moins les plus appropriés pour décrire le faisceau d'exigences auxquelles l'ingénierie doit répondre pour assurer la viabilité de solutions technologiques gagnantes, particulièrement dans la planification des infrastructures publiques primordiales.

Cet ouvrage cherchera donc à mettre en perspective les règles de fonctionnement qui encadrent la bonne marche en continu du réseau électrique. Sans cette appréciation, il n'est pas possible de discuter utilement et en toute rigueur des véritables enjeux d'intégration auxquels une filière de production doit se conformer. L'intégration de l'énergie éolienne au réseau électrique n'y fait certainement pas exception.

Nous avons tenté de tracer un portrait fidèle de cette filière. Nous souhaitons que ce livre guide les décideurs et le public vers un portrait réaliste de cette filière afin qu'ils puissent contribuer à son développement par une meilleure connaissance de ses atouts. Chaque filière énergétique possède des potentiels, des exigences, des contraintes physiques et des limitations techniques spécifiques. Chacune doit se justifier économiquement puisque c'est sur cette base que les investissements prudents des planificateurs des approvisionnements énergétiques du secteur de l'électricité doivent être engagés dans un marché de l'électricité réglementé qui évolue dans l'intérêt de tous.

C'est ce pacte de société qui a permis à l'électricité de se voir volontiers reconnaître un statut de monopole. L'exemple de l'hydraulique au Québec est bien connu, mais on en trouve dans tous les pays et sur tous les continents. La bienveillance n'est pas le lot habituel du monopole dans l'économie, mais, pour l'électricité, dont la flexibilité d'alimentation et l'universalité d'accès mettent d'accord tous les citoyens, ce statut découle à vrai dire naturellement de la triple obligation de prudence, de compétence et d'efficacité qui doit guider la gestion, l'exploitation et l'évolution d'un service public essentiel, précieux entre tous.

Le cadre de développement durable au Québec interpelle en particulier les décideurs énergétiques à une meilleure prise en compte des atouts de l'éolien sur les plans technologique, opérationnel, financier, économique et industriel. Nous nous y intéresserons de près. Mais il faut d'abord saisir les enjeux liés au monde physique de l'électricité, celui où l'intégration énergétique s'accomplit le mieux par la coopération et la synergie plutôt que par la compétition et l'exclusion.

1.3 Une évolution technologique réussie

Le chemin parcouru entre le laboratoire et le produit commercial est ardu et, à maints égards, périlleux. Plusieurs bonnes idées tombent en cours de route ; bien malin qui pourrait deviner laquelle survivra à l'épreuve du temps. L'histoire des sciences est fascinante à cet égard. Mais il reste que les connaissances scientifiques permettent à de nouveaux savoir-faire d'émerger. Ces idées nouvelles stimulent l'imagination scientifique et influencent progressivement l'*establishment* technologique courant, permettant de concrétiser à grande échelle de nouvelles connaissances plausibles dans des spécialités établies, de réinventer les manières de faire dans les champs de pratique de l'ingénieur, de proposer de nouvelles solutions à des tâches récurrentes et de reconstruire les modes de vie en société.

C'est dans cette idée d'évolution et d'adaptation technologique qu'il faut suivre l'histoire du succès de l'éolien dont témoigne ce livre. Car l'industrie éolienne moderne s'impose aujourd'hui comme un joueur majeur sur l'échiquier énergétique. Ce livre est largement inspiré de ce positionnement remarquable que s'est acquis l'industrie éolienne. Comment mieux le mesurer autrement qu'en soulignant la part grandissante que les compagnies d'électricité prennent dans la propriété des développements éoliens partout dans le monde ? Ou encore par les changements importants que l'éolien amène dans le cadre de planification du réseau de transport aux États-Unis et en Europe. Cette réussite avérée, obtenue en 25 ans à peine, est l'illustration éclatante des formidables talents de tous les chercheurs, ingénieurs, technologues, planificateurs et régisseurs de l'intérêt public qui conçoivent des systèmes inédits, qui utilisent leur savoir-faire pour mettre en œuvre et construire des infrastructures publiques d'avant-garde, et qui savent répondre avec rigueur et imagination aux exigences complexes de l'exploitation des réseaux publics de l'électricité.

1.3.1 Les atouts de l'éolien pour les réseaux électriques

La filière éolienne a réussi à surmonter les barrières des marchés conventionnels de l'énergie pour y faire sa place. Son dynamisme donne lieu aujourd'hui à une attitude de coopération active de la part des planificateurs des réseaux électriques. L'éolien est prêt à participer de plein droit à l'avenir énergétique durable des générations futures et il s'agit désormais de mettre en place les encadrements réglementaires efficaces et équitables qui permettront de contribuer ainsi à long terme à la sécurité des approvisionnements énergétiques, à la stabilité des prix de l'électricité, à l'évolution du réseau électrique, à la préservation de l'environnement naturel, à la création de richesse économique pour la société qui l'aura accueillie.

L'éolien a démontré qu'il pouvait compter sur l'inventivité et le savoir-faire d'équipes d'ingénieurs et de technologues compétents, tant pour la conception des machines éoliennes que pour leur intégration harmonieuse, en conformité avec les normes exigées par les réseaux électriques modernes, et ce, même pour de fortes pénétrations énergétiques globales, ainsi que l'exigent les objectifs européens audacieux en matière d'énergies renouvelables : 20 % de contribution dans la consommation d'énergie totale d'ici 2020 (33,8 % des besoins en électricité). Ces spécialistes, préoccupés par des solutions énergétiques durables pour le bénéfice des citoyens et des abonnés, donnent maintenant le pas et préparent le prochain carrefour d'évolution des réseaux électriques : celui où la production décentralisée et l'extension du réseau de transport continental vers les grandes zones de gisement éolien entraînent déjà la redéfinition des cadres de planification traditionnels du réseau électrique.

Ce travail s'appuie donc sur les capacités démontrées de la démarche d'ingénierie moderne. L'avenir de cette filière est enraciné dans la quintuple réalité commerciale des faits : la maturité technologique de l'industrie éolienne d'aujourd'hui, la compétitivité économique démontrée de la filière, le fabuleux gisement éolien du Québec, l'exceptionnelle complémentarité des apports énergétiques éoliens avec les actifs hydrauliques et les caractéristiques spécifiques de la demande d'électricité du Québec, ainsi que son moindre coût marginal d'intégration. De plus, l'énergie éolienne peut compter sur la meilleure performance environnementale (et son éventuelle valorisation économique sur un futur marché nord-américain des crédits associés à la réduction des émissions de CO_2) parmi toutes les filières de production et elle recèle son lot de retombées économiques à long terme pour une grappe industrielle éolienne au Québec.

Tout cela suggère que l'éolien doit prendre une place bien en vue dans une politique énergétique qui a pour objectif le développement durable. L'expérience européenne et américaine d'intégration de l'éolien dans les grands réseaux suggère des perspectives stimulantes. Au Québec même, le portrait anticipé des mouvements d'énergie éolienne de la péninsule gaspésienne en 2015 parle déjà d'autonomie énergétique pour cette grande région. L'idée selon laquelle la contribution de l'éolien au portefeuille énergétique des Québécois puisse être limitée à 5 % de la nouvelle capacité hydraulique ne tient plus.

Si une telle limite à la pénétration de l'éolien dans un réseau donné doit exister, c'est sur une base économique qu'il faudra l'établir. La question de l'optimisation économique devra cependant tenir compte de ces nouveaux scénarios de conception, de planification, d'exploitation et d'évolution du réseau électrique qui émergent à travers la mise en valeur de gisements énergétiques durables comme celui de l'éolien.

Cet ouvrage veut contribuer à la discussion technico-économique de ces enjeux énergétiques d'avenir. Cet important dossier énergétique qu'est l'éolien, c'est celui du développement économique par la mise en valeur d'une ressource durable sans équivalent en Amérique du Nord et aussi un enjeu de richesse économique durable et de déploiement industriel stratégique pour le Québec.

1.3.2 Un développement durable et rentable

Aujourd'hui, les effets environnementaux des technologies de production ont un impact que les processus de décisions économiques rigoureux ne permettent plus de balayer sous le tapis. La valeur environnementale se transige sur les marchés européens et américains sous forme de crédits d'émissions polluantes ou de GES que des politiques responsables de lutte contre les changements climatiques ont forcé à se matérialiser. Leur valeur économique est tangible. Les coûts environnementaux ont désormais un poids reconnu dans le bilan économique des filières traditionnelles. Même l'hydraulique est pointée du doigt. La prise en compte des coûts sociaux et environnementaux de cette filière change les règles du jeu. Ces règles sont les déclencheurs d'une phase d'évolution du réseau électrique qui doit désormais faciliter la pénétration des sources d'énergie comme l'éolien, le photovoltaïque (PV) et favoriser une meilleure efficacité énergétique.

L'aléa environnemental s'invite dans l'analyse de rentabilité. Les règles de financement en reconnaissent le risque technico-économique et la pertinence de beaucoup de projets traditionnels s'en trouve affectée. Cela amène des technologies et des modèles inédits, compétitifs et innovants sur l'échiquier de la planification des infrastructures énergétiques. La filière éolienne s'est propulsée là où elle se trouve aujourd'hui, sur une impulsion de départ qui émane d'une simple volonté politique du gouvernement danois préoccupé d'autonomie énergétique et désireux de transformer l'expression « développement durable », trop souvent associée à un slogan de convenance, en une réalité économique tangible.

La filière éolienne est reconnue aujourd'hui, sans difficulté, comme la technologie de production dont les impacts environnementaux sont les plus faibles. La valeur des gisements énergétiques s'en trouve complètement bousculée et des gisements négligés deviennent soudainement d'intérêt stratégique. Au Québec, c'est tout à fait le cas du gisement éolien. Il apparaît au moment où les sites qui restent à exploiter en hydraulique représentent au plus la moitié de ceux qui sont déjà en exploitation.

1.4 L'appropriation du gisement éolien : une vision économique durable

Pour tenter de concrétiser ce que l'éolien pourrait représenter en tant que création de richesse collective durable pour le Québec, nous présentons dans ce livre une analyse de rentabilité de la production éolienne livrée aux abonnés et effectuons une évaluation préliminaire des retombées économiques de complexes éoliens susceptibles de répondre à divers créneaux de consommation énergétique courants. Ce potentiel se conjugue en termes d'emplois durables et de qualité, de diversification industrielle, de revenus pour les gouvernements, en somme comme un nouveau secteur industriel structurant capable de soutenir l'économie du Québec de façon durable.

Nous nous appuierons toujours sur des arguments technico-économiques pour débattre des solutions concrètes pour faire évoluer les marchés de l'électricité et de l'énergie vers un chemin technologique durable qui tient compte des valeurs d'intérêt, de santé et de bien publics. Alors que chacun est directement interpellé par le tarissement des réserves fossiles dont toute l'économie mondiale est affreusement dépendante, l'évolution des sociétés ne peut plus faire l'économie de ces débats énergétiques devenus des enjeux fondamentaux de société et de survie collective. Une chose est sûre et immuable: les technologies de production d'énergie resteront l'incontournable déterminant de l'évolution des réseaux énergétiques et de la qualité de la vie en société.

C'est sur ce terrain difficile que, sous le regard longtemps sceptique des observateurs du domaine énergétique, l'industrie éolienne se trouve solidement implantée aujourd'hui.

[CHAPITRE 2]

Technologie éolienne : un rappel historique

L'histoire de l'industrie et du commerce suit celle de l'évolution des technologies de production d'énergie. Le vent, la forme d'énergie durable la plus universellement accessible partout sur la planète, dans tous les climats, en toutes saisons et sous toutes les latitudes a, pendant quelques siècles, constitué la ressource énergétique la plus marquante de l'évolution des marchés du monde entier.

2.1 Les grands jalons de l'histoire de l'énergie : de l'an 6000 av. J.-C. au XXe siècle

En 6000 avant Jésus-Christ, les nefs égyptiennes naviguaient sur le Nil, poussées par le vent. Les Chinois et les Perses auraient commencé à utiliser le vent pour moudre le grain et pomper l'eau, il y a 3000 ans (en 1000 avant J.-C.).

Les moulins à vent et à eau sont les premières constructions énergétiques utilisées pour remplacer humains et animaux de trait dans l'accomplissement de tâches fastidieuses et éreintantes.

Ces premières machines tournantes deviennent le symbole de la mainmise de l'homme sur la nature sauvage. Les peuples qui savent exploiter les vents peuvent espérer renforcer leur domination sur leur territoire… et sur celui de leurs voisins. Le vent leur sert à naviguer et à

FIGURE 2.1
Iconographie éolienne

Porcelaine hollandaise illustrant le rôle de l'énergie éolienne dans l'histoire du commerce.

étendre leur influence commerciale. Irrigation, assèchement des terres, broyage, sciage, mouture des grains, l'énergie du vent devient un symbole d'autonomie, d'occupation du territoire, et se situe au cœur du commerce entre les cités. Le moulin à vent a marqué indéniablement l'organisation des sociétés pré-industrielles et a fortement contribué à appuyer la sédentarisation des communautés d'hommes et de femmes autour de villages et de villes prospères. L'exploitation du vent facilite la colonisation de nouveaux territoires, le développement d'industries spécialisées, et structure l'organisation des infrastructures du territoire. Les seigneurs ont l'obligation de construire ces machines de travail mécanique sur leurs domaines. Ce privilège est assorti d'un monopole exclusif auprès de leurs censitaires. L'énergie, par le biais du moulin à vent ou à eau, devient le puissant levier politico-économique qu'elle n'a pas cessé d'être depuis.

Au XVIIIe siècle, les contributions de l'ingénieur écossais James Watt[1] au développement des machines à vapeur amèneront le déclin graduel de l'utilisation de l'énergie éolienne, même sur les mers. La chaudière à vapeur et le charbon vont complètement révolutionner l'industrie manufacturière, les méthodes de production et de transport et toute l'organisation du travail et des réseaux énergétiques traditionnels. Cette révolution technologique a entraîné l'économie mondiale dans une phase de croissance rapide. En 1850, 50 ans après l'arrivée des premières locomotives, des centaines de milliers de kilomètres de chemin de fer sont en exploitation. En 1859, la découverte de pétrole à Titusville, Pennsylvanie, signale le début de l'irrésistible ascension d'une nouvelle révolution technologique. Le pétrole s'impose d'abord dans le secteur de l'éclairage, mais se retrouve bientôt au cœur du domaine des transports, toutes catégories confondues. Rockefeller qui a pressenti l'intérêt de contrôler la distribution du pétrole met en place un monopole énergétique et financier dont l'influence domine l'économie mondiale encore aujourd'hui.

Vers la fin du XIXe siècle, l'électricité fait aussi une entrée remarquée. Le moment de vérité de l'ère de l'électrification commence le 22 octobre 1879, au New Jersey. Cette nuit-là, l'ampoule électrique incandescente naît dans les laboratoires de

1. En observant qu'un cheval peut déplacer un poids de 330 livres d'une hauteur de 100 pieds en une minute, James Watt (1736-1819) définit une nouvelle unité de puissance: le cheval-vapeur (HP). Un HP représente l'équivalent de la capacité de travail physique de 20 individus. Le nom de James Watt a donné naissance à l'unité de mesure par excellence du domaine de l'électricité: le Watt qui correspond au passage d'un courant d'un Ampère à travers une différence de potentiel d'un Volt. Un HP équivaut à 746 watts. Le kilowattheure (kWh), une unité d'énergie qui revient souvent dans cet ouvrage, représente donc la quantité de travail physique que peuvent fournir 27 individus pendant une heure.

Thomas Alva Edison, le « sorcier de Menlo Park »[2]. Les jours de l'éclairage au gaz et au pétrole sont comptés. Dans ce dernier quart du XIXe siècle, avec la mise au point du moteur à induction à courant alternatif par Tesla (également précurseur de la radio et des télécommunications), l'idée de l'électrification se répand comme une traînée de poudre. L'électrification entraînera un changement accéléré, irréversible, dans le quotidien des gens de la ville : tâches ménagères, transport, communications, rien ne sera plus pareil. Avant la fin du siècle, la supériorité du courant alternatif, démontrée en Europe (Allemagne : 30 kV, 180 km) pour le transport de l'électricité sur de longues distances, s'impose sur le courant continu et est utilisée pour acheminer la production d'électricité de sites hydrauliques majeurs. Dès 1895, une partie de la puissance électrique produite au site des chutes du Niagara alimente (la fréquence du réseau est à 25 Hz) la ville de Buffalo, New York, distante de 38 km. La plus grande partie de la production alimente l'industrie de l'électro-chimie et de l'électro-métallurgie (dont l'aluminium) qui s'installera à proximité du complexe hydroélectrique Niagara, source d'électricité économique.

Au tournant du XXe siècle, l'électrification commence dans les villes et s'étendra graduellement aux zones rurales. L'électrification est le fait d'« utilités » locales qui s'agglomèrent, les unes les autres, au fur et à mesure de l'expansion de la demande de l'électrification et de la nécessité de standardiser les pratiques. Entre 1902 et 1927 aux États-Unis, la consommation d'électricité est multipliée par 25. Le point de non-retour était franchi. Des entreprises produisent même des voitures électriques. Mais le moteur à combustion interne vient finalement régler, et pour au moins un siècle, le rapport de forces entre électricité et le pétrole dans le domaine du transport routier. Henry Ford (avec le réputé *model T*) en 1908 et André Citroën, à travers de nouvelles méthodes de production, assureront la suprématie du pétrole dans ce domaine avec un marché qui le propulsera au rang des produits dominants de l'économie mondiale.

Mais, dans les années 1930, après plus de 50 ans de croissance, l'électricité est également devenue indispensable à la liberté, et chacun veut y avoir accès. L'électrification se poursuit inlassablement dans tous les pays sur tous les continents.

---

2. « Creating the Electric Age : Roots of industrial R&D », *EPRI Journal*, Electric Power Research Institute, mars 1979, 96 p.

2.2 Les grandes phases de l'histoire de l'éolien : du XIIe au XXIe siècle

« Le moulin à vent typique de l'imagerie européenne est presque certainement une invention indépendante du Nord gothique. Au XIIe siècle, cette étrange machine, perchée sur son unique pied [...], devait sûrement apparaître comme une invention d'un génie frôlant la folie. [...] La plus ancienne référence documentaire fiable date de 1185 ; elle mentionne sans autre commentaire l'existence d'un tel moulin à vent dans le petit village de Weedley dans le Yorkshire, loué 8 shillings par année. [...] À la fin du XIIe siècle, le moulin à vent s'était répandu à travers le Nord de l'Europe, et était suffisamment commun pour être l'objet d'une dîme papale. [...] Solidement établi en Italie dès le début du XIVe siècle, le moulin à vent restera inconnu en Espagne pendant encore plus de 200 ans[3] ».

FIGURE 2.2
Espagne : le passé et le présent

Gracieuseté : European Wind Energy Association – EWEA et Energía Hidroeléctrica de Navarra – EHN

Cette nouveauté technologique dans une Espagne dominée par la toute-puissante Inquisition (1480-1834) sera mise en scène dans un épisode célèbre du non moins célèbre roman de Cervantès, écrit en 1605, 400 ans plus tard. L'Espagne a bien changé et aujourd'hui elle s'est mise à l'avant-garde des pays qui comptent sur toujours davantage d'éolien pour répondre à leurs besoins énergétiques.

Les Pays-Bas avaient besoin d'une source d'énergie capable de travailler jour après jour à assécher les terres inondées. Dès le début du XVe siècle, le vent permettra de développer l'élégante architecture typique des moulins hollandais, capables d'abriter aussi la famille qui en dépend. Contrairement aux équipements des moulins à grain qui occupent tout l'espace intérieur et remplissent l'air de farine en suspension, les roues à godets ou les vis d'Archimède de ces moulins de drainage travaillent près du sol sans affecter l'air ambiant, ce qui laisse beaucoup plus d'espace pour la famille qui peut s'y installer confortablement. Le nombre de ces moulins augmente rapidement et, en peu de temps, le moulin à vent s'intégrera comme figure familière du paysage hollandais. Les Hollandais demeurent très attachés à leurs moulins qui symbolisent concrètement l'émergence de leur pays. L'éolien y possède un statut emblématique omniprésent

---

3. John Reynolds, *Windmills & Watermills*, ISBN 0-275-49690-2, Praeger Publishers, NY, 1970, 196 p., p. 69-72. (Notre traduction.)

FIGURE 2.3
Moulin à vent servant au drainage des basses-terres de Hollande

Source : *Moulin sur le Gein* du peintre Willem Roelofs (1822-1897). Gracieuseté : O. Hernan, www.allpaintings.org.

qui est devenu avec le temps un label touristique du pays ; un millier de moulins à vent plusieurs fois centenaires sont toujours entretenus avec soin et sont célébrés chaque année lors de la Journée des moulins.

Pour ce qui est des éoliennes, est-il besoin de dire que la révolution industrielle les a sorties du marché ? En fait, après 1850, très peu ont été construites. De celles qui restaient, la plupart ont été laissées à l'abandon et sont aujourd'hui disparues du paysage. À la fin du XIXe siècle, l'économie internationale carbure au charbon et au pétrole. L'apparition de moyens de production de puissance motrice modulaires, mobiles, flexibles, disponibles en tailles et capacités variées, adaptés pour tous les besoins courants, et de réseaux de distribution de charbon et de pétrole bien développés a stoppé net l'évolution des grands moulins à vent devenus caducs en quelques années seulement.

Multipale et son réservoir d'eau de pompage – Pampa, Argentine, 1996.

Dans les campagnes, on utilise toujours des éoliennes pour pomper l'eau pour le bétail. Ce marché s'est toujours maintenu en fait et on trouve encore couramment ces éoliennes multipales couplées à un réservoir pour assurer l'approvisionnement en eau du bétail dans les immenses fermes de la pampa argentine, par exemple.

En 1887-1888, presque 10 ans après l'invention de la lampe à incandescence par Edison, Charles Brush construit la première éolienne destinée à produire de l'électricité aux États-Unis. La figure 2.4 montre son éolienne de 17 mètres de diamètre, du même type que celles utilisées pour le pompage (c'est-à-dire multipale), d'une puissance de 12 kW.

La transition de l'éolien vers l'électricité à cette époque est bien tentée par quelques autres visionnaires, comme Poul LaCour, inventeur danois qui, à partir de 1892, sera à l'origine d'un mouvement menant à la construction, sur une quinzaine d'années, de 72 éoliennes produisant de l'électricité pour la ferme et les villages. Mais c'est trop peu et trop tard : l'électricité est en phase de développement accéléré et n'a pas le temps d'attendre que la vieille industrie éolienne se modernise alors que la compétition des réseaux pétroliers et houillers lui fait la vie dure. Le rythme de la compétition est insoutenable pour la vieille industrie éolienne qui a perdu ses repères sous le choc des nouvelles filières énergétiques. Elle cherche à s'affirmer en taille et en capacité de production, mais ne réussit pas à se faire une place dans un paysage énergétique qui restera totalement dominé par les carburants fossiles et l'hydroélectricité du côté de l'industrie et du transport pendant presque un siècle.

Avec l'avènement de la radio au tournant des années 1900, on développe de petites éoliennes pour charger les accumulateurs, et alimenter le poste à ondes courtes et l'éclairage à la ferme où le réseau électrique ne se rend pas encore. Deux célèbres marques d'éoliennes dominent dans les campagnes nord-américaines, la Windcharger et la Jacobs de 2 à 10 kW.

À partir des années 1930, l'électrification rurale (qui s'étendra jusqu'aux années 1950 dans plusieurs régions du Québec) éliminera graduellement les éoliennes privées chez les fermiers autoproducteurs d'électricité.

En 1941, un autre développement éolien ambitieux est tenté : la première grande éolienne est érigée à plus de 600 mètres d'altitude au Grandpa's Knob, Vermont. La figure 2.5 montre cette éolienne d'une puissance de 1,25 MW (1 250 kW), à rotor bipale de 46 mètres de diamètre, montée sur sa tour de 34 mètres de hauteur.

Après 1945, les éoliennes serviront dans des endroits isolés où l'autonomie énergétique ne peut être obtenue autrement à meilleur coût. Elles servent alors surtout au pompage de l'eau, mais aussi à des applications de télécommunication, d'éclairage ou de sécurité où elles sont jumelées à des accumulateurs électrochimiques et/ou des groupes électrogènes.

Dans les années 1950, l'ingénieur danois, Johannes Juul, construisit les premières éoliennes produisant du courant alternatif. En 1956-1957, il construit l'éolienne de Gedser, d'une puissance de 200 kW. La figure 2.6 montre cette éolienne tripale, opérant face au vent et dotée d'un système d'orientation électromécanique et d'une génératrice asynchrone. Cette éolienne est considérée comme l'ancêtre du modèle danois qui domine le marché présentement. Elle représente un moment clé de l'histoire de la renaissance de l'éolien.

L'embargo pétrolier des pays de l'OPEP en octobre 1973 vient frapper de plein fouet les économies occidentales ; elle réveille l'intérêt pour l'énergie éolienne dans plusieurs pays. L'économie du Danemark, entièrement dépendante du pétrole importé (éclairage, chauffage des locaux et transports), est très durement frappée. Le pays se trouve plongé dans une crise sans précédent. Tout en convertissant, très rapidement, sa production d'électricité au charbon, le pays se dote d'un plan d'autonomie énergétique dont l'objectif 2030 vise à satisfaire 100 % de ses besoins en électricité à partir de sources renouvelables (éolien 50 %, biomasse 35 % et solaire 15 %). Le programme implique un support financier à l'installation d'éoliennes, un prix fixe pour la vente de l'électricité éolienne et l'obligation pour les exploitants des réseaux d'accepter la production. La technologie éolienne entreprendra sa renaissance au Danemark.

Mais l'éolien intéresse aussi d'autres pays : l'éolienne de Gedser est remise en service en 1975… à la demande de la NASA qui désire utiliser les résultats d'une campagne de mesures de cette éolienne pour lancer le nouveau programme de recherche américain sur l'énergie éolienne.

Tout comme aux États-Unis, en Allemagne, en Suède, en Angleterre, au Danemark et au Canada, les compagnies d'électricité ont à ce moment l'ambition de construire

FIGURE 2.4
Éolienne Charles Brush (Ohio 1887-1888)

Illustration : Ian McSorley. Gracieuseté de l'Association canadienne de l'énergie éolienne

FIGURE 2.5
Éolienne Smith-Putnam, *Grandpa's Knob* (Vermont, 1941)

Illustration : Ian McSorley. Gracieuseté de l'Association canadienne de l'énergie éolienne

FIGURE 2.6
Éolienne Gedser (Danemark, 1956-1957)

Source : Association danoise de l'industrie éolienne, www.windpower.dk

dès le départ des éoliennes puissantes. Tous ces programmes démontreront que malgré les avancées technologiques du dernier siècle, l'éolien réserve encore de nombreux apprentissages aux chercheurs et aux concepteurs. Le développement s'avérera très difficile.

Le programme américain, qui compte sur les données récoltées grâce à la Gedser danoise, commence ses travaux avec une éolienne de recherche de 100 kW, d'un diamètre de 30 mètres, la MOD-0, au centre de recherche Lewis de la NASA en Ohio ; ce premier modèle est suivi par le déploiement de 4 éoliennes similaires, appelées MOD-0A : ce sont des machines de 200 kW qui sont installées sur le territoire de différentes compagnies d'électricité américaines (Colorado, Hawaï, Massachusetts…). Elles préparent le terrain pour la MOD-1 qui sera érigée à Boone en Caroline du Nord ; ce sera une éolienne de 2 MW de puissance nominale, dotée d'un rotor bipale de 61 m de diamètre, tournant à 35 tours par minute (rpm) et opérant dos au vent. La MOD-1 révélera la présence d'infrasons (gamme de fréquences de 5 à 12 Hz) causés par le passage des pales dans l'écoulement perturbé présent dans le sillage de la tour. Cet apprentissage difficile modifiera la conception aérodynamique et le choix de sites pour les éoliennes qui suivront. Le projet sera suivi de trois éoliennes MOD-2 de 2,5 MW, bipales de 91 mètres de diamètre, opérant face au vent. Ce programme, mené en collaboration avec des firmes de l'industrie aéronautique, doit faire face à un lot de nouveaux problèmes techniques et sera finalement abandonné peu de temps après que la crise pétrolière se soit résorbée.

En Allemagne, le projet Growian, une éolienne bipale de 3 MW, d'un diamètre de 100 mètres, est lancé en 1976. L'éolienne construite ne tournera pas plus de 3 semaines à cause de graves problèmes techniques que les contraintes budgétaires ne permettent pas de régler.

En Suède, une éolienne de 2 MW installée sur une île dont le réseau électrique est relié au continent par un câble sous-marin de faible puissance dut traverser sa part de difficultés techniques, mais, malgré les limites du réseau électrique local de l'époque, elle fonctionnera pendant quelques années.

En Angleterre, une étude de faisabilité oriente le choix vers une éolienne de 60 m de diamètre, d'une puissance de 3,7 MW, qui ne sera jamais construite.

Au Canada, c'est l'éolienne de type Darrieus qui a la cote. À travers un programme de coopération entre le Conseil National de Recherches du Canada et Hydro-Québec, on se concentre d'abord sur un programme de recherche-développement en construisant, aux Îles de la Madeleine, une éolienne de 225 kW équipée d'un rotor

Éolienne Darrieus aux Îles-de-la-Madeleine en 2005.

Darrieus de 24 m de diamètre et de 36 m de hauteur. À la suite de la destruction du premier rotor en 1978, un nouveau rotor est reconstruit et sera opéré jusqu'à la fermeture du site en 1983.

Aux États-Unis, un programme coordonné par le laboratoire américain SANDIA s'intéresse aussi au développement de l'éolienne à axe vertical. Ce programme implique les compagnies Alcoa, Flowind et VAWTPower, une compagnie issue d'Alcoa.

Au Canada, en 1978, un programme de développement commence avec le déploiement à travers le Canada d'une première série de quelques éoliennes précommerciales de 50 kW, dotées de rotors de 11 m de diamètre et 16,5 m de hauteur, qui seront installées entre autres sur l'île de Vancouver, à Churchill au Manitoba, à Holyrood à Terre-Neuve, à Varennes, au Québec. Le programme est vite suivi par le développement d'une éolienne précommerciale de 500 kW. La table est mise pour la grande aventure technologique du Projet Éole (Conseil National de Recherches du Canada et Hydro-Québec) qui commence en 1982 en coopération avec l'industrie et la firme d'ingénierie Lavalin. Le programme permettra la conception, la construction et la mise en service, en 1988, de la plus grande éolienne à axe vertical jamais construite. Elle sera aussi la seule. Éole, l'éolienne de Cap-Chat, a une puissance nominale de 4 MW et possède un rotor de 64 m de diamètre et 96 m de hauteur, montée sur une tour de 14 m. L'éolienne sera exploitée comme une machine de 2 MW et accumulera plus de 30 000 heures d'opération. Éole aura permis de faire progresser les connaissances et d'améliorer les modèles de conception de l'ingénierie mécanique et électrique de la filière, mais son épopée se terminera définitivement en avril 1993 après cinq années d'opération commerciale sous l'exploitation de la Société SNC-Lavalin. Cet arrêt marque aussi le début de la fin de cette branche de l'évolution éolienne pour l'industrie – la turbine à axe vertical. Avec la mise en service en 1998 de la centrale Le Nordais de Cap-Chat, Éole se retrouve aujourd'hui entourée de 76 éoliennes (Neg-Micon – 750 kW) de la génération industrielle du Danemark des années 1995.

FIGURE 2.7
Éole (4 MW) et ses voisins (NEG-Micon-750 kW)

Les éoliennes de grande taille des années 1975-1985 auront partout fait la démonstration que le niveau des connaissances sur les charges mécaniques entre le rotor et la production électrique est insuffisant pour produire des machines commerciales rentables. Avec la mini-récession des années 1982-1984, où les coûts du pétrole ont baissé, la plupart de ces programmes ont été abandonnés. Il faudra revenir à la planche à dessin et raffiner les modèles mathématiques.

À ce moment, l'industrie éolienne européenne est tournée, depuis plusieurs années déjà, et définitivement, vers le concept du rotor de type « hélice » : l'éolienne à axe horizontal.

Ainsi, prenant acte des difficultés techniques de développement des grandes éoliennes, les programmes européens ont effectué depuis plusieurs années un repli stratégique. Le Danemark qui a déjà montré la voie en appuyant l'implantation, à grande échelle, d'éoliennes de plus faible capacité, reliées à ses réseaux électriques, possède une longueur d'avance sur le reste du monde. Le programme danois a attiré de petites entreprises du domaine agricole (Vestas, Bonus, Nordtank...), à se lancer dans le développement et la production d'éoliennes. Ces entreprises vont concentrer leurs efforts à la mise au point de petites éoliennes robustes et fiables qui, en 1983, feront une entrée fracassante en Californie. Le Laboratoire National de Risø[4] près de Copenhague est chargé d'appuyer alors les efforts des fabricants : bancs d'essais, développement de méthodologie de calculs, modélisation des vents, programmes d'évaluation de la ressource, certification des produits, etc.

Les programmes énergétiques Californien et Danois créeront ainsi les conditions rêvées pour que ces petites entreprises croissent rapidement grâce à un carnet de commandes qui, pendant quelques années, ne dérougit pas. L'industrie éolienne va littéralement renaître de ses cendres, totalement réinventée grâce aux encadrements législatifs qui lui ouvrent la voie. L'énergie éolienne dont le monde croyait l'histoire définitivement terminée fera un retour aussi inattendu que réjouissant. En moins de 30 ans, l'éolien a reconquis sa place dans l'histoire de l'industrie de l'énergie et du commerce, elle reprend son rôle et recouvre ses droits. Aujourd'hui, le Danemark produit plus de 21 % de son électricité grâce à l'éolien, les compagnies éoliennes danoises sont solidement établies, elles procurent de l'emploi manufacturier à plus de 20 000 personnes. En 2007, l'industrie danoise a exporté[5] pour 4,7 G € (7,5 milliards $) de produits éoliens et l'éolien occupe le premier rang des exportations du pays. Voyons rapidement le fil des événements de cette période.

En 1978, une loi américaine (*Public Utility Regulatory Act*, PURPA) est adoptée par le Congrès des États-Unis. Justifiée par les craintes du monde industriel de voir le coût du pétrole franchir les 100 $ le baril, la PURPA force les compagnies d'électricité à acheter l'électricité des producteurs indépendants à un prix égal à leur coût évité (il s'agit en gros de leur coût de combustible à la marge). La loi PURPA ne vise pas tant à stimuler les sources d'énergie renouvelable qu'à encourager le recours aux centrales de cogénération au gaz naturel dont le réseau de distribution se développe rapidement à l'échelle continentale. Lorsque la Californie décide de doubler le crédit d'impôt de 25 % du gouvernement fédéral américain dans le but de stimuler le développement de sources d'énergies alternatives, la minuscule industrie éolienne danoise saisit immédiatement la balle au bond.

---

4. L'Institut a été fondé en 1956 par le célèbre physicien Niels Bohr.
5. *The Danish wind industry had a 4,7 billion euros export in 2007*, Danish Wind Industry Association, 2008-06-02, http://www.windpower.org.

C'est une véritable ruée vers le vent qui se produit en Californie qui voit d'abord les petites éoliennes américaines toujours en production (les Windcharger et Jacobs de 2,5 kW et 10 kW respectivement) intégrer ce nouveau créneau de développement. Viendront ensuite les Carter (25 kW), les Enertech (40 kW), les U.S. Windpower (100 kW) et d'autres encore (dont la capacité atteint 250 kW). Certaines de ces éoliennes, encore trop influencées par les modèles de conception de l'aéronautique, présentaient une fiabilité médiocre.

FIGURE 2.8
L'ancien et le moderne (Californie)

Gracieuseté : DOE/NREL
Photo : Warren Gretz

En 1983, les premières éoliennes commerciales danoises mettent le pied sur le sol californien. Ces machines tripales, opérant face au vent, équipées de machines électriques asynchrone de 65 kW ont une fiabilité qui dépasse 95 %. En 1985, elles occupent déjà plus de 90 % du marché californien. Plus de 1500 MW d'éoliennes de 2,5 à 300 kW sont en service, et certaines produisent toujours en 2008.

La forte demande californienne pour ces éoliennes de puissance modeste va ainsi rapidement amener l'industrie danoise naissante dans une phase de développement accéléré. Le marché californien amène une forte hausse de la production au Danemark, qui exige la mise en place de production en série. On améliore le produit qui grandit également en taille et en puissance ; des générations successives de turbines de plus en plus performantes voient le jour, entraînant une diminution continue du coût de l'éolien. La capacité des éoliennes passe ainsi de 2,5 kW à 10, 25, 40, 65, 95, 120, 225, 300 kW, en quelques années… La figure 2.9A montre l'évolution des coûts de l'éolien depuis les années 1980 et leur projection à l'horizon 2020.

La figure 2.9B montre l'évolution de la taille des éoliennes commerciales depuis 1985. Enercon a mis en service, en 2008, une éolienne de 6 MW de puissance nominale (E-126, 126 m de diamètre, tour de 135 m de hauteur). Cette évolution de la taille des machines contribue directement à accroître la qualité et l'ampleur du gisement exploitable sur un territoire, à améliorer la productivité de l'investissement éolien et, tout en réduisant le nombre de machines sur le territoire, l'effet visuel des centrales dans le paysage environnant.

En 1991, l'Allemagne, inspirée par son voisin immédiat, le Danemark, lance son programme d'implantation éolienne, basé sur un prix garanti (c'est le système de *Feed-in Tarifs*, FIT) et une obligation faite aux compagnies d'électricité d'accepter en priorité l'énergie éolienne sur leurs réseaux (*Electricity feed-law*, EEG). Ce programme va faire de l'Allemagne la première puissance éolienne au monde et viendra encore accélérer le rythme de développement de la technologie.

FIGURE 2.9A

Évolution du coût moyen de l'électricité éolienne de 1982 à 2002 et projection à l'horizon 2020

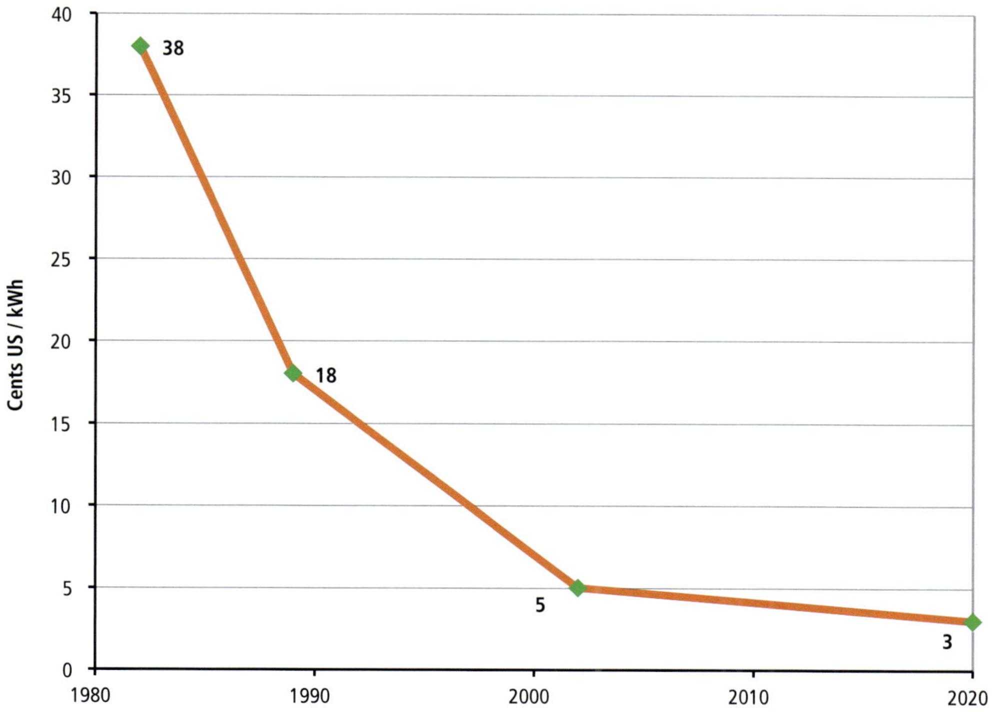

Gracieuseté : Earth Policy Institute (EPI), tiré de données du National Renewable Energy Laboratory (NREL) et de l'Association Européenne d'Énergie Éolienne (EWEA)

Source : Lester R, Brown, WIND ENERGY DEMAND BOOMING: Cost Dropping Below Conventional Sources Marks Key Milestone in U.S. Shift to Renewable Energy, Earth Policy Institute, 22 Mars 2006, http://www.earth-policy.org/Updates/2006/Update52.htm

FIGURE 2.9B

Évolution de la taille des éoliennes commerciales depuis 1985

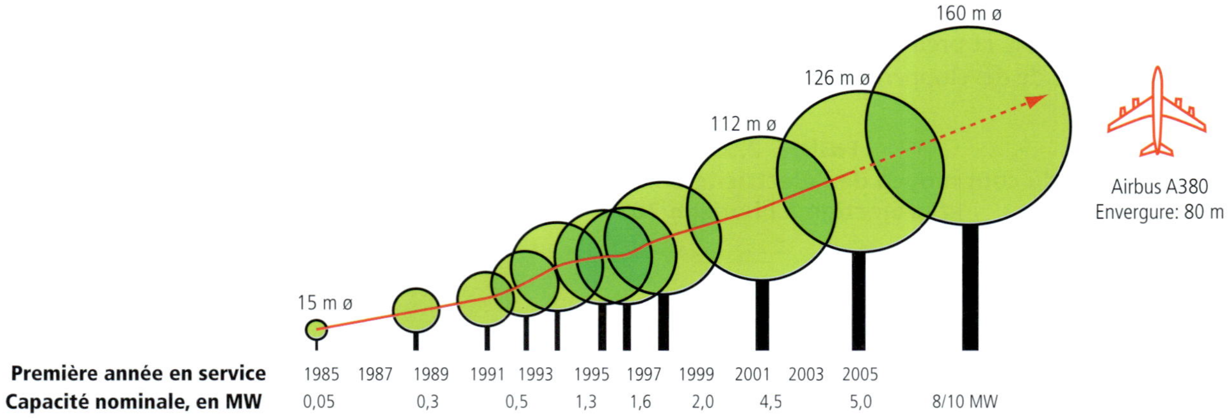

Source : *Prioritising Wind Energy Research, Strategic Research Agenda of the Wind Energy Sector*, EWEA Report, juillet 2005.
Gracieuseté : Energy research Centre of the Netherlands – ECN ; European Wind Energy Association – EWEA

En 1991, également, une première centrale éolienne est installée en Espagne par une compagnie américaine. En 1995, l'Espagne se dote aussi d'un programme de tarifs d'achats garantis similaire au programme allemand, ce qui propulse l'Espagne, en quelques années seulement, au deuxième rang mondial en termes de capacité éolienne installée, derrière l'Allemagne[6]. En 1994, une compagnie du domaine de l'aéronautique (Gamesa) formera, en association avec la danoise Vestas, une compagnie qui se lance dans la fabrication sous licence d'éoliennes. En trois ans, le contenu local atteint 90 %. Le *joint-venture* Gamesa-Vestas sera la première entreprise éolienne à recevoir une commande de plus de 1000 MW en janvier 2000 (1400 MW, en fait, qui seront livrés en trois ans à Energia Hidroelectrica De Navarra)[7]

Cette croissance phénoménale du marché de l'éolien est le résultat et de la convergence d'un ensemble de facteurs : R&D, taille des machines, fiabilité, certification,

---

6. Selon un communiqué de presse de l'Association américaine de l'énergie éolienne daté du 3 septembre 2008, en septembre 2008, les États-Unis ont dépassé l'Espagne et l'Allemagne en termes d'énergie produite, malgré une puissance installée un peu moindre que la puissance installée allemande, grâce à une ressource éolienne de meilleure qualité : http://www.awea.org
7. Vestas, Stock Exchange announcement no. 01/2000, Ringkøbing, Danemark, 21 janvier 2000.

ouverture des réseaux à la production éolienne, maturité, acceptation des marchés financiers, capacité manufacturière évoluant vers les grandes séries.

Avec l'ajout des programmes allemands et espagnols, le niveau de production et la taille des éoliennes augmente encore plus rapidement, ce qui entraînera une baisse plus marquée du coût de revient de l'énergie éolienne et une augmentation de la fiabilité des installations. Entre 1991 et 2008, la taille des éoliennes passe progressivement de 400 kW, à 500, 1 000, 1 200, 1 500, 1 850, 2 000, 2 300, 4 500 et 5 000 kW. La photographie de la figure 2.10, prise dans la région de Palm Springs en Californie illustre bien l'évolution de la taille des éoliennes ; des éoliennes de 1MW se trouvent à l'avant-plan d'éoliennes de 65 à 95 kW.

Le territoire d'implantation de l'éolien continue de s'étendre. Il lorgne très sérieusement désormais du côté des régions côtières, en mer. La figure 2.11, montre la centrale de Middelgrunden en rade du port de Copenhague, mise en service en 2001. Elle regroupe 20 éoliennes de 2 MW fabriquées par la compagnie Bonus (achetée par Siemens en octobre 2004). Neuf pays européens possèdent déjà des complexes éoliens offshore qui totalisent 1 500 MW de capacité. Les objectifs de réalisation de complexes éoliens offshore en Europe représentent pour 2015 plus de 30 000 MW de capacité. Ces objectifs nécessiteront également la création d'un réseau de transport offshore et de postes d'interconnexion au réseau continental afin d'acheminer la production de ce que la Commission Européenne identifie comme le plus important gisement énergétique européen encore inexploité[8].

Aujourd'hui, l'énergie éolienne est une technologie moderne, mature et compétitive avec les autres formes de production d'électricité. En 2007, le taux d'installation annuel a franchi les 20 000 MW, le total mondial a franchi les 100 000 MW au début de 2008[9] et on prévoit qu'il atteindra 240 GW en 2012[10] dans sa route vers un objectif de 1 000 GW en 2020[11]. La valeur des installations éoliennes réalisées en 2007 équivaut à un chiffre d'affaires mondial de l'ordre de 25 G € ou 40 G$[12]. On peut parler

---

8. *European Commission announces first building blocks of a future super-grid*, Communiqué de l'Association Européenne d'Énergie Éolienne, 13 novembre 2008 source : ewea.org.
9. Global wind installations pass 100 GW, and are predicted to rise to 240 GW by 2012, EWEA Press Release, 1er avril 2008, disponible à : http://www.ewea.org/fileadmin/ewea_documents/documents/press_releases/2008/EWEC_press_release_day_2.pdf
10. GWEC, Global Wind 2007 Report, p. 11.
11. Press release, EWEA, 1er avril 2008, prévisions de BTM Consult au congrès EWEC à Bruxelles.
12. GWEC, Global Wind 2007 Report, p. 6.

plutôt de près de 50 G$ si on tient compte de la valeur de l'électricité produite. Le niveau d'emplois mondial de l'industrie éolienne avoisine les 200 000. En Allemagne seulement, il s'est créé plus de 20 000 emplois en 2 ans, de 2005 à 2007. L'Inde, avec plus de 8 000 MW de capacité éolienne en service en 2008, constitue le quatrième plus important marché éolien mondial. L'indienne Suzlon Energy Ltd, cinquième fabricant en importance au monde, détient plus de 10,5 % du marché mondial de la fabrication d'éoliennes et 50 % du marché indien. L'entreprise emploie plus de 13 000 personnes.

FIGURE 2.10
Éoliennes de 1 MW vs éoliennes de 65 à 95 kW (Palm Springs, Californie, 2000)

On assiste depuis quelques années à une consolidation des fabricants et à une implication des grands équipementiers du domaine électrique (General Electric a acheté Enron, qui avait acheté Zond qui avait acheté l'allemande Tackë. Siemens a acheté la danoise Bonus, Alstom a acheté l'Espagnole Ecotecnia, récemment Areva a acheté l'allemande Multibrid[13]...). Les analystes de l'évolution du marché international de l'éolien remarquent depuis 2004 une tendance nouvelle qui témoigne d'un changement d'attitude très significatif chez les investisseurs éoliens : les services publics d'électricité traditionnellement réticents envers l'éolien sont en train de devenir les plus gros investisseurs et propriétaires d'exploitation éolienne[14]. EHN, Iberdrola, ENEL, EDF, FPL, Xcel Energy, Energias de Portugal S.A, Duke Energy, etc. en font partie.

FIGURE 2.11
Centrale éolienne en mer (rade de Copenhague)

2.3 Rôle de la R&D dans l'évolution de la technologie éolienne

Le carburant éolien, c'est-à-dire le vent continuellement « alimenté » par le moteur solaire (voir section 7.1), a beau être gratuit, les succès de l'industrie ne doivent rien au hasard ; cette révolution ne s'est pas faite toute seule. Elle est le résultat d'apprentissages continus où les développements technologiques et l'ingénierie appliquée ont joué

13. « Business Digest », *Windpower Monthly*, juillet 2008, page 5.
14. World Wind Market 2004, BTM Consult ApS.

un rôle primordial. Elle est avant tout le résultat de la mise en place des normes de performance et des processus de certification rigoureux que continuent de s'imposer les grands manufacturiers et producteurs éoliens. Depuis 1985, la puissance unitaire moyenne des éoliennes installées dans le monde est passée de 65 kW à 2 MW en 2005. Des turbines de 3,5 MW et de 5 MW sont disponibles commercialement en 2008. La conception des éoliennes est désormais un domaine en pleine effervescence qui fait appel à toutes les disciplines de l'ingénierie, traditionnelle comme de pointe, et contribue à l'évolution des connaissances et des pratiques. Voyons rapidement en quoi consiste cet univers technologique.

À la base, une éolienne est une machine qui convertit l'énergie cinétique du vent en une énergie mécanique capable d'alimenter travaux et procédés de transformation usuels. Avant l'avènement de l'électricité, cette énergie mécanique devait être utilisée localement. Les éoliennes modernes sont spécialisées en ce qu'elles convertissent l'énergie mécanique en électricité, procurant ce très grand avantage de permettre d'acheminer cette énergie aussi loin que nécessaire grâce aux réseaux de transport et de distribution d'électricité.

Avant l'avènement de l'électricité, les moulins abritaient le plus souvent tous les équipements qui utilisaient l'énergie captée par leurs ailes. Tout de même, ces moulins étaient pleins d'invention et, sauf les équipements électriques, on y trouvait les mêmes éléments fonctionnels que ceux des éoliennes modernes. La figure 2.12 montre le système de conversion d'un moulin à nacelle construit en 1789.

Le rotor de 21 m de diamètre est formé de quatre pales à double rangée de volets ajustables (l'ancêtre du pas variable pour gaspiller le vent), montées sur un arbre d'acier, incliné, percé sur toute sa longueur et qui porte l'engrenage principal. Une tige à commande manuelle traverse l'arbre principal et permet de contrôler la surface portante des pales en actionnant la tringlerie à leviers montée à la croisée des pales du rotor. Le freinage du rotor est assuré par un sabot de freinage, en bois, qui encercle presque tout l'engrenage principal et est commandé par un cordage relié au bras de levier du frein (à l'avant-plan, à l'horizontale).

À travers deux étages de multiplication de vitesse, la puissance transmise par l'engrenage principal à l'arbre vertical entraîne trois meules de pierre, débrayables. La vitesse de chacune des meules est contrôlée par son régulateur de vitesse à masses centrifuges indépendant qui agit sur un mécanisme à levier et ajuste l'espacement entre la meule en mouvement et une meule fixe de manière à contrôler la friction dans le système de conversion. Une panémone à l'arrière de la nacelle sert à orienter le rotor

FIGURE 2.12
Moulin à nacelle (Herne, Kent, UK, 1789)

Le moulin de Herne (1789), Kent, Angleterre.
Source : John Reynolds, Windmills and Watermills, Praeger Publishers, N.Y., 2nd edition 1975, p. 106, ISBN 0-275-49690-2.

face au vent en cours d'exploitation ; elle n'offre pas de prise au vent lorsque le rotor est face au vent. À travers une série d'engrenages réducteurs de vitesse, elle entraîne une vis sans fin qui met en mouvement, en douceur, sur le périmètre d'acier fixé au sommet de la tour de support, la roue dentée de fort diamètre sur laquelle la nacelle est montée. Une poulie actionnée manuellement du bas de la tour de support permet également d'actionner ce mécanisme et de mettre le rotor en drapeau lorsque requis.

Il y a 300 ans, pour moudre le blé, on construisait des moulins à vent sur les rives du Saint-Laurent. Ces éoliennes, antérieures au moulin à nacelle du Kent, étaient plus rudimentaires[15].

La figure 2.13 montre la nacelle d'un aérogénérateur moderne (V80, 2 MW de Vestas). Tout comme le moulin à nacelle de 1789, elle abrite tout l'équipement de conversion : arbre basse vitesse du rotor, boîte de vitesse, système de conversion de la puissance captée (alternateur et commande de puissance électronique), frein, système d'orientation de la nacelle, système de commande et protection, etc. Mais le meunier n'a plus besoin de veiller au grain sur place ; un automate, doté de toutes les fonctions de mesure, commande et protection, assure la bonne marche du système dans toutes les situations.

Les éoliennes commerciales modernes dépassent les 2 MW de puissance nominale et leurs hélices, qui approchent 100 m de diamètre coiffent des tours qui dépassent 100 m de hauteur. Quelques manufacturiers proposent en 2008 des machines de 5 MW (rotor de 126 m de diamètre sur tour de 120 m de hauteur !). Ce sont les plus grandes machines tournantes au monde. Leur disponibilité dépasse les 98 %. Un tel taux de croissance et une pareille fiabilité sont le résultat de grands efforts de recherche-développement (R&D). En 1995, au Danemark, seulement chez Vestas et au laboratoire de Risø, les besoins de l'industrie éolienne fournissaient de l'emploi à plus de 500 chercheurs et ingénieurs[16].

Les gains récents de cette industrie proviennent de l'évolution des connaissances et d'avancées technologiques dans plusieurs domaines. Mentionnons entre autres l'électricité appliquée et en particulier les progrès de l'électronique de puissance, les matériaux composites, la métallurgie, l'aérodynamique, les machines électriques, les

---

15. L'énergie produite, convertie en dollars d'aujourd'hui, reviendrait à 10 ou 15 $/kWh, soit au moins deux ordres de grandeur de plus que ce que l'électricité coûte à chacun aujourd'hui. En comparaison, les éoliennes commerciales modernes produisent de l'électricité à un coût variant de 4 à 8 ¢/kWh.

16. Rapport annuel 1996 de Vestas.

FIGURE 2.13
Aérogénérateur moderne, Vestas V80, 2MW

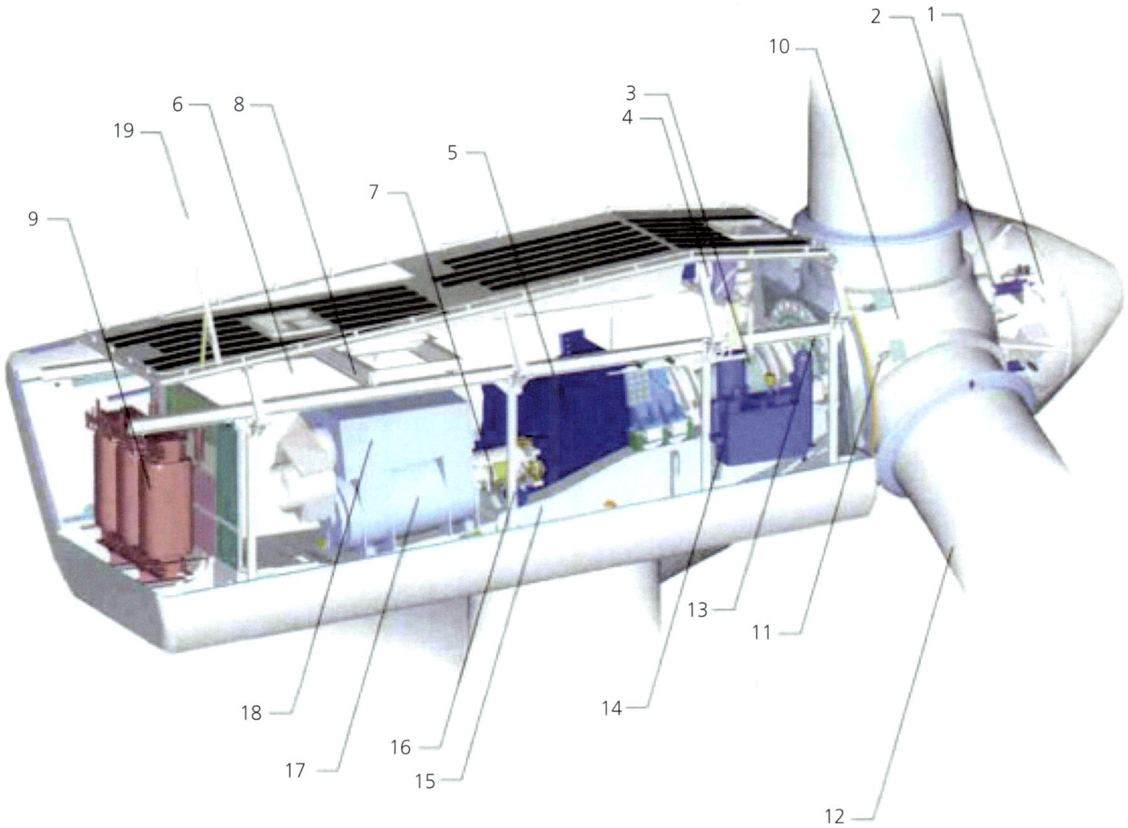

1. Système de commande du pas des pales	10. Moyeu
2. Vérin de réglage du pas de la pale	11. Roulement de pale
3. Arbre principal	12. Pale
4. Refroidisseur d'huile	13. Système de verrouillage du rotor
5. Multiplicateur	14. Bloc hydraulique
6. Système de commande VMP avec convertisseur	15. Châssis
7. Frein	16. Système d'orientation de la nacelle
8. Treuil	17. Alternateur OptiSpeed
9. Transformateur	18. Système de refroidissement de la génératrice
	19. Anémomètre ultrasonique

Source : www.vestas.com.

procédés de fabrication (pales), les systèmes de commande, protection et contrôle programmables, l'instrumentation de mesures, les modèles de simulation de plus en plus poussés et performants, la puissance de calcul des ordinateurs et des microprocesseurs, l'accès aux réseaux de télécommunications, les services de prévision météorologique spécialisée.

L'annexe A montre un diagramme de l'évolution technologique de l'industrie éolienne et met en évidence les variantes de systèmes de conversion de plusieurs types d'éoliennes commerciales. On remarquera la nette évolution des systèmes vers des pales à calage variable et des systèmes de conversion dotés de machines électriques auxquels sont intégrés des modules d'électronique de puissance à commande automatisée qui permettent l'opération à vitesse variable.

Pour donner une idée des grands jalons de la R&D éolienne depuis les années 1970, on retiendra que les programmes gouvernementaux mis en place à la suite de la crise du pétrole de 1973, ont généralement été confiés à de grands laboratoires. Aux États-Unis, ce sont ceux de la NASA dont le programme a mené à la création du Solar Energy Research Institute (SERI) devenu le National Renewable Energy Laboratory (NREL), basé à Denver au Colorado. Les chercheurs du laboratoire de recherche Battelle ont été les premiers à mettre au point une méthodologie de caractérisation des vents. Les budgets initiaux étaient assez impressionnants, mais ils ont été très fortement réduits vers le milieu des années 1980.

Au Canada, le Conseil National de Recherches du Canada (CNRC) a créé une division d'énergies renouvelables. En éolien, cette division comptait sur environ 15 chercheurs. Le programme du CNRC a financé les projets éoliens au site expérimental des îles de la Madeleine, les 5 éoliennes de 50 kW déployées au Canada et 50 % du projet ÉOLE. Le programme éolien d'Hydro-Québec, des îles de la Madeleine jusqu'à Cap-Chat, a compté jusqu'à 22 chercheurs, ingénieurs et techniciens. Entre 1984 et 1986, le programme fédéral du CNRC a été transféré à Énergie Mines et Ressources Canada, et son budget réduit à 300 000 $ par année ; chez Hydro-Québec, les activités éoliennes ont été redirigées vers le créneau des réseaux non reliés.

Chez Environnement Canada, le ministère chargé des relevés et des archives météorologiques nationales, la modélisation des vents en terrain complexe donne naissance au début des années 1980 au modèle MS-Micro. Parallèlement, grâce aux travaux du service de recherche en prévision numérique, l'Atlas canadien d'énergie éolienne a été enfin réalisé au début des années 2000 (voir chapitre 6).

Le Centre de Recherche en Énergie des Pays-Bas (ECN) a maintenu un programme de recherche continu depuis le milieu des années 1970 et participe régulièrement aux nombreux groupes de travail de la Commission Européenne et de l'Agence Internationale de l'Énergie (IEA) sur divers dossiers d'études concernant les enjeux d'intégration de centrales éoliennes aux réseaux.

Le Danemark a confié la recherche éolienne et le soutien à son industrie naissante au laboratoire Risø. C'est à Risø que sera installé l'un des premiers bancs d'essais d'éoliennes ; les fabricants y avaient accès afin de tester la fiabilité de leurs composantes éoliennes, la performance de leurs éoliennes, et obtenir la certification de leurs produits. C'est à Risø que plusieurs chercheurs spécialisés en météorologie contribuent depuis plus de 20 ans à la caractérisation des vents et au développement de logiciels permettant de faire l'inventaire du gisement éolien disponible. Risø est aujourd'hui reconnu comme « le » leader de ce champ de connaissances qui continue de progresser et est aujourd'hui l'objet de travaux à l'échelle internationale. C'est à Risø qu'a été développé l'un des premiers modèles de micro-localisation d'éoliennes (*Wind Atlas Analysis and Application Program*, WAsP) qui a été à la base des premiers logiciels commerciaux développés en vue de la conception de projets de centrales éoliennes.

Le domaine connexe de la recherche en prévision court terme de la production éolienne est devenu un important enjeu d'exploitation depuis quelques années. L'expertise de ce domaine est en très forte croissance. Signalons encore là le leadership de Risø (Danemark, www.risoe.dk) et d'Environnement Canada, RPN (http://www.atlaseolien.ca/fr/index.php), mais aussi celui de Wind Logics (USA, www.windlogics.com), AWS Truewind (www.awstruewind.com) et 3Tier (USA, www.3tiergroup.com).

L'Allemagne possède un réseau de R&D très développé au sein duquel des chercheurs et des ingénieurs de plusieurs institutions et universités travaillent en étroite collaboration avec les manufacturiers et les exploitants des réseaux. Les concepteurs d'éoliennes ont aussi eu une forte influence sur l'évolution de la technologie éolienne et sa compétitivité en termes de performance de production. L'industrie éolienne documente la performance globale de sa production électrique depuis longtemps et a produit plusieurs études détaillées portant sur la réalité de l'exploitation et de l'intégration des apports éoliens au réseau électrique. Il faut prendre connaissance en particulier des projets de collaborations multipartites soutenus par la Commission Européenne et placés sous la coordination de l'Institut des technologies d'énergie solaire (ISET) de l'Université Kassel, d'où émergent des contributions techniques importantes pour les exploitants des réseaux électriques[17] ; la figure 3.2 montre l'effet de lissage que le nombre et la dispersion géographique d'éoliennes produit sur la variabilité de la production éolienne. Une étude récente sur la production décentralisée dans les réseaux électriques mérite à elle seule un détour par l'ampleur de la collaboration scientifique européenne mise en œuvre et la portée de ses conclusions et recommandations[18].

La R&D pour l'éolien en climat froid et l'impact du givrage

Une des premières éoliennes modifiée spécifiquement pour une exploitation en climat froid a été installée par Hydro-Québec à Kuujjuaq, un village inuit du Nord québécois, en octobre 1986. C'était une éolienne danoise, du fabricant Bonus, d'un diamètre de 15 m et d'une puissance de 65 kW. Elle visait à démontrer la faisabilité logistique et opérationnelle de l'éolien dans le dur climat du Grand Nord québécois. Elle a été fabriquée d'aciers résistants à la fragilisation à basse température et équipée de systèmes de chauffage spéciaux pour l'huile de la boîte de vitesse et le système de protection et contrôle (ordinateur de bord). Le projet sera un succès. L'éolienne, démantelée au début des années 2000 continue sa fonction pédagogique au Cégep de la Gaspésie-et-des Îles-de-la-Madeleine, à Gaspé.

FIGURE 2.14
Éolienne (Bonus, 65 kW) de Kuujjuaq, 1986

Photo : Luc Martell

En 1993, Yukon Energy (YE) a mis sur pied un programme d'études sur l'éolien pouvant fonctionner jusqu'à –30 °C et dans les conditions de givre (*rime ice*) typiques du climat hivernal de Whitehorse. YE a également fait appel à la compagnie Bonus pour installer une première éolienne de 150 kW sur la colline Haeckel près de Whitehorse. Cette éolienne est équipée de bords d'attaque chauffants. Dans une seconde phase de son programme d'évaluation de l'éolien en climat froid, YE installera en septembre 2000 une seconde éolienne, la V-47 (600 kW) de Vestas montrée à la figure 2.15.

Par la suite, Bonus (passée aux mains du géant Siemens en octobre 2004) a installé plusieurs éoliennes de 1 MW de puissance au nord du cercle polaire en Suède. Ces éoliennes étaient aussi équipées de pales munies de bords d'attaque chauffants.

La compagnie d'électricité finlandaise Kemijoki Oy a installé une éolienne WindWorld de 150 kW à 300 km au nord du cercle polaire. L'éolienne érigée sur une colline de 300 m fonctionnait jusqu'à 100 jours par an à une température de –15 °C dans des conditions de givre. En 1997, lors de la conférence de Rovaniemi sur l'opération des éoliennes en climats froids, la compagnie a présenté le système de bords d'attaque chauffants qu'elle a développé pour ce type de climat.

---

17. http://www.iset.uni-kassel.de/pls/w3isetdad/www_iset_new.main_page.
18. http://www.iset.uni-kassel.de/dispower_static/documents/fpr.pdf

Tous ces travaux de R&D ont permis le développement de la technologie éolienne moderne et ont eu comme résultat d'étendre le domaine exploitable de l'éolien en même temps que son gisement. Déployés depuis 30 ans, ces efforts ont eu des retombées importantes sur le plan du développement d'une solide expertise d'ingénierie autour de tous les enjeux de conception et d'intégration des éoliennes. Cette expertise a essaimé, permettant la création de groupes de recherche spécialisés et de firmes d'ingénierie de réputation internationale, dont certains sont devenus les certificateurs des grands assureurs de l'industrie éolienne moderne: Garrad-Hassan (issue du programme britannique, ww.garradhassan.com) et DEWI (Allemagne, www.dewi.de), pour la certification offshore.

L'énergie gratuite du vent permet d'économiser du pétrole même sur les pétroliers !
Source : http://www.skysails.info/english/

Les centres de recherche du ISET (Kassel, Hanovre, Allemagne) et le NREL (Boulder, Colorado) sont toujours présents et actifs. De plus, plusieurs manufacturiers éoliens financent leurs activités de recherche avec leur propre personnel scientifique pour préparer la prochaine génération de turbines répondant à toutes les exigences des exploitants du réseau.

À l'évidence, la renaissance de la filière éolienne a dépassé toutes les prévisions. Elle a atteint un stade de développement qui en fait l'une des filières énergétiques d'avenir les plus prometteuses. À un moment où les enjeux environnementaux du secteur de l'énergie prennent une dimension planétaire qui interpelle tous les pays, elle reprend sa place dans l'histoire du monde comme une des ressources énergétiques les plus marquantes pour l'évolution des marchés énergétiques internationaux.

Sources complémentaires d'information à caractère historique :

- Association Européenne de l'Énergie Éolienne (EWEA), www.ewea.org
- Association Américaine de l'Énergie Éolienne (AWEA) www.awea.org
- Association Canadienne de l'Énergie Éolienne (ACÉÉ/CanWEA), www.canwea.ca
- Danish Wind Industry Association, guided tour, www.windpower.org
- The WinDPOWER, Base de données sur les éoliennes et les centrales éoliennes ; http://www.thewindpower.net/news/actualite-eolien-714.php
- Laurent Frank, Les compagnons d'Eole ASBL, site du Moulin à vent d'Hautrage, www.compagnons-eole.org
- « The Road to Maturity », *Wind directions*, September/October 2007, p. 26-44 ; Article dans lequel Crispin Aubrey retrace la croissance de l'industrie éolienne – et d'EWEA – des premiers balbutiements à son état actuel de fournisseur mature d'énergie verte. www.awea.org

FIGURE 2.15

Éolienne Vestas-600 kW, à Haeckel Hill, Whitehorse, Yukon, 2005

[CHAPITRE 3]

Caractéristiques générales de la filière éolienne : technologie et industrie

Avant de passer aux aspects plus techniques des éoliennes et des centrales éoliennes, il faut esquisser les principaux enjeux d'intégration de l'électricité éolienne dans les réseaux.

Pour imaginer la place que peut occuper cette filière énergétique remarquable dans la fourniture des besoins énergétiques, on doit rappeler au départ une notion absolument capitale dans l'exploitation quotidienne d'un réseau électrique, quel qu'il soit : la notion de variabilité. Un réseau électrique est en quelque sorte une machine à gérer la variabilité. La variabilité est une notion aussi fondamentale que multiforme sans laquelle il n'est pas possible de comprendre les enjeux de conception, de planification, d'évolution et d'exploitation du réseau. La variabilité est une caractéristique qui interpelle toutes les filières sans distinction et sans exception. On doit impérativement distinguer la notion de variabilité de celle de l'intermittence. L'intermittence est un phénomène aléatoire qui n'a strictement rien à voir avec la variabilité. Nous insistons dès le départ sur l'importance de bien comprendre cette distinction terminologique pour éviter les confusions qui nuisent à l'analyse éclairée des enjeux d'intégration, et en particulier ceux de l'éolien, dans les réseaux électriques. Cette confusion fausse la perception de la compétitivité de la filière. Cette mise en garde étant faite, jetons un premier coup d'œil sur les caractéristiques générales de la filière éolienne.

Ce chapitre brosse un tableau rapide des éléments suivants : le gisement éolien, les caractéristiques des apports énergétiques éoliens, les incidences environnementales de l'éolien, la structure de coûts spécifique des centrales éoliennes et quelques aspects liés à la réalisation des projets. Il se termine par un tableau général présentant les faits saillants de cette industrie de classe mondiale.

Pour établir un premier contact avec cette filière d'avenir, voyons ce que le Global Wind Energy Council (GWEC)[19] dit des avantages de l'éolien[20] :

- Ses coûts peuvent être compétitifs avec le nucléaire, le charbon ou le gaz en autant que les règles de fonctionnement du marché sont équitables (*level playing field*).
- Le carburant est gratuit, abondant et renouvelable.
- L'énergie produite est propre, exempte d'émissions de gaz à effet de serre.
- Le recours à l'éolien constitue une protection contre la volatilité des prix des carburants.
- Il contribue à la sécurité des approvisionnements et réduit la dépendance aux carburants importés.
- La technologie est modulaire et les centrales éoliennes se construisent rapidement[21].
- Il fournit annuellement un bloc d'énergie de base équivalent aux sources conventionnelles.
- Il permet aux terrains de conserver leur vocation première ; les activités d'agriculture et de foresterie peuvent continuer autour des éoliennes.
- Pour mettre en valeur tous ces atouts, il faut d'abord faire l'évaluation de la qualité et de la disponibilité du gisement, le carburant étant le premier ingrédient de toute ressource énergétique.

3.1 Qualité et disponibilité du gisement

Comme nous le verrons au chapitre 6, le Québec dispose d'un gisement éolien exceptionnel, de beaucoup supérieur au gisement hydraulique et mieux réparti géographiquement que ce dernier. C'est le plus grand gisement éolien d'Amérique.

En ne tenant compte que des vents supérieurs à 7 m/s de moyenne annuelle, le gisement éolien québécois équivaut en 2009 à environ 75 fois la production hydroélectrique

---

19. Global Wind Energy Council (GWEC), *Global Wind Energy Outlook 2006*, septembre 2006, page 21,
20. Notre traduction.
21. Cet avantage offre une meilleure adaptation aux variations de la croissance de la demande et, ainsi, un moindre risque financier pour les investissements de production liés à l'incertitude de la croissance de la demande.

totale, représentant un potentiel de production d'énergie de plus de 14 000 TWh par année, soit une capacité de plus de 4 millions de MW (4 TW). Si on tient compte des régimes de vents compris entre 5 et 7 m/s de moyenne annuelle, tels qu'ils sont exploités en Allemagne, au Danemark et en Espagne, 2,8 millions de MW de capacité additionnelle et 5 000 TWh de plus s'ajoutent au gisement québécois exploitable.

3.2 Concordance et synergie annuelle entre demande électrique et apports éoliens

Sous nos latitudes nordiques, le cycle annuel des vents atteint son maximum pendant la saison froide. Cette caractéristique des vents joue en faveur de l'exploitation de l'énergie éolienne. Au Québec, 70 % des résidences québécoises sont chauffées à l'électricité et, comme le facteur éolien a pour effet d'accroître physiquement les besoins de chauffage, la présence de l'éolien peut contribuer à « écraser » en direct une partie de la demande électrique. Par exemple, on sait que, selon la température ambiante, un vent de 5 km/h augmente la demande (les besoins électriques) d'environ 500 MW sur le réseau québécois pendant la saison de chauffe[22]. L'énergie éolienne, locale ou distante, a donc le potentiel de compenser en parfait synchronisme la demande de chauffe directement associée au facteur éolien, les surplus éoliens venant même effacer une partie de la demande de chauffe associée à la température ambiante. Le chauffage de la clientèle tout-à-l'électricité représente 54 % de sa facture. Cela dit le poids de ce besoin essentiel dans la courbe annuelle des besoins énergétiques du Québec.

Ainsi, le cycle annuel des apports éoliens étant en phase avec le cycle annuel de la demande du Québec, l'éolien tend à réduire les volumes hydrauliques turbinés par rapport au cas d'un réseau exclusivement hydraulique et à réduire le marnage saisonnier des grands réservoirs. Une analyse plus complète de ces synergies sera présentée à la section 9.6.1.

3.3 Présence de l'éolien durant les périodes de pointe

La présence de la production éolienne pendant les heures de demande de pointe du réseau intéresse les planificateurs et les exploitants du réseau électrique. Des moyens de production plus coûteux (comme des turbines à gaz (TAG), souvent réservées à cet usage exclusif) doivent être mis en service durant les 200 à 300 heures au cours

---

22. Hydro-Québec, Demande d'avis sur la sécurité énergétique des Québécois à l'égard des approvisionnements électriques et la contribution du projet du Suroît, Régie de l'Énergie, Dossier R-3526-2004, HQ-3, Document FCEI, original : 2004-03-30, p. 24-106.

desquelles la demande est la plus forte de l'année. La présence de l'éolien au moment de la pointe signifie justement que la mise en route de ces moyens coûteux peut être évitée. Cette qualité, qui est évaluée pour tout projet de production d'électricité, fait partie des préoccupations du planificateur du réseau qui examine les choses avec un recul parfois de plusieurs années.

Une étude réalisée en 1994[23] à partir d'archives de la demande d'électricité et des données de vent moyen horaires a permis de faire une première évaluation de la valeur en puissance d'une production éolienne régionale. L'étude a relevé les observations suivantes :

- Une corrélation positive existe entre la demande de chauffage et la production éolienne à une échelle quotidienne et multi-annuelle.
- La production éolienne d'hiver est 50 % plus élevée que la production moyenne annuelle.
- La probabilité de présence de l'éolien à la pointe est d'autant plus élevée que la demande de pointe est élevée.
- La valeur en puissance accordée à l'éolien est à peu près équivalente à 1,5 fois le facteur d'utilisation (FU) hivernal, celui de l'étude étant de l'ordre de 40 %.

En Californie, on observe une corrélation identique, mais cette fois pour une pointe de demande qui provient de la climatisation. La configuration particulière de la Central Valley, avec ses passes ouvrant sur le Pacifique, fait en sorte que la chaleur du soleil génère quotidiennement un accroissement des vents dans Central Valley qui est en synchronisme avec la hausse des besoins de climatisation. En 1985, les 680 MW éoliens installés étaient équivalents à une centrale de 140 MW disponible 100 % du temps, c'est-à-dire une présence à la pointe de l'ordre de 25 %.

De même, une étude réalisée en Alberta, dans les années 1980, comparait la courbe de demande à celle de la production éolienne provenant de centrales éoliennes réparties sur l'ensemble du réseau de transport. Les résultats de l'étude ont démontré une valeur en puissance – qu'on appelle parfois « crédit de capacité » – de l'ordre de 25 %.

---

23. Lambert, R. et Marcotte, J., *Évaluation de la valeur en puissance d'un parc d'éoliennes incluant l'effet de la corrélation entre le vent et la demande*, comptes rendus de la conférence annuelle de l'ACÉÉ, Regina, Saskatchewan, 17-19 oct. 1994, p. 213-228.

Les capacités de calcul des ordinateurs modernes et les avancées scientifiques dans la modélisation de la physique de l'atmosphère permettent aujourd'hui d'utiliser les modèles météorologiques régionaux pour anticiper la production éolienne, fournissant ainsi à l'exploitant de réseau des outils qui facilitent la gestion des fluctuations horaires de la production éolienne et une meilleure visibilité à court terme pour la conduite du réseau, y compris durant les périodes de pointe. L'existence de ces nouveaux moyens de gestion de la production en temps réel a permis de redéfinir en fait la manière d'aborder la présence à la pointe de l'éolien par rapport aux pratiques traditionnelles de planification du réseau. Elle influence également pour l'exploitant, au quotidien, la planification des réserves d'exploitation nécessaires pour gérer la variabilité des mouvements d'énergie sur le réseau.

3.4 Variabilité des apports éoliens

Certains mythes sur l'éolien sont aussi tenaces que mal fondés. On entend trop souvent des énoncés qui tentent d'établir un lien par exemple entre la fiabilité de la production éolienne et la notion d'intermittence, deux concepts qui, selon qu'ils intéressent le planificateur du réseau ou son exploitant, sont pris en compte de manière radicalement différente. Ces deux concepts sont malheureusement trop souvent invoqués dans des contextes opérationnels inappropriés, (voir l'encadré Terminologie de la fiabilité à la section 9.2.1, p. 183).

Or, la notion de variabilité est la seule capable de décrire avec justesse la réalité physique des apports éoliens comme de la demande d'électricité. C'est cette variabilité qui détermine la planification de l'exploitation des réseaux électriques à chaque jour. Afin d'éviter toute confusion sur les enjeux d'intégration de la production éolienne, on doit même prendre soin de distinguer entre variabilité annuelle, saisonnière, quotidienne, horaire ou instantanée. Chacun de ces horizons temporels se réfère à des pratiques de planification, de conception, de gestion et d'exploitation bien différentes.

Il faut se rappeler que les réseaux électriques assurent bon an mal an, un approvisionnement de qualité, et ce, en intégrant les fonctions de réserve et d'équilibrage capables, en tout temps, de tempérer les pannes/défaillances d'équipements de toutes origines et les aléas de demande et/ou de production parfois importants qui se produisent sans cesse. Maintenir la stabilité et la fiabilité du réseau en tout temps consiste à prédire, prévoir et réguler les aléas de la demande et de la production sur tous les horizons de temps. Dans ce contexte, l'intermittence correspond à l'occurrence d'une défaillance imminente ou constatée de la part d'un équipement électrique du réseau de production, de transport ou de distribution à laquelle l'opérateur doit immédiatement réagir pour rétablir l'équilibre du réseau.

La caractéristique de production d'une centrale éolienne en service n'a strictement rien à voir avec l'intermittence. De fait, si la production d'une centrale éolienne devait soudainement se volatiliser, cela n'aurait rien à voir avec le vent qui ne produit jamais de tels effets sur la production d'une centrale éolienne ; ce serait en raison d'une défaillance d'une ligne de transport ou d'un poste de raccordement.

On doit garder à l'esprit le fait que les turbines éoliennes, grâce à leur taux de disponibilité élevé qui dépasse les 98 %, font partie des équipements de production électrique les plus fiables en exploitation. Comme on le verra au chapitre 9, la variabilité n'a rien à voir avec la fiabilité de la technologie ; c'est une caractéristique de la ressource.

3.4.1 Variabilité annuelle

La figure 3.1 illustre la notion de variabilité annuelle par une comparaison des apports éoliens et hydrauliques. Les apports éoliens représentent ceux des îles de la Madeleine. La variabilité annuelle des apports éoliens est d'environ la moitié de la variabilité annuelle des apports d'eau d'un réservoir hydraulique. Pour l'hydraulique, l'écart type de la variabilité des apports est de 15 % pour un seul bassin hydraulique, de 10 % pour l'ensemble du réseau hydraulique québécois. Sur une période de 30 ans, l'écart type de la variabilité du vent moyen annuel des îles de la Madeleine était d'environ 7 %.

3.4.2 Variabilité ≠ Intermittence ≠ Fiabilité

La variabilité diminue avec le nombre d'éoliennes. Un « coup de vent » n'est pas ressenti par toutes les éoliennes d'une centrale au même instant. La distance qui sépare chaque turbine fait que l'action d'une bourrasque est différée d'une turbine à l'autre, ce qui a pour effet de filtrer et d'amortir ses effets sur l'ensemble de la production d'une centrale éolienne. Il a été établi que la variabilité de la puissance éolienne moyenne d'une centrale varie en fonction inverse de la racine carrée du nombre d'éoliennes qu'elle regroupe.

Selon un rapport récent de l'Association européenne de l'énergie éolienne (EWEA)[24], l'intermittence de l'éolien est un mythe et trop de gens confondent variabilité et fiabilité : « La puissance éolienne est parfois incorrectement décrite comme

---

24. EWEA, Large Scale Integration of Wind Energy in the European Power Supply : analysis, issues and recommendations, décembre 2005.

FIGURE 3.1

Variabilité des apports annuels hydrauliques et éoliens ; pourcentage de l'écart par rapport à la moyenne annuelle longue durée

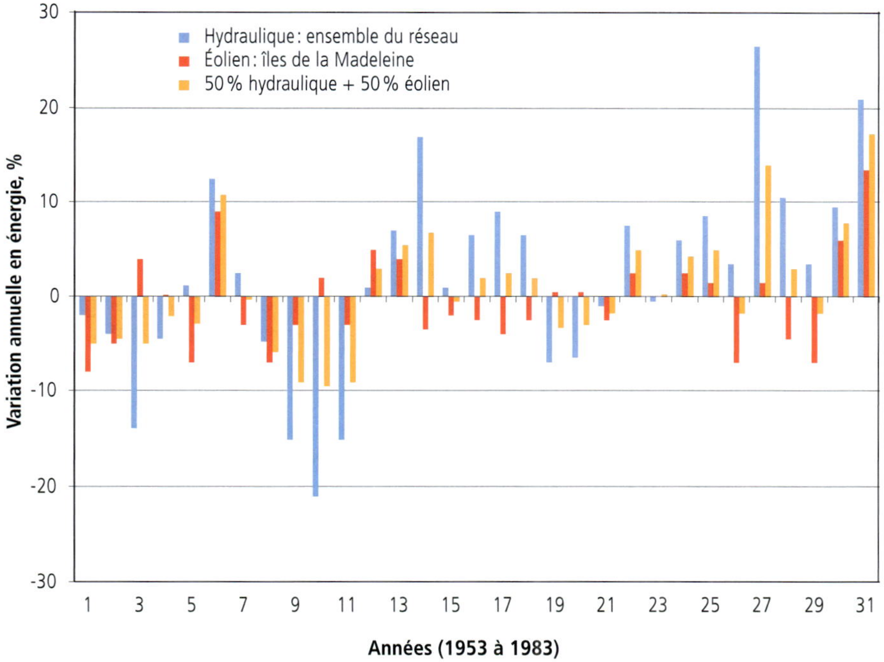

Source : Hydro-Québec

une source d'énergie intermittente. C'est trompeur parce que, au niveau du système électrique, la puissance éolienne ne part pas et n'arrête pas à intervalles irréguliers, ce qui est la définition d'intermittence. L'éolien est une technologie de puissance variable. On laisse parfois incorrectement entendre que l'éolien n'est fondamentalement pas fiable parce qu'il est variable. »

La figure 3.2 illustre comment la variabilité de la puissance éolienne produite s'atténue avec le nombre de turbines éoliennes. Chaque point des courbes représente la moyenne sur 10 minutes de la puissance mesurée. Cette valeur a été normalisée par rapport à la capacité éolienne totale de chaque série chronologique pour permettre la comparaison de la variabilité agrégée de chacun des trois cas présentés : une turbine de 225 kW, un groupe de centrales éoliennes totalisant une capacité de 72,7 MW et l'ensemble de la capacité installée sur le territoire allemand, soit quelque 17 400 MW (17,4 GW). La figure représente une séquence de production de 10 jours. On peut observer que l'allure de la courbe devient de plus en plus « lisse » à mesure que la capacité éolienne considérée augmente. Les coups de vent, les arrêts imprévus de turbines sont effectivement disparus avec chaque niveau d'agrégation éolienne observé. Si on faisait une analyse de variabilité semblable, mais cette fois, de la consommation d'un abonné résidentiel, on trouverait des parallèles évidents. Le patron de consommation quotidien suivrait un cycle nettement identifiable, certes, mais la courbe de consommation montrerait des fluctuations d'amplitudes encore plus marquées.

FIGURE 3.2
Effet de filtrage de la capacité éolienne et de sa répartition géographique sur la production éolienne en Allemagne (février 2005)

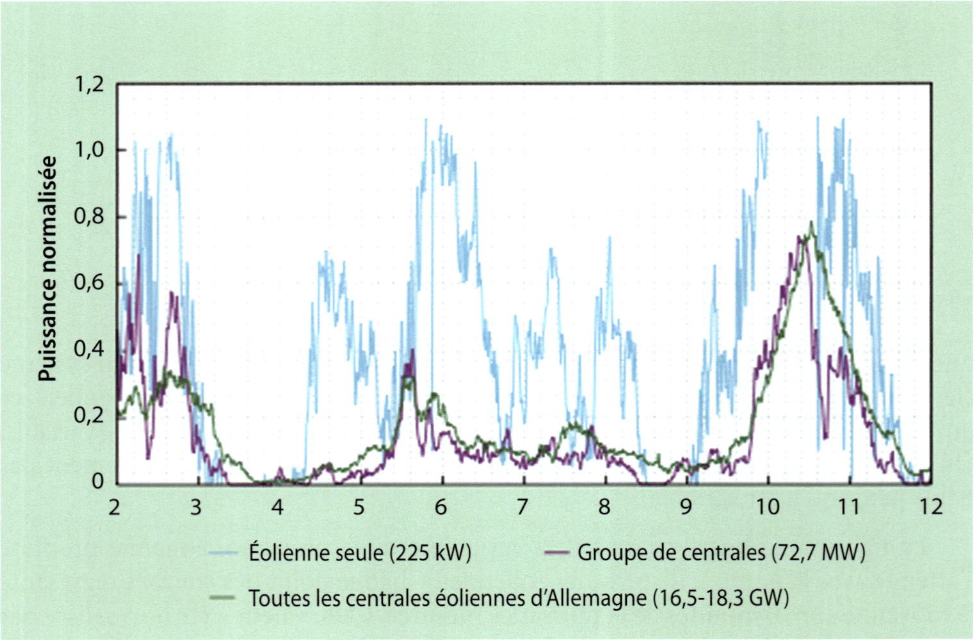

Source : International Energy Agency – IEA 2005, © OECD/IEA, 2008, Empowering Variable Renewables – Options for Flexible Electricity System. Gracieuseté : Kassel Institut für Solare Energieversorgungstechnik – ISET (*Wind Energy Report*, Germany, 2006).

Une étude australienne[25] montre que : « Avec l'addition de quelques centrales de pointe, l'éolien peut être exploité comme centrale de base (*baseload*) et remplacer le charbon (qui est la principale source d'électricité en Australie). » L'auteur poursuit : « Bien qu'une éolienne prise isolément puisse être considérée comme intermittente, ce n'est généralement pas le cas d'un système comprenant plusieurs centrales éoliennes séparées par plusieurs centaines de kilomètres et qui opèrent dans des régimes de vent différents. La production totale d'un tel système varie lentement (l'auteur utilise l'adjectif *smoothly*) et il est très rare qu'il n'y ait aucun vent sur aucun des sites. Le résultat est que ce système peut être rendu aussi fiable qu'une centrale de base conventionnelle en n'ajoutant qu'une petite quantité de centrale de pointe (une turbine à gaz par exemple) opérée occasionnellement, au besoin[26]. »

Au Québec, c'est l'hydraulique qui fournit, de manière particulièrement flexible d'ailleurs, cette fonction d'équilibrage en tout temps. En définitive, un réseau électrique est un système robuste précisément conçu pour gérer les aléas tant du côté de l'offre que de la demande.

On notera que le terme « équilibrage » est réapparu au Québec à la faveur de la discussion publique sur la variabilité de l'éolien, donnant en quelque sorte l'impression qu'il pouvait s'agir d'un « service » exclusif requis par l'arrivée de la production éolienne sur le réseau. Or, la gestion et l'utilisation de réserves d'équilibrage pour corriger les fluctuations de la demande ou de la production ont toujours fait partie intégrante de l'exploitation en temps réel d'un réseau électrique. L'équilibrage est essentiel à la stabilité du réseau, et ce, qu'il y ait ou non de l'éolien en production. Les fonctions d'équilibrage permettent de gérer les fluctuations de puissance du réseau en exploitation en temps réel, selon trois processus d'intervention : le réglage fréquence-puissance, le suivi de la charge et le partage de charge entre les unités de production disponibles chaque jour.

En conclusion, toujours selon le rapport EWEA[27, 28] :

- Une bonne dispersion géographique de production éolienne réduira la variabilité, augmentera la prévisibilité et diminuera les événements de production zéro.

---

25. Diesendorf, M., *A sustainable Energy Future for Australia*, fact sheet No. 5, novembre 2006, www.energyscience.org.au.
26. Notre traduction.
27. EWEA, Large Scale Integration of Wind Energy in the European Power Supply : analysis, issues and recommendations, décembre 2005,
28. Notre traduction.

- Sur une échelle de temps allant de la seconde à la minute, l'énergie éolienne a très peu ou pas d'impact sur les besoins de la réserve de production (réserve de base).
- Sur une échelle de temps allant de quelques minutes à une heure, l'énergie éolienne a un impact sur les réserves (secondaires) quand l'amplitude des variations éoliennes devient comparable aux fluctuations de la demande. Quand environ 10 % de la consommation d'énergie provient de l'éolien, l'augmentation de la réserve est estimée, selon différents pays ou régions, à 2 à 4 % de la capacité éolienne installée en supposant un usage approprié des outils de prévision.
- Sur une échelle de temps allant de quelques heures à quelques jours, l'énergie éolienne a une influence sur la mise en route ou l'arrêt de centrales thermiques conventionnelles. Sur cette échelle de temps, les impacts de l'énergie éolienne dépendent de la précision des prévisions aussi bien que de la flexibilité des centrales conventionnelles.
- Des méthodes précises de prévisibilité à court terme de la puissance éolienne sont disponibles. Il existe une gamme étendue d'outils commerciaux dans ce domaine.
- L'énergie éolienne est donc variable mais prévisible.

3.5 Gestion des aléas de production et de demande

Le terme « aléa » est lié à la notion de hasard ; il réfère à une très large gamme d'événements qui vont de la simple fluctuation à la panne, subite ou intermittente. La gestion des aléas est intimement liée aux questions d'équilibrage. Bien sûr, l'équilibrage a un coût, et l'éolien doit assumer sa juste part de ce coût, car les sources de variabilité sont multiples.

Pour l'opérateur du réseau qui doit gérer la production éolienne, la situation serait intenable si la variabilité de la production éolienne de l'ensemble du territoire avait la même variabilité que celle de l'éolienne seule montrée à la figure 3.2. L'effet de lissage qui vient avec l'ajout d'aérogénérateurs additionnels est précisément de même nature que celui qui existe avec la demande : si la demande totale du réseau devait n'être que l'amplification du comportement d'un seul abonné, des pannes majeures se produiraient chaque jour ! L'agrégation d'un grand nombre de comportements individuels semblables agissant dans un continuum spatio-temporel devient ainsi un phénomène statistiquement prévisible. Pour l'exploitant du réseau, la variabilité de la demande de la ville de Montréal le matin présente peut-être même plus de défis d'équilibrage que celle que présentera la variabilité de la production éolienne de l'est du Québec en 2015.

Selon plusieurs études réalisées dans plusieurs pays (Scandinavie, Allemagne, Angleterre, Irlande, Espagne et États-Unis), il n'est pas nécessaire de prévoir l'ajout de centrales additionnelles pour gérer la variabilité propre à l'éolien, la réserve additionnelle requise pour gérer la variabilité de l'éolien pouvant être fournie par les centrales existantes jusqu'à un niveau de pénétration de 30 %. Au-delà de ce pourcentage, il faudra prévoir des capacités additionnelles pour gérer la variabilité de l'éolien, par exemple, l'ajout de turbines dans des complexes hydrauliques existants.

Nous reviendrons en détail au chapitre 9 sur les questions liées à la notion de variabilité puisqu'elles sont au cœur de la problématique d'exploitation d'un réseau électrique. On démontrera en quoi cette problématique d'intégration éolienne est particulièrement intéressante à examiner au Québec par le fait que la demande de chauffage et la présence de vent sont physiquement liées, au quotidien, durant la saison froide.

3.6 Économique, structure de coûts et création d'emplois de l'éolien

Ressource renouvelable dont le carburant est gratuit, l'éolien présente déjà un avantage net par rapport aux centrales fossiles ou nucléaires sur le plan des coûts d'opération, mais il présente également des atouts sur le plan des coûts de production et du développement économique et industriel.

D'après le Global Wind Energy Council[29], en termes de valeur économique, le secteur de l'énergie éolienne est maintenant bien établi comme l'un des joueurs importants dans les marchés de l'énergie, la valeur totale des nouvelles installations de 2006 a atteint 25 milliards d'euros ou 40 milliards de dollars canadiens environ.

En 2008, on estime que l'éolien soutient plus de 200 000 emplois dans le monde[30, 31]. Par exemple, en Allemagne, le niveau d'emploi a crû de plus de 20 000 en deux ans, pour atteindre 84 300 à la fin de 2007[32]. Selon l'Association américaine de l'énergie éolienne

---

29. Global wind energy markets continue to boom – 2006 another record year, Press release, Brussels, 2 février, 2007.
30. *Wind Directions*, July/August 2008, p. 13, The front line : « Plus de 200 000 personnes sont maintenant employées par l'industrie éolienne mondiale. Cela inclut des ingénieurs, des concepteurs, des ouvriers sur les lignes d'assemblage, des électriciens, des chercheurs, des conducteurs de grues, des consultants en environnement et des équipes d'entretien. » L'article est disponible à : http://www.ewea.org/fileadmin/ewea_documents/documents/publications/WD/2008_july/The_Front_Line__July_-_August_2008_.pdf Voir : http://www.ewea.org.
31. Il semblerait que l'estimé de 200 000 emplois soit très conservateur : on parle de 116 000 emplois aux États-Unis, de 84 300 en Allemagne, de plus de 20 000 au Danemark, d'environ 40 000 en Espagne et c'est sans compter ceux de la Chine, de l'Inde, de l'Italie, de la France… L'estimé devrait plutôt être de l'ordre de 300 000 emplois.
32. *Renewable energy jobs soar in Germany*, Burgermeister Jane, Renewableenergyworld.com, 8 avril 2008.

(AWEA), le nombre d'emplois aux États-Unis atteindrait 116000 à la fin de 2008[33]. On estime que l'éolien peut générer de 10 à 12 emplois par MW annuel installé. Dans le secteur de la production électrique, c'est plus d'emplois que les filières fossiles ou hydrauliques.

L'industrie du gaz naturel compte sur des emplois étrangers pour l'achat des turbines et du gaz alimentant les centrales. De plus, par rapport à l'hydraulique où les emplois sont en chantier éloigné, de 75 à 80 % des emplois créés pour l'éolien sont des emplois en usine.

Le tableau 3.1 compare la répartition entre les coûts de capital et les coûts d'opération et d'entretien (O&E) entre l'hydraulique, l'éolien et le diesel (énergie fossile). Le tableau compare également les niveaux ainsi que le type d'emplois créés par ces trois filières énergétiques.

TABLEAU 3.1
Structure des coûts et des emplois pour 3 filières de production

	HYDRAULIQUE	ÉOLIEN	FOSSILE (DIESEL)
Coût du capital	85 à 95 %	75 à 85 %	15%
Coût d'opération et d'entretien	5 à 15 %	15 à 25 %	85%
Emplois en usine	20 à 25 %	75 à 80 %	≈ 5%
Emplois en chantier	75 à 80 %	20 à 25 %	≈ 10 %
Emplois exportés	≈ 5 %	≈ 5 %	≈ 85 %
Emplois d'entretien	≈ 10/TWh	≈ 50/TWh	≈ 100/TWh

3.7 Délais de réalisation

Le temps de réalisation de projets éoliens est relativement court. Selon l'Association américaine de l'énergie éolienne (AWEA)[34], le délai normal pour compléter un projet éolien est généralement de l'ordre de 18 à 24 mois, incluant l'évaluation de la ressource éolienne et l'obtention des autorisations requises (voir aussi l'encadré Risques financiers des nouveaux projets d'approvisionnement électrique à la section 11.3.1, p. 300).

33. *Wind Power Outlook 2008*, AWEA, disponible à http://www.awea.org.

34. American Wind Energy Association, http://www.awea.org, *The most frequently asked questions about wind energy*, 2002, p. 4.

Baie des Sables, 2007.

Les étapes de réalisation typiques d'un projet éolien sont présentées au chapitre 7, section 7.3, Étapes de réalisation d'un projet de centrale éolienne. Les conditions environnementales particulières de chaque site (contexte social, environnemental, légal et politique) déterminent l'échéancier de réalisation. Généralement, on admet que les contraintes d'harmonisation associées aux projets réalisés sur les terres privées en territoire municipal et agricole entraînent des délais plus importants en raison de la multiplicité des usages du territoire et du nombre d'intervenants qui sont parties prenantes à la réalisation d'un projet qui les touche de près.

3.8 Impact environnemental de la filière

Toute source d'énergie ou d'activité humaine a des répercussions sur le plan environnemental. L'éolien n'y fait pas exception, mais de toutes les formes de production d'énergie, il est reconnu comme ayant la plus faible empreinte environnementale.

3.8.1 Occupation au sol

La construction de centrales éoliennes (tours éoliennes, routes d'accès, lignes de raccordement, etc.) modifie peu le territoire : de 1 à 2 % du territoire où s'installe un projet éolien est modifié ; le reste conserve sa vocation première, que cela soit l'agriculture, la foresterie, etc.

3.8.2 Externalités environnementales (émissions évitées)

Dans une étude, Ottinger[35] présente les externalités (coûts occasionnés à l'ensemble de la société, mais non inclus dans le coût d'achat du produit) suivantes pour différentes sources d'énergie :

- huile lourde : 3,1 à 7,7 ¢/kWh
- charbon : 2,9 à 6,6 ¢/kWh
- combustion des déchets : 4,6 ¢/kWh
- nucléaire : 3,3 ¢/kWh
- gaz naturel : 0,8 à 1,2 ¢/kWh
- biomasse : 0,0 à 0,8 ¢/kWh
- solaire : 0,0 à 0,5 ¢/kWh
- éolien : 0,0 à 0,1 ¢/kWh

Les calculs d'externalisation des coûts des différentes filières faits par Ottinger tenaient surtout compte de la pollution de l'air et des dommages causés aux immeubles et à la santé (surtout par les SO_x et les NO_x). La partie liée aux émissions de gaz à effet de serre était minime (l'évaluation a été effectuée en 1990). Depuis, la partie des gaz à effet de serre commence à être prise en compte par les bourses du carbone qui se mettent graduellement en place ; l'européenne est déjà opérationnelle. Nous en reparlerons aux chapitres 8 et 12, entre autres.

Selon Ottinger, les impacts de la filière hydraulique sont spécifiques au site et doivent être évalués au cas par cas. Utilisant la méthode d'évaluation des coûts sociaux par contingence, Bonneville Power Administration obtient environ 0,8 ¢/kWh pour l'hydraulique de même que pour la biomasse. La méthode d'évaluation par contingence prend la forme d'un sondage qui consiste à demander à un public assez large ce qu'il serait prêt à payer pour éviter, par exemple, le harnachement d'une rivière ou l'implantation d'une usine de biomasse sur un territoire.

---

35. Ottinger, R., *Environmental Costs of Energy*, Université PACE, État de New York (rapport préparé pour l'Agence pour la recherche et le développement de l'énergie de l'État de New York (NYSERDA) et le Département américain de l'énergie, 1990.

Les bilans d'énergie, de charge polluante et d'émissions de gaz à effet de serre, durant le cycle de vie des projets de production énergétique sont des indicateurs de performance environnementale reconnus. Une étude de l'Association des fabricants danois d'éoliennes[36] démontre que la consommation d'énergie liée à la fabrication des éoliennes et à la construction des centrales éoliennes représente l'équivalent de 2 à 3 mois de production d'électricité sur la vie utile de 20 ans des éoliennes. Une éolienne produira pendant sa vie utile de 69 à 103 fois l'énergie qui a servi à sa fabrication.

3.8.3 Autres incidences environnementales : faune, bruit et paysage

L'impact environnemental sur la **faune**, notamment durant la phase de construction des centrales qui dure environ trois mois, résulte du dérangement de la faune qui fréquente le site où la centrale est implantée. Une fois la construction complétée, la faune locale ne sera affectée que par les activités d'entretien qui durent environ une semaine par année. Environ 99 % du site d'une centrale éolienne conserve sa vocation originale.

Les risques de collision avec les infrastructures existent pour les **oiseaux**, notamment avec le réseau électrique de collecte de la production des éoliennes de la centrale. De nombreuses études ont été faites sur le sujet au Canada, aux États-Unis (dont une est en cours avec la participation de la société Audubon et l'Association américaine de l'énergie éolienne), en Espagne et au Danemark (qui a étudié l'impact d'une centrale éolienne en mer). En général, le problème n'est pas jugé comme étant très sévère, mais certains sites peuvent présenter des problèmes particuliers (migrations signalées aux opérateurs par le réseau des associations d'ornithologues amateurs, etc.). Cet impact doit être étudié pour chaque site. La figure 3.3 compare les différentes causes de mortalité des oiseaux[37].

Des cas répétés de mortalité de **chauves-souris** ont été observés depuis 2005 dans des centrales éoliennes du sud de l'Alberta. Le taux de mortalité est nettement plus élevé en août et septembre, période de migrations des chauves-souris ; il faut noter que les habitudes de déplacements de ces grands migrateurs restent peu et mal connus. L'étude portant sur environ 700 cas de mortalité par année au site de la centrale de

---

36. Voir le site Internet : http://www.windpower.org, guided tour, *Energy Payback Period for Wind Turbines*. Voir aussi le site Internet : http://www.awea.org/faq/bal.html, Gipe, Paul, *How much energy does it takes to build a wind system in relation to the energy it produces?*

37. Voir aussi American wind Energy Association, « Wind Power : An Essential Element of the Climate Change Solution », *Wind Power Outlook 2008,* disponible à : http://www.awea.org/pubs/documents/Outlook_2008.pdf.

FIGURE 3.3
Causes de mortalité chez les oiseaux

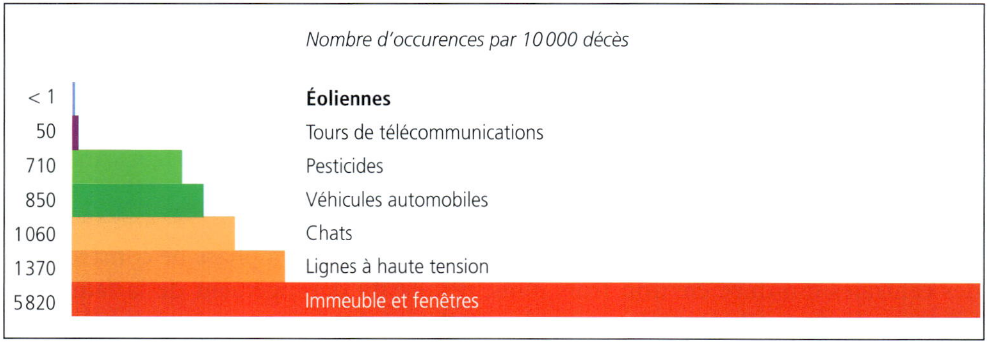

Gracieuseté : Association canadienne d'énergie éolienne – ACÉÉ

Summerview a mis en évidence que souvent ces décès ne révèlent aucune blessure externe apparente ; pour une majorité de cas, on a observé une hémorragie interne du système respiratoire particulier de la chauve-souris, associé à un traumatisme de type décompression subite[38]. On ignore pour le moment ce qui attire les chauves-souris vers les éoliennes. La décompression se produit vraisemblablement sur l'extrados de la pale (zone de dépression dans l'écoulement d'air autour de la pale, plus marquée en bout de pale), suggérant que les chauves-souris qui s'y retrouvent sont exposées à un choc respiratoire fatal. D'autres études américaines ont montré que les chauves-souris chassent entre le coucher du soleil et 3 h 00 et jamais par vents forts. Les recherches menées au sud de l'Alberta depuis quelques années ont permis de conclure que 90 % des mortalités seraient évitées en maintenant les aérogénérateurs à l'arrêt lorsque les vents sont inférieurs à 6 m/s, durant les périodes de migration où une présence active des chauves-souris est signalée. L'exploitant de la centrale de Summerview, TransAlta, mettra ses connaissances en application dans son plan d'exploitation. La réduction de mortalité anticipée ramènerait cette centrale à un niveau comparable à celui d'autres centrales éoliennes de TransAlta pour lesquelles ce risque n'a pas été considéré jusqu'ici comme une menace significative pour la population de chauves-souris.

38. Bailey, Diane, « Breakthrough in Canada : Solutions to bat death mystery », *Wind Power Monthly*, octobre 2008, p. 30-31.

Des inconvénients peuvent résulter du **bruit** émis par les éoliennes. Une éolienne moderne émet un bruit de l'ordre de 40 dB à 400-500 m de distance. Le bruit des éoliennes suscite beaucoup de craintes avant la construction mais peu de problèmes en opération en autant que cette distance de 400 à 500 m des habitations soit respectée et que la prise en compte de la topographie particulière du site a été examinée en termes de propagation du son. Le tableau 3.2 compare le niveau sonore de différentes sources de bruit.

TABLEAU 3.2
Comparaison des niveaux sonores de différentes sources

SOURCE/ACTIVITÉ	NIVEAU SONORE INDICATIF EN dB (A)
Seuil de la douleur	**140**
Avion à réaction, à 250 m	**105**
Marteau pneumatique, à 7 m	**95**
Camion (48 km/h), à 100 m	**65**
Bureaux bruyants	**60**
Voiture à 64 km/h, à 100 m	**55**
Aménagement éolien à 350 m	**35-45**
Chambre à coucher calme	**35**
Bruit de fond en zone rurale	**20-40**

Source : *«Wind Power in the UK, A guide to the key issues surrounding onshore wind power development in the UK»*,http://www.sd-commission.org.uk/publications/downloads/Wind_Energy-NovRev2005.pdf, Sustainable Development Commission, 2005, p.78 ; réf. : Scottish Executive (2002). PAN 45 : Renewable Energy Technologies, Edinburgh.

Effet de **flash/réflexion** : par temps clair lorsque le soleil est bas, les pales d'une éolienne en opération peuvent causer, selon le point d'observation, un certain inconfort visuel : on parle d'effets stroboscopiques, de flickers ou de papillotements causés par effet de blocage ou de réflexions pulsées. En Allemagne, on a dû déplacer quelques éoliennes à cause de ce phénomène de pulsation visuelle qui affectait quelques résidences. Une planification adéquate permet de contrer ce problème.

ÉOLIEN ET PAYSAGE : TOURISME, IMMOBILIER ET ENVIRONNEMENT

La nature des centrales éoliennes est de transformer l'énergie du vent en électricité. À la hauteur où ce travail s'effectue, il ne sera jamais possible de les camoufler. L'éolienne doit être bien exposée à ces vents (et, autant que possible, sur un terrain libre d'obstructions qui perturbent l'écoulement), ce qui la rend visible de loin, particulièrement en terrain peu accidenté, comme c'est le cas au Danemark et au nord de l'Allemagne. Par contre, l'espacement aérodynamique requis pour minimiser les pertes dans une centrale éolienne est de l'ordre de 7 à 10 diamètres de rotor : pour une éolienne de 2 MW, d'un diamètre de 80 mètres, on doit garder une distance de 560 à 800 mètres entre chaque éolienne, ce qui fait que le nombre d'éoliennes dans le champ de vision reste tout de même assez limité. C'est définitivement le cas en terrain accidenté, lorsqu'on se trouve à proximité de la centrale éolienne.

Quoiqu'il en soit, l'acceptabilité sociale de l'éolien bute systématiquement sur la question du paysage. Pas question donc d'escamoter la discussion sur la place que les éoliennes doivent occuper dans le paysage. On pourrait simplement décréter que tout développement éolien doit se faire là où personne ne le voit, mais ce serait avouer une incapacité collective à parler paysage. Des indicateurs objectifs permettent de baliser la qualité de l'eau, de l'air, des sols, ainsi que la vitalité de l'habitat faunique, mais pour caractériser le paysage, il faut constater la nécessité de développer un cadre d'analyse qui permette la discussion des enjeux sur une base rigoureuse.

Chacun convient volontiers que l'évolution économique et technologique contribue à façonner le paysage depuis l'époque de la sédentarisation des communautés humaines. Le paysage se transforme depuis lors. La technologie d'aujourd'hui continue de s'inscrire dans le paysage. Les tours de télécom qui s'élèvent sur tous les points les plus élevés du relief partout sur le territoire témoignent de l'expansion fulgurante de la compétition entre exploitants du réseau de téléphonie cellulaire. D'un point de vue paysage, est-ce acceptable ?

L'industrie éolienne, qui s'est développée d'abord sur le territoire densément peuplé de l'Europe, a appris tant bien que mal à respecter les règles de l'acceptabilité sociale. Pour y parvenir, elle a développé à l'égard du paysage une expertise qui mériterait d'être étudiée par tous les promoteurs qui préparent la construction d'édifices, d'usines, de lignes de transport, de viaducs ou de nouveaux quartiers au voisinage de communautés déjà implantées. L'organisation d'un paysage se décrit, s'analyse. La place qu'y occupe un projet s'étudie. C'est cette reconnaissance de l'architecture du paysage qui permet justement d'en préserver le caractère particulier sans exclure la possibilité de voir s'intégrer de nouveaux projets utiles pour la communauté de cette région.

▶

FIGURE 3.4
L'éolien et son environnement

Saint-Ulric de Matane, 2002.

Quoique la perception visuelle d'un paysage reste éminemment subjective au niveau individuel, de plus en plus, des méthodes de visualisation « raisonnées » permettent d'objectiver l'effet de l'ajout d'éoliennes et de quantifier l'importance de l'altération du caractère particulier (point de vue) d'un paysage. Par une identification des qualités et des lignes de force parfois uniques d'un paysage, il est possible d'établir des seuils visuels et des règles paysagères (alignements, distances, concentrations, hauteur maximum, lignes de fuite) qui permettront de concilier à la fois les exigences de rentabilité de la centrale et le maintien du caractère spécifique d'un paysage dans lequel l'éolien vient s'insérer. À un point tel que les effets sur le tourisme et la valeur des propriétés directement liés à la présence d'une centrale éolienne dans un secteur peuvent être impossibles à mesurer de façon tangible par rapport à la situation qui prévalait avant la construction d'un projet.

▶

D'autres impacts invisibles sont tout aussi marquants : ces projets affectent à divers degrés la qualité de l'air, des sols, des cours d'eau et l'habitat faunique, pour ne nommer que les plus directement touchés. Toute activité économique doit se qualifier au plan de ses effets sur chacun de ces aspects qui déterminent la richesse et la diversité de l'habitat. Cela justifie de discuter de qualités de l'environnement affecté. C'est l'univers sur lequel le Bureau d'audiences publiques sur l'environnement (BAPE) émet des recommandations au Québec sur tout projet d'investissement significatif sur le territoire. Mais, côté paysage, le vocabulaire et la méthodologie architecturaux doivent imposer les cadres normatifs rigoureux capables de traduire en critères objectifs les caractéristiques visuelles d'un projet et de qualifier et différencier son effet sur le paysage. Cette différentiation doit pouvoir se mesurer vraisemblablement sur une échelle d'impact qui va de bénin à irréversible[1].

Des éoliennes peuvent pourtant s'insérer dans un paysage remarquable sans en modifier le caractère de façon sensible. On peut de la même façon imaginer que des éoliennes pourraient avoir un effet structurant sur un paysage existant. On conviendra que l'ajout de quatre silos dans un paysage rural où il y en a déjà des centaines modifie minimalement le caractère du paysage. Mais il peut arriver un moment où l'accumulation de silos dispersés domine à ce point le paysage local que le caractère d'horizontalité typique du territoire agricole s'en trouve éventuellement altéré. Est-ce acceptable ?

FIGURE 3.5
Perception visuelle

Ardrossan, Écosse, 2006.

Le cas du Danemark est particulièrement intéressant à l'égard de cette acceptabilité sociale liée à l'aspect visuel des éoliennes dans le paysage avoisinant. Les observations qui suivent sont tirées d'une étude effectuée par le gouvernement de l'Écosse[2]. ▶

1. La méthodologie des Zones d'Influence Visuelle (ZIV) et des photo-montages numériques basés sur les systèmes d'information géographiques (SIG) fournit un excellent cadre de référence pour établir cette différentiation visuelle pour le territoire visé par une implantation éolienne. Tous les promoteurs éoliens sérieux connaissent l'importance de ces outils de conception de centrales éoliennes. Voir : http://idox.bathnes.gov.uk/WAM/doc/BackGround%20Papers-119135.pdf?extension=.pdf&id=119135&location=VOLUME1&contentType=application/pdf&pageCount=1.
2. *The Economic Impacts of Wind Farms on Scottish Tourism*, mars 2008 ; http://www.scotland.gov.uk/Publications/2008/03/07113554/7.

La revue de la littérature touristique suggère que la perception générale qu'ont les touristes du Danemark est celle d'un pays agricole vert, propre, bien organisé avec d'excellentes plages de sable, Légoland et cette merveilleuse Copenhague. Les éoliennes ne surprennent personne ; elles sont acceptées comme faisant partie de l'image verte du pays. On n'y trouve pas le paysage industriel de cheminées fumantes, de mines de charbon et de lignes électriques, omniprésentes ailleurs.

La figure 3.6 montre la carte du Danemark éolien en 2006 (3129 MW en janvier 2006 dont 423 MW off-shore ; 20000 emplois ; chiffre d'affaires : 20 milliards de couronnes). Une majorité des éoliennes implantées au sol ont des capacités de 450 à 750 kW, les éoliennes de 1 500 kW ou plus sont situées en mer ou sur la côte.

Le rapport du gouvernement écossais poursuit :

> […] Malgré le grand nombre de turbines, la population est largement en accord avec le plan d'expansion de la capacité éolienne. Le sondage Nielsen de 2006 (publié en 2007) a démontré que 91 % de la population favorise cette expansion. De plus, 77 % de la population croit que les centrales éoliennes donnent une image positive du pays, et qu'elles ne détruisent pas le paysage ; de

FIGURE 3.6

Carte éolienne du Danemark, 2006

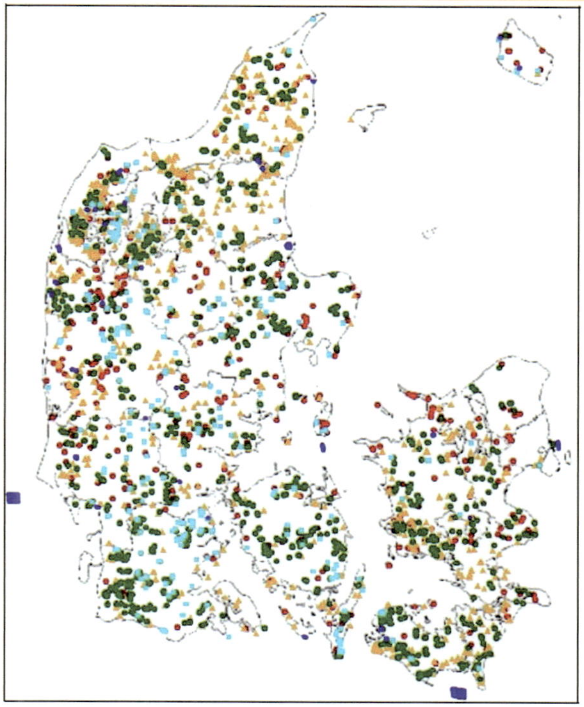

Capacité des turbines (kW)	Nombre d'unités	MW	% du nombre total	% prod. totale
< 150	426	23	8 %	2 %
150–450	1 650	363	31 %	12 %
451–750	2 276	1 485	43 %	47 %
751–1500	619	627	12 %	20 %
> 1 500	305	639	6 %	20 %
Total :	**5276**	**3137**	**100 %**	**100 %**

Gracieuseté : Danish Windturbine Owners' Association. www.dkvind.dk

▶

> fait, une forte majorité les trouvent belles et parfaitement intégrées au paysage. [...] En autant qu'on puisse en juger, on ne rapporte aucun effet négatif sur le tourisme, mais possiblement un effet d'attraction. Cela ne signifie pas qu'il n'y ait aucune opposition et parfois elle se manifeste, comme dans le cas de Hantsholm où elle est dirigée par un groupe de touristes sportifs. La leçon semble être que dans un paysage relativement plat, rural, de terres agricoles, les éoliennes sont vues comme un ajout acceptable, et même agréable à l'œil. [...]

Le rapport conclut ainsi :

> [...] Bien qu'il semble exister à l'échelon local une tendance à croire *a priori* qu'un projet de centrale éolienne pourrait nuire au tourisme, il n'existe aucune évidence de quelque changement à cet égard, une fois le projet réalisé. D'un point de vue empirique, ces changements apparaissent tellement faibles par rapport à d'autres facteurs socio-économiques locaux qu'il est rare qu'on puisse les mettre en relief dans l'évolution chronologique du prix des propriétés.

L'impact réel des développements éoliens en Gaspésie sur le tourisme et le secteur immobilier permettrait de valider si des conclusions semblables se vérifient.

Il est clair que la dimension paysage doit figurer dans le bilan des impacts environnementaux complets de tous types de projets d'investissements (éoliens, hydrauliques, complexes immobiliers, échangeurs routiers, etc.) proposés par les promoteurs sur un territoire. Tous ces projets, au-delà des effets de leur caractère architectural sur le paysage, ont également des conséquences complexes, parfois irréversibles sur et autour de leur environnement d'implantation. Ils nécessitent parfois des modifications en termes d'infrastructure routière, d'alimentation électrique, de réseau d'aqueduc et d'eaux usées, qui affectent la qualité des terrains environnants, et contribuent à la hausse des tarifs et des budgets publics. Leurs impacts sur le territoire d'implantation sont majeurs et les dommages sur la qualité du sol, de l'eau et de l'air récurrents. Dans le cas des sols et de l'habitat faunique, les dommages associés à l'usage du sol sont irréversibles puisqu'ils éliminent la vocation du terrain occupé en entraînant la disparition complète de territoire agricole et/ou de milieux humides et la perte d'habitat faunique associée. Il se trouve que tous ces projets (industrie, transport, habitation) convergent vers un accroissement de la demande d'énergie et certainement à un accroissement de l'intensité énergétique dans le domaine du transport individuel. Le caractère du paysage de la périphérie des communautés urbaines en est particulièrement transformé lorsqu'il devient celui universellement déploré de l'étalement urbain. ▶

La mise en place d'un processus élargi de caractérisation des impacts des projets doit prendre en compte au premier chef les dommages cumulés de l'intégration de ces projets sur la réduction de la qualité environnementale du territoire. La place qu'occupe l'éolien dans un paysage efface trop souvent le reste de son bilan environnemental exemplaire et réussit parfois à faire oublier que sa contribution à la qualité de vie se trouve aussi dans le fait qu'elle produira localement l'énergie la plus propre et la plus soutenable de toutes les technologies de production.

Pour mieux baliser la responsabilité du promoteur vis-à-vis de la planification énergétique associée à son projet de développement, il y a donc lieu d'ajouter une dimension d'impact énergétique comme élément d'encadrement de l'exercice de caractérisation du projet. Cette dimension nécessaire oblige à élargir le cadre de référence de la caractérisation de paysage. Ce cadre d'analyse du paysage doit être appliqué de manière à encourager des projets de développement qui répondent aux exigences modernes d'une empreinte environnementale réduite, notamment au plan énergétique. Un tel encadrement reconnaîtrait, entre autres, le fait qu'un projet éolien convenablement planifié, loin d'être un élément de déstructuration du paysage, constitue la reconnaissance objective d'une responsabilité politique des décideurs de l'aménagement du territoire envers des modes de production d'énergie durables dans leur région. Cette approche permettrait de marquer le paysage local d'une sorte de label tangible, de logo de certification marquant une région où le développement durable est en construction et venant souligner, sinon certifier, l'engagement des planificateurs et des autorités du territoire envers un développement économique innovateur intégré à un bilan environnemental structurant pour leur communauté.

Il s'agit précisément de reconnaître le fait que la qualité de l'air, du sol, des cours d'eau et des habitats fauniques est déterminée par la consommation énergétique des sociétés. Ce n'est un secret pour personne aujourd'hui que les paysages les plus grandioses révèlent indistinctement et partout sur la planète une évolution inquiétante de tous leurs indicateurs de santé environnementale. Il a été clairement démontré par les travaux du Groupe intergouvernemental d'experts sur l'évolution du climat (GIEC) que la croissance de la consommation énergétique est en cause dans les changements climatiques qui sont observés partout sur la planète. Il reste nécessaire de traduire chacune des dimensions environnementales dans une pondération équitable et rigoureuse au regard de leurs effets spécifiques sur la planification de l'espace public.

Il semble ainsi nécessaire de reconnaître dans les processus d'autorisation de projets les crédits qui reviennent à l'éolien en termes de minimisation de l'impact environnemental. Sur ce plan, aucune filière de production énergétique ne présente un meilleur bilan environnemental. La réalité de ce fait est avérée par tous les

▶

analystes du secteur de l'énergie. Cette réalité est reconnue monétairement dans la place prioritaire qu'occupe l'éolien parmi les sources d'énergie vertes[3] dont la production est admissible à des crédits échangeables sur des marchés environnementaux d'avant-garde comme ceux de l'Allemagne ou de la Californie.

3. Aux États-Unis, les filières du grand hydraulique et du nucléaire sont spécifiquement exclues de la catégorie énergie verte en raison du caractère éminemment irréversible du changement de vocation du territoire associé à leur mise en œuvre. Dans le cas de la filière hydraulique, une source renouvelable d'électricité, l'ennoiement permanent des biotopes hydrologiques le long du territoire encaissé du lit de la rivière – transformé en réservoir sur plus de 200 km dans le cas du complexe La Romaine, au Québec – entraîne la disparition irrémédiable des biocénoses associées. Dans le cas de la filière nucléaire, son bilan favorable du côté GES est significativement obscurci par les conséquences du réchauffement des écosystèmes riverains et côtiers associés à la boucle de refroidissement des réacteurs ; ce phénomène est aggravé par le fait que les apports thermiques commerciaux les plus sévères se produisent au moment de la canicule, alors que les conditions naturelles de débit et de température correspondent déjà aux limites d'adaptation de la biocénose des biotopes hydrographiques et hydrologiques affectés. Le nucléaire comporte également une hypothèque intergénérationelle à taux variable dont les risques financiers, sociaux et environnementaux sont directement liés à l'impossibilité de garanties politiques formelles d'une gestion sécuritaire à long terme pour le confinement du carburant radioactif parvenu au terme de son cycle d'exploitation commerciale.

Pour résumer les impacts environnementaux de l'éolien, citons Diesendorf[39] : « Les collisions avec les oiseaux et les problèmes de bruit sont rares ; l'éolien, avec l'addition de quelques centrales de pointe, peut être substitué aux centrales de base au charbon (Diesendorf fait la comparaison avec le charbon utilisé quasi à 100 % en Australie) ; le terrain occupé par les éoliennes et les routes d'accès sera de beaucoup inférieur à ce qui est requis pour une mine de charbon à ciel ouvert et une centrale au charbon. »

Pour une discussion plus élaborée des impacts environnementaux de l'énergie éolienne, voir les pages 28 à 35 du rapport *Global Wind Energy Outlook 2006*, Global Wind Energy Council, septembre 2006[40].

3.9 Quelques statistiques sur l'état du marché de l'éolien

Un rapport récent du Programme des Nations Unies pour l'Environnement (PNUE) préparé par le Sustainable Energy Finance Initiative (SEFI) a établi que le secteur éolien domine la capacité de production verte (« sustainable ») dans le monde. En 2007,

39. Diesendorf, M., *A Sustainable Energy Future for Australia*, Fact Sheet 05, November 2006. Energyscience.org.au est une ONG indépendante regroupant des scientifiques, des ingénieurs et des analystes pour présenter de l'information à la population sur les enjeux de l'énergie durable.

40. Consulter http://www.gwec.net

l'industrie éolienne a attiré plus d'investissement que le nucléaire ou l'hydraulique et a représenté en Europe la plus forte proportion de nouvelle capacité installée, toutes sources de production confondues[41].

L'industrie éolienne s'est développée considérablement depuis 25 ans. La figure 3.7 illustre l'évolution de la capacité totale installée dans le monde depuis 1996[42]. La figure 3.8 montre que le taux annuel d'installation est en croissance constante. Depuis près de 10 ans, la capacité installée croît de 25 à 30 % par année. La capacité mondiale double à tous les 3,5 ans[43]. En 2007, 19 865 MW ont été installés, portant le total mondial au 31 décembre 2007 à 93 864 MW. La capacité totale installée a dépassé les 100 000 MW au début de 2008[44].

FIGURE 3.7

Capacité éolienne totale installée dans le monde, de 1996 à 2007, en MW

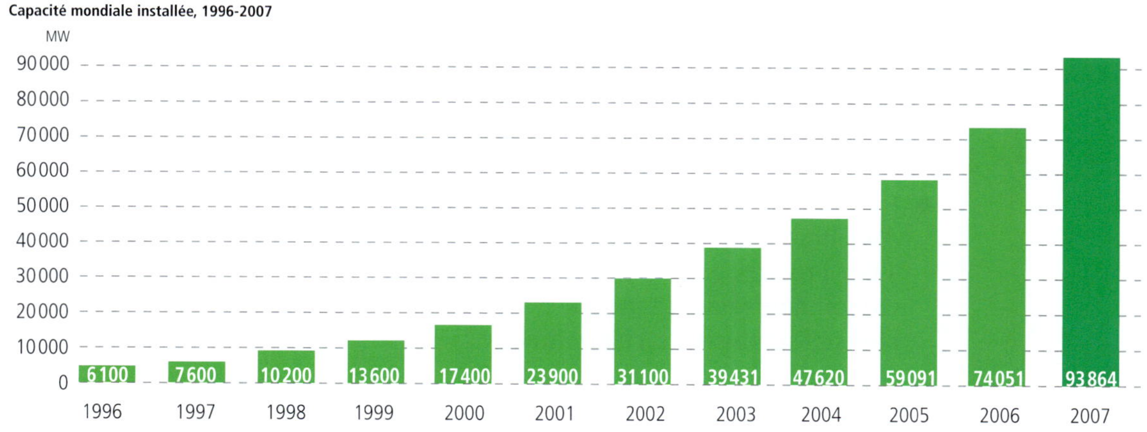

Source : Global Wind Energy Council (GWEC).

---

41. Global trends in sustainable energy investment 2008; analysis of trends and issues in the financing of renewable energy and energy efficiency, 71 p., ISBN: 978-92-807-2939-9 DTI/1066/PAISBN http://sefi.unep.org/fileadmin/media/sefi/docs/publications/Global_Trends_2008.pdf

42. Global Wind Energy Council, *Global Wind 2007 Report*, disponible à : http://www.gwec.net/uploads/media/Global_Wind_2007_Report_final.pdf.

43. « The Windicator Development », *Windpower Monthly*, October 2007, p. 78.

44. Global wind installations pass 100 GW, and are predicted to rise to 240 GW by 2012, EWEA Press Release, 1er avril 2008, disponible à : http://www.ewea.org/fileadmin/ewea_documents/documents/press_releases/2008/EWEC_press_release_day_2.pdf.

FIGURE 3.8

Capacité éolienne installée annuellement, de 1996 à 2007, en MW

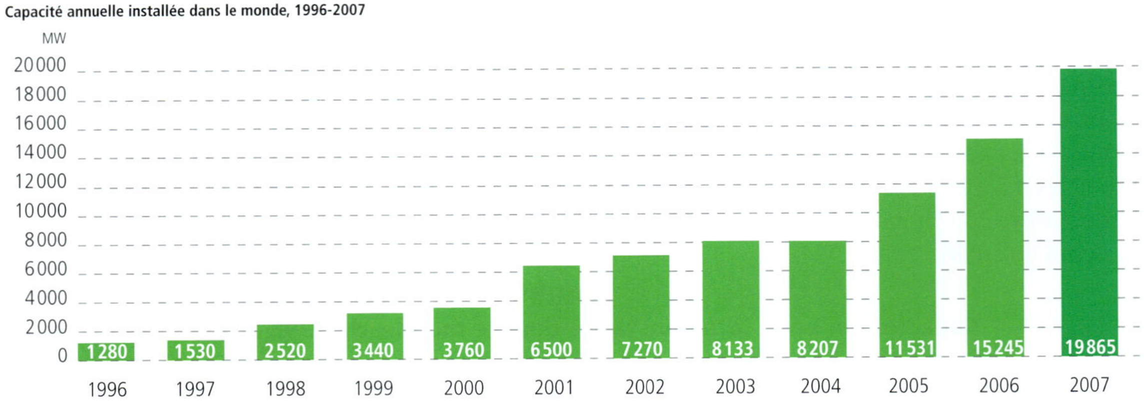

Source : Global Wind Energy Council (GWEC).

3.10 Faits saillants de l'industrie éolienne mondiale

- La valeur des installations éoliennes réalisées en 2007 représente un chiffre d'affaires mondial de l'ordre de 25 G € ou 40 G$[45]. La valeur des quelque 190 TWh produits en 2007, à 5 ¢/kWh est de 9,5 G$, ce qui donne une activité économique totale de près de 50 G$ en 2007 pour une industrie éolienne qui poursuit sa croissance à un rythme de 25 % à 30 % par année pour une 10e année consécutive.
- La capacité installée (plus de 100 000 MW[46]) au début de 2008 représente plus de 13 fois la capacité installée à la fin de 1997.
- La capacité mondiale de production de turbines éoliennes est de l'ordre de 25 000 MW par année, en forte croissance.
- La capacité éolienne installée mondiale a produit plus de 230 TWh, en 2008.

---

45. GWEC, Global Wind 2007 Report, p. 6.
46. Global wind installations pass 100 GW, and are predicted to rise to 240 GW by 2012, EWEA Press Release, 1er avril 2008.

- On prévoit que la capacité mondiale installée atteindra 240 GW en 2012[47] et 1 000 GW en 2020[48]. Une directive de l'Union européenne exige que 20 % de la consommation totale d'énergie des pays membres provienne de sources renouvelables en 2020, soit 33,8 % de son électricité. La majorité de l'énergie renouvelable développée pour atteindre cet objectif proviendra de l'éolien, ce qui nécessitera l'installation d'environ 180 000 MW, d'ici à 2020, seulement pour les pays de l'Union européenne.

- En 2008, on estime que l'éolien soutient plus de 200 000 emplois dans le monde[49, 50]. Par exemple, en Allemagne, le niveau d'emploi a crû de plus de 20 000 en 2 ans, pour atteindre 84 300 à la fin de 2007[51]. Selon l'Association américaine de l'énergie éolienne (AWEA), le nombre d'emplois aux États-Unis atteindrait 116 000 vers la fin de 2008[52].

- Depuis quelques années, les compagnies d'électricité deviennent propriétaires de centrales éoliennes[53], alors qu'au début des années 1990, la propriété des éoliennes au Danemark et en Allemagne était individuelle ou coopérative. Les compagnies d'électricité considéraient ces projets « embarrassants » comme marginaux et potentiellement déstabilisants, mais elles avaient l'obligation légale de les raccorder au réseau. Depuis l'an 2000, des compagnies d'électricité achètent ou se font construire des centrales éoliennes, Elles les considèrent comme faisant partie de leur portefeuille de production d'électricité. Le rapport 2007 de GWEC[54] explique que l'implication de nouveaux joueurs est le résultat des succès de l'industrie éolienne, ajouté à la directive européenne selon laquelle 20 % de son énergie totale doit provenir de sources renouvelables en 2020. Le rapport GWEC mentionne Shell, BP, les compagnies d'électricité espagnole Iberdrola (7 704 MW à la fin de 2007), l'américaine Florida Power and Light (FPL), Energias de Portugal, l'espagnole Endesa, la danoise DONG,

---

47. GWEC, *Global Wind Report 2007*, p. 11.
48. Press release, EWEA, 1er avril 2008, prévisions de BTM Consult au congrès EWEC à Bruxelles.
49. *Wind Directions*, July-August 2008, p. 13, *The front line*. Voir : http://www.ewea.org.
50. Il semblerait que l'estimé de 200 000 emplois est très conservateur : on parle de 116 000 emplois aux États-Unis, de 84 300 en Allemagne, de plus de 20 000 au Danemark et d'environ 40 000 en Espagne. Cela sans compter la Chine, l'Inde, l'Italie, la France. L'estimé devrait plutôt être de l'ordre de 300 000 emplois.
51. Burgermeister, Jane, *Renewable energy jobs soar in Germany*, Renewableen ergyworld.com, 8 avril 2008.
52. *Wind Power Outlook 2008*, AWEA, disponible à http://www.awea.org.
53. Aubrey, C., « New Players on Board, focus on industry », *Wind directions*, mars-avril 2007, p. 39-44.
54. Global Wind Energy Cpouncil (GWEC), *Global Wind Report 2007,* « The globalisation of the wind industry, p. 2-5.

la suédoise Vattenfall, l'italienne ENEL, la française EDF et les allemandes E.ON et RWE. L'américaine Duke Energy achète 100 MW de centrales éoliennes en développement, via sa filiale Duke Energy Generation Services[55].

- La consolidation du côté des fabricants se continue avec l'achat de fabricants éoliens par de grands équipementiers du domaine de l'énergie tels que General Electric (qui a acheté Enron), Siemens (propriétaire de Bonus), Areva, un grand du nucléaire français (achat de Multibrid), Alstom (qui a incorporé l'espagnole Ecotecnia).
- De plus, de grands promoteurs ou compagnies d'investissements tels que Acciona (2300 MW), Babcock Brown (1400 MW), Shell (400 MW), Eurus, Trinergy, etc. participent à une consolidation des producteurs éoliens en rachetant de plus petits projets ou de plus petits promoteurs/producteurs.

3.11 Évolution et maturité de la technologie éolienne

La production d'électricité éolienne fait aujourd'hui appel à des technologies éprouvées comme en témoignent les faits suivants:

- Des unités de production de 2 à 5 MW sont commercialement disponibles; elles ont des rotors de 80 à 126 mètres de diamètre montés sur des tours de 80 à 120 mètres de hauteur. Les éoliennes modernes sont les plus grosses machines tournantes au monde. Fin 2007, la compagnie Clipper annonçait le développement d'une éolienne de 7,5 MW[56] équipée d'un rotor d'environ 150 mètres de diamètre (cela équivaut à l'envergure de 2 Airbus A-380 placés côte à côte...). De même, l'allemande Enercon, après avoir installé un premier prototype avec succès, érige deux autres éoliennes de 6 MW dotées de rotors de 126 m de diamètre[57] fonctionnant sur des tours de béton de 135 m de hauteur.
- Des unités de production ont démontré une disponibilité de plus de 98 % et elles peuvent fonctionner:
  - Sous des climats froids: des versions arctiques sont disponibles pour un coût majoré d'environ 5 % par rapport aux versions standard.

55. North American Wind Power, 30 mai 2007.
56. Clipper to Develop 7,5 MW Britannia offshore Wind Turbine, RenewableEnergyAccess.com, 10 octobre 2007.
57. « Enercon 6 MW version two – New generation giant turbine », WindPower Monthly, November 2007, p. 33.

- Sous des conditions givrantes : des éoliennes sont fabriquées pour fonctionner sous ces conditions jusqu'à 100 jours par année. Plus d'une centaine de ces éoliennes ont été installées au nord du cercle polaire en Suède et en Finlande.
- La production d'électricité d'une centrale éolienne peut être prévue 48 heures à l'avance, avec une précision de l'ordre de 10 %. Les technologies permettant cette prévisibilité sont appliquées depuis 1999 et s'améliorent d'année en année. La précision de la prévision s'améliore également sur des horizons de temps plus courts grâce à l'utilisation de modèles météorologiques et d'écoulement complexe dans la couche limite du sol et à l'utilisation de réseaux neuroniques pour l'apprentissage de séquences directionnelles de production fournies par la centrale. Ces méthodes semi-empiriques fournissent des perspectives d'exploitation à court terme très prometteuses pour l'exploitant du réseau en termes de minimisation des besoins d'équilibrage de la production éolienne (voir l'encadré Texas, la crise du 26 février 2008 à la section 9.7.2).
- Selon le magazine *Wind Directions*, l'Espagne est le meilleur exemple d'intégration réussie de l'éolien[58]. Ses opérateurs peuvent voir, en temps réel, le statut de chaque centrale éolienne du pays et les contrôler à distance. Ils savent en tout temps ce qui se passe sur le réseau. (Voir figure 9.2.) Le système CECRE (le centre de contrôle pour les énergies renouvelables) lancé à l'été 2006 peut maintenant surveiller et contrôler 575 centrales éoliennes représentant une capacité installée de presque 15 000 MW. […] Le système est tellement efficace que durant quelques mois de l'année, l'énergie éolienne a contribué jusqu'à 40 % de la demande électrique. L'article rappelle que le réseau espagnol a peu d'interconnexions avec les autres réseaux européens, le lien avec la France n'ayant qu'une capacité nette de 500 MW.

■ Plusieurs pays affichent une haute pénétration de l'éolien. Ainsi, la partie ouest du Danemark produit, à certaines périodes de l'année, jusqu'à 140 % de la puissance électrique requise pour ses besoins propres[59]. Heureusement, l'ouest du Danemark est bien interconnecté avec ses voisins allemands et norvégiens et peut leur revendre de l'énergie ! On rencontre une pénétration similaire dans le nord de l'Allemagne et dans la province de Navarre en Espagne. (Voir l'encadré Niveaux de pénétration éolienne répertoriés en 2008 à la section 9.3, p. 194.)

---

58. « Checks and Balances : Integrating Europe's Growing Wind Capacity », *Wind Directions*, September-October 2008, p. 21.
59. « Focus on grid intégration », *Wind Directions*, September-October 2008, p. 32.

La figure 3.9, extraite de Wiser et Bolinger[60], montre les taux de pénétration sur une base d'énergie dans plusieurs pays à la fin de 2007. Il est intéressant de voir l'augmentation du taux de pénétration de l'éolien, de la fin de 2006 à la fin de 2007 ; par exemple, l'Espagne est passée de 9,8 à 11,8 % ; le Portugal de 7,6 à 9,3 %, alors que l'Allemagne et le Danemark n'ont à peu près pas bougé.

FIGURE 3.9

Taux de pénétration éolienne en pourcentage de la consommation annuelle totale d'électricité dans divers pays (fin 2007)

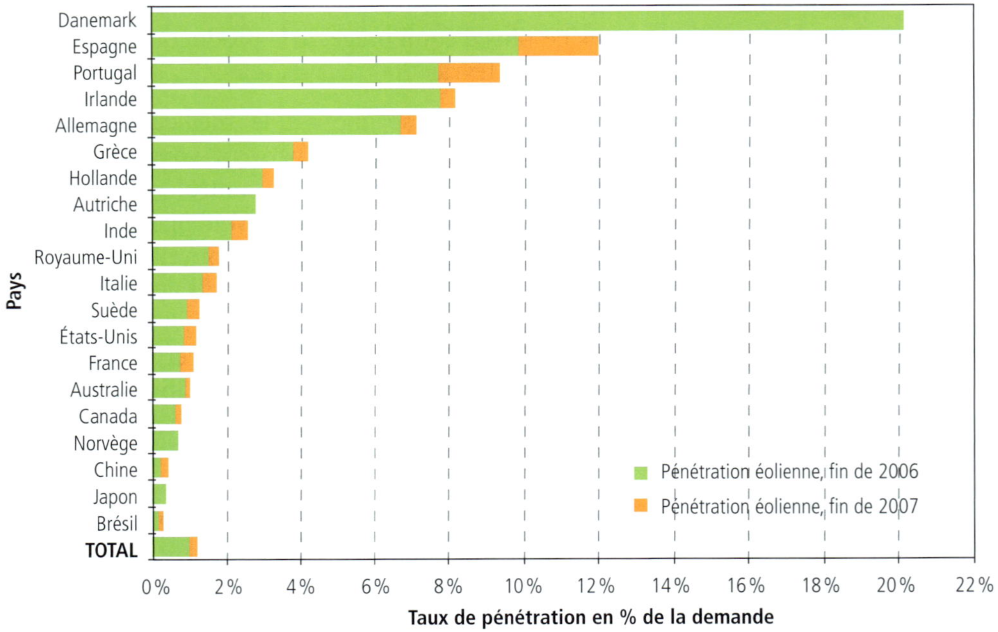

Gracieuseté : R. Wiser, Laboratoire Berkeley (estimés provenant de données de BTM Consult)

60. Wiser, R. et Bolinger, M., « Annual Report on U.S. Windpower Installation, Cost, and Performance Trends : 2007 », May 2008, disponible à www.eere.energy.gov

3.12 Projections de croissance du marché à l'horizon 2013

La figure 3.10 présente les prévisions de 2008 à 2012 du marché de l'éolien du Global Wind Energy Council (GWEC)[61] ; ces prévisions montrent que la capacité totale mondiale installée doublera en 4 ans pour atteindre 240 000 MW en 2012. Comme on l'a vu plus haut, au congrès EWEC (European Wind Energy Conference), Birger T. Madsen, de la firme BTM Consult, prévoit 1000 GW pour 2020[62]. Depuis la fin des années 1980, BTM Consult fait le suivi de la croissance du marché et de l'industrie éolienne internationale. Les prévisions élaborées depuis la fin des années 1980 ont positionné BTM comme une firme crédible qui adopte une approche conservatrice de prévision de la croissance du marché.

FIGURE 3.10

Prévisions de la capacité totale installée dans le monde, horizon 2012, en GW

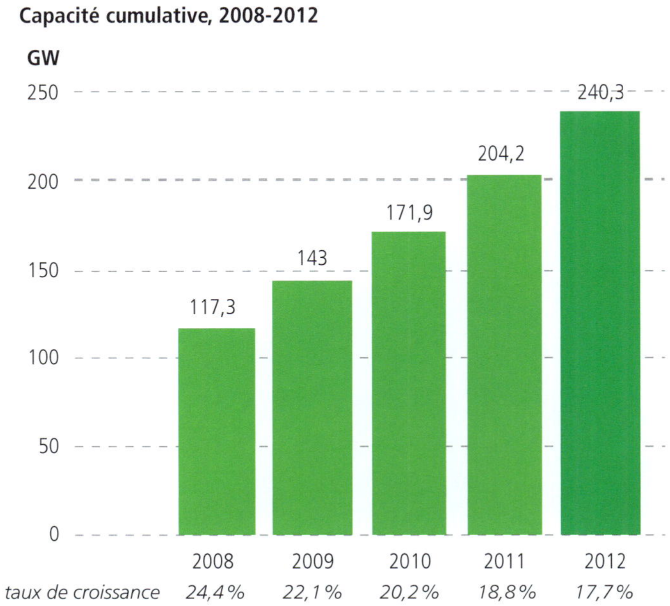

Source : Global Wind Energy Council (GWEC).

61. « Global wind energy market to reach 240 GW by 2012 », *Latest News*, GWEC, Brussels, 27 March 2008.
62. Press release, EWEA, 1er avril 2008, prévisions de BTM Consult au congrès EWEC à Bruxelles.

Moyeu du rotor
de l'éolienne GE
1,5 MW, Baie-des-
Sables, Gaspésie
(2007).

[CHAPITRE 4]

L'éolienne : aérodynamique, couple et puissance

Dans ce chapitre, nous examinerons la physique de la conversion du vent en couple et en puissance mécanique utile grâce au rotor de l'éolienne. L'efficacité de cette conversion détermine la caractéristique puissance-vitesse d'une éolienne. On verra également comment cette caractéristique est combinée à une distribution de vents donnée pour permettre d'évaluer le productible (productivité escomptée) d'une éolienne. Mais avant de passer à l'aérodynamique, voyons ce qu'est une éolienne et comment elle est raccordée au réseau électrique pour y injecter l'énergie qu'elle a tirée du vent.

4.1 Qu'est-ce qu'une éolienne ?

Le rotor d'une éolienne (aérogénérateur) transforme l'énergie cinétique de l'air en énergie mécanique de rotation. L'énergie mécanique captée par le rotor est convertie en électricité grâce à une machine électrique. La machine électrique est entraînée par le rotor de l'éolienne, soit directement, soit par l'intermédiaire d'une boîte de vitesse. L'électricité produite par la machine électrique est injectée dans le réseau après avoir été mise en forme par des systèmes de commande et de régulation électroniques (spécifiques pour chaque type de machine électrique) qui font partie du système de conversion de l'aérogénérateur. Il existe une grande variété de machines électriques et leur conception, pour les besoins de l'industrie éolienne et du réseau électrique, évolue avec les avancées de la technologie électrique industrielle moderne. (Voir les figures A-1 et A-2 de l'annexe A.)

4.1.1 Raccordement au Réseau MT et HT : Éolienne et Centrale éolienne

L'électricité produite à la sortie de la machine électrique, généralement à une tension de 480 à 690 V, passe par un transformateur de puissance qui élève la tension au niveau Moyenne Tension (MT), typiquement 25 kV, la tension d'opération du réseau de distribution qui dessert les zones résidentielles et qui constitue le minimum requis au Québec pour l'injection d'électricité par une centrale sur le réseau.

Dans le cas de centrales éoliennes, cette première entrée à Moyenne Tension au réseau fait partie du réseau collecteur du producteur. Ce réseau collecteur est le plus souvent constitué de plusieurs lignes, chacune accueillant la production de plusieurs aérogénérateurs (capacité de réception de 25 MW). Le réseau collecteur converge vers le poste où s'effectuera le raccordement au réseau de transport. Dans ce poste qui constitue l'interface entre le producteur et le transporteur, un étage de transformateur(s) de puissance élève(nt) une nouvelle fois la tension au niveau requis pour l'injection sur le réseau de transport Haute Tension (HT), domaine de gestion exclusif du transporteur Hydro-Québec TransÉnergie, au Québec. Le réseau de transport se déploie à travers une variété de lignes opérées à des niveaux de tensions de 69, 120, 161, 230, 315 et 735 kV, les plus hautes tensions assurant généralement le transit des plus grands blocs de puissance sur de plus grandes distances.

La figure 4.1 montre un schéma de branchement d'une seule éolienne au poste de raccordement au réseau de transport. Un tel poste peut évidemment recevoir la production de centrales éoliennes de plusieurs centaines de MW en accueillant un ensemble de réseaux collecteurs à 25 kV, chacun acheminant la production d'environ 25 MW de capacité éolienne. Bien que la figure indique qu'il s'agit d'un poste de raccordement au réseau de transport, on peut également imaginer qu'une éolienne puisse être raccordée directement à un réseau local de distribution faisant office de réseau collecteur.

La mise en forme de la production éolienne par étages de transformateurs de puissance décrite dans les paragraphes précédents s'applique à la production de courant alternatif (CA). Il est également possible de transporter la production électrique d'une centrale, éolienne ou autre, en courant continu (CC). Une ligne à 450 kV CC (capacité maximale de 2 600 MW) transporte ainsi la production de la centrale La Grande-2A sur 1500 km entre le poste de Radisson et celui de Sandy Pond en périphérie de Boston, au Massachusetts. Des scénarios de production éolienne raccordée par une ligne CC existent également.

FIGURE 4.1
Schéma de raccordement d'une éolienne au réseau collecteur et à un poste d'interconnexion avec le réseau de transport

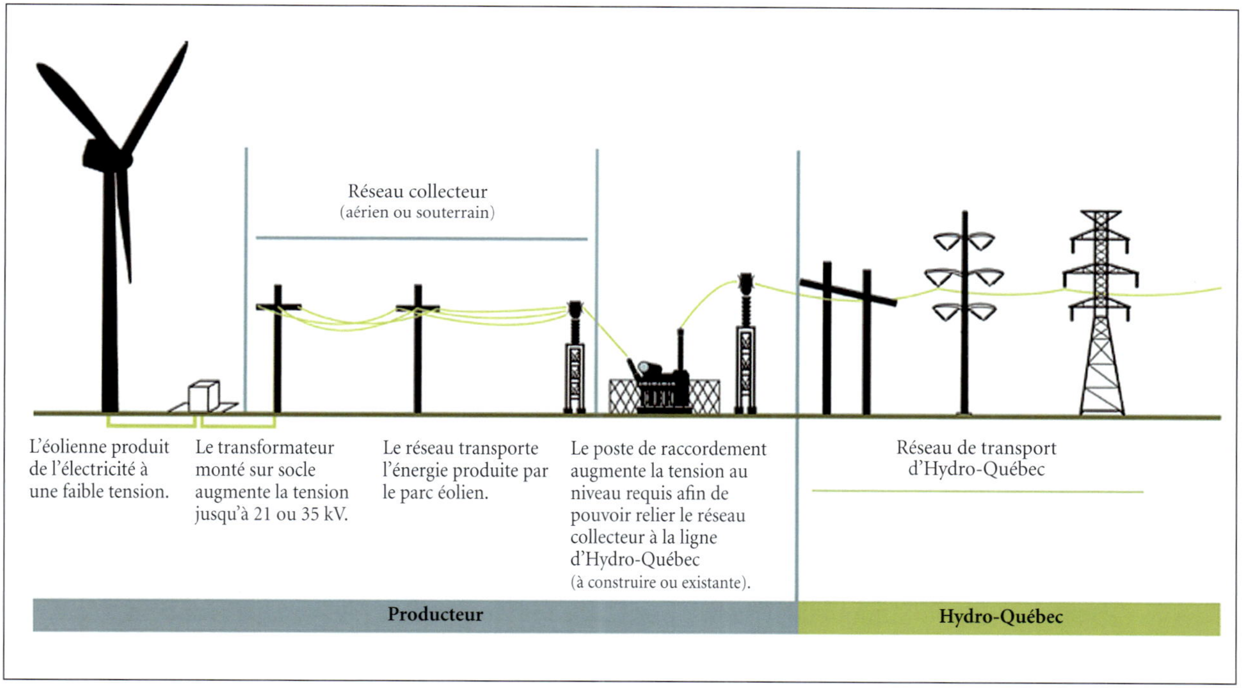

Source : Hydro-Québec.

4.2 Aérodynamique 101 – Mécanismes de régulation de la puissance captée

L'énergie cinétique du vent est transformée en énergie mécanique grâce aux pales du rotor de l'éolienne.

La figure 4.2 illustre la composition des vitesses agissant sur un élément de pale en mouvement.

V, le vent résultant qui agit sur l'élément de pale est la combinaison géométrique de **v**, la vitesse du vent incident et u, la vitesse de déplacement de l'élément de pale situé à une distance r de son centre de rotation (u=ωr, où ω est la vitesse de rotation du rotor en radians/s).

FIGURE 4.2
Diagramme forces-vitesses agissant sur un élément de pale

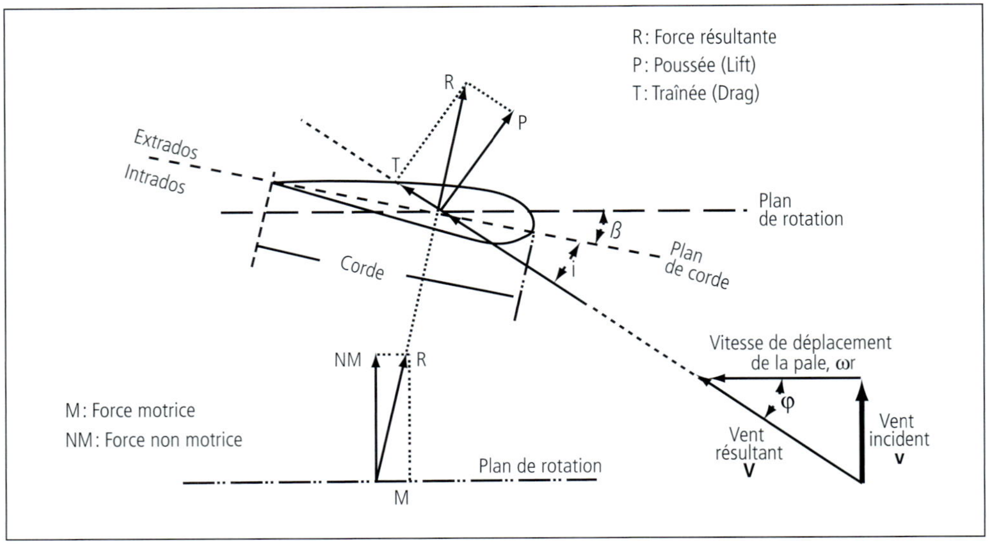

Source : Saulnier, B., *Principes de base et aspects pratiques de l'utilisation du vent comme source d'énergie*, Rapport IREQ-2047, Hydro-Québec, octobre 1979, 61 p.

V attaque l'élément de pale avec un angle d'incidence i, par rapport à la corde du profil aérodynamique de l'élément de pale. Les coefficients de portance (C_L) et de traînée (C_D) du profil déterminent les forces de portance, P et de traînée, T, associées à l'angle d'incidence i, sur l'élément de pale considéré. Les coefficients $C_{L\ et}\ C_D$ sont exprimés en pourcentage de la force aérodynamique par unité de surface(en N/m^2, selon l'équation $\frac{1}{2}\,\rho\,\mathbf{V}^2$).

P, et T agissent chacun perpendiculairement et parallèlement au plan du vent résultant. Mais c'est la projection de ces forces dans le plan de rotation qui détermine la contribution de cet élément de pale au couple moteur du rotor (couple moteur de l'élément de pale = $F_{M,él}\ r_{él}$). De même, c'est la projection des forces P et T dans le plan perpendiculaire au plan de rotation qui détermine la contribution de cet élément de pale à la poussée axiale (Force non motrice, $F_{NM,él}$) totale que le rotor exerce au sommet de la tour de même qu'au chargement hors plan de rotation. Ce dernier fait fléchir la pale et impose de très fortes charges mécaniques, cycliques, à la racine de la pale ($M_{fl,él} = F_{NM,él}\ r_{él}$).

On portera attention au fait que l'angle de calage β, entre le plan de rotation et la corde de l'élément de pale, a une énorme influence sur le ratio P/T. La figure 4.3, qui montre la caractéristique aérodynamique d'un profil d'aile d'avion (NACA 4412), illustre bien l'importance de la conception aérodynamique de la pale et de son calage en opération. À moins de 15° d'écart avec l'angle d'incidence optimal (c'est-à-dire celui où P/T est maximum), le profil se trouve dans des conditions aérodynamiques de décrochage où la force motrice de cet élément de pale, $F_{M,él}$ devient négative ; elle vient appliquer un couple de freinage sur l'arbre du rotor.

FIGURE 4.3
Caractéristique Portance/Traînée d'un profil NACA 4412

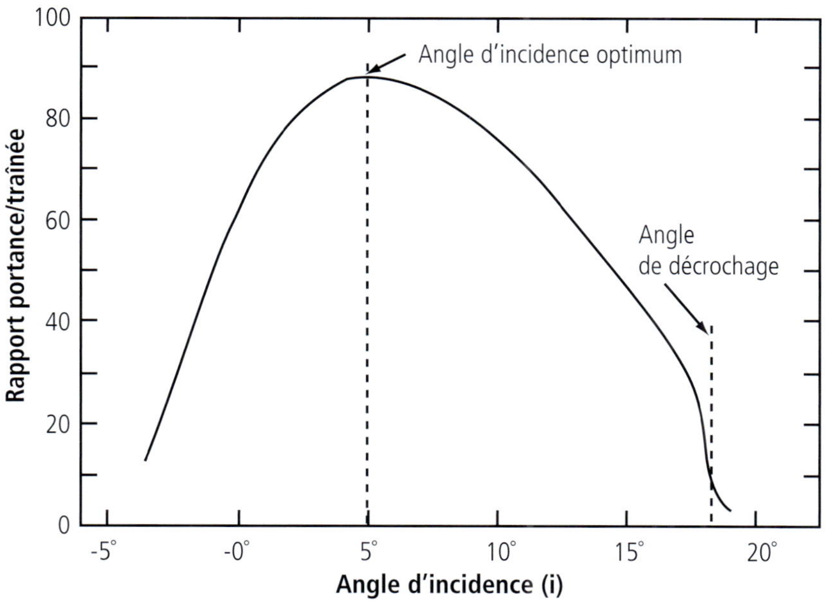

Source : Saulnier, B., *Principes de base et aspects pratiques de l'utilisation du vent comme source d'énergie*, Rapport IREQ-2047, Hydro-Québec, octobre 1979, 61 p.

Sur le diagramme forces-vitesses de la figure 4.2, l'angle entre le vent résultant et le plan de rotation, φ, diminue à mesure qu'on se rapproche du bout de la pale. Cet angle est déterminé par la composition géométrique de la vitesse de rotation (ωr) et du vent incident (**v**) agissant sur chaque élément de pale. Comme la vitesse de déplacement

(=ωr) de chaque élément de pale est proportionnelle à sa distance du centre du rotor, on devine aisément l'intérêt d'une pale vrillée (calage plus fort à la racine qu'en bout de pale où la corde du profil est très proche du plan de rotation) pour optimiser le rendement aérodynamique du rotor. De même, comme les forces aérodynamiques varient au carré de la vitesse du vent incident, on comprend également pourquoi la corde de la pale diminue progressivement entre la racine et le bout d'une pale.

La performance aérodynamique du rotor d'une éolienne est ainsi le résultat de la contribution de chaque élément, de la racine (r=0) jusqu'au bout de pale (r=R), de chacune des pales. Le graphique de la figure 4.4 indique comment le calage des pales agit sur la puissance captée par le rotor en fonction de sa vitesse spécifique[63]. La figure suggère l'existence d'une enveloppe caractéristique du rendement aérodynamique d'un rotor d'éolienne moderne.

Cette enveloppe définit le lieu d'une infinité de scénarios et de séquences calage-vitesse de rotation qui offrent une très grande liberté au concepteur de pales et de système de commande d'éoliennes, évidemment sous réserves des limites spécifiques imposées par les inerties mises en cause et les caractéristiques mécaniques des éléments de l'éolienne. Tous les points de rendement situés sous cette ligne d'enveloppe sont en principe accessibles pour «fabriquer» une performance aérodynamique taillée sur mesure pour faire face aux caractéristiques spécifiques d'un site ou aux contraintes d'exploitation particulières imposées par un exploitant.

Vers la fin des années 1990, la compagnie Bonus (aujourd'hui Siemens) et NEG Micon fabriquaient un rotor à pales fixes dont les bouts étaient articulés pour pouvoir agir comme freins aérodynamiques déclenchés automatiquement en condition de survitesse.

La compagnie est passée à une technologie de contrôle de la puissance captée beaucoup plus efficace avec son système *Active Stall* qui permet l'ajustement du pas de la pale dans la zone très sensible du décrochage. Aujourd'hui, l'industrie du grand éolien ne fabrique plus que des rotors équipés de pales à calage variable.

---

63. La vitesse spécifique, μ, est définie comme le rapport entre la vitesse de déplacement en bout de pale (= ωR) et la vitesse du vent réel incident. L'utilisation du paramètre de vitesse spécifique permet d'illustrer dans une seule figure l'univers aérodynamique d'un rotor de conception donnée. Il permet de regrouper sous une enveloppe caractéristique toute la famille des courbes de performances aérodynamiques caractéristiques d'un rotor de conception définie, chacune correspondant à un angle de calage de pale différent et à une exploitation sur toute la plage de vitesse de rotation du rotor. Dans les graphiques 4.7 et 4.8 illustrant la performance aérodynamique de rotors, on notera que le coefficient de puissance aérodynamique indiqué en ordonnée représente le rendement aérodynamique d'un rotor d'éolienne normalisé par rapport à la limite théorique (c'est-à-dire 1,0 correspond à la limite de Betz décrite à la section 4.5.1).

FIGURE 4.4
Influence de l'angle de calage de la pale sur le rendement aérodynamique du rotor, exprimée en fonction de la vitesse spécifique

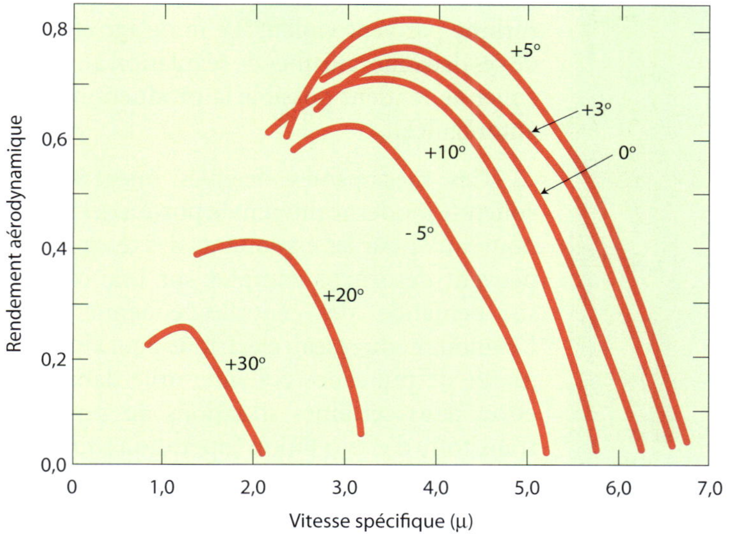

Source : Saulnier, B., *Principes de base et aspects pratiques de l'utilisation du vent comme source d'énergie*, Rapport IREQ-2047, Hydro-Québec, octobre 1979, 61 p.

Ainsi, la possibilité de modifier la position (le calage) des pales du rotor en opération constitue un mécanisme de commande et protection extrêmement avantageux pour contrôler la puissance captée (en agissant sur le couple moteur) par le rotor tout en permettant de protéger son intégrité structurelle. Il est doublement payant de pouvoir « gaspiller le vent » avec les turbines éoliennes modernes. Le calage variable permet également le démarrage et le freinage aérodynamique en douceur de l'aérogénérateur sur toute la plage d'exploitation d'une éolienne entre sa vitesse d'amorçage et sa vitesse d'éclipsage.

Les concepteurs de systèmes de conversion éolienne utilisent de plus en plus un partenaire très efficace du calage variable. Il s'agit des systèmes de commandes d'électronique de puissance qui permettent l'exploitation des turbines éoliennes à vitesse variable. Le temps de réponse de ces systèmes de régulation de la puissance captée est par nature infiniment plus rapide que celui offert par le calage variable car

Frein aérodynamique en bout de pale ; protection de survitesse (éolienne NEG-Micon 750 kW, 1998).

il agit directement sur les caractéristiques des machines électriques de l'éolienne. Ces systèmes amortissent les effets de vents turbulents sur la production de chaque éolienne tout en garantissant l'intégrité structurale de la turbine par vent violent. Le jumelage et l'harmonisation de ces deux mécanismes de régulation au niveau de chaque éolienne rendent possible la production d'une puissance autorégulée.

Ces mécanismes flexibles intégrés par l'industrie éolienne moderne ouvrent la porte à des modes de gestion nouveaux pour les exploitants des réseaux électriques qui peuvent désormais compter sur une commande active, sur demande, des centrales éoliennes en production. L'exploitant du réseau électrique peut ainsi se réserver une marge de puissance éolienne utile dans certaines zones et/ou dans certaines situations de demande électrique transitoire d'exploitation (opération sous-optimale d'une autre unité de production, demande régionale faible avec production éolienne forte en été, gestion de la demande de pointe, etc.) rapprochant l'éolien de la zone de confort associée traditionnellement à l'univers exclusif des filières conventionnelles (voir les figures 9.4 et 9.6). Cela accroît d'autant le potentiel de pénétration de la filière dans les réseaux, y inclus au niveau du réseau de distribution.

4.3 Profils aérodynamiques pour l'industrie éolienne

L'industrie éolienne a élaboré ses propres profils aérodynamiques adaptés aux conditions d'écoulement spécifiques à ses conditions d'exploitation aérodynamiques (viscosité, Nombre de Reynolds). Ces profils sont différents de ceux utilisés dans le domaine de l'avionnerie (ailes d'avion ou hélices). Dans une pale commerciale moderne, les profils aérodynamiques changent notablement de géométrie, étant de forte épaisseur à la racine et plus proches des profils d'avionnerie en bout de pale.

La figure 4.5 montre quelques exemples de profils aérodynamiques mis au point pour l'industrie éolienne. Ces profils visent à obtenir des coefficients de portance maximum relativement insensibles aux effets de rugosité dû au salissage de la surface de la pale. Cette famille de profils de forte épaisseur est utilisable dans la fabrication d'une pale de grande éolienne.

Ces profils offrent une plus grande rigidité de pale, ce qui permet également de diminuer la distance de dégagement entre la pale et la tour de support en cours d'opération. Les améliorations apportées par ce type de profils visaient une hausse de productivité annuelle de 23-35 % pour des machines régulées par décrochage aérodynamique (calage fixe), de 8-20 % pour des machines à calage variable, et de 8-10 % pour des machines à vitesse variable, comparativement à la performance offerte par des profils d'avionnerie qui seraient utilisés pour des pales de même taille[64].

FIGURE 4.5
Quelques exemples de profils aérodynamiques mis au point pour l'industrie éolienne

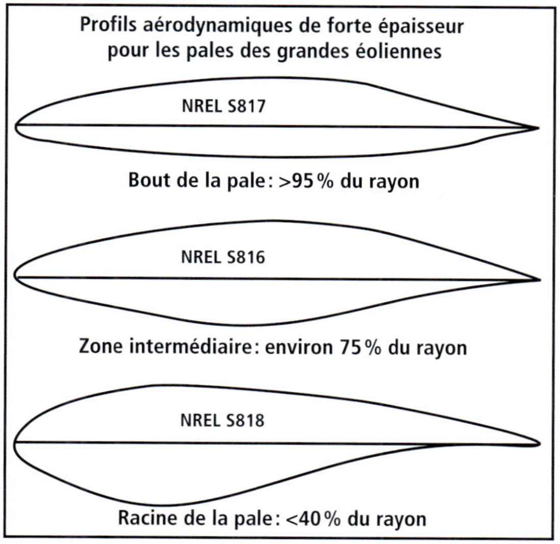

Source : http://wind.nrel.gov/designcodes/papers/NREL%20Airfoil%20Families%20for%20HAWTs.pdf.

De plus, des recherches portent aussi sur l'ajout d'éléments de modification de l'écoulement sur les pales et à travers le rotor. La figure 4.6 montre une pale dont le bout recourbé « dissipe en grande partie les tourbillons qui se forment naturellement en bout de pale ; le résultat est un gain de performance significatif, de même que des avantages opérationnels exceptionnels pour l'aérodynamique du rotor et l'atténuation du bruit »[65]. Certains fabricants ajoutent parfois sur l'intrados de la pale, le long de l'axe de poussée aérodynamique, une bande étroite de quelques millimètres d'épaisseur en forme de dents de scie ; son rôle est de générer des micro-tourbillons qui assurent un écoulement bien « attaché » à l'intrados de la pale, et qui permet de modifier la caractéristique de décrochage de la pale comparativement à une pale non modifiée.

---

64. Source : J.L. Tangler and D.M. Somers, « NREL Airfoil Families for HAWTs », AWEA, 1995.
65. Le concept a été adopté par la société Enercon. La figure 4.6 montre les pales à bout recourbé de l'éolienne GE 1,5 MW.

FIGURE 4.6

Pale à bout recourbé de l'éolienne GE 1,5 MW (rotor de 76 m de diamètre)

Gracieuseté de DOE/NREL
Photo : Jim Green

4.4 Charges mécaniques au rotor

C'est la sommation des $F_{M,él}r_{él}$ de chacun des éléments de pale, pour chaque pale, qui détermine le couple moteur du rotor sur l'arbre principal du système de conversion.

C'est la sommation des $M_{fl,él}$ sur toute la longueur de la pale qui détermine, pour chacune des pales, le moment de flexion (déformation de la matière) total qui s'exerce à la racine de chacune des pales.

Les pales traversent un champ de vitesse complexe (turbulences normales et induites, effet d'ombrage de la tour et d'éoliennes en amont) avec minimalement un gradient de vitesse entre le bas et le sommet du rotor. On comprend ainsi que le couple mécanique transmis sur l'arbre principal de même que les charges mécaniques s'exerçant à la racine des pales et sur la tour de l'éolienne intègrent à la fois la dynamique propre au champ vectoriel du vent incident et celles provenant de la structure même du rotor et de la tour (élasticité de la tour, rigidité des pales et des arbres de transmission). De plus, les systèmes et organes de commande électroniques sur les pales où les machines électriques ajoutent leur dynamique spécifique au chargement dynamique qui s'exerce sur tous les éléments de la structure. La conception d'une éolienne est tributaire de la connaissance fine de tous ces éléments.

Essais de chargement statique sur une pale de 44,5 m de longueur au National Wind Technology Center, Boulder, CO, USA.
Gracieuseté : DOE/NREL ; Photo : Scott Hugues

4.5 Puissance contenue dans le vent

La puissance disponible dans un vent circulant à vitesse V est proportionnelle à la densité de l'air, ρ, au cube de la vitesse du vent, V^3, et à la surface balayée par le rotor, A.

$$P_{disp} = 1/2\ \rho\ A\ V^3$$

Quand le vent double d'intensité, la puissance disponible est multipliée par huit.

Dans un vent donné, la puissance disponible quadruple lorsqu'on double le diamètre d'un rotor éolien.

Par temps froid, la densité de l'air peut être jusqu'à 25 % plus élevée qu'en été. La puissance disponible dans un vent de vitesse donnée peut donc être jusqu'à 25 % plus élevée en hiver qu'en été. L'effet de la densité de l'air contribue à accroître davantage la productivité éolienne hivernale et s'ajoute au fait que, sous nos latitudes, les vents d'hiver sont déjà plus forts que ceux d'été.

4.5.1 Limite de Betz

En pratique, le rotor d'une éolienne ne peut extraire toute l'énergie cinétique du vent qui la traverse, quelle que soit la vitesse de ce vent. On imagine assez bien en effet qu'une limite d'extraction existe puisque, pour que l'écoulement éolien poursuive sa route en aval du rotor de l'éolienne, il doit conserver une partie de son énergie cinétique. L'ingénieur Betz a démontré que le maximum de puissance qu'on peut capter avec un rotor d'éolienne est de 16/27 (59,3 %) de la puissance contenue dans une veine d'air en mouvement. Cette limite théorique porte son nom : c'est la limite de Betz.

FIGURE 4.7

Caractéristique aérodynamique générique de différents types de machines éoliennes

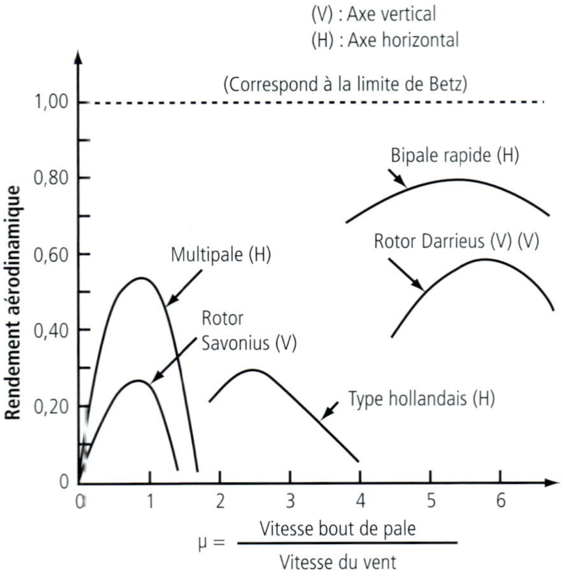

Source : Saulnier, B., *Principes de base et aspects pratiques de l'utilisation du vent comme source d'énergie*, Rapport IREQ-2047, Hydro-Québec, octobre 1979, 61 p.

4.5.2 Classification des différents types d'éolienne

Le graphique de la figure 4.7 permet de comparer la performance aérodynamique générique de différents concepts de turbines éoliennes en fonction de la vitesse spécifique[66].

Chacune de ces courbes représente l'enveloppe de performance associée à chaque type de rotor. On pourra comparer ce graphique à l'enveloppe virtuelle de la figure 4.4 qui correspondait à un rotor tripale.

Pour bien clarifier la portée de ces comparaisons, il faut se rappeler que le fait qu'un concept particulier présente une performance aérodynamique moindre ne signifie pas qu'il soit condamné à disparaître… Le cas de l'éolienne multipales pour le pompage en fournit la preuve la plus évidente. Ce concept, grâce à ses caractéristiques de fort couple de démarrage, reste d'un usage très répandu partout dans le monde encore aujourd'hui dans le créneau du marché agricole. Cependant, certains concepts sont effectivement disparus au profit de successeurs plus performants : entre les moulins hollandais du XVIIIe siècle et les

---

66. Les machines dont la courbe caractéristique se trouve dans la zone de vitesse spécifique inférieure à l'unité font partie de la catégorie machines à traînée ; leur vitesse en bout de pale ne dépasse pas celle du vent incident.

grandes tripales modernes, il s'est produit une révolution dans l'utilisation des matériaux de construction et dans les connaissances aérodynamiques. Le marché recherche naturellement les solutions qui offrent les meilleures performances aérodynamiques au moindre coût, et c'est vers elles que s'orientent tous les fabricants qui dominent le marché éolien aujourd'hui.

4.6 Puissance et énergie

Puissance et énergie sont deux quantités physiques à ne pas confondre. Dans le monde de l'électricité, la puissance s'exprime en kilowatts (kW), et l'énergie en kilowattheures (kWh). L'énergie mesure le travail effectué par une source de puissance agissant sur un système donné pendant un certain temps (par exemple par le vent entraînant tout le système de conversion d'une éolienne branchée au réseau pendant une heure). La puissance est une mesure qui détermine la rapidité à laquelle cette quantité de travail peut être effectuée. La puissance d'une éolienne (qu'on appelle aussi capacité installée et qui représente sa puissance nominale établie par le manufacturier) et l'énergie utile qu'elle produira une fois installée sont deux données qu'il est essentiel de bien distinguer. L'énergie produite annuellement par une éolienne dépend du régime des vents au site et de la conception aérodynamique retenue par le fabricant. Cette productivité énergétique fait obligatoirement partie des spécifications techniques de chacun des modèles produits par tout fabricant sérieux.

4.7 Caractéristique puissance-vitesse d'une éolienne

La figure 4.8 montre l'allure générale de la courbe puissance-vitesse d'une éolienne. La courbe est présentée à titre illustratif uniquement. Pour les fins de la discussion, l'illustration montre la courbe de performance du rotor (son rendement aérodynamique) en fonction de la vitesse du vent. Dans cette représentation, les pertes associées au rotor (rugosité, orientation, sillages, etc.) et au système de conversion (pertes par frottement, rendements de conversion électrique, pertes résistives, auxiliaires, etc.) ne sont pas représentées. Le rendement aérodynamique est exprimé en pourcentage de la limite de Betz (59,3 %). Normalement, la caractéristique puissance-vent d'une éolienne fait implicitement partie des spécifications techniques de chacun des modèles commercialisés par un fabricant et inclut les pertes de conversion mécanique et électrique du système. (Voir la figure 8.1.)

À une vitesse de vent dite d'amorçage (de 3 à 4 m/s), l'éolienne démarre et peut commencer à produire. À une vitesse de vent dite nominale (autour de 12 m/s), l'éolienne produit sa puissance nominale, Pnom (appelée aussi capacité installée ; ex. une éolienne de 3,6 MW). Comme on l'a vu, afin de protéger l'éolienne contre les survitesses et réduire les contraintes mécaniques sur ses éléments, la conception aérodynamique-mécanique-électrique du système éolien limitera la puissance captée par le rotor de l'éolienne à partir de vents de 10 m/s, de manière à se maintenir autour de sa puissance nominale (le plateau de la courbe puissance-vitesse de l'éolienne détermine la zone de régulation). À partir de cette vitesse de vent, le rendement aérodynamique est graduellement et, volontairement, réduit pour des raisons d'optimisation économique.

Pour optimiser (en visant le rendement économique optimal d'un projet et un coût de revient par kWh qui soit compétitif), il est important en effet de savoir négliger le négligeable. Il serait inutilement coûteux de concevoir une éolienne capable d'extraire un maximum d'énergie dans la gamme des vents les plus forts. La fréquence de ces vents est insuffisante pour justifier les sacrifices de design qu'il faudrait consentir pour récolter cette partie du gisement éolien. Pour le faire, il faudrait réduire la taille du rotor afin de limiter les charges mécaniques appliquées aux pales et à la tour de manière à préserver l'espérance de vie de l'éolienne. Ce faisant, c'est toute la courbe d'énergie captée et, avant tout dans la plage de vitesse les plus productives, qui serait affectée, avec comme résultat une productivité faible et un rendement économique inintéressant.

FIGURE 4.8

La caractéristique puissance-vitesse d'un rotor d'éolienne et le rendement aérodynamique associé à la page d'exploitation typique d'une éolienne (valeurs référencées en fraction de la limite de Betz)

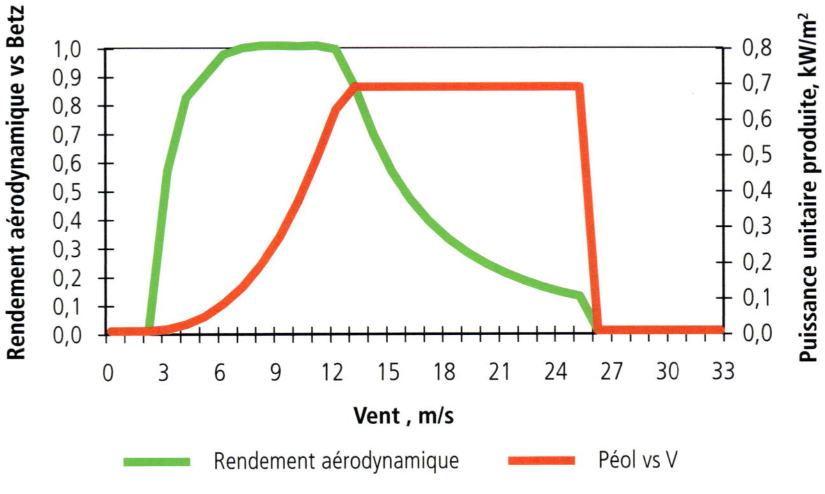

Le carburant de l'éolienne étant gratuit, il est permis de le « gaspiller », ce que les concepteurs font en variant le pas (calage) des pales dans la gamme supérieure des vents (ou en se servant du décrochage aérodynamique pour limiter la puissance maximale), de manière à rester à l'intérieur des contraintes tolérées par les matériaux et la capacité de la machine électrique. Au-delà de 12 m/s qui marque le début de la zone de régulation aérodynamique du rotor, on réduit volontairement l'efficacité aérodynamique du rotor par un système de calage variable des pales ou par décrochage dynamique.

Pour les mêmes raisons, la gamme des vents dépassant 25 m/s (vitesse d'éclipsage) est généralement exclue de la gamme d'opération des éoliennes commerciales modernes. La fréquence de ces vents est très faible sur une année et, bien que le contenu énergétique de ces vents soit très grand, il n'est pas justifié économiquement de les exploiter. Cette plage d'opération est d'ailleurs celle où chacun rentre à l'abri pour éviter de se voir emporté. Les éoliennes sont donc arrêtées durant ces épisodes où il vaut mieux baisser les voiles.

On retiendra de cette mise en situation que le processus de conception et d'optimisation d'une éolienne est directement lié aux caractéristiques du climat éolien dans lequel elle est appelée à opérer.

C'est d'ailleurs la raison pour laquelle les grands manufacturiers déclinent aujourd'hui leurs aérogénérateurs selon une gamme d'options de plus en plus étendue pour pouvoir justement adapter leurs machines à toutes les conditions de terrain et de climat éolien. Ils offrent leurs modèles dans différentes tailles de rotor et selon plusieurs hauteurs de tour, afin de les adapter aux caractéristiques du vent dans la couche limite du terrain où sera implantée la centrale éolienne. (Voir le chapitre 7.)

On trouvera à l'annexe A la variété de systèmes de conversion électrique qui se retrouvent dans les machines commerciales modernes, avec – il faut le dire – une convergence de plus en plus marquée vers des rotors à calage variable et des systèmes de conversion autorisant un fonctionnement à vitesse variable. Encore une fois, la flexibilité qu'offrent les systèmes de commande de l'électronique de puissance moderne permet d'asservir le couple et/ou la vitesse de rotation de l'éolienne sur une plage de plus en plus large. Cela est particulièrement intéressant pour contrôler la puissance captée par l'éolienne dans la zone de régulation de la courbe puissance-vitesse. Ces fonctions servent à exploiter une éolienne moderne selon différents modes : consigne de puissance, réserve tournante, régulation du facteur de puissance, etc. (Voir les figures 9.4. et 9.6 à la section 9.4.)

4.8 Évaluation du productible d'un site et choix d'éolienne

Pour choisir un site et une éolienne, il est essentiel de bien connaître d'abord les caractéristiques du climat local (cycles quotidiens, mensuels, annuels des vents, températures, vents et températures extrêmes, risques de corrosion, etc.) qui, en première approximation, serviront au cahier des charges et à la conception mécanique de base de l'éolienne (classes de machines).

Le gisement éolien disponible demeure l'élément déterminant de la rentabilité de tout investissement éolien. Pour autant, la vitesse moyenne ne constitue pas *a priori* un indicateur absolu de rentabilité. C'est la distribution des vents qui servira à évaluer la distribution de l'énergie disponible au site. Cette dernière sera très utile pour jauger les caractéristiques de l'éolienne susceptible d'en tirer le maximum. On l'a vu précédemment : même si les vents forts recèlent beaucoup d'énergie, ils contribuent peu à la production annuelle globale. Une éolienne qui serait conçue pour exploiter ce bloc marginal d'énergie serait une aberration économique. Il importe de savoir faire les choix les plus judicieux dans les caractéristiques d'une éolienne afin d'extraire un maximum de l'énergie disponible au site considéré à un coût intéressant, tout en assurant l'opération de la centrale sur la durée de vie du projet. Il est important de se concentrer sur la partie de la courbe d'énergie potentielle du site qui rapportera le meilleur rendement sur investissement.

Transport de pale GE 1,5 MW (37 mètres de longueur).
Gracieuseté : DOE/NREL
Photo : Jim Green

[CHAPITRE 5]

Estimation du productible et facteur d'utilisation d'une éolienne

La donnée la plus lourde dans l'établissement du coût de production de l'électricité éolienne est sans contredit la production énergétique annuelle de l'aérogénérateur au site considéré. Ce volume d'électricité annuel, souvent appelé le productible puisqu'il s'agit d'une estimation, est celui qui entre dans les calculs financiers et comptables dont la période de récurrence est également d'une année. Le productible est une quantité d'énergie exprimée en mégawattheures par année (MWh/an). Le productible d'une éolienne est toujours associé à un intervalle de confiance déterminé par les statistiques de la climatologie éolienne annuelle du site. Il y a des années plus venteuses, d'autres moins. Cette réalité statistico-financière s'applique à tous les projets d'investissements d'énergie renouvelable, indépendamment du fait qu'ils soient solaires, éoliens, hydrauliques ou qu'ils doivent compter sur des approvisionnements en carburant provenant d'une exploitation agricole ou forestière (biomasse). C'est également le cas de l'hydraulicité dont les apports varient selon la climatologie hydrologique spécifique au site des centrales. La connaissance de la variabilité annuelle des apports naturels a une incidence directe sur les paramètres de financement des projets d'énergie renouvelables qui seront exploités pendant plusieurs dizaines d'années.

Le productible annuel d'une centrale éolienne projetée est évalué à partir d'histogrammes représentatifs du climat éolien au site considéré. La marge d'erreur du productible est moindre lorsque des archives anémométriques fiables et de long terme existent à proximité du site considéré. Le plus souvent ce sont des fonctions de distribution statistique qui tiendront lieu d'histogrammes pour cerner le productible annuel (voir aussi la section 6.1). Évidemment, la validation de toute « prédiction » du productible annuel d'une centrale éolienne projetée ne s'obtient qu'après des années d'opération, grâce à des mesures anémométriques et de production éolienne documentées. Voyons d'abord comment s'effectue le calcul d'un productible annuel.

5.1 Fonction de distribution de probabilité de Weibull

La majorité des courbes de vitesses classées (ces histogrammes annuels de mesures des vents) peuvent être représentées par la fonction de densité de probabilité dite de Weibull, qui permet de calculer la Probabilité d'Occurrence, $PO_w(v)$, d'un vent de vitesse V.

$$PO_w(v) = k/c * (V/c)^{k-1} * e^{-(V/c)^k}$$

où

k = facteur de forme (1 < k < 3)

c = vitesse moyenne pondérée du vent

Pour cette raison, la distribution de Weibull est la plus utilisée dans tous les logiciels permettant l'évaluation de la production énergétique d'un projet éolien. La figure 5.1 montre l'impact du facteur de forme k sur la répartition des heures de l'histogramme des vents d'un site.

FIGURE 5.1

Histogramme des vitesses de vent selon la distribution statistique de Weibull ; effet du facteur de forme, k, sur la répartition des heures (c = 8,2 m/s)

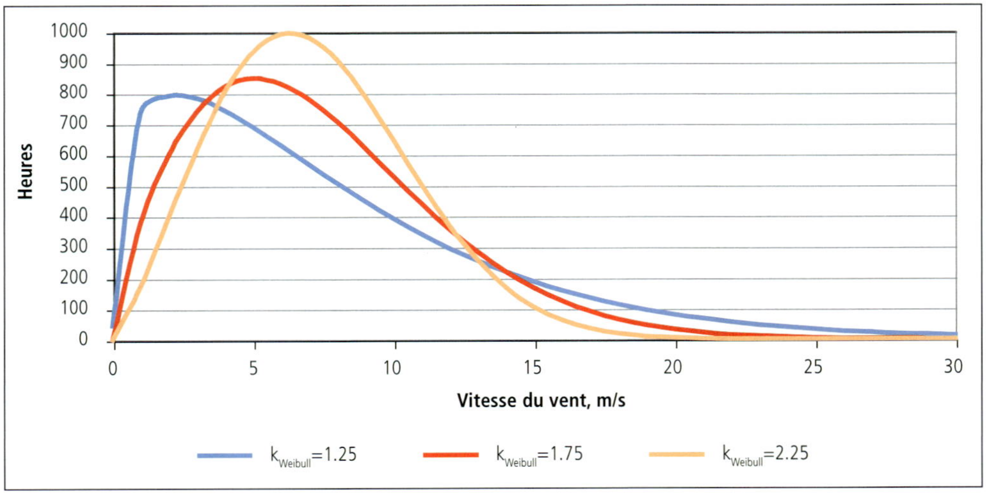

Le calcul de la moyenne pondérée de ces trois distributions donne une vitesse moyenne de 7.79, 7.35 et 7,27 m/s respectivement pour $k_{Weibull}$= 1,25, 1,75 et 2,25. Cela signifie que la vitesse moyenne d'une archive anémométrique ne constitue pas *a priori* un indicateur exclusif de productivité pour un projet éolien. La forme de la distribution n'est pas négligeable. Rien ne remplace la prise de mesures en site réel pour bien assurer la base de données anémométriques, climatiques, topographiques et environnementales locales susceptibles de conduire à une évaluation serrée de la rentabilité d'un projet de centrale éolienne. (Voir le chapitre 8.)

La probabilité que les vents soient inférieurs à V_{ref}, PO_w $(V<V_{ref})$, est donnée par :

$$PO_w\ (V<V_{ref}) = 1 - e^{-(Vref\ /\ c)\wedge k}$$

Cette fonction représentant la somme des $PO_w(v)$ compris entre $0<V<V_{ref}$

on déduit que la probabilité de vents compris entre V_1 et V_2 est donnée par :

$$PO_w(V_1 < V < V_2) = PO_w(V<V_2) - PO_w(V<V_1) = e^{-(V1/c)\wedge k} - e^{-(V2/c)\wedge k}$$

5.2 Fonction de distribution de probabilité de Rayleigh

Pour un calcul préliminaire de l'énergie spécifique, on se sert couramment de la courbe de probabilité cumulée de la distribution de Rayleigh à laquelle on superpose la caractéristique de puissance de l'éolienne. En raison de sa grande simplicité, la fonction de densité de probabilité de Rayleigh est très utile pour l'analyse préliminaire de la productivité d'un projet éolien en raison du fait qu'elle ne requiert qu'un seul paramètre : la vitesse moyenne annuelle des vents du site, Vm.

$$PO_R(v) = 0{,}5\ \pi V_m^{\ -2}\ e^{-\pi/4\ (V/Vm)\wedge 2}$$

On remarquera que la distribution de Rayleigh est un cas particulier de la fonction de distribution de Weibull de paramètres $c= (\pi/4)^{1/2} V_m$ et k=2.

La figure 5.2 montre la probabilité cumulée de la distribution de Rayleigh, exprimée en heures par année, et généralisée en fonction du ratio V/V_m.

On peut montrer que la probabilité (Rayleigh) de vents compris entre V_1 et V_2 est donnée par :

$$PO_R(V_1<V<V_2) = \pi/2\ (e^{-\pi/4\ (V1/Vm)\wedge 2} - e^{-\pi/4\ (V2/Vm)\wedge 2}).$$

FIGURE 5.2

Probabilité cumulative généralisée de la distribution de Rayleigh, donnant le nombre d'heures par année où les vents dépassent la vitesse V (exprimée par le ratio V/V_m)

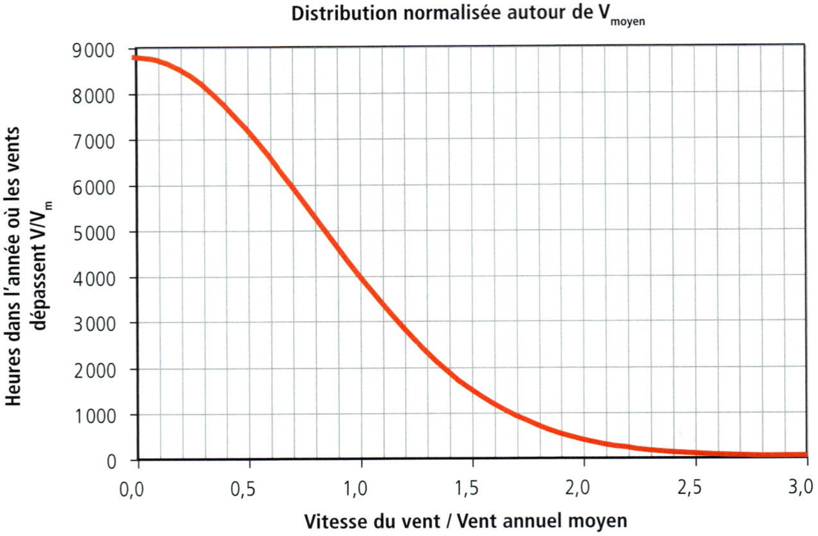

On peut vérifier que, selon la fonction de distribution probabiliste de Rayleigh, le nombre d'heures par an où le vent dépasse la vitesse moyenne est de 4 000 heures (45 % de l'année). On remarquera également que les vents dépasseront le double de la vitesse moyenne des vents moins de 5 % de l'année (378,6 heures précisément). Cela tend à confirmer les remarques du chapitre précédent sur les considérations d'optimisation technico-économiques à faire dans la détermination de la caractéristique puissance-vitesse d'une éolienne.

5.3 Productible (MWh/année), énergie spécifique (kWh/m²/an)

La figure 5.3 montre la distribution des vents (Rayleigh, Vitesse moyenne annuelle de 9 m/s) et la caractéristique puissance-vitesse de l'éolienne illustrée à la figure 4.8 (section 4.7) ; ce sont les fondamentaux du calcul du productible. On notera que les figures suivantes illustrent, selon le contexte, la puissance par unité de surface balayée par le rotor (en kW/m²) et l'énergie par unité de surface balayée par le rotor (en kWh/m² de surface balayée).

FIGURE 5.3
Histogramme annuel des vents (Rayleigh, Vitesse moyenne annuelle de 9 m/s) et caractéristique puissance-vitesse de l'éolienne de la figure 4.8

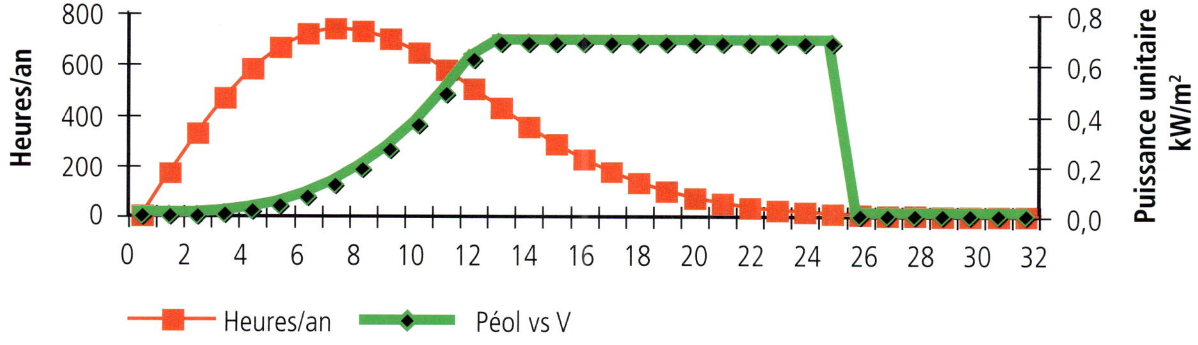

La figure 5.4 montre la distribution des énergies théoriquement disponibles (chaque valeur représentant le produit de la puissance contenue dans le vent et du nombre d'heures associées à chaque intervalle de vitesse). On notera que le décalage important observé entre les deux courbes de la figure 5.3 se résorbe complètement dans la figure 5.4. Dans cette figure, le cube de la vitesse du vent révèle le pragmatisme de la caractéristique puissance-vitesse de l'éolienne.

Finalement, la figure 5.5 montre la distribution de l'énergie captée (chaque point de la courbe représente le produit de la puissance de l'éolienne et du nombre d'heures associées à chaque intervalle de vitesse). On remarquera en particulier que la caractéristique puissance-vitesse de l'éolienne récupère la majorité du productible annuel à l'intérieur de sa fenêtre d'opération.

Évidemment, la méthodologie présentée ici doit être raffinée pour tenir compte des multiples facteurs qui peuvent influencer l'énergie annuelle escomptée d'un projet. À ce stade, on se limitera à souligner l'importance de faire une analyse de gisement sur une base mensuelle afin de représenter dans le productible les corrections appropriées pour la densité de l'air (hiver vs été). On verra au chapitre 7 d'autres facteurs, comme la direction des vents susceptibles d'affecter le productible et la manière de raffiner l'analyse de productivité d'une centrale éolienne. La somme des valeurs de chacun des points de la courbe bleue de la figure 5.5 représente précisément l'énergie spécifique disponible au rotor, en MWh/m^2/année.

FIGURE 5.4

Histogramme des énergies disponibles (Rayleigh, vitesse moyenne annuelle de 9 m/s) et caractéristique puissance-vitesse de l'éolienne de la figure 4.8

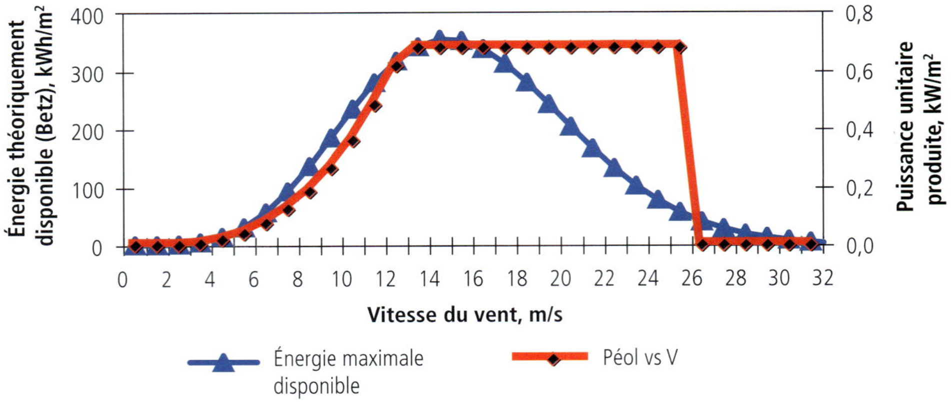

FIGURE 5.5

Répartition des énergies captées dans un régime de vents donné (Rayleigh, vitesse moyenne annuelle de 9 m/s) selon la caractéristique puissance-vitesse du rotor de la figure 4.8

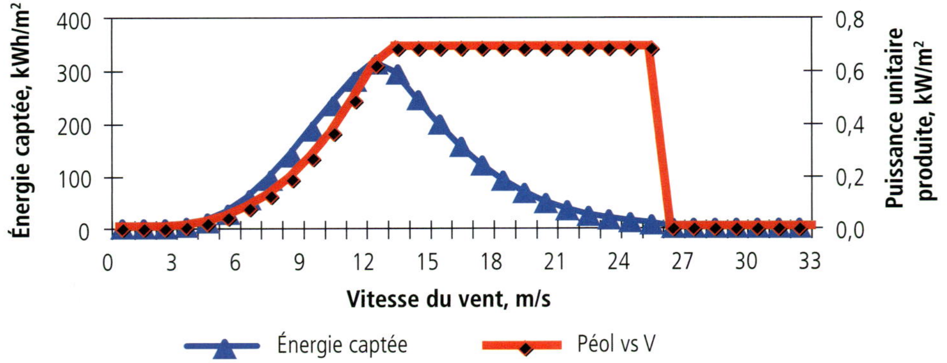

Le graphique de la figure 5.6 illustre d'une autre manière la caractéristique de puissance de l'éolienne de la figure 4.8, opérant dans une distribution annuelle de vents donnée. Ce graphique des puissances classées montre le nombre d'heures dans l'année où l'éolienne produit une puissance égale ou supérieure à une valeur donnée. Il représente la caractéristique puissance-durée typique d'une machine éolienne opérée en site réel. L'aire sous la courbe en bleu représente précisément l'énergie totale produite par le rotor de notre éolienne sur ce site dans l'année; elle a rigoureusement la même valeur que la somme des valeurs de chacun des points de la ligne bleue de la figure 5.5. Notre exemple considère en fait l'énergie totale par m² de surface balayée[67]. On appelle cette productivité unitaire annuelle énergie spécifique[68], laquelle s'exprime en MWh/m²/an. L'énergie

FIGURE 5.6
Courbe de puissance classée.
Définition du Facteur d'Utilisation

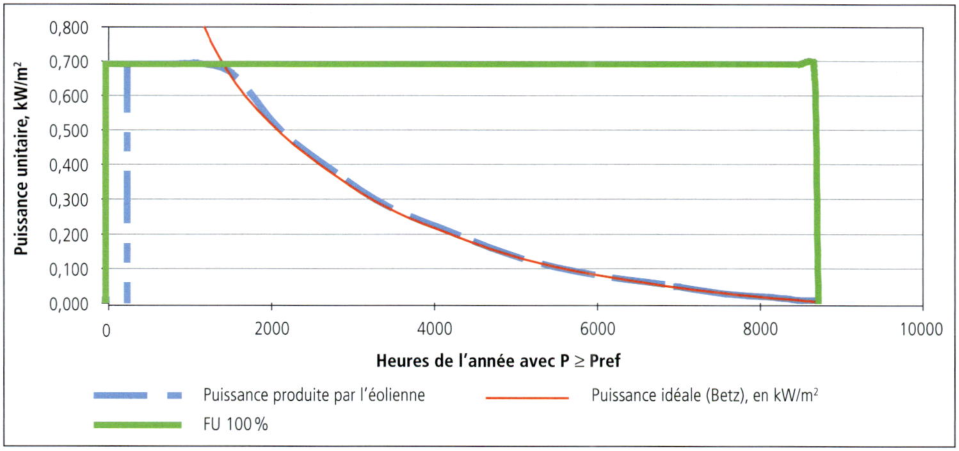

---

67. Pour obtenir la productivité annuelle (en MWh/an) d'une éolienne à un site donné, il s'agit de remplacer l'éolienne de la figure 4.8 par la caractéristique P vs V d'une éolienne commerciale (fournie par le manufacturier et dûment validée par un organisme indépendant de certification des performances). En répétant la procédure avec une série de distributions de vent, on obtient un graphique du productible d'une éolienne en fonction du régime des vents. La figure 8.3 illustre la courbe caractéristique du résultat de cet exercice d'évaluation du productible pour une moyenne normalisée (par kW de capacité installée) de 6 éoliennes commercialement disponibles.

68. La puissance unitaire moyenne correspondant à chaque heure de la distribution, multipliée par une heure, représente un bâtonnet d'énergie produite pendant l'heure. En additionnant les 8 760 bâtonnets d'énergie unitaire de l'année, on obtient la productivité unitaire de notre éolienne, en MWh/m²/année. C'est la définition de l'énergie spécifique d'une éolienne.

spécifique estimée d'une éolienne moderne devrait se retrouver normalement dans une fourchette de 1 à 2,5 MWh/m²/an. La fourchette est vaste, car elle dépend du site et de la conception de l'éolienne. Pour le moment, il s'agit de retenir que la caractéristique énergie spécifique d'un aérogénérateur commercial permet de comparer les fabricants entre eux et de rechercher la turbine la mieux adaptée aux caractéristiques spécifiques d'un site (voir chapitre 7).

5.4 Le Facteur d'Utilisation (FU)[69]

La figure 5.6 contient également la définition graphique du facteur d'utilisation (FU). Le FU d'un équipement représente le ratio entre l'énergie totale produite par un équipement de production et l'énergie qu'il produirait s'il opérait à sa capacité nominale pendant toute la période de référence considérée.

Le facteur d'utilisation (en anglais *capacity factor*), souvent réduit à son acronyme FU, est un indicateur de comparaison omniprésent dans le monde de l'électricité. Il est de fait très pratique pour estimer rapidement la productivité énergétique d'une centrale de production électrique[70]. Nous l'utilisons fréquemment dans ce livre. Le FU doit être référencé à une période de temps spécifique (c'est-à-dire mois, saison, année)[71]. Le FU s'exprime couramment par une valeur comprise entre 0 et 1 ou par un pourcentage.

En parlant du FU d'un équipement, on ne doit jamais perdre de vue le fait que ce paramètre ne constitue qu'un simple indicateur statistique de productivité le plus souvent utilisé pour calculer rapidement le productible annuel d'un équipement de production de puissance nominale donnée, exploité sous des conditions bien définies (site, climatologie, mode d'utilisation). Il ne permet aucunement de juger de la pertinence ou de la valeur d'un équipement par rapport à un autre ; il faut s'en souvenir.

Le FU d'un aérogénérateur pour une turbine donnée dépend au premier chef de la qualité du gisement éolien du site et de la conception de l'aérogénérateur. Il augmente avec la qualité du gisement éolien du site. Le FU annuel d'une éolienne peut s'exprimer également par sa productivité nominale qui représente l'énergie produite par unité de

---

69. Prononcer : effu.

70. Pour être tout à fait rigoureux, précisons que la notion de facteur d'utilisation s'applique également à la consommation d'un appareil électrique sur une période de référence donnée. Par extension, on peut tout aussi bien parler du FU annuel d'un abonné résidentiel et industriel, comparer les caractéristiques en termes de FU hivernal et estival. Comme on le verra, on peut agréger la consommation annuelle de toutes les clientèles du réseau électrique dans un FU de consommation global, qui est forcément égal sur l'année au FU global correspondant à la production totale générée par la capacité totale des équipements de production mis en œuvre pour satisfaire tous ces besoins.

71. Au Québec, le FU hivernal est significativement différent du FU estival.

L'ÉNERGIE SPÉCIFIQUE UNITAIRE : UN INDICATEUR DE PERFORMANCE

Lorsqu'on représente le productible d'une éolienne par unité de surface balayée par son rotor, en MWh/m^2/an, on dispose d'une information de comparaison technique qui présente un intérêt particulier dans l'établissement de programmes d'encouragement à l'énergie éolienne. Cette base de normalisation est celle en usage en France pour l'établissement du prix d'achat garanti de chaque centrale éolienne. L'intérêt de l'énergie spécifique réside dans le fait qu'elle intègre, pour une éolienne en service, toute la chaîne de conversion de l'aérogénérateur dans un seul indicateur de productivité du site. Elle permet de récompenser à sa juste mesure le travail d'optimisation effectué par le producteur dans le choix de l'éolienne au moment de la conception. La productivité nominale (en MWh/MW de capacité nominale) ne permet pas toujours de mesurer cet effort d'optimisation du promoteur. À la limite, dans un régime de vent donné, un grand rotor alimentant une génératrice sous-dimensionnée montrera une production annuelle totale faible par rapport à son potentiel de production, mais sa productivité nominale paraîtra très élevée (en MWh/MW). Un rotor de faible diamètre alimentant une génératrice surdimensionnée, dans le même régime de vents ne produira guère plus que le précédent, mais sa productivité nominale paraîtra très faible en MWh/MW. Cet exemple sert à illustrer le fait que, toutes choses étant égales par ailleurs, le choix de l'éolienne doit tenir compte des caractéristiques du site d'implantation. De fait, il n'est pas rare que des centrales éoliennes soient équipées d'aérogénérateurs dont la taille du rotor peut varier, par exemple. Les concepteurs de pales et de systèmes de conversion ont un rôle important à cet égard dans l'optimisation de la productivité des aérogénérateurs, et c'est à ce niveau que la compétitivité des manufacturiers se joue.

capacité nominale, en MWh/MW, souvent ramenée à un nombre d'heures par année. Mais, attention ! ce nombre d'heures peut porter à confusion, car il n'a pas de réalité physique. Il n'a surtout absolument rien à voir avec le temps de marche réel de l'éolienne pendant l'année ; il représente tout simplement le nombre d'heures pendant lesquelles une éolienne devrait fonctionner à sa capacité nominale pour générer l'équivalent de toute sa production annuelle effective. Selon le gisement éolien du site, le FU typique d'une éolienne moderne se retrouve dans la plage de 0,15 à 0,40 (correspondant à environ 1 300 à 3 500 MWh/MW par année). Le facteur d'utilisation annuel d'un équipement est donc égal à sa productivité nominale divisée par 8 760, le nombre d'heures dans une année. On prendra garde de ne pas confondre FU et temps de marche.

De même, il faut éviter de confondre FU, efficacité, disponibilité et fiabilité qui sont des concepts physiques et opérationnels complètement différents.

5.4.1 Définitions : Efficacité (rendement) vs FU

L'efficacité d'une machine est une mesure du rendement énergétique entre la source d'énergie motrice (l'entrée) et l'énergie mécanique utile fournie (la sortie) à une charge (pompe, moteur, etc.). Il ne faut surtout pas confondre, comme on le lit et l'entend malheureusement trop souvent, le FU d'une machine avec l'efficacité énergétique de cette même machine. Par exemple, un moteur à combustion typique du secteur du transport peut être opéré à un FU de 90 % mais son rendement mécanique utile n'est que de 15 à 25 %.

5.4.2 Définitions : Disponibilité vs FU

La disponibilité (ou le taux d'indisponibilité) d'un équipement est une mesure de la fiabilité de cet équipement en exploitation. La disponibilité représente le pourcentage du temps où un équipement est considéré en service ou en état de produire. Tout équipement de production, de transport ou de distribution possède une caractéristique de disponibilité. Un équipement devient indisponible (hors service) lorsqu'il est touché par un arrêt planifié (entretien périodique) ou imprévu (panne de réseau, bris d'équipement, etc.).

Il faut aussi bien comprendre que le FU d'une machine (pompe, moteur, etc.) n'a rien à voir avec la disponibilité effective de cet équipement. Par exemple, une éolienne moderne dont le FU est de 30 % possède une disponibilité dépassant les 98 %. De même, un groupe électrogène d'urgence ou une centrale à turbine à gaz exploitée en période de pointe peuvent être disponibles 99,9999 % du temps sans que leur FU annuel ne dépasse 0,1 %[72] ! Aucun élément n'est disponible à 100 %.

Pour préciser davantage les précautions à prendre vis-à-vis des notions statistiques de disponibilité et de FU, il faut les mettre en relation avec la séquence de production de cet équipement tout au long de l'année : 1) le FU ne dit strictement rien de la séquence chronologique réelle de la production éolienne. 2) La disponibilité d'une éolienne ou d'un équipement ne dit rien sur le temps de marche total d'un aérogénérateur sur une année.

5.4.3 Définitions : Disponibilité et Fiabilité d'un équipement ; Sécurité du réseau

Aucun équipement, aussi puissant et aussi fiable soit-il, n'est à l'abri d'une défaillance d'un de ses éléments. Chaque équipement possède une disponibilité et une fiabilité propres. Un équipement ne peut être plus fiable que la fiabilité de sa moindre composante.

---

72. A-t-on déjà calculé le FU d'un grille-pain ?

La fiabilité d'un équipement est une mesure du risque de défaillance d'un équipement. Elle a aussi un impact sur la sécurité d'un ensemble opérationnel complexe comme le réseau. La défaillance d'un équipement (de transport ou de production) oblige l'opérateur du réseau (le conducteur du réseau) à intervenir pour corriger le défaut et maintenir la fiabilité de l'approvisionnement. Cette réalité d'exploitation est systématiquement prise en compte comme critère de planification des centrales, du réseau de transport ou des centrales diesel opérant en réseau autonome. C'est le principe de la roue de secours. Un cinquième pneu augmente la probabilité de parvenir à destination dans toutes circonstances ; il augmente la fiabilité et la sécurité du véhicule. Un système qui ne peut compter que sur un élément de production est vulnérable et menace directement la sécurité d'approvisionnement de tous ses usagers. Le cas des centrales éoliennes où de multiples unités coopèrent à la production raccordée contribue directement à renforcer la fiabilité de la production dans un cadre d'exploitation en temps réel. Le fait de disposer d'une multiplicité d'équipements de production d'un même type minimise le risque de voir une défaillance d'un seul groupe entraîner l'arrêt complet, possiblement prolongé, de toute une centrale et peut-être même une panne généralisée à l'ensemble du réseau. Ce critère de contingence (qui porte le joli nom de critère (N-1)) sert à garantir la fiabilité du réseau même lorsqu'un élément important (une ligne de transport, une centrale) se trouve en panne à la suite d'une défaillance imprévue. (Voir l'encadré Terminologie de la fiabilité, à la section 9.2.1.)

La défaillance d'un équipement peut avoir des conséquences catastrophiques sur le reste du réseau. En situation d'aléas imprévisibles, la stabilité du réseau est améliorée en prévoyant la mise en route rapide d'autres équipements ou la mise en œuvre de moyens de mitigation complémentaires. Mais, lorsque la nature sort de son portrait statistique, lorsque les conditions d'opération dépassent les critères de conception des équipements, des défaillances en cascade peuvent se produire, naturellement. On peut penser au grand verglas de 1998 qui a causé l'écrasement de longues sections du réseau de transport en Montérégie, à partir de la défaillance d'un seul élément : un pylône qui a entraîné par effet domino l'effondrement de dizaines d'autres de ses semblables.

Les études de fiabilité du réseau se basent sur la probabilité de défaillance des divers types équipements du réseau (P, T et D). La fiabilité du réseau est établie par l'analyse de divers scénarios de défaillance. Ces analyses font appel au calcul combinatoire et probabiliste et constituent une spécialité très particulière du monde de la planification du réseau électrique. Avec le nombre croissant et la diversité d'unités de production et grâce à une exploitation capable de les faire s'appuyer mutuellement, des éléments jouissant d'une disponibilité et d'une fiabilité individuelle élevée ne peuvent que renforcer la fiabilité d'ensemble du réseau. L'évolution des moyens techniques permettant d'isoler rapidement les causes d'un problème contribue également à améliorer la fiabilité du réseau.

La préoccupation de fiabilité en puissance est intimement liée à la pointe de demande annuelle du réseau, puisque c'est à ce moment que la défaillance d'un équipement peut entraîner les plus graves conséquences en termes de pannes. Il s'agit dont essentiellement d'un critère de planification à long terme du réseau qui tient compte de la croissance de la demande et des moyens, en énergie et en puissance, qui doivent être mis en œuvre pour y faire face. Des caractéristiques particulières peuvent permettre à une technologie de production d'acquérir une valeur en puissance admissible à cet exercice de planification associée. C'est le cas du vent en particulier qui est simultanément générateur de demande et de production pour la demande de chauffage électrique du Québec très fortement corrélée pendant les heures de pointe. (Voir aussi l'encadré Terminologie de la fiabilité du réseau section 9.2.1, p. 183)

Les Boules, Gaspésie (2008).

[CHAPITRE 6]

Prospection du gisement éolien et évaluation de son potentiel

L'augmentation de la puissance de calcul de l'informatique a permis le développement de nouvelles techniques numériques appliquées à l'exploration du gisement éolien et à la prévision de la production éolienne. Depuis l'an 2000, les progrès de ces deux éléments clés pour le développement de la filière éolienne sont incessants. Ce chapitre s'intéresse au premier de ces éléments, qui constitue pour l'éolien l'équivalent de l'exploration et de la prospection géologiques pour le secteur minier. On parlera donc de gisement éolien, un terme qui peut surprendre quand il s'agit de décrire une ressource aussi mobile que le vent, mais qui représente précisément le fait que l'éolien en tant que ressource naturelle disponible partout sur le territoire possède des filons de qualités variées qu'il importe de prospecter avant de décider de l'endroit permettant le meilleur potentiel d'investissements et d'exploitation. Comme on le verra, **le Québec possède des filons éoliens de grande qualité. Son gisement est le plus important en Amérique du Nord. C'est également le plus riche et, de loin, de tous les potentiels énergétiques du Québec**. Comme on le découvrira dans ce chapitre, en tenant compte de toute la plage de vents exploitable, **le gisement éolien représente plus de 100 fois le gisement hydraulique en exploitation au Québec à la fin 2008**.

La majorité des nouvelles technologies d'exploration du gisement éolien sont basées sur des modèles qui utilisent la méthode méso-échelle mise au point en grande partie par le laboratoire danois de Risø et par Environnement Canada. Grâce aux puissants outils de calcul numérique, ces modèles permettent tout aussi bien d'obtenir des définitions spatiales assez fines pour faire la planification préliminaire de centrales éoliennes que de dresser un portrait global du climat éolien et des zones venteuses à l'échelle planétaire.

FIGURE 6.1
Atlas mondial de la vitesse moyenne annuelle des vents à 80 m de hauteur (résolution 15 km)

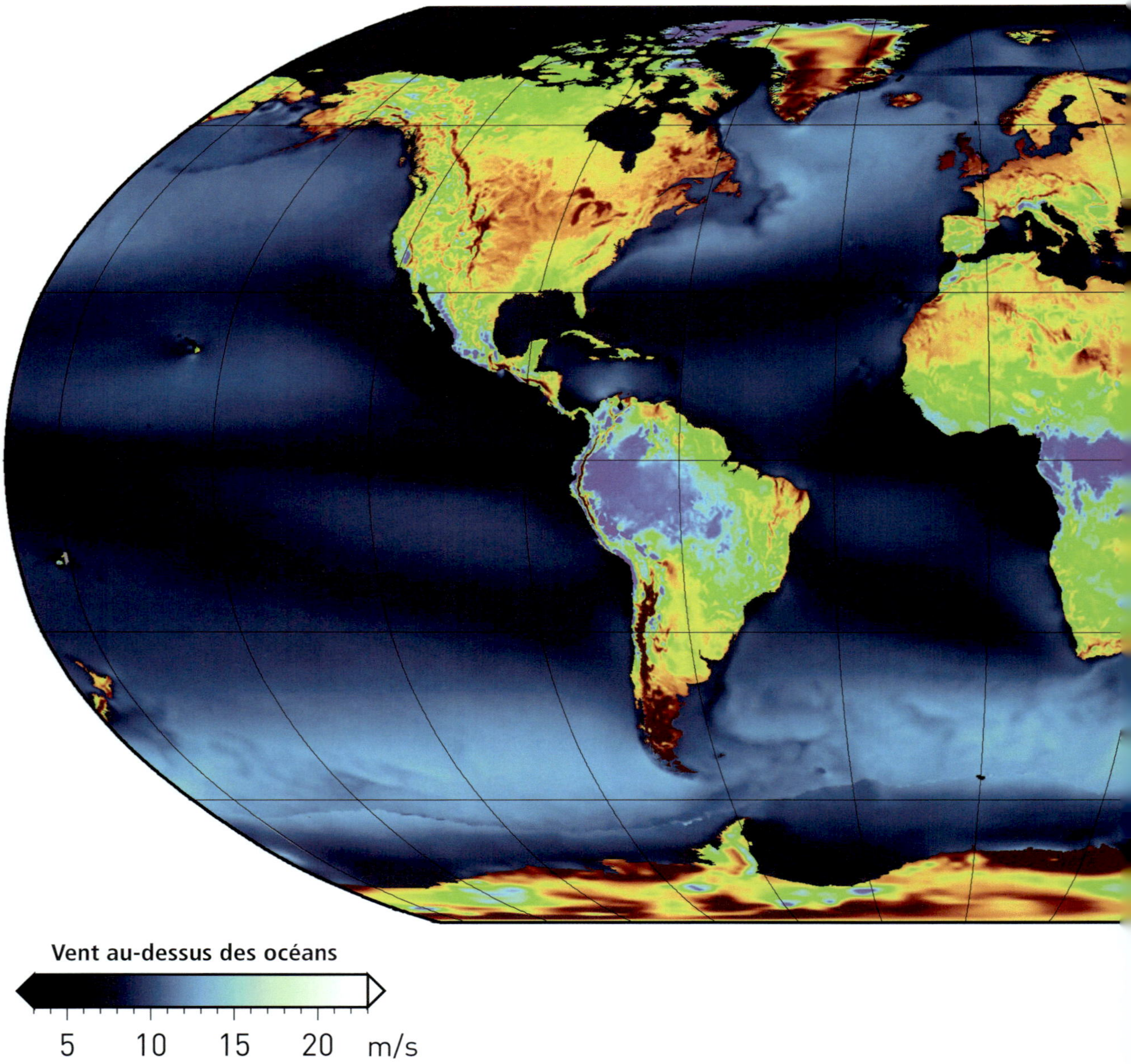

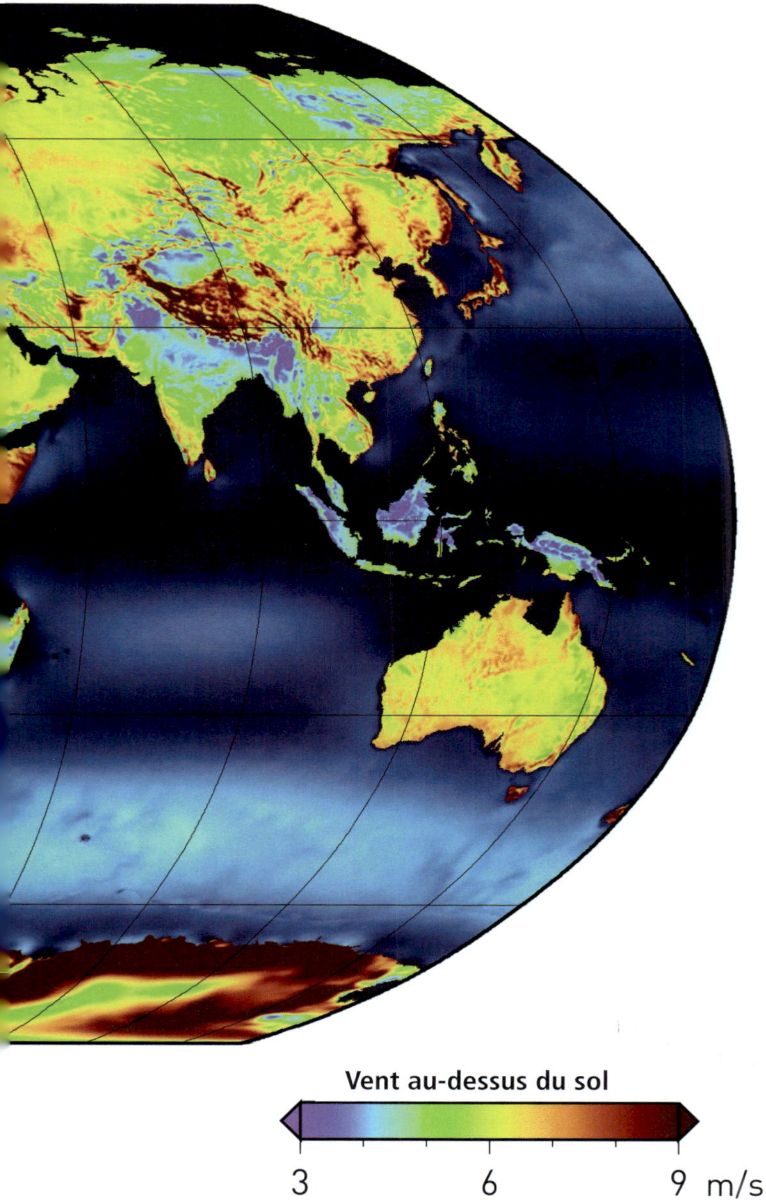

La figure 6.1 montre l'atlas mondial des vents à 80 m de hauteur, à une résolution de 15 km. Selon cet atlas réalisé par 3Tier, les zones les plus venteuses au monde se trouvent en Antarctique, en Patagonie, au Groenland, dans les îles Britanniques, au Québec et en Tasmanie. En tenant compte de la proximité des marchés de l'électricité, le Québec possède, après les îles Britanniques, le deuxième gisement éolien en importance dans le monde, le premier des Amériques.

Ce chapitre présente dans un premier temps un survol de l'évolution des méthodes d'exploration du gisement éolien. Il se termine avec un résumé qui décrit l'ampleur du potentiel énergétique du gisement éolien québécois.

6.1 Mesures des vents sur site

Étant donné les coûts de réalisation d'un projet de centrale éolienne, il y a nécessité de bien identifier le filon au site considéré pour minimiser le risque d'échec financier. Les coûts d'une campagne de mesures représentent relativement peu dans l'ensemble des coûts d'un projet en service, mais leur importance est capitale. C'est le premier élément de décision d'un projet d'investissements dont le paramètre le plus sensible reste en définitive la disponibilité de son carburant durant toute sa durée de vie. En l'occurrence, la connaissance du vent au site est tout à fait capitale dans la décision d'entreprendre un projet éolien. Il n'est pas rare que des garanties de fiabilité des données touchant 95 % de la période de mesure soient exigées par les financiers examinant les contrats d'achat d'électricité d'un producteur.

Gracieuseté : 3TIER, www.3tiergroup.com

6.1.1 Observations de la végétation

Une des premières façons de vérifier l'intensité et la persistance du gisement éolien est l'observation de la végétation. La figure 6.2, indique probablement qu'on se trouve sur un bon site dans une région assez venteuse. Mais, évaluer la moyenne annuelle de la vitesse des vents régionaux à partir de cette seule observation demande une expertise peu commune. Il serait hasardeux de préparer une proposition financière exclusivement à partir de telles observations. Toutefois, ce genre d'observation peut servir à déterminer des régions ou un site méritant une exploration plus approfondie à travers une campagne de mesures anémométriques.

Il faut aussi considérer que des profils de cisaillement éolien très particuliers existent au-dessus d'obstacles importants comme le sommet d'un escarpement, une crête montagneuse ou plus généralement au-dessus d'une topographie accidentée. Le vent peut être fort dans une tranche de quelques mètres au-dessus d'une crête montagneuse, puis diminuer légèrement dans la tranche supérieure et de nouveau s'accroître graduellement à plus haute élévation. Ces phénomènes d'inversion s'observent souvent sur des tranches de plusieurs dizaines de mètres. Ils sont fréquents dans les topographies accidentées.

FIGURE 6.2
Observation de la végétation : un site venteux

Gracieuseté : A. Rapallini

FIGURE 6.3
Cerf-volant

Pour un même site, le profil vertical du vent dépend aussi de l'intensité de l'écoulement météorologique régional. Ces phénomènes complexes influencent directement la productivité d'un site au quotidien comme sur une année. On notera en particulier que la hauteur de la tour peut jouer de façon importante sur la rentabilité d'un projet. Un investissement éolien avisé doit toujours être optimisé en fonction des caractéristiques spécifiques de chaque site, ce qui exige au départ la meilleure connaissance possible des caractéristiques de la ressource directement au site considéré.

L'anémométrie (mesure des vents) est un art consommé, et la technologie qui a été développée pour évaluer les vents continue d'étonner.

6.1.2 Cerfs-volants Tala

Après avoir établi par l'observation de la végétation qu'un site était probablement venteux, dans une deuxième étape on doit impérativement mesurer les vents. Vers la fin des années 1970 en Californie, l'observation de la vitesse et du profil des vents était établie par des mesures ponctuelles de la vitesse des vents à l'aide de cerfs-volants TALA (*Teethered Aerodynamically Lifting Anemometer*). Connaissant la longueur de corde déroulée, son angle avec le sol et la tension dans la corde, on pouvait calculer l'intensité du vent à une hauteur donnée. Cette méthode permettait d'obtenir assez rapidement un profil d'accroissement de la vitesse des vents avec l'altitude (profil de cisaillement éolien) au-dessus d'un territoire précis.

6.1.3 Anémométrie

La mesure à l'aide d'un anémomètre constitue l'outil essentiel de tout projet de prospection éolienne. Un anémomètre permet d'obtenir la vitesse moyenne annuelle, la distribution de vitesse des vents (par secteur de la rose des vents) du site. Mais un anémomètre ne donne ces mesures que pour la période de lecture (en général, de 12 à 18 mois), à l'emplacement et à la hauteur à laquelle il a été installé. La mesure peut être très précise ; elle est essentielle, mais ne représente qu'un seul point spatialement. Une étude de prospection du climat éolien d'un site nécessite la mesure des vents à plusieurs hauteurs (10, 20, 40, 60 m) et sur plusieurs mâts de mesure. Une campagne de mesures anémométriques représente des coûts qui vont de 8 000 à 100 000 $ par point et par tranches d'une année de mesures, dépendant de l'éloignement et du nombre de stations impliquées. Les données recueillies, couplées aux archives météorologiques régionales, sont ce qui permet de déterminer le climat éolien au site, de même que des caractéristiques climatiques essentielles (extrêmes de température et de vent, turbulence, etc.) au choix des éoliennes qui s'y implanteront éventuellement.

La figure 6.4 montre plusieurs types d'anémomètres : à hélice, à coupelles, ultrasonique, et un appareil sonique Triton pour l'évaluation du profil des vents.

6.1.4 Corrélations locales et régionales : données d'aéroport

Comme elles couvrent généralement un grand nombre d'années d'observation, les données anémométriques d'un aéroport régional peuvent servir de base de validation pour des données anémométriques mesurées sur une plus courte période à un site susceptible d'accueillir une centrale éolienne. Les archives des aéroports permettent d'établir des corrélations, en amplitude et en direction, des mesures prises au site en prospection pendant l'année. Mais il faudra prendre bien soin de valider que sa topographie est représentative de celle du site éolien considéré. Des sites distants de quelques kilomètres peuvent avoir des climats éoliens très différents. Si le site de l'aéroport est jugé représentatif, ses archives anémométriques enrichiront considérablement la valeur de la série chronologique d'une seule année de mesures du nouveau site considéré. Comme la période d'exploitation d'une centrale éolienne est de 20 ans, il est possible de diminuer le risque financier associé à l'échantillon statistique du productible d'une centrale éolienne si on peut compter sur une solide corrélation statistique entre les données d'aéroport et l'anémomètre de mesure au site

FIGURE 6.4
Exemples d'anémomètres : à hélice, à coupelles, ultrasonique, et un appareil de type SODAR pour l'évaluation du profil des vents

1. Anémomètre RM Young 05103, Gracieuseté de Campbell Scientific (Canada) Corp.
2. Anémomètre à coupelles, Gracieuseté de DWC, Danemark
3. Anémomètre à ultrasons, Gracieuseté de Climatronics
4. Appareil Sonic Triton, Gracieuseté de Second Wind, © 2008, Justin Arcangeli

projeté pendant l'année de mesure. De plus, les archives de longue durée de l'aéroport permettront d'étendre la mesure au site projeté sur 20 ans.

Chaque pays possède de nombreux aéroports où la mesure des vents (vitesse et direction) constitue une information à fournir aux pilotes. À certains endroits, ce peut être simplement une manche à air utile au vol à vue. Les anémomètres donnent lieu à la tenue d'archives météo fort utiles pour les prospecteurs éoliens. Il arrive malheureusement assez souvent que les lectures de ces anémomètres soient systématiquement faussées par la présence d'obstacles importants (souvent les bâtiments de l'aéroport) ou se révèlent incomplètes soit parce que les données fines ne sont pas conservées, soit qu'elles ne sont prises que pendant la journée ou de façon irrégulière. Mais le principal problème des données d'aéroport pour les besoins des prospecteurs du vent est qu'elles sont généralement mesurées à 10 mètres au-dessus du sol alors que les éoliennes modernes sont plutôt installées sur des tours de 60 à 100 mètres de hauteur. L'extrapolation à ces hauteurs à partir de données, prises à 10 mètres d'altitude, n'est pas sans risques. De plus, il faudra prendre bien soin de valider la représentativité de la topographie et des obstacles du site de l'aéroport par rapport au site éolien considéré. Répétons-le : des sites distants de quelques kilomètres peuvent avoir des climats éoliens très différents.

La création des services météorologiques nationaux, fréquemment associée à des sites d'aéroport, a permis de systématiser la prise de données et la constitution d'archives climatiques qui forment la base des travaux internationaux sur le climat. Dans ces archives se trouvent cachées des réponses à plusieurs des questions qui intéressent les chercheurs quant au climat éolien.

Il existe très peu de campagnes de mesures à long terme strictement orientées vers la prospection éolienne. Les premières campagnes de mesure visant à quantifier le gisement éolien au Québec remontent à la fin des années 1970. Elles ont été faites dans le cadre du projet ÉOLE, au site de l'éolienne à axe vertical de 4 MW de Cap-Chat. Des tours anémométriques avaient été installées à Cap-Chat et à Rivière-au-Renard, en Gaspésie, ainsi qu'à Rivière-au-Tonnerre sur la Côte-Nord. Des tours anémométriques de 60 mètres de hauteur portaient 4 stations anémométriques à 10, 20, 40 et 60 mètres d'altitude. De plus, les données de la station d'essais du site de l'éolienne des Îles-de-la-Madeleine faisaient partie du programme.

6.1.5 Autres appareils d'investigation du profil anémométrique d'un site

De nouvelles technologies émergent de la R&D du domaine éolien et exercent un attrait croissant auprès des manufacturiers d'éoliennes. Ainsi, les systèmes commerciaux basés sur l'exploitation des technologies SODAR (*Sonic Detection And Ranging* (figure 6.4)) et LIDAR (*Light Detection And Ranging*) sont maintenant disponibles. Ils sont généralement utilisés pour des périodes de mesures plus courtes et servent à analyser les problématiques de production spécifiques en terrain complexe et pour résoudre des litiges ayant trait au respect des garanties de performance des fabricants.

On notera au passage que les mesures sur site seront nécessaires durant toute la période d'exploitation d'une centrale éolienne. Ce référencement anémométrique local – qui doit être certifié par des calibrations fréquentes et indépendantes de l'exploitant – est aujourd'hui un enjeu critique dans le règlement de litiges pouvant survenir dans les clauses contractuelles touchant les livraisons d'énergie ou le respect des garanties de performance du manufacturier.

6.2 Évaluation préliminaire du gisement éolien : modèles

En 1995, Hydro-Québec et le ministère des Ressources naturelles du Québec mandataient un consultant californien (WECTEC) et l'Université du Québec à Rimouski (UQAR) pour faire un relevé des données de vent disponibles afin d'établir une première estimation du gisement éolien québécois. Les données de vent disponibles pour fins d'analyse provenaient de 18 stations d'aéroports situées principalement dans la vallée du Saint-Laurent. En 1995, les consultants n'avaient tout simplement pas de données permettant d'évaluer le gisement éolien sur la majorité du territoire québécois. Les mesures aux aéroports étant généralement limitées à une élévation de 10 mètres au-dessus du sol, comme nous l'avons déjà constaté, la marge d'erreur prévisible était énorme, considérant que le moyeu d'une éolienne moderne se trouve à 80 mètres. Avec 86 000 km^2 de terrain par site anémométrique, on conviendra que ce premier coup de sonde a surtout permis de réaliser tout le chemin qui restait à parcourir pour arriver à un véritable atlas du gisement éolien.

6.2.1 Méthode de calcul du gisement : micro-échelle

Au début des années 1980, deux modèles ont été développés pour étudier les effets de terrain sur les vents. Ce sont les modèles WAsP mis au point à Risø, au Danemark, et MsMicro conçu au Canada.

Les modèles d'étude des effets de terrain sur le vent sont basés sur les résultats d'une étude scientifique internationale poussée, réalisée sur la colline d'Askervein, en Écosse, dans les années 1980[73]. Cette étude a permis de valider la modélisation de l'effet d'accélération causé par une colline de forme arrondie (quasi sinusoïdale) sur l'écoulement du vent atmosphérique. À partir de ce modèle physique validé, on a mis au point une méthode basée sur la décomposition du relief topographique d'un site en une série de sinusoïdes : en calculant l'effet de chacune de ces sinusoïdes sur les vents pour une direction donnée, on réussit à évaluer, pour le relief considéré, l'effet de ce relief sur l'écoulement des vents selon cette direction. On répète le processus pour tous les secteurs de la rose des vents. La méthode micro-échelle permet ainsi de créer une carte des vents à une hauteur donnée au-dessus du sol, à partir de quelques mâts de mesure anémométriques sur le territoire environnant. Ce type de calcul dans certains cas a été réalisé pour un maillage géographique aussi fin que 200 m.

73. Pour une courte description du site d'Askervein, voir : http://www.postech.ac.kr//me/efdlab/hyungoo/askervein.html.

Le modèle mathématique initial, valide pour des reliefs dont la pente est inférieure à 20 %, caractéristique de la colline Askervein, a donné naissance à l'exploration d'un vaste champ de recherches sur la modélisation des écoulements éoliens en terrain complexe. Les efforts internationaux considérables déployés depuis plusieurs années dans ce domaine ont permis d'étendre graduellement les connaissances et de raffiner les modèles d'analyse de terrains complexes. Les modèles disponibles aujourd'hui continuent d'évoluer rapidement et tous les logiciels de conception de centrales éoliennes intègrent des versions de plus en plus sophistiquées de ces outils numériques, afin de mieux circonscrire le productible d'une centrale éolienne.

6.2.2 Méthode de calcul du gisement : Méso-échelle

Depuis la fin des années 1990, de nouvelles méthodes d'évaluation du gisement éolien permettent d'exploiter les archives d'environ 50 ans de données météorologiques contenant des données essentielles de la physique du climat et des vents atmosphériques. En quelques années, ces méthodes ont révolutionné la prospection éolienne[74] et permis, entre autres, d'élaborer un atlas éolien canadien. Les travaux de l'équipe canadienne ont été réalisés en collaboration avec le centre de recherche danois de Risø. La calibration des modèles (leur validation indépendante à partir d'archives anémométriques) a été effectuée à partir de banques météorologiques de sites en Suisse, au Sinaï et, plus récemment, en Saskatchewan et en Gaspésie. Les cartes produites ont montré une précision de l'ordre de 0,5 m/s sur la vitesse moyenne (mensuelle et annuelle) cartographiée. La méthode méso-échelle a été utilisée pour produire l'Atlas éolien canadien que l'on peut consulter au http://www.atlaseolien.ca/fr/maps.php.

La méthode de calcul méso-échelle est un outil très puissant pour l'évaluation du gisement éolien en plus d'être relativement peu dispendieuse. Par exemple, une carte des vents de la Colombie-Britannique, faite en 2000, a coûté environ 100 k$. Les travaux ont été menés par la compagnie AWS Truewind qui utilise une méthode similaire à celle d'Environnement Canada.

Le texte ci-après présente quelques extraits d'un mémoire préparé par les Drs Robert Benoît et Wei Yu du Groupe de recherche et prévision numérique d'Environnement Canada, à Dorval, au Québec, *Cartographie et analyse du gisement éolien du Québec par le système WEST*, présenté à la Régie de l'énergie du Québec en avril 2004, pour le compte du RRSE (RRSE-doc.6) :

---

74. Benoît, Dr R. et Dr Wei Yu, Recherche en prévision numérique, Environnement Canada, Cartographie et analyse du gisement éolien du Québec par le système WEST, RRSE-doc.6, R3526-2004 ; Expertise pour le regroupement pour la responsabilité sociale des entreprises (RRSE), Régie de l'Énergie du Québec, avril 2004.

Le système WEST (*Wind Energy Simulation Toolkit*) a été conçu par des chercheurs d'Environnement Canada depuis 2001. Son but est de calculer la climatologie à haute résolution spatiale des vents pour les turbines éoliennes. Le résultat de l'application de West est une carte de la vitesse moyenne du vent (*wind map*) valide à une altitude donnée au-dessus du sol. La période de moyennage est de plusieurs décennies, contrairement à une prévision météorologique du vent qui serait valide à un instant précis, c'est-à-dire, par exemple, au 1er janvier 2004 à 12 HNE. On appelle une telle carte un atlas éolien. Plus précisément, on parlera d'un atlas éolien numérique pour distinguer cette nouvelle génération d'atlas de l'ancienne. Cette dernière était basée sur des observations ponctuelles de vent (anémomètres, tours) et tentait directement d'interpoler sur toute la région délimitée par les stations de mesure. On peut citer comme exemple de l'ancienne génération le célèbre *European Wind Atlas* (Troen et Petersen, 1989) et l'Atlas WECTEC du Québec réalisé à l'UQAR (UQAR, 1996).

Base scientifique de la cartographie éolienne numérique WEST

Dans le cas de WEST, sur le plan dynamique, il s'agit plus spécifiquement d'une adaptation du mouvement atmosphérique à une spécification de plus fine échelle de la condition limite au sol, soit principalement l'orographie et la rugosité de la surface. Bien que WEST effectue ses calculs sur toute la couche atmosphérique (troposphère et basse atmosphère), nous concentrons notre attention et nos efforts sur le traitement du premier kilomètre au-dessus de la surface, communément appelé la couche limite planétaire, et encore plus sur la couche 0-200 mètres pour l'éolien. Encore ici, les Danois ont joué un rôle de pionniers en produisant le premier atlas numérique, celui de l'Irlande, en 1997, à une résolution de 10 km. Un autre exemple très impressionnant réalisé par le groupe du Laboratoire Risø, en collaboration, est la carte nationale du Danemark à une résolution de 200 m.

Résultats de WEST

Les figures 6.5 et 6.6 montrent les champs de vitesse moyenne (sur 50 ans) calculés à une résolution de 30 et 5 km respectivement. Ces cartes sont en projection polaire stéréographique sur un datum sphérique. On utilise toujours un intervalle de couleur de 0,5 m/s ; les régions extérieures au Québec sont masquées. La paire de figures 6.5 et 6.6 constitue aussi un bon exemple du concept de downscaling : les échelles calculées sont beaucoup plus fines sur le 5 km que sur le 30 km. On distingue une forte augmentation des vents (plus de 9 m/s) au nord du 55e parallèle, au nord de la forêt boréale, et qui se poursuit jusqu'à l'Ungava. Les deux cartes confirment un maximum vers 53° Nord et un autre vers 57° Nord, moins facilement accessible. En allant vers le sud du 50° Nord, les valeurs baissent de plus en plus (c'est-à-dire 5 m/s dans l'Outaouais, figure 6.6). La vallée du Saint-Laurent se distingue par des valeurs accrues, sur la rive sud surtout, de la Gaspésie jusqu'au 45° N. Le creux de vent en Charlevoix se précise et diminue en superficie à une résolution de 5 km. Le vent en mer sur le Golfe atteint un maximum près de Rivière-au-Renard. Aussi, la plus vaste ressource éolienne n'est pas la Gaspésie, mais le Moyen-Nord québécois.

FIGURE 6.5
Vitesse moyenne annuelle des vents sur l'ensemble du Québec (résolution de 30 km)

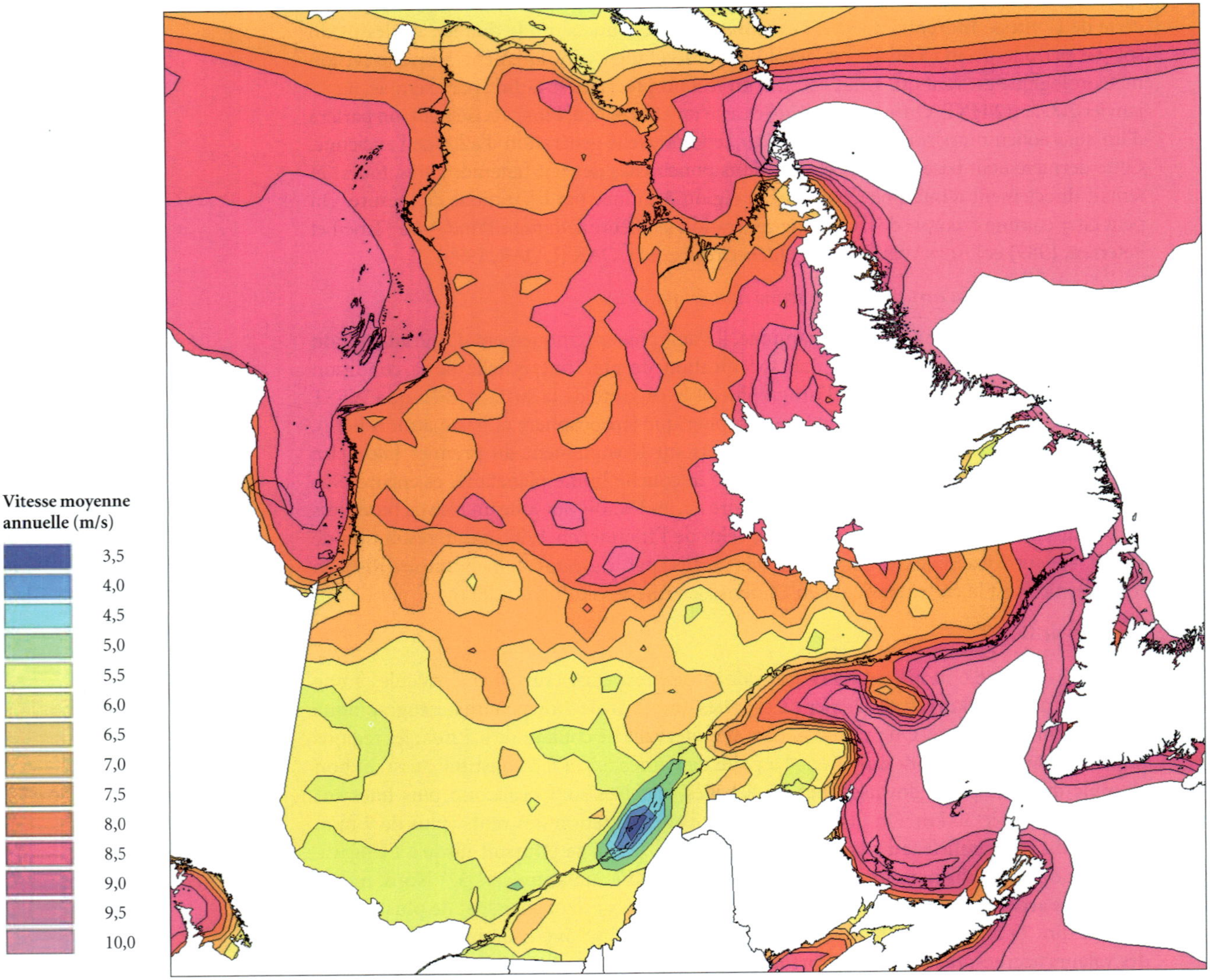

Gracieuseté : Environnement Canada

FIGURE 6.6
Vitesse moyenne annuelle des vents au sud du 55° de latitude nord (résolution de 5 km)

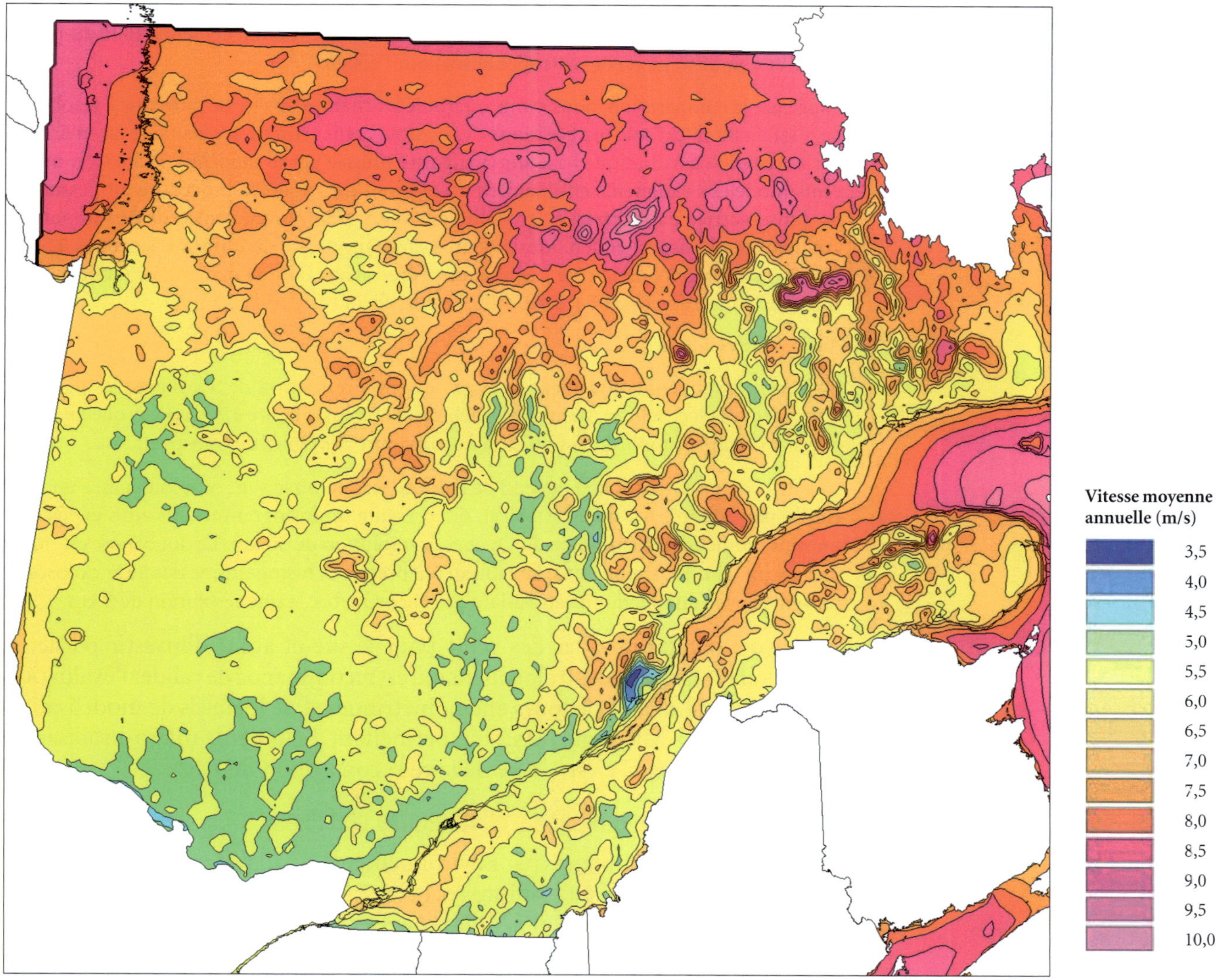

Gracieuseté : Environnement Canada

Précision de la méthode

Il importe de vérifier la précision des calculs de WEST. Pour cela, on fait appel aux moyennes de vent à long terme de l'ensemble des stations anémométriques du territoire québécois disponible chez Environnement Canada. Il s'agit de mesures nominalement à 10 m au-dessus du sol et non de tours ou de mâts spécialisés pour l'éolien.

Pour faire la comparaison, nous avons interpolé les champs de vitesse moyenne à résolution de 5 km, à 80 m du sol, aux positions des stations, puis réduit les valeurs de 80 m à 10 m par un profil logarithmique basé sur la rugosité utilisée par le modèle à 5 km. Comme les vents modèles s'éloignent sensiblement de ce profil théorique, la procédure est pessimiste ou conservatrice par rapport à la qualité des vents à 80 m, qui sont ceux qui importent vraiment pour l'aspect éolien. Idéalement, il faudrait utiliser des données sur mâts à 50 m disons, comme ceux de la côte gaspésienne. Nous avons fait une telle petite étude ailleurs (mât de Sainte-Félicité) et l'accord WEST est excellent (erreur de 0,1 m/s).

Analyse des résultats

En superposant géomatiquement la carte de vent à résolution de 5 km avec les lignes de transport de l'électricité existantes au Québec, on obtient la figure 6.7. Il appert que plusieurs gisements éoliens importants sont situés à proximité des lignes de transport.

La valeur du gisement éolien dépend de l'aire de terrain où le vent moyen dépasse un seuil choisi, par exemple 6,5 m/s. Le tableau 6.1 présente un histogramme des aires exposées à un vent donné pour l'ensemble du Québec, à résolution de 30 km. Le double pic est dû au maximum dans l'extrême nord. Le tableau 6.2 présente l'histogramme des aires exposées à un vent moyen annuel donné au Sud du 55° N au Québec, à une résolution de 5 km.

Après avoir obtenu un atlas des vents pour le site et avant d'investir plusieurs millions de dollars dans une centrale éolienne, il est recommandé de valider l'évaluation méso-échelle du site à l'aide de tours anémométriques et de logiciels de modélisation des vents tels que MS-Micro ou WAsP, qui permettent d'étudier la micro-localisation des éoliennes dans le parc, c'est-à-dire de faire la conception du parc.

6.3 Le gisement éolien québécois en quelques chiffres

Le sommaire des résultats obtenus par Environnement Canada est présenté aux figures 6.5 à 6.7 (cartes des vents) et aux tableaux 6.1 et 6.2 (histogrammes des superficies en km^2 par classe de vent moyen). On peut les résumer ainsi :

Le potentiel éolien québécois exploitable représente plus de 19 000 TWh lorsqu'on considère le gisement correspondant à un vent annuel moyen supérieur à 5 m/s. Cela représente plus de 100 fois la consommation actuelle d'électricité au Québec.

TABLEAU 6.1
Histogramme des aires exposées à un vent moyen annuel donné, ensemble du Québec, résolution de 30 km

FOURCHETTE DE VITESSES MOYENNES (en m/s)		
DE...	...À	AIRE km²
3,0	3,5	0,0
3,5	4,0	840,0
4,0	4,5	1 680,0
4,5	5,0	3 359,0
5,0	5,5	7 558,0
5,5	6,0	133 519,0
6,0	6,5	304 828,0
6,5	7,0	128 483,0
7,0	7,5	149 478,0
7,5	8,0	229 257,0
8,0	8,5	361 101,0
8,5	9,0	157 877,0
9,0	9,5	30 232,0
9,5	10,0	5 879,0
10,0	10,5	0,0
10,5	11,0	0,0
	SOMME	1 514 089,0

Gracieuseté : Environnement Canada

TABLEAU 6.2
Histogramme des aires exposées à un vent moyen annuel donné au sud du 55° de latitude Nord au Québec, résolution de 5 km

FOURCHETTE DE VITESSES MOYENNES (en m/s)		
DE...	...À	AIRE km²
3,5	4,0	163,0
4,0	4,5	397,0
4,5	5,0	1 703,0
5,0	5,5	60 957,0
5,5	6,0	239 679,0
6,0	6,5	152 774,0
6,5	7,0	124 390,0
7,0	7,5	79 501,0
7,5	8,0	63 404,0
8,0	8,5	65 554,0
8,5	9,0	69 546,0
9,0	9,5	17 643,0
9,5	10,0	1 774,0
10,0	10,5	677,0
10,5	11,0	163,0
11,0	11,5	187,0
11,5	12,0	0,0
	SOMME	878 511,0

L'ensemble du Québec, figure 6.5 et tableau 6.1, présente 933 800 km² de territoire dotés de vents annuels moyens supérieurs à 7 m/s. En prenant pour hypothèse une densité moyenne[75] de 5 MW/km² en termes de capacité éolienne installée, on atteint un potentiel de 4 669 000 MW[76] de capacité éolienne pouvant produire 14 000 TWh

---

75. On retrouve dans la littérature des taux d'installation de 1 à 10 MW/ km². Dans la passe Altamont en Californie, on construisait 8,6 MW/km². Un exemple récent est un parc de 204 MW au Nouveau-Mexique construit à raison de 8,5 MW/km² (Drew, R. : *Standing up to transmission reliability standards*, GE Energy, Power Engineering, http://pe.articles.printthis.clickability.com).

76. En comparaison de ce potentiel de 4 669 000 MW, le rapport Hélimax/AWS TrueWind estimait le potentiel québécois à 3 884 322 MW. Ses auteurs utilisaient aussi une technologie méso-échelle (MASS). La densité éolienne retenue était de 10 MW/km², mais des zones considérées comme non exploitables étaient exclues. La méthodologie des auteurs donne des résultats comparables aux calculs présentés ici. Sources : 1) *Inventaire du potentiel éolien exploitable du*

par année. Enfin, si on se limite à la gamme des vents moyens annuels supérieurs à 8 m/s, on trouve une superficie de 555 100 km² représentant un potentiel de près de 2 775 000 MW de capacité éolienne capable de produire 8 930 TWh par année.

Ces chiffres sont gigantesques, surtout lorsqu'on les compare à la consommation d'électricité actuelle du Québec (180 TWh), du Canada (≈ 500 TWh) et des États-Unis (≈ 5 000 TWh). Rappelons que le potentiel éolien américain est estimé à près de 11 000 TWh, soit le double de sa consommation actuelle d'électricité (source : Pacific Northwest Laboratory)[77].

- Au sud du 55e parallèle (figure 6.6 et tableau 6.2) c'est-à-dire dans la zone qui va de la frontière des États-Unis jusqu'à la limite nord des lignes actuelles de transport d'électricité, on retrouve 298 450 km² de territoire présentant un vent annuel moyen **supérieur à 7 m/s**, ce qui représente un potentiel exploitable, à une densité moyenne de 5 MW/km², de 1 492 000 MW de capacité éolienne qui pourraient produire 4 450 TWh par année. Pour un vent annuel moyen supérieur à 8 m/s, on retrouve 155 500 km², ce qui, à 5 MW/km², permettrait d'installer près de 778 000 MW de capacité éolienne pouvant produire 2 568 TWh par année.
- L'analyse des deux tableaux indique que le territoire québécois situé au nord du 55e parallèle présente une superficie de 635 400 km² où la vitesse moyenne annuelle des vents est supérieure à 7 m/s. Cette ressource permettrait d'installer 3 180 000 MW de capacité éolienne pouvant produire près de 9 560 TWh par année.
- La figure 6.7 identifie quatre cibles (le terme cible correspondant à une superficie géographique régionale) à proximité des lignes de transport d'Hydro-Québec. À noter que les deux meilleures cibles, les cibles 2 et 4 (régions de La Grande 4 – Laforge et de Manic-Outardes-Bersimis) combinées auraient un potentiel de l'ordre de 45 000 MW de capacité éolienne exploitable, pouvant produire quelque 148 TWh d'énergie éolienne annuellement. On notera également que les 96 TWh de la cible La Grande 4 – Laforge sont entièrement contenus dans un rayon de 40 km du réseau de transport existant.

Québec, Hélimax Énergie inc., AWS Truewind, LLC. Rapport préparé pour le ministère des Ressources naturelles et de la Faune du Québec, Montréal, juin 2005. 2) *Choix de la filière énergétique pour la production d'électricité au Québec – Éolien vs thermique*, Expertise préparée par Réal Reid pour le Regroupement pour la Responsabilité Sociale des Entreprises (RRSE), Dossier R-3526-2004, Régie de l'énergie, document nº RRSE-DOC.7, avril 2004.

77. *LM Glasfiber Newsletter*, September 2007, page 2.

FIGURE 6.7
Gisements éoliens ciblés à proximité des lignes de transport d'électricité (résolution de 5 km)

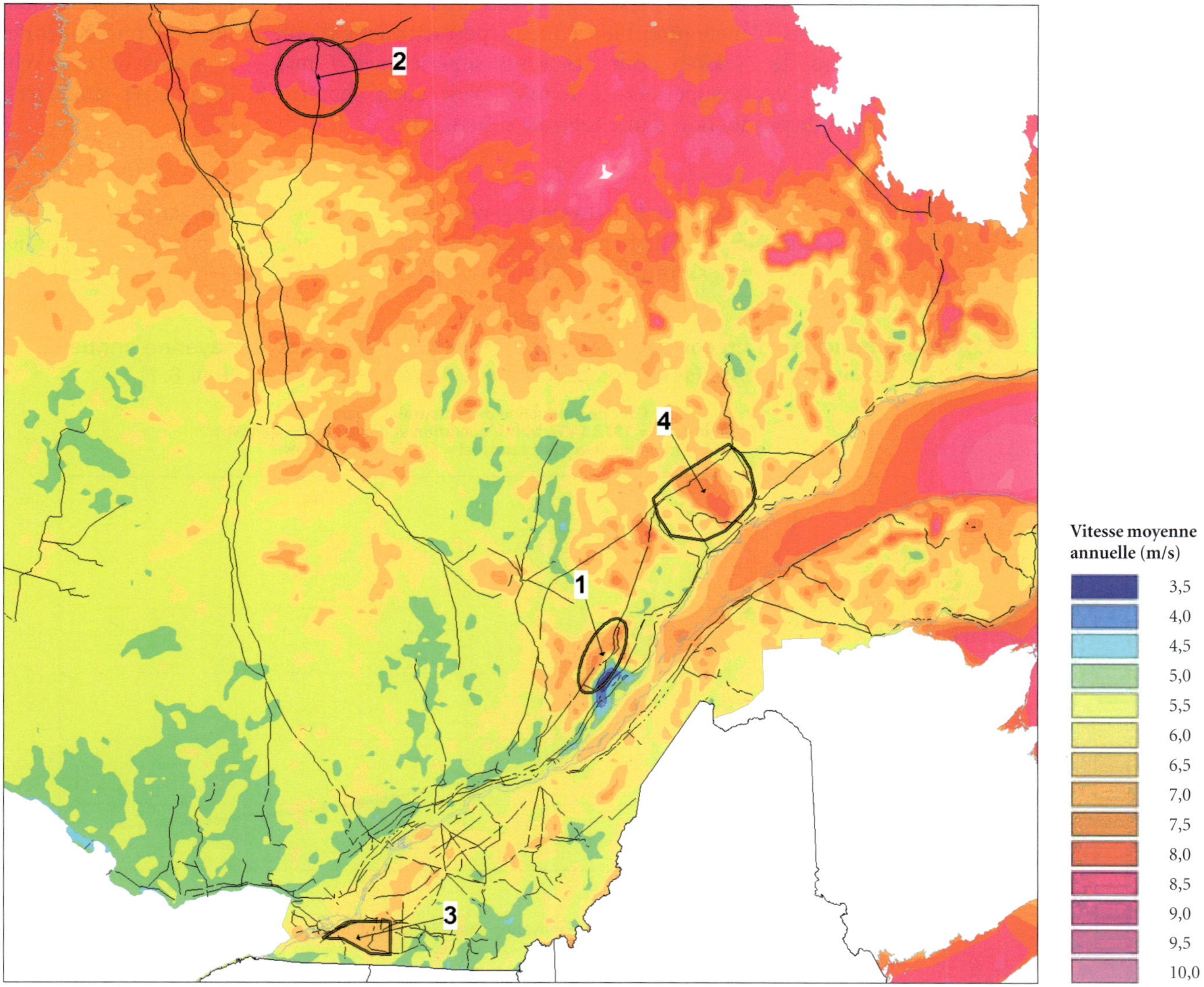

Gracieuseté : Environnement Canada

Ces 148 TWh d'énergie pourraient être produits à un coût moyen de 5,66 ¢/kWh[78]. La figure 6.8 illustre l'importance de la vitesse des vents sur les coûts de production d'un complexe éolien raccordé au réseau. Le graphique indique que des projets d'envergure, bien conçus, permettraient d'obtenir de l'énergie éolienne à moins de 7 ¢/kWh pour des vents supérieurs à 7 m/s et à moins de 6 ¢/kWh pour des vents supérieurs à 8 m/s. (Voir aussi chapitre 8, Paramètres financiers et coût de production d'une centrale éolienne.)

6.3.1 Gisement : le Québec selon la fourchette de vent exploitée en Europe

Si on prend en compte la gamme des vents annuels moyens de la gamme 5 à 7 m/s qui est exploitée en Allemagne (vitesses moyennes annuelles ≈ 5,5 m/s), en Espagne (vitesses moyennes annuelles ≈ 6,5 m/s) ou au Danemark (vitesses moyennes annuelles

FIGURE 6.8

Coût de production d'un complexe éolien en fonction de la vitesse moyenne annuelle des vents au site (selon les paramètres de référence du tableau 8.1)

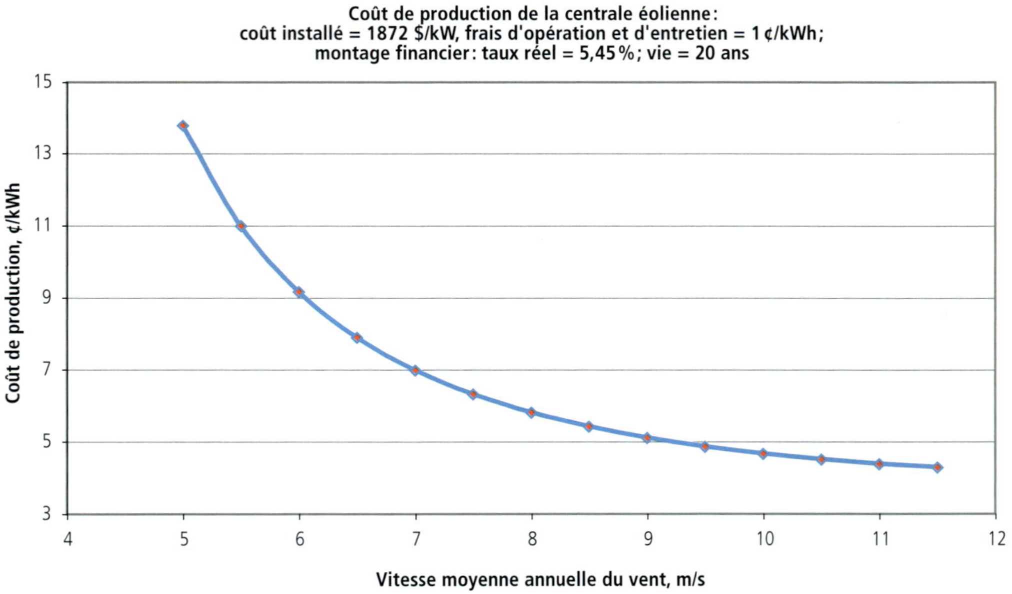

78. Voir le chapitre 12, Orientation A – Marché intérieur, niveau d'emboîtement 1.

de 6 à 7 m/s), ce sont 2 800 000 MW de capacité éolienne et près de 5 000 TWh/an qui viennent s'ajouter au potentiel exploitable présenté précédemment ; les coûts de production associés à cette gamme de vitesses moyennes annuelles sont évidemment plus élevés, se situant dans la fourchette de 7,0 à 13,8 ¢/kWh. (Voir la figure 6.8.)

6.3.2 Modélisation atmosphérique, logiciels d'investigation du gisement et logiciels de conception de projets

Les méthodes de prospection du gisement éolien continuent de s'améliorer. Il existe sur le marché plusieurs logiciels éprouvés qui permettent de simplifier le travail d'identification des zones de vent les plus intéressantes dans une région donnée. De plus, il faut le souligner, l'Atlas éolien canadien développé par Environnement Canada et disponible à http://www.atlaseolien.ca, fait l'objet de développement continu. Voir également Anemoscope (http://www.anemoscope.ca) qui utilise le procédé WEST développé par Environnement Canada. D'autres compagnies offrent un produit similaire. Mentionnons Risø National Laboratory WAsP (www.wasp.dk), AWS Truewind (www.awstruewind.com), WindPro (www.windpro.com), ReSoft (www.resoft.co.uk), firstlook (www.3tiergroup.com), Garrad Hassan (www.garradhassan.com), etc. On peut trouver les références à ces logiciels dans des publications telles que *WindPower Monthly* (www.windpower-monthly.com) et *North American Windpower* (www.nawindpower.com).

Les Boules, Gaspésie (2008).

[CHAPITRE 7]

Vent, terrain et climat : conception et réalisation de centrales éoliennes

Un projet de centrale éolienne réussi nécessite l'appréciation d'une grande variété de facteurs. Ce chapitre en présente les principaux. Au premier chef, la conception de l'éolienne doit refléter les caractéristiques du climat éolien local et du territoire d'implantation. Toutes choses étant égales par ailleurs, comme c'est le gisement éolien qui représente le facteur dominant de la rentabilité d'un projet éolien, il faut examiner de près ses caractéristiques locales et régionales : elles influencent directement le choix de l'éolienne qui devra fonctionner pendant 25 ans sur ce site.

Pour donner une idée des éléments du climat qui influencent la conception des éoliennes, commençons par présenter les mécanismes physiques responsables de la circulation naturelle des vents dans l'atmosphère terrestre.

7.1 Physique du vent

L'énergie solaire est le moteur thermique des grands courants atmosphériques sur la planète Terre ; le cycle de l'eau et la circulation des courants marins en sont également tributaires. Le soleil est plus généreux dans les zones tropicales que dans les pôles où il ne réchauffe rien pendant les longs mois d'hiver. Les océans du globe accumulent de la chaleur et les pôles en perdent. La chaleur des régions plus chaudes cherche à migrer vers les zones plus froides et le froid des pôles à descendre vers les zones tropicales. Mais les choses se compliquent : les forces de Coriolis, produites par la rotation terrestre et le déplacement des masses d'air chaud, viennent modifier le trajet en créant d'immenses cellules de circulation des vents globaux (les vents géostrophiques) à l'échelle de la troposphère (11 km d'épaisseur). La rotation de la Terre et le cycle solaire journalier sont ainsi responsables de la formation de six immenses cellules de circulation atmosphérique qui recouvrent chacune 30° de latitude, mesurées à partir de l'équateur en allant vers les pôles Nord et Sud. La figure 7.1 schématise la physique de ces phénomènes de circulation atmosphérique à l'échelle planétaire[79]. L'action des forces de Coriolis sur ces grands courants thermiques installe ainsi un système de pressions atmosphériques très typé entre l'équateur et les pôles.

FIGURE 7.1
Schéma de la circulation atmosphérique des vents à l'échelle planétaire (cellules géostrophiques)

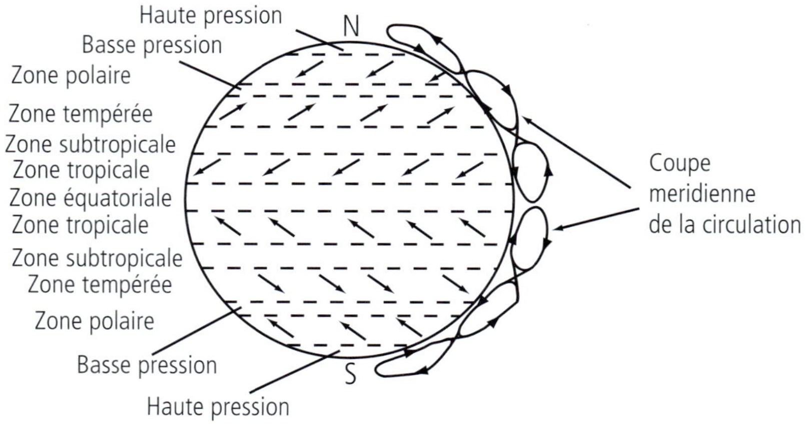

Gracieuseté : Désiré le Gouriérès

Le système de hautes et basses pressions (anticyclone et dépressions) génère les grands systèmes météorologiques et les grands vents régionaux (aussi appelés synoptiques) typiques du climat de chacune des grandes cellules géostrophiques (alizés de la zone subtropicale, vents d'ouest des latitudes canadiennes, vents d'est des zones polaires). Toute cette circulation atmosphérique inclut évidemment les courants de haute altitude du courant-jet (200 km/h en moyenne) qui sont peu influencés par ce qui se passe plus près du sol.

La rencontre de l'air chaud ascendant et de l'air froid descendant à la frontière de deux cellules adjacentes crée les perturbations météorologiques que sont les fronts froids ou chauds. Ils deviennent de nouveaux sous-systèmes typiques de la couche

---

79. D. Le Gourières, *Énergie éolienne, Théorie, conception et calcul pratique des installations*, Éd. Eyrolles, 1980, 267 p.

inférieure de l'atmosphère entraînés dans la circulation générale des plus grands systèmes météorologiques. Leur passage s'accompagne de caractéristiques météorologiques que chacun peut apprécier au sol. Un vent frais qui se lève indique par exemple l'arrivée d'un front froid qui s'infiltre sous la couche d'air chaud, etc.

À une altitude de moins de 1 000 mètres au-dessus du sol, on se trouve dans la tranche atmosphérique qui constitue la couche limite terrestre, celle où la rugosité du sol et les grandes caractéristiques de la topographie régionale influencent fortement l'écoulement des vents et même la climatologie éolienne régionale. Les éoliennes opèrent dans la couche atmosphérique inférieure, dans une tranche d'environ 200 mètres d'épaisseur où le vent est influencé par des grandes caractéristiques topographiques régionales. Ce sont ces vents qui intéressent la production éolienne.

Les vents régionaux et locaux sont aussi influencés par les différences de température cycliques, souvent journalières, entre deux grandes masses thermiques régionales (plans d'eau, masses montagneuses). Les exemples de moteurs thermiques entre régions voisines sont nombreux. Les zones côtières sont généralement marquées par la présence de brises terre-mer du matin et du soir selon l'intensité du soleil. De même une passe montagneuse canalise des thermiques créés entre deux vallées aux climats différents ; des brises descendent des montagnes vers la plaine et à d'autres moments les remontent. Même dans les zones arctiques, les vents catabatiques dévalent les montagnes de glace.

Les caractéristiques de la climatologie éolienne générale d'une région peuvent se modifier localement par l'effet de la topographie locale capable d'altérer la course et l'intensité du vent.

On distingue en particulier :

- Les effets régionaux de géo/topographie dans les vallées, en bordure de montagnes, en présence d'escarpements ou de fortes pentes.
- Les effets locaux d'accélération créés par la présence de goulots naturels (cols, passes), de vallons et de collines, de longs dénivelés de terrains en pente douce se terminant sur un plateau ou en bordure d'un obstacle important.
- Les effets locaux de décélération créés par l'effet de freinage ou de blocage associé à la rugosité du sol (présence de forêt vs pâturages vs lac), à la présence d'obstacles importants (bâtiments et escarpements), ou encore les effets

d'ombrage (arbres, haies, etc.). L'exemple typique de ce dernier effet est celui de l'atténuation progressive de la production observée dans des centrales éoliennes lorsque des turbines se trouvent placées dans le sillage l'une de l'autre dans certaines directions de vent incident (pertes de sillage, effets de parc).

Essais en soufflerie illustrant les effets d'inversion créée par des obstacles, Fort Collins, CO, US.
Gracieuseté : DOE/NREL ; Photo : Scott Hugues

7.1.1 Couche limite et rugosité du terrain

Dans l'estimation du productible éolien, les effets spécifiques de la couverture du terrain environnant (local) sur l'écoulement du vent peuvent être très importants. On représente ces effets de rugosité du terrain sur la vitesse du vent par la loi d'accroissement de la vitesse avec l'altitude[80,81],

$$v = v_{ref}\ \ln(Z/\ Z_0)/\ln(Z_{ref}\ /\ Z_0\ )$$

où

Z_0 (m), Hauteur de rugosité du terrain et des obstacles,

Z_0 désigne la hauteur au-dessus du sol où la vitesse du vent est nulle. Les valeurs de Z_0 dépendent des caractéristiques de la couverture au sol et sont déterminées empiriquement. (Voir le tableau 7.1.)

Z_{ref}(m), Élévation de l'anémomètre de référence

V_{ref}(m/s), Vent mesuré par l'anémomètre de référence

V (m/s), Vent estimé à la hauteur Z

Cette loi explique en bonne partie pour quelle raison les manufacturiers d'éoliennes cherchent à fabriquer des machines de taille toujours croissante, capables de tirer avantage de gisements plus riches, de meilleure qualité, et d'accroître ainsi la compétitivité, la productivité et la rentabilité de leurs produits.

80. On désigne aussi ce phénomène d'accroissement du vent avec l'altitude par effet de la couche limite ou effet de cisaillement éolien (en anglais *wind shear*).

81. Réf. : http://www.windpower.org/fr/stat/unitsw.htm#roughness

Cette loi est une représentation empirique de la physique de la couche limite atmosphérique qui est beaucoup plus complexe. En particulier, il faut également prendre en compte la turbulence additionnelle injectée dans l'écoulement par les interactions du vent avec l'environnement physique, qui peut pénaliser la production éolienne. Le cas d'une centrale éolienne conçue pour fonctionner en terrain/topographie complexe représente le plus grand défi des concepteurs éoliens (durée de vie des machines et productivité des centrales). Une haute tour éolienne permettra au rotor de l'éolienne d'opérer dans une veine de vent moins influencée par la rugosité du sol. De la même façon, les centrales éoliennes en mer (faible hauteur de rugosité) peuvent profiter de vents plus réguliers et moins turbulents, ce qui permet de les installer sur des tours plus courtes comparativement aux centrales sur terre ferme.

Comme l'influence spécifique de chacun des effets mentionnés s'exerce différemment sur chaque secteur de la rose des vents à un site donné (en zone côtière ou en bordure de forêt, par exemple), il est important d'effectuer une évaluation directionnelle de chacun de ces impacts sur le gisement éolien dans la conception d'une centrale éolienne. Typiquement, l'analyse des vents est répartie en 12 secteurs. Ainsi, on parlera d'une rose des rugosités associée à la rose des vents afin de déterminer le gisement utile au site projeté de la centrale et d'évaluer avec la meilleure précision possible le productible.

On verra plus loin la liste des exigences, restrictions et contraintes additionnelles dont il faut tenir compte dans la conception d'un projet à cause de la réglementation locale, régionale ou gouvernementale concernant l'utilisation du territoire.

7.2 Choix de sites : caractéristiques du vent et conception éolienne

Après cette mise en situation des enjeux d'optimisation géoclimatiques d'un projet éolien, il faut s'intéresser à quelques éléments spécifiques de l'environnement de travail d'une éolienne. Cela permettra de mesurer les défis d'ingénierie auxquels doivent faire face les concepteurs d'éoliennes.

7.2.1 Périodicités des vents

L'exemple probablement le plus frappant de l'importance d'un design adapté aux conditions de vent est certainement celui du pont de Tacoma (1940, Puget Sound, WA, USA). Dans des conditions de vent modéré, une des fréquences naturelles de la structure, non amortie, s'est trouvée excitée, entraînant la destruction du tablier du pont après une longue période d'oscillation.

TABLEAU 7.1
Hauteurs de rugosité, Z_0, selon les types de sol

DESCRIPTION DE LA COUVERTURE AU SOL	HAUTEUR DE RUGOSITÉ, EN m
Eau	0,001
Vasière littorale	0,010
Marais intertidal	0,010
Marais supratidal	0,010
Marais d'eau douce de zone côtière	0,010
Marais de feuillus	0,035
Marais de conifères	0,050
Fen arboré	0,800
Tourbière ouverte	0,040
Tourbière arborée	0,750
Toundra de bruyère	0,050
Forêt dense de feuillus	2,400
Forêt dense de conifères	1,750
Plantation de conifères	1,500
Forêt mixte, principalement de feuillus	1,750
Forêt mixte, principalement de conifères	1,600
Forêt clairsemée de conifères	1,250
Forêt clairsemée de feuillus	1,350
Coupes récentes	0,100
Brûlis récents	0,600
Coupes et brûlis récents	0,750
Roc, sable, déblais de mine	0,120
Zones urbaines et bâties	2,500
Pâturages et terres en friche	0,100
Terres agricoles	0,150

Source : http://www.ontariowindatlas.ca/fr/methodology.php.

La figure 7.2 montre l'allure générale du spectre de la vitesse horizontale du vent à 100 mètres au-dessus du sol à un endroit donné[82]. Cette représentation, qui met en évidence les fréquences propres des apports éoliens, est connue sous le nom de spectre de Van der Hoven (1957). On notera la présence du cycle annuel lié à l'orbite terrestre autour du soleil et du cycle de quelques jours qui est associé au mouvement des systèmes météorologiques synoptiques susceptibles d'affecter également la demande électrique. Le rotor d'une grande éolienne intègre un écoulement de très grande surface comparativement à celui d'un anémomètre et ce graphique est présenté à titre indicatif seulement.

FIGURE 7.2

Spectre de Van der Hoven : caractéristique de la vitesse horizontale du vent à 100 mètres au-dessus du sol sur tous les horizons de temps

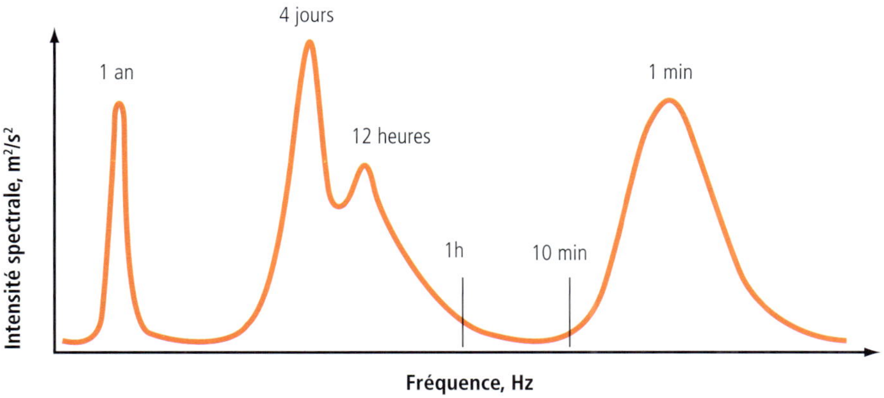

Source : http://fr.wikipedia.org/wiki/Image: spectre VanDerHoven.png.

On gardera à l'esprit que cette caractérisation de la périodicité du vent fournit une base concrète à la discussion à venir sur la variabilité des apports éoliens. En particulier, elle intéresse tous les horizons de planification et d'exploitation qui doivent en assurer l'intégration harmonieuse au réseau. La variance associée à l'intervalle de 10 minutes à une heure semble peu significative selon ce graphique. Ce spectre est également utile aux fabricants d'éoliennes qui s'en servent pour introduire dans leur conception des éléments de structure ou de régulation interne susceptibles de réduire l'empreinte des fluctuations naturelles du vent sur la puissance de sortie de leur machine.

82. http://fr.wikipedia.org/wiki/Image:SpectreVanDerHoven.png

7.2.2 Classes de vent, classes de machines et vents extrêmes

L'effet d'accélération d'une colline suggère une meilleure productivité éolienne que sur le terrain plat. Cependant, les vents extrêmes (récurrence 50 ans) risquent également d'y être plus élevés qu'en terrain plat. Les effets spécifiques de la couche limite sur le profil vertical des vents peuvent induire des variations appréciables du champ de vitesse dans la section balayée par le rotor et causer des charges pulsées complexes et/ou de grande amplitude avec des conséquences sur la diminution de la durée de vie en fatigue des pales. Cela peut exiger le renforcement de certains éléments critiques de l'éolienne (notamment les pales et la structure de support).

Une accréditation éolienne de la Commission électrotechnique internationale (CEI) garantit la conformité de la conception d'une éolienne à des événements éoliens extrêmes. Le tableau 7.2 montre les caractéristiques de cette classification[83].

TABLEAU 7.2
Classification CEI de la conception des éoliennes vis-à-vis de la tolérance aux vents extrêmes

CLASSE	VENT DE RÉFÉRENCE (m/s)
I	50
II	42,5
III	37,5
IV	30,0
S	SPÉCIFIÉ PAR LE CONCEPTEUR

7.2.3 Conception : Turbulence

Le chargement dynamique causé par les turbulences du vent (rafales de diverses amplitudes et/ou durée) est un facteur important de la conception et de l'ingénierie des structures (édifices, gratte-ciel) et, à plus forte raison, des éléments de structure d'une éolienne. L'intensité des turbulences varie selon le type de terrain, la direction des vents et/ou le temps de l'année. Elle est ordinairement plus importante au-dessus du sol qu'au-dessus d'un grand plan d'eau. La topographie influence fortement les caractéristiques de la turbulence et il importe d'en tenir compte dans les spécifications de la turbine. La norme de conception de la CEI définit l'intensité de la turbulence

83. Source : Norme internationale CEI 61400-1 Éoliennes, Partie 1 (3e édition) : Exigences de conception, août 2005, tiré de http://www.waspengineering.dk/

représentative comme étant la moyenne + 1,28 σ (l'écart-type) de la distribution statistique de diverses séquences (représentant des périodes continues de 10 minutes) prises au hasard dans une série chronologique de mesures anémométriques. Les cas de charges sur l'éolienne sont basés sur une intensité de turbulence de référence à 15 m/s.

7.2.4 Conception de centrales éoliennes: effet de sillage

Il existe des sites où les vents et les productibles dominants sont associés à un secteur angulaire restreint. Dans ces cas, il est possible de construire une haie d'éoliennes, chacune se trouvant à moins d'un diamètre de rotor de sa voisine. Des exemples bien connus existent en Californie (Palm Springs, figures 7.3 et 7.4) et en Alberta (figure 7.5) dans les corridors de vent qu'on trouve dans les vallées qui marquent l'entrée de passages naturels à travers une chaîne de montagne.

Mais ces sites naturels ne sont pas toujours d'accès facile. De plus, dans l'élaboration du plan d'implantation d'une centrale éolienne, on doit se préoccuper des atténuations de performance causées par les perturbations et turbulences induites dans l'écoulement du vent par l'interaction des éoliennes entre elles.

Lorsqu'une éolienne opère directement en aval d'une autre, elle est exposée à un vent moindre, plus turbulent. La production par rapport à une machine unique opérant sur ce site sera moindre. La figure 7.6 illustre la perturbation introduite dans l'écoulement en aval d'une éolienne. Cet effet oblige le concepteur à maintenir une plus grande distance entre des rangées d'éoliennes placées perpendiculairement aux vents dominants de manière à permettre à l'écoulement, entraîné par les vents en altitude, de reprendre de la vitesse. La figure 7.7 montre un espacement de 7 à 10 diamètres de rotor entre des rangées d'éoliennes, ce qui permet une réinjection d'énergie cinétique dans l'écoulement productif par la masse d'air du système météorologique traversant la région.

Afin de maximiser le prélèvement d'énergie selon certaines directions de vent, le plan d'exploitation de la centrale éolienne pourra même commander l'arrêt d'une machine sur deux ou trois lorsque l'effet de sillage affecte de façon excessive la production d'un alignement d'éoliennes particulier. Les effets de sillage font l'objet de beaucoup d'attention de la part des concepteurs d'éoliennes et de centrales éoliennes. C'est un thème qui mobilise des efforts de R&D considérables afin de mieux modéliser ces effets et de minimiser la marge d'erreur sur le productible annuel.

FIGURE 7.3
Haie d'éoliennes à Palm Springs, Californie

FIGURE 7.4
Jardins d'éoliennes, Palm Springs, Californie

FIGURE 7.5
Centrale de Castle River, Alberta

FIGURE 7.6
Perturbation introduite par le rotor d'une éolienne en exploitation dans l'écoulement aval

Source : Risø DTU, Wind Energy Division (http://www.risoe.dk/Risoe_dk/Home/About_risoe/research_departments/VEA.aspx).

FIGURE 7.7
Rangs d'éoliennes espacés les uns des autres par 7 à 10 diamètres de rotor

Centrale éolienne de Big Horn, Bickelton, Washington, USA (133 GE 1,5 MW). Gracieuseté : DOE/NREL.
Photo : Iberdrola Renewables Inc.

7.2.5 Conception : effet de la température sur la densité de l'air et contraintes d'opération. Froids extrêmes

Du fait que le froid contribue à une puissance disponible plus élevée dans l'écoulement d'air[84], il est capital d'en tenir compte dans le choix des composants du rotor de l'éolienne (diamètre, programmation des asservissements agissant sur les réglages du calage des pales et de la vitesse, etc.). Les éoliennes à calage fixe des années 1985 (à axe vertical ou horizontal) ont causé quelques surprises en accumulant un nombre d'heures d'arrêts inconsidérés pour cause de surproduction. La plage de fonctionnement standard de l'éolienne commerciale moderne permet l'opération jusqu'à –20 °C. Les manufacturiers offrent des options permettant l'opération jusqu'à –30 et –40 °C. En deçà de –20 °C, il faut prévoir des aciers spéciaux, capables de résister à la fragilisation à basse température. L'éolienne de Kuujjuaq, érigée en 1986 par Hydro-Québec, était conçue dans cette perspective. (Voir figure 2.14.)

Le coût de ces options ne se justifie que s'il est compensé par une hausse de productivité directement associée à l'extension de la gamme de température d'opération ou s'il est requis par des critères explicites. Sinon, la rentabilité sera réduite. Par contre, au Canada, ces aciers sont d'usage courant et ne sont pas beaucoup plus dispendieux que les bons aciers ordinaires.

En conditions de givrage, une éolienne voit le profil aérodynamique de ses pales altéré et une baisse de puissance s'ensuit. En raison des risques de débalancement et de vibrations excessives, des détecteurs de givre peuvent, en combinaison avec d'autres capteurs complémentaires, déclencher l'arrêt préventif de l'éolienne. Finalement, des systèmes de dégivrage des pales ont été mis au point par des manufacturiers intéressés à développer le marché des régions froides où les éoliennes sont appelées à répondre aux besoins énergétiques (États-Unis, Canada, nord de l'Europe, Mongolie).

---

84. La densité de l'air dépend de la température. L'air est plus dense lorsqu'il fait froid. Pour une même vitesse de vent au Québec, l'influence de la température sur la densité se traduit par un contenu énergétique plus important en hiver qu'en été. Cet effet de la densité de l'air sur la production éolienne constitue également un mécanisme physique de compensation qui répond directement, et naturellement, à la hausse de la demande de chauffage associée à la baisse de la température ambiante.

7.3 Étapes de réalisation d'un projet de centrale éolienne

Pour réaliser un projet éolien, plusieurs étapes doivent être suivies. Chacune possède ses exigences bien précises. Nous nous contenterons simplement de les énumérer pour donner une idée sur tout ce qui doit intervenir pour assurer le succès d'un projet. On constatera que toutes les disciplines de l'ingénierie sont interpellées par la réalisation de projets de centrales éoliennes et que la mise en œuvre représente une entreprise complexe :

- Consulter et étudier l'Atlas éolien canadien.
- Identifier une région.
- Obtenir les vents de l'Atlas canadien.
- Étudier les autres données : température, vents, verglas, pluies, max et min des données. La plupart de ces données historiques sont disponibles auprès d'Environnement Canada.
- Obtenir les autorisations et réaliser une campagne de mesure des vents pour valider les vents obtenus de l'Atlas éolien canadien, obtenir les droits de passage pour installer les tours anémométriques, installer les tours, recueillir de 12 à 18 mois de données, les analyser, effectuer les relevés de terrain (rugosités directionnelles, zones d'exclusions, etc.).
- Obtenir des prix pour des éoliennes selon un cahier de charges précis : comportement électrique, protections, commande, particularités d'exploitation, certifications de la turbine par rapport aux règles d'exploitation en vigueur, contraintes environnementales, etc.
- Choisir une éolienne.
- Faire un calcul pro-forma, qui devra inclure les coûts suivants :
  - éoliennes,
  - tours,
  - ingénierie, arpentage et permis,
  - étude géotechnique,
  - fondations des éoliennes,

- travaux civils sur le site et hors site,
- présentations et discussions avec les intervenants de la communauté d'accueil du projet,
- conception du système de réseau collecteur MT de la production (transfos et lignes),
- système de correction du facteur de puissance de la centrale,
- poste élévateur de tension et de raccordement au réseau de transport HT,
- ligne à haute tension pour raccordement au réseau,
- poste de contrôle et de surveillance,
- éclairage pour le trafic aérien,
- bâtisse pour les activités d'opération et d'entretien (O&E),
- tours météorologiques et équipement nécessaire pour la surveillance des opérations,
- transport et assurances,
- gestion de la construction au chantier,
- assurance des éoliennes jusqu'à la mise en service,
- grues de chantier pour l'érection des éoliennes,
- démarrage des éoliennes,
- essai et mise en service des éoliennes, formation du personnel d'entretien,
- flotte de véhicules pour les activités d'O&E,
- frais légaux.

■ Montage financier :

- emprunts vs équité (aussi appelé l'avoir propre),
- étudier l'environnement fiscal pour maximiser les retours sur l'investissement ou pour minimiser le coût de revient du projet,

  - entretien,
  - négocier, avec un distributeur, un contrat de vente de l'énergie,
  - négocier les conditions de raccordement au réseau,
  - obtenir les droits d'utilisation des terrains, négocier les redevances foncières, municipales et communautaires selon le cas,
  - finaliser le montage financier.
- Négocier l'achat des éoliennes, des tours.
- Négocier la construction avec des compagnies spécialisées en construction de centrales éoliennes.
- Le propriétaire de la centrale éolienne peut en confier l'opération et l'entretien à des compagnies spécialisées.
- Réaliser les études d'impacts environnementaux, obtenir tous les permis de construction.
- Construction.
- Mise en service.
- Exploitation.

La compétitivité économique d'un projet éolien nécessite la recherche du moindre coût de revient (en $/MWh ou en ¢/kWh). Cet exercice implique l'examen de tous les paramètres et la prise en compte des contraintes et normes d'exploitation en vigueur sur le réseau afin de mesurer leur influence sur le coût de production. Cela se traduit entre autres par des décisions d'ingénierie qui peuvent toucher chacune des turbines (caractéristiques du rotor/diamètre, type de pales/capacité nominale, hauteur de la tour) selon leur emplacement sur le terrain de la centrale (turbulence, directions des vents dominants, obstacles et contraintes limitant l'usage du terrain ou occasionnant des pertes de production, de sillage ou autres) et leur éloignement du poste d'acheminement de l'énergie produite. Toutes choses étant égales par ailleurs (capacité nominale de la centrale, montage financier, coûts d'opération et d'entretien annuels, vie du projet), l'ensemble des éléments de décision de production représente autant de variables d'ingénierie qui influencent le coût de revient de l'énergie livrée. Le concepteur de centrales doit donc étudier des centaines de variantes de son projet avant de trouver celle qui présente le coût de revient optimal.

7.4 Les composants d'un projet éolien réussi : économique, social et environnement

Un grand nombre d'éléments techniques, financiers, juridiques et opérationnels entrent en ligne de compte dans la réalisation d'un projet éolien réussi. Les coûts de développement (permis, assurances, ingénierie), de raccordement (distance, câbles électriques, transfos) ou le design particulier du système requis pour garantir le service énergétique recherché peuvent avoir un poids financier important dans le coût du projet. Il faut songer aux contraintes liées à l'emplacement de l'installation, à la réglementation environnementale qui s'applique au site, à l'acceptabilité sociale, aux problématiques d'interconnexion, etc. La détermination du coût de l'énergie au point de livraison considéré est exigeante, mais c'est la condition première de la rentabilité du système sur sa durée de vie espérée. La réalisation d'un projet de centrale éolienne est certainement une entreprise très complexe qui fait appel à une grande variété d'expertises.

À travers tout ce cheminement, le succès d'un projet implique nécessairement le maintien d'un programme continu et sensible de communication ouverte avec tous les intervenants concernés par un projet de cette importance dans une région d'implantation. Un tel programme doit traverser toutes les phases du projet, depuis la planification, en passant par le développement, la construction et pendant toute la période d'exploitation. Il n'est pas possible de faire l'économie des discussions suivies avec tous les intervenants (propriétaires fonciers, citoyens, autorités municipales, autres ayants droit sur la gestion du territoire privé et public) pour construire une assise éolienne solide sur le territoire d'implantation. Les déterminants de l'acceptabilité sociale d'un projet éolien sont délicats, mais leur prise en compte est essentielle. Le dérapage de ces processus d'interaction avec la communauté n'est pas une option puisque les répercussions auront des effets nuisibles sur tous les projets de même nature actuels ou futurs. Ces déterminants gravitent autour des questions économiques, sociales et environnementales qui se traduisent toutes, inévitablement, par des éléments de coûts appartenant à l'un ou l'autre des trois grands items budgétaires qui font la rentabilité d'un projet. (Voir l'encadré Processus naturel de mise en route d'un projet de centrale éolienne à la section 10.5.3, p. 265.)

Baie-des-Sables, Gaspésie (2008).

Les items de coûts qui entrent ainsi dans la réalisation d'un projet éolien sont décrits dans les sections suivantes :

7.4.1 Le coût d'achat des équipements

La catégorie équipements est vaste : éolienne, tour, fondations, composants électriques, appareillage électrique, réseau collecteur, poste de transformation et de raccordement au réseau, systèmes de mesures et de communication, etc. L'achat de l'aérogénérateur représente normalement de 75 à 80 % du coût total de réalisation d'un projet de centrale éolienne.

7.4.2 Les coûts de développement, de construction et de mise en service

Les coûts de développement, de construction et de mise en service incluent les études de potentiel, la conception de centrale, l'obtention des permis, les services, la construction (routes d'accès, entrepôts, ateliers, fondations, raccordement électrique, essais de qualification et mise en service), la main-d'œuvre, etc.

Il n'est pas possible dans le cadre de cet ouvrage d'entrer dans les particularités de l'obtention des ententes superficiaires et des nombreux permis qui jalonnent le cheminement d'un projet éolien. Divers mandataires de la gestion de l'espace public exercent en vertu de lois (Énergie, Forêt, terres agricoles, Environnement, Municipalités, Terres publiques, Travaux publics, etc.) et de règlements en vigueur des pouvoirs précis sur le territoire et ce sont eux qui délivrent, chacun pour leur sphère d'autorité, tout permis, autorisations et certificats de conformité prescrits par leurs juridictions respectives. Le gouvernement autorise la réalisation du projet lorsque tous les permis, certificats de conformité et autorisations sont obtenus.

7.4.3 Les coûts d'opération et d'entretien (exploitation)

Les coûts d'exploitation sont ceux reliés aux entretiens périodiques, à la gestion des opérations, aux suivis d'exploitation, aux pièces de remplacement, aux assurances, aux services, aux locations, aux redevances, à la main-d'œuvre, à l'expertise, etc.

Les conditions de performance à long terme d'un aérogénérateur doivent tenir compte des garanties limitées offertes par les manufacturiers. À cet égard, les agences de certification de l'ingénierie[85] ont largement établi leur crédibilité et elles sont les garantes de l'industrie éolienne.

Les clauses de garanties de performance sont particulièrement importantes, car elles doivent être solidement arrimées avec les attentes des actionnaires d'un projet éolien compte tenu de la climatologie du site. On ne saurait trop insister sur l'importance des relevés de météorologie et de terrain au site, car ils déterminent les spécifications d'installation, d'ancrage, d'opération et d'entretien de l'éolienne pour la durée de vie du projet. De la même façon, l'exploitant d'une centrale éolienne aura avantage à documenter rigoureusement l'historique de fonctionnement de l'éolienne en conservant des manuels de référence et de suivi d'interventions techniques ou de routine pour chaque machine d'une centrale afin de pouvoir corréler avec une information fiable et détaillée le cas échéant les écarts de performance qui pourraient survenir au cours de la durée d'exploitation de la machine. Ces suivis sont essentiels à la bonne gestion des garanties contractuelles avec le manufacturier des turbines et également avec l'acheteur de l'électricité, un distributeur ou un producteur, qui peuvent imposer des pénalités en cas de défaut de livraisons d'énergie contractuelle.

---

85. Telles que : Det Norske Veritas : DEWI, Germanischer Lloyd, Garrad-Hassan.

Il n'entre pas dans le cadre de ce texte de faire l'historique des redevances payées aux propriétaires fonciers, ni de discuter du cadre fiscal spécifique des équipements de production d'énergie ou de suggérer comment doit s'effectuer le partage des redevances annuelles entre les propriétaires fonciers, les municipalités et la communauté qui accueillent le projet. Il est important cependant de rappeler que :

- En général, la redevance contractuelle est plus clairement exprimée sur une base d'énergie produite par éolienne en $/MWh validée par l'acheteur de l'énergie, plutôt qu'en $ par éolienne ou en $ par MW.
- Le terrain requis pour les besoins du projet peut être loué ou acheté.
- Pour favoriser l'acceptabilité sociale d'un projet, il y a intérêt à ce que des règles/barèmes de partage des redevances de production éolienne soient déterminées en toute transparence au sein d'une communauté.

7.4.4 Acceptabilité sociale et environnementale

Quand chacun des citoyens susceptibles d'être affectés par la proximité d'une éolienne (sol, route, bruit, champ visuel) se voit reconnaître le droit à une compensation annuelle, prise à même la redevance normale reconnue d'un projet, l'accueil du projet s'en trouve renforcé. Des exemples tirés de projets à caractère communautaire existent à cet égard et pourront inspirer des administrations locales qui souhaitent accueillir des projets éoliens gagnants, tout en préservant la paix sociale dans leur communauté. Il est parfaitement possible de déterminer des règles de rentes qui sont basées sur différents impacts de proximité quantifiables et quantifiés, de manière à partager ces rentes spécifiques au meilleur intérêt des citoyens vivant dans le voisinage d'une turbine éolienne d'un projet de centrale reconnu. Il tombe sous le sens que le propriétaire du terrain où est placée une éolienne doit se voir reconnaître dans un tel système une compensation plus importante que ses voisins en raison de la perte effective de valorisation de la parcelle réservée à la production éolienne. Par ailleurs, un dosage sensible de la notion de proximité permettra de minimiser les conflits potentiels entre citoyens. (Voir l'encadré Processus naturel de mise en route d'un projet de centrales éolienne à la section 10.5.3.)

7.4.5 Coût du kWh éolien

En 2008, selon la qualité du gisement éolien du site et en excluant les programmes d'incitation à la production d'énergie renouvelable ou la valeur des crédits environnementaux, le coût du kWh produit par les grandes centrales éoliennes se trouve dans la fourchette de 5 à 12 cents/kWh.

Pour une évaluation préliminaire de projets (pré-faisabilité économique) on peut utiliser le logiciel Retscreen (http://www.retscreen.net) développé au Canada par Ressources naturelles Canada et utilisé, entre autres, par la Banque mondiale. Y sont associées des bases de données quantitatives concernant les gisements de sources d'énergie renouvelables sur le territoire canadien. Cependant, pour une évaluation technico-économique détaillée, il est nécessaire d'utiliser des logiciels spécialisés.

7.5 Logiciels de conception de projets de centrales éoliennes

Plusieurs outils logiciels commerciaux existent aujourd'hui pour faciliter l'analyse technique détaillée du gisement éolien d'un projet et la conception d'un projet de centrale éolienne. Ces logiciels commerciaux servent à l'analyse technico-économique fine de centrales éoliennes. Ils permettent de déterminer avec précision la faisabilité économique de la réalisation d'un projet (études d'avant-projet) en prenant en compte tous les aspects de l'ingénierie de réalisation d'un projet en site réel. Ces logiciels commerciaux de haut niveau exploitent les logiciels d'évaluation du gisement tels WAsP et MS/Micro.

- WAsP (Wind Atlas Analysis and Application Program, version 9.0) Risø.
- MS-Micro/3 (Zephyr North, Canada).

Quelques-uns des logiciels les plus connus sur ce marché de la planification de centrales éoliennes sont les suivants :

- WindPRO (EMD International A/S).
- WindFarmer, Garrad Hassan.
- Wind FARM 3D, ReSoft.
- OpenWind, AWS Truewind.

Ces logiciels d'aide à la conception dépendent beaucoup de la précision de calcul du productible d'une centrale éolienne. Ils sont tributaires du réalisme et de la qualité des données horaires de gisement éolien calculées par des logiciels de modélisation d'écoulement éolien reconnus (WAsP, MS-Micro/3, etc.). La base de données principale du projet est bâtie en utilisant divers modules d'entrée de données : caractéristiques des éoliennes, données météorologiques et anénométriques, coordonnées et cartographie du site, emplacements désignés, zones d'exclusion environnementale (bruit, faune, distances réglementaires, etc.), rugosité du terrain, turbulences, contraintes spécifiques (aéroports, télécom, conflits d'usage), etc.

D'autres modules (souvent optionnels) permettent de raffiner le choix des emplacements des turbines :

- Optimisation (répartition éolienne vs productible).
- Visualisation (ZIV, photomontages, dessins unifilaires). (Voir la première note de bas de page de l'encadré Éolien et paysage : tourisme, immobilier, environnement, section 3.8.3, page 54.)
- Mesure-Corrélation-Prédiction (anémométrie spécifique au site et validation long terme par un anémomètre de référence du réseau météorologique national).
- Turbulence (incluant les pertes de sillage à l'intérieur de la centrale).
- Financement du projet.
- Électrique (réseau collecteur, distances de raccordement poste de la centrale et paramètres du raccordement).

Ces logiciels sont en évolution constante et la compétition qu'ils se livrent est particulièrement vive au niveau de la modélisation de l'écoulement éolien en terrain complexe.

Pour plus d'information sur l'industrie éolienne :

Sites Internet

- Un site qui aborde tous les aspects de la filière éolienne est celui de l'Association des manufacturiers danois : http://www.windpower.org.
- Un site d'Environnement Canada illustrant le gisement éolien d'un océan à l'autre : http://www.atlaseolien.ca.

Publications et associations

- *Wind Power Monthly*, un mensuel spécialisé dans les affaires internationales en énergie éolienne : http://www.windpower-monthly.com.
- *Wind Directions*, magazine de l'Association européenne d'énergie éolienne : http://www.ewea.org.
- North American Windpower, www.nawindpower.com.
- Global Wind Energy Council, www.gwec.net.
- L'Association canadienne de l'énergie éolienne, www.canwea.ca.
- Association Américaine d'Énergie Éolienne, American Wind Energy Association, www.awea.org.

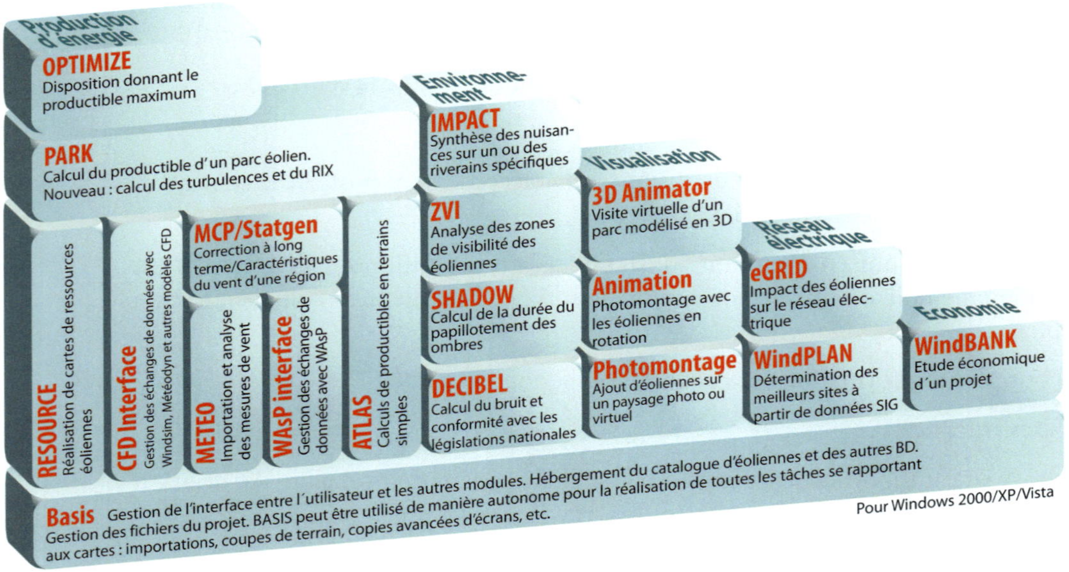

Illustration de l'organisation modulaire d'un logiciel de conception de centrales éoliennes.
Gracieuseté : EMD International A/S

[CHAPITRE 8]

Paramètres financiers et coût de production d'une centrale éolienne

Les quatre chapitres précédents ont mis en évidence les éléments essentiels qui mènent à la conception préliminaire d'un projet de centrale éolienne : principes aérodynamiques, facteurs influençant le productible, identification du gisement éolien, relevés anémométriques, étude du climat et des caractéristiques du terrain au site, et impact de ces observations sur la conception de la centrale éolienne. Après avoir conçu le plan général de la centrale éolienne, il est temps d'illustrer la méthodologie d'analyse économique d'un projet de centrale éolienne.

Dans ce chapitre, nous nous proposons de déterminer le coût de production d'une centrale éolienne au point de raccordement au réseau de transport. Nous faisons cet exercice pour le cas de référence d'un projet qui serait réalisé selon le montage financier d'une compagnie d'électricité. Au chapitre 12, nous pousserons l'exercice plus loin en déterminant le coût à service équivalent, c'est-à-dire le coût de production de la centrale éolienne après équilibrage et support en puissance, puis, le coût de livraison de cette production au distributeur, ce qui inclura tous les coûts de transport et, enfin, le coût de l'énergie éolienne livrée au client ultime, ce qui ajoutera aux coûts précédents les coûts de distribution.

Le calcul du coût de production d'une centrale éolienne dépend de **quatre grandes variables de base** :

- La production escomptée : elle est déterminée par la qualité de la ressource, les caractéristiques du terrain et la conception de la centrale.
- Le montage financier.
- Le coût installé des équipements.
- Les coûts d'opération et d'entretien annuels.

Baie-des-Sables, Gaspésie (2008).

En conséquence, ce chapitre examinera l'influence de chacune de ces quatre variables au coût de production. Cela nous permettra de voir la sensibilité du coût de production d'une centrale éolienne à une variation de +/– 20 % des paramètres principaux de notre projet de référence. Nous calculerons ensuite la période de récupération et le rendement interne du projet – deux indicateurs de rentabilité financière incontournables, en prenant l'hypothèse que la production de notre centrale éolienne de référence est vendue sur les marchés voisins. Pour illustrer l'importance du montage financier du projet, nous ferons ensuite la comparaison de notre cas de référence avec un projet identique qui serait réalisé selon les paramètres financiers typiques d'un promoteur privé. Cela nous amènera à présenter les différents modes de financement des projets éoliens tels qu'on les réalise aux États-Unis et de constater la réalité d'un coût non négligeable, pour réaliser un montage financier d'un projet de centrale. Finalement, nous traiterons des difficultés de comparer le coût de projets énergétiques réalisés selon des montages financiers et fiscaux différents. Le chapitre se terminera par un examen rapide de la place des programmes américains de subventions au secteur énergétique et une extrapolation sur les perspectives de valorisation des sources d'énergie vertes sur les marchés du carbone qui auront, à terme, un impact majeur sur la compétitivité économique de tous les projets énergétiques.

8.1 Calcul du productible (production escomptée d'une éolienne)

Comme on l'a vu au chapitre 5, c'est à partir de la courbe puissance-vitesse de l'éolienne choisie et de la distribution des vents au site retenu qu'on peut calculer la production escomptée d'une éolienne, le productible.

La caractéristique puissance-vitesse de l'aérogénérateur est établie par le fabricant selon des normes internationalement reconnues. Selon les spécifications de cette norme, la performance est mesurée à la base de l'éolienne, avant le transformateur élévateur de tension qui la raccorde au réseau collecteur. Elle tient donc compte de toutes les pertes des systèmes de l'éolienne (boîte d'engrenages, génératrice, systèmes auxiliaires). La figure 8.1 montre la courbe de performance puissance-vitesse d'une éolienne de 2,3 MW.

FIGURE 8.1
Courbe de performance typique d'une éolienne de 2,3 MW

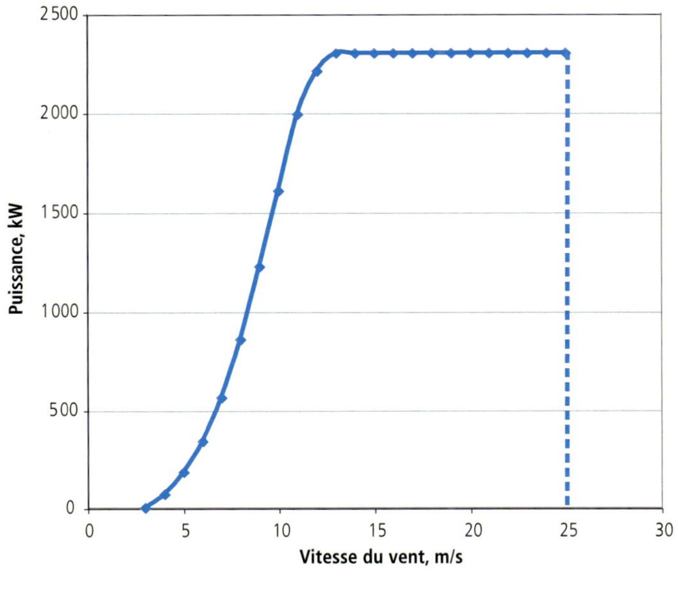

La distribution des vents est obtenue par des mesures directes sur le site. Il arrive souvent que ces mesures ne soient pas disponibles pour une période statistique complète aux fins du montage d'un projet de centrale éolienne. Dans ce cas, on utilise la vitesse moyenne annuelle de l'Atlas éolien régional et la distribution de Weibull (mais, le plus souvent, une distribution de Rayleigh suffit à l'étape de projet préliminaire). Ces distributions donnent, pour cette vitesse moyenne annuelle, un histogramme du nombre d'heures par année où les vents soufflent à une vitesse donnée.

Par exemple, selon la courbe de performance de la figure 8.1, notre éolienne de 2,3 MW génère une puissance de 1,6 MW autour de 10 m/s. Sur un site où la vitesse moyenne annuelle des vents est de 9,0 m/s[86], la distribution de Rayleigh (figure 8.2) indique qu'on trouve 644 heures par année où le vent souffle à 10 m/s (en fait 644 heures où le vent souffle entre 9,5 et 10,5 m/s). Dans cet intervalle de vitesse centré sur 10 m/s, l'éolienne produira donc 1 030 MWh par année.

$$E_{10}\,(\text{en MWh}) = P_{10}\,(\text{en MW}) \times H_{10}\,(\text{en heures}) = 1{,}60\ \text{MW} \times 644\ \text{h} = 1\,030\ \text{MWh}.$$

En faisant la sommation, sur toute la gamme des vitesses, des produits de la puissance à une vitesse donnée et du nombre d'heures dans l'année où le vent se trouve dans cet intervalle, on obtient le productible, c'est-à-dire l'énergie annuelle que cette éolienne peut produire à ce site :

$$E_{ann} = \sum_{v=3}^{25} P_v \times H_v \quad (1)$$

L'équation 1 exprime l'opération de sommation qui permet d'estimer le productible annuel d'une éolienne. Elle représente la somme des blocs d'énergie correspondant à chaque intervalle d'un (1) m/s associé d'une part à la caractéristique Puissance-vitesse d'une éolienne et, d'autre part, à l'histogramme des vents du site où cette éolienne serait en opération. Cette équation appliquée à l'éolienne de 2,3 MW de la figure 8.1 exploitée dans un site de vitesse moyenne annuelle des vents de 9 m/s, donne une production annuelle brute de 10 005 MWh (10 GWh).

En tenant compte des périodes de non-disponibilité de l'éolienne, des pertes liées à la turbulence du site, aux effets de sillage et des délais/écarts d'orientation du rotor de l'éolienne en cours d'exploitation, des pertes électriques escomptées au transformateur élévateur dans le réseau collecteur de la centrale, puis dans le poste de raccordement des éoliennes au réseau électrique, la production au point de livraison sera moindre que

86. Vents disponibles en abondance au Québec, entre autres dans la région du complexe hydroélectrique de la Baie James, (voir cible 2, figure 6.7) et sur la Côte-Nord (voir Atlas Canadien d'énergie éolienne à http://www.atlaseolien.ca/fr/maps.php).

FIGURE 8.2

Histogramme de la vitesse des vents, Distribution de Rayleigh pour une vitesse moyenne annuelle des vents de 9 m/s

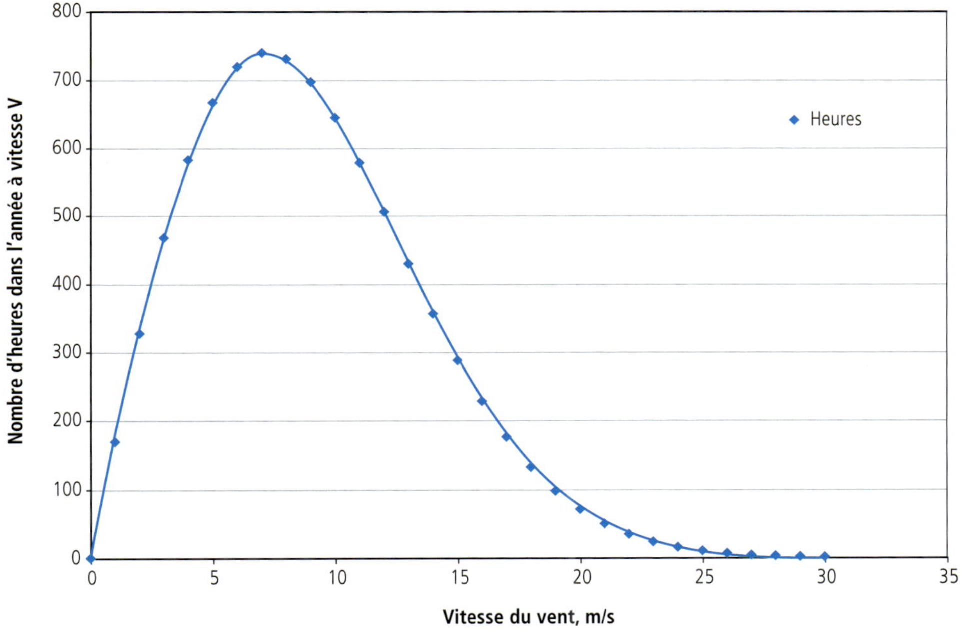

ce qu'indique le calcul précédent. On utilise couramment un taux de pertes de 14 %. On applique donc un facteur d'atténuation d'environ 0,86 à la production calculée précédemment pour cette éolienne. La productivité nette au site sera de :

$$\text{Production nette} = 10\,005 \times 0{,}86 = 8\,604 \text{ MWh } (8{,}6 \text{ GWh}).$$

Le facteur d'utilisation (voir FU, section 5.4) de l'éolienne est alors de :

$$8\,604 \text{ MWh} \div (2{,}3 \text{ MW} \times 8\,760 \text{ heures}) = 0{,}43 \text{ (ou } 43\,\%).$$

Une autre façon de représenter la productivité consiste à l'exprimer sous forme de productivité nominale (production énergétique annuelle par unité de capacité installée : en MWh/MW). Cette productivité nominale est souvent simplifiée en unités d'heures. Cette façon de représenter le facteur d'utilisation correspond mathématiquement, mais mathématiquement seulement, au nombre d'heures d'opération à puissance nominale qui produirait la même énergie annuelle. Pour notre éolienne :

$$8\,604 \text{ MWh} \div 2{,}3 \text{ MW} = 3\,741 \text{ heures (en réalité, MWh/MW)}$$

le facteur d'utilisation de 0,43 calculé plus haut correspond précisément à 3 741 heures des 8 760 heures d'une année

$$3\,741 \div 8\,760 = 0{,}43.$$

Insistons sur le fait que le nombre d'heures à puissance nominale (de même que le facteur d'utilisation) n'est qu'une commode abstraction statistique qui permet de décrire la productivité spécifique d'un équipement de production. Il faut bien voir qu'aucune éolienne, ni d'ailleurs aucun équipement de production – dont chacun possède également une productivité spécifique – ne fonctionne de cette façon dans la réalité d'exploitation chronologique. En fait, cette éolienne de 2,3 MW, produisant 8 604 MWh dans un vent de moyenne annuelle de 9,0 m/s, aura été en opération 87,1 % du temps (en tenant compte d'une disponibilité de 98 %[87]), soit pendant 7 630 heures de l'année, produisant, selon les systèmes météorologiques régionaux, entre 0 et 2,3 MW. L'éolienne est arrêtée soit parce que les vents sont trop faibles pour produire de l'énergie (962 heures), soit parce qu'ils excèdent les 25 m/s de la plage d'exploitation généralement établie par les manufacturiers (26 heures), soit parce qu'elle est indisponible.

La figure 8.3 montre la production annuelle en fonction de la vitesse moyenne annuelle des vents d'un site. La courbe est basée sur la productivité moyenne de 6 éoliennes commercialement disponibles, calculée à partir de leurs courbes de performance et de la distribution de Rayleigh selon l'équation (1) ci-dessus. Les données tiennent compte de la disponibilité de l'éolienne et des pertes de production escomptées selon un facteur d'atténuation de 0,86 (14 % de pertes). Les résultats représentent le productible annuel par kW installé. Ce graphique, généralement fourni par les manufacturiers est essentiel pour effectuer l'optimisation technico-économique d'un projet de centrale.

---

87. L'éolienne est indisponible 2 % du temps pour des entretiens planifiés ou en raison d'une panne. Cela représente 175 heures, soit environ une semaine.

FIGURE 8.3

Productible annuel par kW installé en fonction du vent moyen annuel (caractéristique puissance-vitesse pondérée de 6 éoliennes, distribution de Rayleigh)

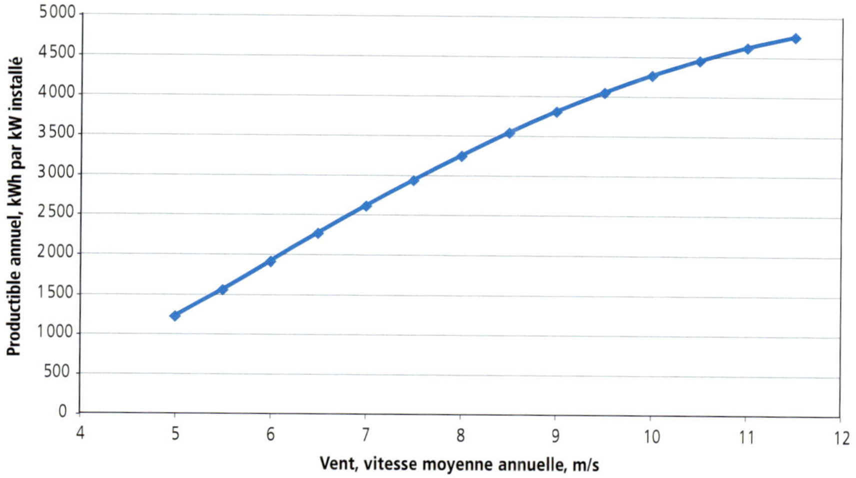

8.2 Montage financier : fonds propres, emprunts et facteur d'actualisation

Le montage financier a un impact déterminant sur le coût de revient de la production. Il fait surtout appel au coût du capital, qui est la somme pondérée du taux d'intérêt sur l'emprunt et du taux de rendement escompté sur l'équité[88]. La combinaison de ces deux taux s'appelle aussi taux d'actualisation. L'autre paramètre très important du montage financier est la durée du financement.

Le taux d'actualisation est le taux de rendement sur le capital nécessaire pour servir l'équité et l'emprunt. Il s'agit de la somme du rendement escompté de l'équité multipliée par le pourcentage du capital financé par l'équité et le taux d'intérêt exigé sur l'emprunt multiplié par le pourcentage du capital financé par emprunt. On distingue le taux d'actualisation nominal et le taux d'actualisation réel.

88. L'équité, aussi appelée avoir propre, constitue la mise de fonds d'un promoteur. C'est la partie du capital investi par le propriétaire du projet. Le reste, financé par un (ou des) emprunt(s), constitue la dette.

Par exemple, pour le projet de complexe hydroélectrique sur la rivière La Romaine, le montage financier du promoteur est le suivant[89]:

Montage financier:

Propriété: Hydro-Québec Production

Ratio dette/équité: 60/40

Termes de l'emprunt = durée de vie des équipements = 50 ans[90]

Taux d'intérêt sur la dette à long terme = 5,85 %

Frais de garantie liés à la dette à long terme = 0,5 %

Taux de la dette à long terme (intérêt + garantie) = 5,85 + 0,5 = 6,35 %

Rendement escompté sur l'équité = 12 %

Indexation des prix = 3 %

Le taux d'actualisation nominal est composé de l'équité et de la dette à leurs taux de rendement respectif:

$$0{,}40 \times 12\,\% + 0{,}60 \times 6{,}35\,\% = 8{,}61\,\%$$

Le taux d'actualisation réel est le taux d'actualisation nominal duquel on a déduit l'inflation anticipée. Cela suppose, dans un premier temps, que le taux d'inflation sera le même pour tous les intrants (matériaux, main-d'œuvre, etc.), c'est-à-dire que le taux d'actualisation réel est le taux en valeur réelle ou nette d'inflation.

Le taux d'inflation anticipé pour la durée de vie du projet étant de 3,0 %, on obtient donc un taux d'actualisation net d'inflation ou taux d'actualisation réel de:

$$(1 + \text{taux nominal}) \div (1 + \text{taux d'inflation}) = (1 + \text{taux réel}) \quad (2)$$

soit: 1,0861 / 1,03 = 1,0545,

le taux d'actualisation réel est donc de 5,45 %.

---

89. *Complexe de la Romaine: Étude d'impact sur l'environnement*, vol. 1, *Vue d'ensemble et description des aménagements*, Hydro-Québec Production, décembre 2007.

90. Il s'agit de la durée de vie des ouvrages hydroélectriques. Dans le cas d'un complexe éolien, la durée de vie est de 20 ans.

La durée du financement, dans le cas d'une compagnie de service public, correspond généralement à la vie escomptée de l'équipement. Pour l'exemple du complexe éolien que nous présentons, on considérera une durée de vie de 20 ans pour les équipements éoliens.

On utilise cette durée de vie utile et le taux d'actualisation réel (net d'inflation) pour calculer le facteur d'actualisation (FA).

La formule de calcul du facteur d'actualisation (FA) est :

$$FA = (1 - 1/ (1+i)^n) \div i \quad (3)$$

où, i = taux d'actualisation réel

et n = nombre d'années de vie utile ou durée du financement.

Le facteur d'actualisation est la valeur actuelle d'une annuité de valeur unitaire, évoluant selon le taux réel d'actualisation, pendant la durée de vie du projet (ou la durée du financement selon le cas). Une annuité est le paiement annuel nécessaire pour rembourser le capital (avoir propre et dette) et payer les intérêts pendant la durée de vie (ou de paiement de la dette, le cas échéant) du projet. Le facteur d'actualisation servira à calculer les versements annuels[91] (ou annuités) requis pour servir le capital investi dans le projet (avoir propre et emprunts) sur la base de la vie utile du complexe éolien ou pour la durée du financement[92].

La valeur actuelle (ou présente) des versements annuels pour la période retenue doit être égale au capital investi :

$$\text{Versements annuels} \times FA = \text{capital investi (avoir propre + emprunts)} \quad (4)$$

Dans le cas du projet éolien étudié, une durée de financement de 20 ans à un taux réel d'actualisation de 5,45 % donne un facteur d'actualisation de 12,00.

Lorsqu'on connaît les revenus annuels escomptés, comme c'est généralement le cas avec les contrats d'achats d'électricité, la formule du facteur d'actualisation permet de calculer la période de récupération de l'investissement et le taux de rendement interne du projet étudié.

---

91. Aussi appelé coût de capital annuel. Le versement annuel, ou coût de capital annuel, est équivalent au paiement annuel d'une hypothèque, cette dernière étant le capital initial.

92. Le facteur d'actualisation (FA) est aussi utilisé par les institutions financières pour calculer les mensualités d'une hypothèque, d'un prêt auto, etc.

La période de récupération représente le nombre d'années nécessaires pour récupérer l'investissement initial d'un projet, en tenant compte des revenus annuels du projet actualisés selon le taux d'actualisation réel. Il s'agit de résoudre l'équation (3) pour trouver *n*, le nombre d'années au terme desquelles la valeur actualisée des revenus annuels devient égale à la valeur de l'investissement.

Pour calculer la période de récupération, on établit d'abord à l'aide de l'équation (4) un nouveau FA basé sur l'investissement initial et sur le revenu annuel escompté (plutôt que sur les versements annuels pour servir l'investissement initial) :

nouveau FA = Investissement initial ÷ Revenu annuel

Et on résout l'équation 3, pour n, sans changer le taux d'actualisation réel *i*.

Le taux de rendement interne est également très utilisé comme indicateur de rendement financier d'un projet. Il correspond au taux d'actualisation qui rend la valeur actualisée des revenus annuels égale à l'investissement initial pour la durée de vie de l'équipement. On le calcule également à partir de l'équation 3. À partir du nouveau FA établi pour le calcul de la période de récupération ci-dessus, on solutionnera cette fois pour *i*, sans changer la durée de vie ou la durée du financement *n*. Il ne faut pas oublier que cette nouvelle valeur de *i* trouvée est un taux d'actualisation réel, si on veut connaître le taux d'actualisation nominal, il faut tenir compte de l'inflation anticipée selon l'équation 2 :

Taux nominal = (1 + taux réel d'actualisation) × (1 + taux d'inflation) – 1,0.

Pour l'exemple présenté ici, nous allons plutôt nous servir du facteur d'actualisation (FA) pour calculer le coût de capital[93] en ¢/kWh (c'est-à-dire le coût par kWh produit nécessaire pour couvrir le capital investi) de l'énergie éolienne produite. Ce coût de capital pour la centrale éolienne est le versement annuel divisé par la production annuelle escomptée :

Coût de capital, ¢/kWh = versement annuel ÷ E annuelle escomptée (5).

93. Nous utiliserons le terme coût de capital en ¢/kWh comme étant le coût nécessaire pour couvrir le capital investi, c'est-à-dire que le coût de capital en ¢/kWh × production escomptée × FA = l'investissement initial. Évidemment, le coût de revient comprend beaucoup plus que le coût de capital. Nous verrons au chapitre 12 le plein développement du coût de revient à différents points de livraison.

Dans notre exemple, la productivité de l'éolienne moyenne de la figure 8.3 (la figure représente la productivité moyenne de 6 éoliennes commercialement disponibles) installée dans un complexe éolien partagé entre les régions de La Manic et de La Grande est de 3 643 kWh par année par kW installé, correspondant à un complexe éolien de vitesse moyenne annuelle des vents de 8,7 m/s. Avec un coût installé de 1 500 $/kW que nous verrons à la section suivante auquel on ajoute 4 % pour la version nordique et 20 % pour les imprévus, le coût installé du complexe éolien serait de 1 872 $/kW. En utilisant les paramètres du montage financier cités ci-dessus (FA de 12,00), nous obtenons le coût de capital suivant :

Le versement annuel est de : 1 872 $/kW ÷ 12,00 = 156,00 $/kW.

Le coût de capital par kWh produit est de : 156,00 $/kW ÷ 3 643 kWh = 4,28 ¢/kWh.

8.3 Le coût installé des équipements

Les coûts des projets éoliens installés ont diminué beaucoup depuis les débuts de l'éolien dans les années 1980. Vers 2001-2002, ils ont commencé à augmenter, en partie parce que la demande a dépassé l'offre, mais aussi parce que le prix international des matériaux a augmenté, en raison de la forte croissance économique des économies de la Chine et de l'Inde. Cette tendance se manifeste surtout depuis 2005. De plus, l'industrie a connu une phase de consolidation importante : beaucoup de fabricants ont disparu. Ils ont été rachetés par de plus grandes compagnies. Des équipementiers majeurs comme General Electric, Siemens et Alstom ont acheté des fabricants d'éoliennes. À la suite de cette rationalisation, beaucoup de fabricants ont haussé leurs prix pour améliorer leur marge bénéficiaire, modifiant la tendance, dominante jusque-là, de prix évoluant à la baisse. Selon le magazine *Wind Power Monthly*[94], le prix des éoliennes se serait stabilisé : « Un facteur de stabilité des prix est la tendance vers de plus grandes centrales éoliennes, qui entraîne des économies d'échelle importantes ». Il faut noter qu'une bonne partie de l'augmentation des coûts observée depuis 2001-2002 est affectée par la chute du dollar US par rapport aux devises européenne et canadienne.

94. « The Windicator Economics », *Windpower Monthly* (WPM), octobre 2007, p. 78.

De 75 à 80 % du coût d'un projet est composé du coût des éoliennes, le reste est constitué des coûts de prospection, conception, transport, fondations, construction et érection de l'éolienne sur le site, raccordement au réseau, incluant le poste de raccordement. La figure 8.4 tirée d'un rapport américain[95] illustre les coûts des turbines éoliennes[96] exprimés en $US.

FIGURE 8.4

Évolution du coût des turbines éoliennes aux États-Unis, 1997-2008

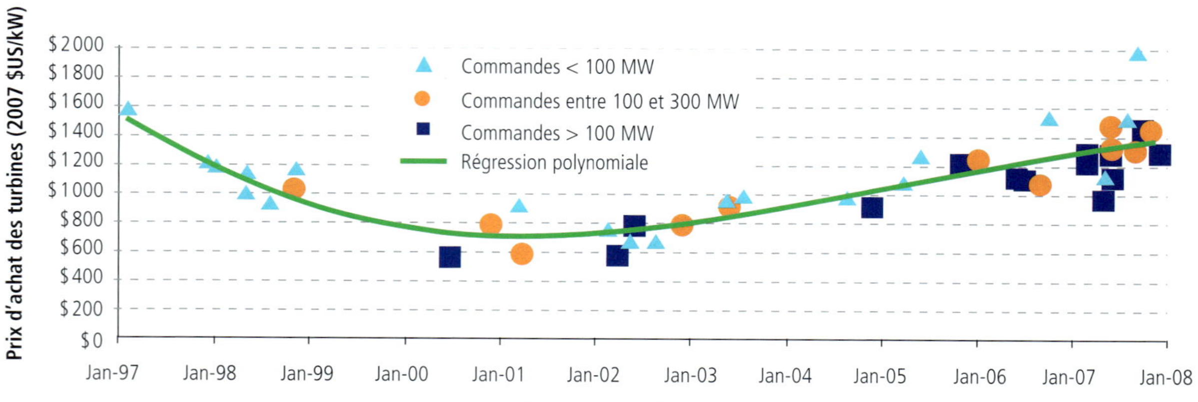

Source : Base de données du Laboratoire Berkeley. Gracieuseté : R. Wiser

Il est intéressant de noter que le coût des turbines diminue avec le volume des commandes. La moyenne des deux dernières années donne ≈ 1 500 $ pour les commandes de moins de 100 MW. Celles comprises entre 100 et 300 MW coûteraient ≈ 1400 $[97] et les commandes plus grosses que 300 MW coûteraient environ 1 200 $/kW. Évidemment, les

95. Wiser, R. & Bolinger, M., *Annual Report on U.S. Wind Power Installation, Cost, and Performance Trends : 2007*, LBNL-275E ; U.S. Department of Energy, Energy Efficiency and renewable Energy, DOE/GO-102008-2590, Revised May 2008. Pour plus d'information : www.eere.energy.gov.

96. Les coûts du rapport Wiser & Bolinger sont en dollars US. À l'été 2008, les dollars canadien et américain étaient virtuellement à parité. En novembre 2008, le dollar canadien ne valait plus qu'environ 0,85 $ US. Mais si l'appropriation de l'éolien au Québec visait le long terme et résultait en l'établissement d'un fabricant éolien et de ses fournisseurs au Québec, ces coûts pourraient être maintenus ou même réduits, parce que la main-d'œuvre québécoise est moins coûteuse que la main-d'œuvre européenne ou américaine.

97. Un exemple récent de ces coûts est donné par l'entente de réservation entre AAER et Mont Louis Wind LP (Northland Power) pour la fourniture de 100,5 MW à un coût anticipé de 142 M$, soit 1 411 $/kW). (*North American Windpower, Latest News Headlines*, édition du 10 octobre 2008, à : http://www.nawindpower.com/e107_plugins/content/content_lt.php?content.2940).

aléas de l'économie influencent tous les secteurs de marché, et ont un impact direct sur les coûts de l'éolien comme celui de toutes les filières énergétiques (voir aussi l'encadré Tendance des coûts à la section 11.3.4).

Wiser et Bolinger ont colligé, pour les États-Unis, la variation des coûts de projets complétés[98] et raccordés au réseau, pour les années 1982 à 2007. La figure 8.5 est tirée de leur rapport.

FIGURE 8.5
Coût installé de projets éoliens, $/kW

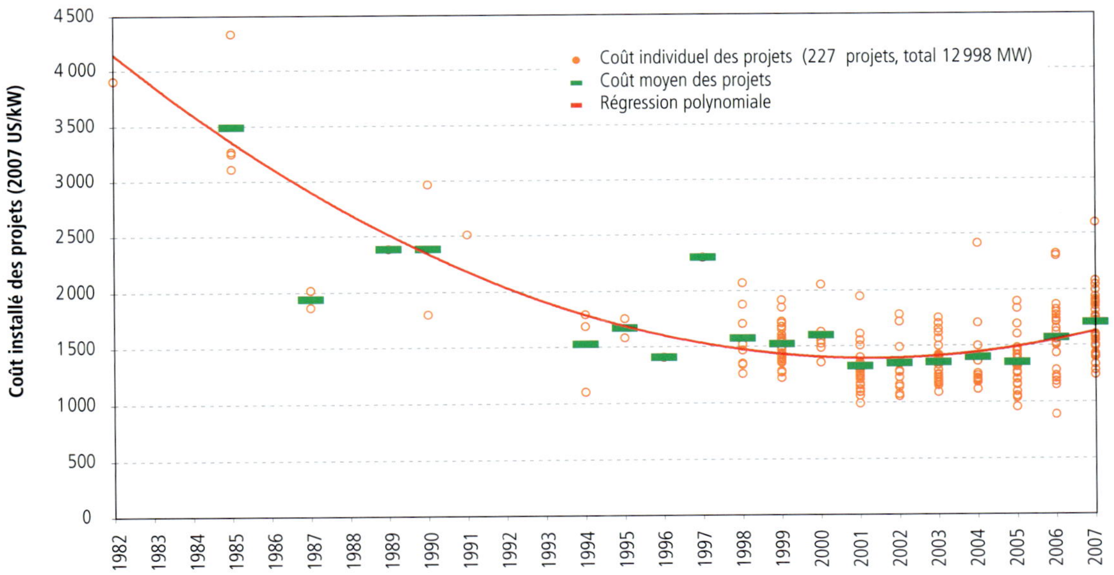

Source : Base de données du Laboratoire Berkeley (des données ont été supprimées pour protéger la confidentialité).
Gracieuseté : R. Wiser

98. Il est important de noter que le coût d'un projet complété inclut le coût des intérêts encourus durant toute la durée de réalisation d'un projet (qui comprend les phases de planification, de construction et de mise en service). Le coût des intérêts a une incidence d'autant plus grande sur le coût de production d'un projet que la durée de réalisation de ce projet est longue. La réalisation de projets éoliens à cet égard est particulièrement avantagée par ses courts délais de construction par rapport aux filières nucléaires et hydroélectriques. (Voir la Section 3.7.)

En 2007, d'après ce graphique, le coût moyen était de 1 710 $ US/kW, soit 140 $/kW plus élevé qu'en 2006 (1 570 $/kW). Les auteurs (Wiser et Bolinger) sont d'avis que les coûts pourraient augmenter de 210 $/kW en 2008. Dans cette perspective, et considérant l'envergure du projet éolien de notre exercice, le coût installé de 1 872$/kW en 2008 apparaît raisonnable en première approximation[99].

8.4 Les frais d'opération et d'entretien

Comme leur nom l'indique, ces frais se répartissent en deux volets. Les frais d'opération incluent la gestion du projet, la location ou les redevances payées aux propriétaires des terrains, les assurances, les taxes, etc. Ils comptent pour environ la moitié des frais d'opération et d'entretien.

Les frais d'entretien couvrent la main-d'œuvre, les pièces de remplacement, les bâtiments d'entreposage, la flotte de véhicules nécessaires pour garder la centrale éolienne en bon état de marche, les achats de service, etc. La main-d'œuvre compte pour environ la moitié des frais d'entretien.

La figure 8.6, tirée du rapport Wiser et Bolinger, fournit une synthèse des données d'évolution des frais d'opération et d'entretien. Le graphique montre bien que, selon l'expérience américaine, pour les projets de plus de 50 MW réalisés après l'an 2000, les coûts d'opération et d'entretien se situent en moyenne sous les 1 ¢US/kWh (10 $US/MWh).

8.5 Calcul du coût de production d'un complexe éolien

Poursuivons notre exemple de calcul du coût de production du complexe éolien au point de raccordement au réseau de transport. Ce coût est composé du coût de capital et des frais d'opération et d'entretien. Le calcul est normalisé par kW unitaire de capacité installée.

En prenant comme référence les paramètres financiers présentés par Hydro-Québec Production (HQP) dans sa proposition de projet d'un complexe hydro-électrique sur la rivière La Romaine[100], notre exercice s'intéresse au cas d'un complexe éolien dont la production est moitié dans la région La Grande 4–Laforge et moitié dans

---

99. Au chapitre 12, nous avons utilisé un coût installé de 1 500 $/kW, auquel nous avons ajouté 4 % pour la version nordique des éoliennes et 20 % pour les imprévus, pour un coût installé de 1 872 $/kW.

100. « Complexe de la Romaine : Étude d'impact sur l'environnement », volume 1, « Vue d'ensemble et description des aménagements », Hydro-Québec Production, décembre 2007, document déposé dans le cadre de l'étude d'impact sur l'environnement devant le Bureau d'audiences publiques sur l'Environnement.

FIGURE 8.6

Coûts moyens d'Opération et d'Entretien par taille de projet, données disponibles des années 2000 à 2007, en $/MWh

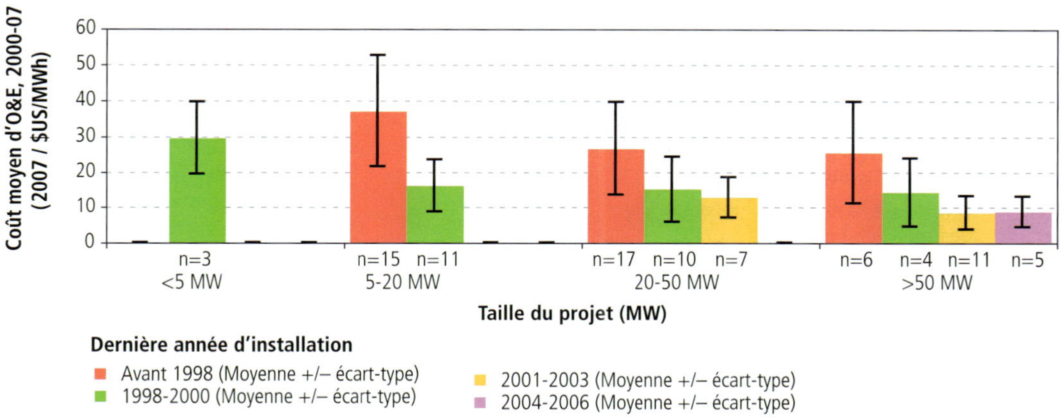

Source : Base de données du Laboratoire Berkeley ; moyenne pour groupes de 3 projets ou plus.
Gracieuseté : R. Wiser

la région Manic–Bersimis–Outardes, donnant un vent moyen effectif de 8,7 m/s[101, 102]. Le tableau 8.1 donne les hypothèses de départ et le résultat des calculs et constitue notre cas de référence pour l'analyse de sensibilité qui suivra.

La figure 8.7 montre l'analyse de sensibilité du coût de production calculé ci-haut à une variation de +/– 20 % de la valeur des paramètres du cas de référence. Les paramètres dominants sont le régime des vents, le productible et le coût installé. Les deux premiers sont directement liés. Par rapport au cas de référence, une baisse de productible de 20 % correspond à une diminution de 14 % sur la vitesse moyenne annuelle du site.

Le tableau 8.1 ne reflète que le coût de production de la centrale éolienne raccordée au réseau de transport (au point de raccordement au réseau). Comme on le verra au chapitre 12, le coût complet de l'énergie éolienne livrée aux clients domestiques nécessite une analyse économique qui comporte quatre niveaux d'emboîtement :

101. Situés à l'intérieur des cibles 2 et 4 de la figure 6.7.

102. Voir chapitre 12, orientation A – 'Marché intérieur', niveau d'emboîtement 1.

TABLEAU 8.1

Coût de production d'un complexe éolien dont 50 % de l'énergie provient de la région La Grande et 50 % de la région Manic, cas de référence

CAS DE RÉFÉRENCE, COMPLEXE ÉOLIEN	
Vent moyen annuel	8,7 m/s
Productible annuel (Rayleigh)	3643 kWh/kW
Propriété HQP	
Ratio dette/équité	60 / 40
Termes de l'emprunt = durée de vie des équipements	20 ans
Taux d'intérêt sur la dette à long terme	5,85 %
Frais de garantie de la dette	0,5 %
Taux résultant de la dette à long terme : 5,85 + 0,5	6,35 %
Rendement escompté sur l'équité	12 %
Taux d'actualisation nominal : 0,6 × 6,35 + 0,4 × 12	8,61 %
Taux d'inflation anticipée	3,0 %
Taux d'actualisation réel : 1,0861 ÷ 1,03 – 1	5,45 %
Facteur d'actualisation	12,00
Coût de l'équipement	1 500 $/kW
incluant version nordique (4 %) et imprévus (20 %)	1 872 $/kW
Coût de capital annuel : 1872 ÷ 12,00	156 $/kW
Coût de capital du kWh : 156 $/kW ÷ 3 643 kWh/kW	4,28 ¢/kWh
Frais d'opération et d'entretien	1 ¢/kWh
Coût de production de la centrale éolienne : 4,28 + 1,00	5,28 ¢/kWh

- Coût de production de la centrale éolienne au point de raccordement au réseau de transport (qui correspond aux résultats du tableau 8.1 et au point d'intersection des courbes dans la figure 8.7).
- Coût de production à service complet, ce qui inclut le coût du support en puissance et le coût d'équilibrage.
- Coût de production et transport qui inclut les coûts et les pertes en transport.
- Coût livré aux clients domestiques qui inclut les coûts et tient compte des pertes de distribution.

Le coût de l'éolien livré aux clients industriels (livraison à haute tension), à l'exportation et/ou au distributeur (Hydro-Québec Distribution) ne comprend que les trois premiers niveaux d'emboîtement[103].

FIGURE 8.7

Sensibilité du coût de production d'un complexe éolien à une variation de ± 20 % des principaux paramètres

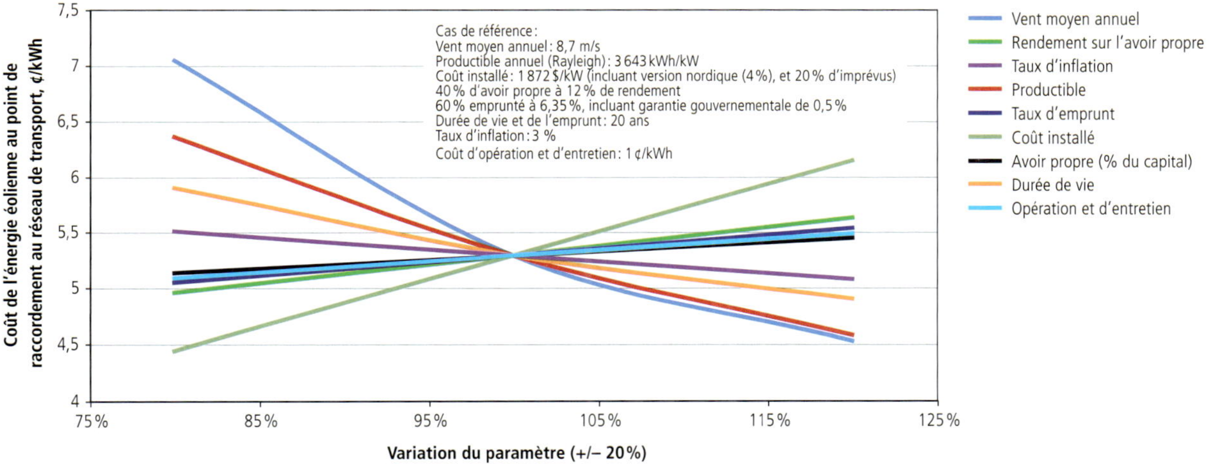

8.6 Exemple de calcul de rentabilité financière

Pour illustrer la rentabilité financière du complexe éolien de notre exercice, on posera l'hypothèse que sa production est entièrement destinée à l'exportation. Ces calculs financiers s'intéressent, entre autres, aux indicateurs suivants : Coût de revient, Profit annuel et Valeur actualisée nette, Période de récupération, Taux de rendement interne et Rendement sur l'avoir propre.

La capacité installée du complexe éolien, adossé à l'hydraulique, reste limitée par la capacité d'une ligne de transport à 735 kV. À notre cas de référence du tableau 8.1, il faut donc ajouter la construction d'une ligne de transport à 735 kV à un coût de 1,27 M$/km, sur une distance de 1 000 km. Il faut aussi tenir compte du coût des pertes électriques d'acheminement de 5,2 %[104].

---

103. Notons cependant que le coût de distribution sur lequel la Régie autorise un tarif réfère à la totalité de l'énergie livrée à toutes les clientèles ; cela fait partie des règles applicables à l'interfinancement entre les différentes catégories de clients.

104. Pour une discussion sur ces hypothèses, voir le chapitre 12, Orientation A – Marché intérieur, niveau d'emboîtement 3.

8.6.1 Coût de revient de l'énergie livrée à Montréal

Cette ligne sera exploitée en fonction de la caractéristique de la demande du réseau où cette production sera écoulée. On prend comme hypothèse qu'il s'agit d'un marché dont le FU annuel est de 0,6 et que la production y sera écoulée en vertu d'un contrat de long terme. Avec une limite de capacité de 2 000 MW et un FU de 0,6, une ligne de 735 kV peut transporter 10,5 TWh par année. Calculons donc le complexe éolien qui, à l'intérieur de la cible 2 identifiée à la figure 6.7, produirait 10,5 TWh.

Complexe éolien :

La cible 2 identifiée à la figure 6.7 présente les caractéristiques de gisement éolien suivantes :

- 420 km^2 de territoire doté de vent moyen annuel de 9,25 m/s, offrant la possibilité d'installer (à un taux de 5 MW/km^2) 2 100 MW de capacité de production éolienne produisant 3 929 kWh/kW (FU de 44,9 %), soit 8,25 TWh/année.
- Pour atteindre les 10,5 TWh, nous aurons aussi besoin d'exploiter 123 des 3 734 km^2 disponibles à un vent moyen annuel de 8,75 m/s, pour l'installation (à un taux de 5 MW/km^2) de 612 MW de capacité éolienne produisant 3 674 kWh/kW (FU de 41,9 %), soit 2,25 TWh/année.

La capacité installée du complexe éolien serait de 2 100 MW + 612 MW = 2 712 MW[105] et 8,25 TWh + 2,25 TWh = 10,5 TWh seraient produits par année, après déduction des pertes de 14 % dues à l'indisponibilité des éoliennes, aux effets de sillage et aux pertes électriques à l'intérieur de la centrale éolienne. De ce 10,5 TWh, il faut retrancher des pertes de transport de 5,2 %, pour obtenir l'énergie nette destinée à l'exportation, rendue à Montréal.

10,5 × 0,948 = 9,95 TWh

Coût de la centrale éolienne installée : 2 712 MW × 1 872 $/kW =	5,08 G$
Coût de la ligne de transport : 1 000 km à 1,27 M$/km =	1,27 G$
Coût total =	6,35 G$

105. La capacité éolienne installée est de 2 712 MW pour une ligne de transport ayant une limite de capacité de 2 000 MW. Nous expliquons au chapitre 12, section 12.1.3, qu'un complexe hydroélectrique, muni de réservoirs de stockage, peut réguler l'éolien à un FU de 0,6, c'est-à-dire permettre l'utilisation d'une seule ligne à 735 kV pour l'acheminement de 10,5 TWh d'électricité éolienne produite par une capacité installée de 2 712 MW.

Facteur d'actualisation (FA) de la centrale éolienne = 12,00, basé sur une durée de vie de 20 ans et un taux d'actualisation réel de 5,45 %.

FA de la ligne de transport = 17,06, basé sur une durée de vie de 50 ans et un taux d'actualisation réel de 5,45 %.

Coût de capital annuel[106] de la centrale éolienne = 5,08 G$ ÷ 12,00 =	423,1 M$
Coût de capital annuel de la ligne de transport = 1,27 G$ ÷ 17,06 =	74,4 M$
total : coût de capital annuel =	497,5 M$
Coût de capital en ¢/kWh =	
coût de capital annuel divisé par la production annuelle livrée =	
497,5 M$ ÷ 9,95 TWh =	5,00 ¢/kWh
Coût d'opération et d'entretien =	1,0 ¢/kWh
Coût total =	6,00 ¢/kWh

Les coûts du support en puissance et les frais d'équilibrage fournis par le complexe hydroélectrique de la Baie James situé à proximité de la cible 2 ajouteraient 0,64 ¢/kWh[107], pour un coût à l'exportation de :

6,00 ¢/kWh + 0,64 ¢/kWh = 6,64 ¢/kWh.

8.6.2 Profit annuel et valeur actualisée nette du scénario exportation

Supposons que cette production soit vendue aux régions de Boston–New York et/ou à l'Ontario, via un/des contrat(s) à long terme. Posons l'hypothèse que le prix de vente moyen soit de 8 ¢/kWh[108].

Ventes annuelles de 9,95 TWh d'électricité

Profit annuel = 9,95 TWh × (8 ¢/kWh – 6,64 ¢/kWh) = 135,3 M$ par année

Valeur actualisée (20 ans à 5,45 %) des profits annuels :

135,3 M$ × 12,00 = 1,62 G$.

---

106. Aussi appelé versement annuel.

107. Voir chapitre 12, section 12.1.2, orientation A – Marché intérieur, niveau d'emboîtement 2.

108. « HQ dit avoir obtenu un prix moyen de 10,6 ¢ pour chaque kWh vendu à l'étranger », Pierre Couture, *Le Soleil*, 10 novembre 2007. « Les profits se dégonflent chez Hydro ». De plus, Hydro-Québec prévoit vendre la production du projet de complexe hydroélectrique La Romaine à 10¢/kWh.

Notez qu'à la fin de la durée de vie utile du complexe éolien, la ligne de transport possède une valeur résiduelle associée à sa durée de vie restante (30 ans). Cette valeur résiduelle doit être ajoutée à la Valeur actualisée nette (VAN) calculée ici. Le calcul ci-haut est donc conservateur.

8.6.3 Période de récupération

La période de récupération représente le nombre d'années requises pour récupérer l'investissement initial.

Le revenu d'exportation annuel correspond à des ventes annuelles de :

9,95 TWh à un prix de 8 ¢/kWh = 796 M$.

L'investissement total du complexe éolien de la ligne de transport au point de livraison est de 6,35 G$:

Un nouveau FA est calculé, à partir du montant des revenus annuels anticipés par le promoteur :

FA = 6,35 G$ ÷ 796 M$ = 7,98.

En solutionnant l'équation (3) pour la période de récupération *n*, il s'agit de calculer : n = ln (1/(1-i × FA)) ÷ ln (1 + i).

Avec le FA qui vient d'être calculé et en gardant *i*, le taux d'actualisation réel, égal à 5,45 %, on obtient une période de récupération de 10,8 ans. Ainsi, en tenant compte des hypothèses du marché d'exportation retenues et en utilisant les paramètres du montage financier de la proposition de projet de complexe hydroélectrique sur la rivière La Romaine, l'investissement d'un complexe éolien à service équivalent est récupéré en 10,8 ans.

8.6.4 Taux de rendement interne et rendement sur l'équité

Le taux de rendement interne est le taux d'actualisation correspondant aux revenus annuels comptabilisés sur toute la durée de vie du projet. S'il est plus élevé que le taux d'actualisation correspondant au montage financier du projet, le projet est, en principe, rentable.

Rappelons les paramètres du montage financier utilisé dans notre exercice :

40 % d'équité à 12 % =	4,8 %
60 % d'emprunt à 6,35 % =	3,81 %
taux nominal d'actualisation =	8,61 %

le taux réel d'actualisation qui constitue le seuil de rentabilité est:

100 × ((1,0861/1,03) – 1) = 5,45 %.

Avec le nouveau FA de 7,98 calculé ci-dessus à partir du montant des revenus annuels anticipés par le promoteur, il s'agit de solutionner l'équation (3) pour i, sur la durée de l'investissement de 20 ans. Ce calcul donne un taux **réel** d'actualisation, i = 10,98 % qui correspond au taux **réel** de rendement interne du projet.

Le taux **nominal** d'actualisation devient:

((1,1098 × 1,03) – 1) × 100 = 14,31 % ce qui correspond précisément au **taux de rendement interne nominal du projet de complexe éolien.**

Ce taux de rendement interne correspond à un rendement sur l'avoir propre de:

(14,31 – 3,81)/0,40 = 26,3 %

Cet exemple illustre les principes de base du calcul du coût de revient de l'énergie éolienne. Il existe sur le marché plusieurs logiciels éprouvés capables de faire ce travail. La plupart des logiciels de conception de centrales éoliennes offrent des modules économiques. Mentionnons WindPro (www.windpro.com), ReSoft (www.resoft.co.uk), Firstlook (firstlook.3tiergroup.com), Risø National Laboratory WAsP (www.wasp.dk), Garrad Hassan (www.garradhassan.com), etc. On peut trouver de la publicité sur ces logiciels dans des publications comme *WindPower Monthly* (www.windpower-monthly.com) et *North American Windpower* (www.nawindpower.com).

Enfin, il faut mentionner le logiciel déjà cité, Retscreen (http://www.retscreen.net), développé au Canada par Ressources Naturelles Canada, et utilisé par la Banque mondiale; c'est un outil d'évaluation préliminaire de projets.

8.7 L'importance du montage financier

Pour illustrer l'importance du montage financier, nous comparerons ceux d'une compagnie d'électricité et d'un promoteur privé appliqués à une même centrale éolienne.

Généralement, une compagnie d'électricité inclut tout nouveau projet de production d'électricité dans son portefeuille de production qu'elle finance globalement. En d'autres termes, la compagnie d'électricité ne finance pas un projet en particulier, mais finance globalement l'ensemble de ses installations/opérations. En général, elle peut appliquer ce financement à la durée de vie de ses projets.

Par contre, le promoteur/producteur privé finance généralement chacun de ses projets séparément. C'est la principale raison pour laquelle le promoteur ne réussira pas à obtenir d'aussi bon taux que la compagnie d'électricité, ni à négocier des emprunts répartis sur toute la durée de vie de ses projets. Cette différence est illustrée par Wiser *et al.*[109] qui comparent les pratiques de financement des compagnies d'électricité à celles des promoteurs privés aux États-Unis. Selon les auteurs de cette étude, pour des projets éoliens, le taux d'emprunt de la compagnie d'électricité est de 5 % pour la durée de vie des équipements, soit 20 ans, alors que le promoteur privé emprunte à 7,5 % pour une durée de 15 ans.

Peu de chiffres existent qui permettent de mesurer l'importance de cette différence dans les montages financiers au Québec. Mais des documents déposés à la Régie de l'énergie nous donnent accès aux paramètres de financement de deux propositions de projets de même envergure, faits à peu de chose près à la même époque (2003 et 2004). Ce sont des projets de centrales de production d'électricité à l'aide de turbines à gaz (TAG) : une qui aurait été financée par un promoteur privé et une autre qui aurait été financée par une compagnie d'électricité. Les paramètres financiers du projet de turbine à gaz réalisé par un producteur privé proviennent d'une étude réalisée par un consultant (Merrimack Energy) pour Hydro-Québec Distribution[110]. Les paramètres financiers du projet de turbine à gaz d'une compagnie d'électricité proviennent de la proposition de projet Le Suroît qui avait été planifiée pour Hydro-Québec Production[111]. Ce sont les meilleurs chiffres disponibles pour transposer la réalité de l'impact de ces montages financiers sur le coût de production d'une centrale éolienne.

Le tableau 8.2 compare l'effet de ces deux montages financiers sur le coût de capital. À noter que nous avons réajusté la vie et la durée de financement de la centrale éolienne proportionnellement aux valeurs utilisées dans les propositions de projet de turbine à gaz. Les données de vent et de productible pour un complexe éolien partagé entre les régions de La Manic et de La Grande proviennent du tableau 8.1.

---

109. Bollinger, M., Wiser, R. & Golove, B., Lawrence Berkeley National Laboratory : *Revisiting the Buy versus Build Decision for Public Owned Utilities in California Considering Wind and Geothermal Resources*, October 2001. (http://eetd.lbl.gov/EA/EMP/)

110. Régie de l'énergie, Décision D-2003-159, dossier R-3515-2003, *Demande du Distributeur concernant l'approbation des contrats d'approvisionnement en électricité découlant de l'appel d'offres A/O 2002-01,* 19 août 2003, p. 20.

111. Demande R3526-2004 d'Hydro-Québec Production devant la Régie de l'énergie, HQP-3, Document 1, original : 2004-03-19 : *Demande d'avis sur la sécurité énergétique des Québécois à l'égard des approvisionnements électriques et la contribution du projet du Suroît, Réponses d'Hydro-Québec Production à la demande de renseignements n° 1 de la Régie au Producteur en date du 5 mars 2004.*

Ce résultat signifie que, toutes choses étant égales par ailleurs, les paramètres de financement d'un complexe éolien réalisé par un producteur privé plutôt que par une compagnie d'électricité se traduisent par un surcoût de 2,69 ¢/kWh.

TABLEAU 8.2
Impact du montage financier sur le coût de capital d'un complexe éolien, ¢/kWh

	CIE D'ÉLECTRICITÉ	PROMOTEUR/PRODUCTEUR PRIVÉ
Ratio dette équité, %	70/30	65/35
Taux d'emprunt, %	6,6	8
Rendement sur l'équité, %	15	20
Taux d'actualisation nominal %	9,1	12,2
Inflation anticipée, %	2,5	2,5
Taux d'actualisation réel, %	6,46	9,46
Amortissement (réf. TAG), ans	25 (vie)	15 (durée du financement)
Converti à l'éolien, ans	20	12
Facteur d'actualisation	11,05	7,00
À 1 872 $/kW, coût de capital annuel	169,41	267,42
À v= 8,7 m/s, coût de capital, ¢/kWh	4,65	7,34

8.8 Coût de capital moyen

Dans notre illustration de l'importance du montage financier à la section précédente, le traitement du financement par un promoteur privé considérait les coûts de l'avoir propre du promoteur sur la période de récupération de l'emprunt, alors qu'ils auraient pu être calculés sur la durée de vie du projet éolien, nettement plus longue. En fait, pour calculer le coût de capital d'un projet basé sur le montage financier propre à un promoteur privé (voir section 8.7), les revenus annuels servent le rendement escompté sur l'équité pour les 20 ans de durée de vie de l'équipement, et la dette pour les 12 années de la durée de l'emprunt. En actualisant le coût du service de la dette et du service de l'équité, on obtient le coût de capital moyen[112].

---

112. Dans notre discussion, nous ne traitons que de la portion capital du coût moyen de l'énergie (LCOE), que nous appelons coût moyen du capital, pour le projet. Le LCOE inclurait également les frais d'opération et d'entretien dont l'effet est neutre par rapport à l'exercice de comparaison des montages financiers effectuée ici. Harper *et al.* définissent le LCOE comme étant le prix minimal, sur une base de 20 ans (net d'inflation), qui permet au projet de couvrir ses coûts d'opération tout en satisfaisant les rendements escomptés des prêteurs et les rendements escomptés de l'équité. Source: Harper, J.P., Birch Tree Capital, Karcher, M.D., Deacon Harbour Capital & Bolinger, M., Lawrence Berkeley National Laboratory,: *Wind Project financing Structures: A Review & Comparative Analysis*, Ernest Orlando Lawrence Berkeley national Laboratory, Environmental Energy Technologies Division, September 2007, disponible à: http://eetd.lbl.gov/ea/emp.

Le tableau 8.3 présente les données et calculs de base servant à l'évaluation du coût moyen du capital d'un projet éolien réalisé selon le montage financier d'un promoteur/producteur privé. À noter que le fait d'étirer le remboursement de l'équité sur 20 ans diminue les revenus minimums annuels requis pour servir le capital (emprunt + équité), comme l'indique le coût de 7,06 du tableau 8.3 vs le coût de 7,34 du tableau 8.2.

TABLEAU 8.3
Calculs de base servant à évaluer le coût moyen du capital d'un projet réalisé selon le montage financier d'un promoteur/producteur privé

	EMPRUNT	ÉQUITÉ
Coût installé, $/kW	1 872	1 872
Ratio dette équité, %	65	35
Part du capital, $/kW	1 217	655
Taux d'emprunt, %	8	
Rendement escompté de l'équité, %		20
Inflation anticipée, %	2,5	2,5
Taux d'actualisation réel, %	5,37	17,07
Amortissement de la dette, ans	12	
équité, ans (durée de vie)		20
Facteur d'actualisation	8,68	5,61
Coût annuel du capital, $/kW	140,18	116,79
À v= 8,7 m/s, coût de capital, ¢/kWh	3,85	3,21
Coût du capital total		
12 premières années, ¢/kWh	3,85 + 3,21 = 7,06	
de la 13e à la 20e année, ¢/kWh		3,21

Calcul du coût moyen de capital

Pour effectuer les remboursements de l'emprunt et d'une partie de l'équité, à leurs taux respectifs, les revenus annuels minimums requis pendant les 12 premières années devront couvrir les coûts annuels de capital ($140,18 + 116,79 = 256,97$/kW installé).

En supposant que, de l'an 1 à l'an 20, les revenus annuels (prix de vente) sont constants à 256,97 $/kW, et que, de l'an 13 à l'an 20 il ne reste, pour assurer la rentabilité du projet, qu'à servir le remboursement de l'équité (capital plus intérêts) à raison de 116,79 $/année, on obtient un excédent de revenu de 140,18 $/année. Ainsi, l'emprunt est totalement remboursé en 12 ans et, à partir de l'an 13, le montant de 140,18 $ devient un surplus annuel non requis pour servir la dette ou l'équité.

Cet excédent de revenu de 140,18 $, actualisé au taux réel combiné de l'emprunt et de l'équité de 9,46 %[113] correspondant au montage financier du promoteur privé pendant 8 ans (an 13 à an 20), représente :

140,18 $ × 5,44 (FA de 8 ans à 9,46 %) = 762,78 $ à l'an 13.

En le ramenant à sa valeur présente à l'an 1, cet excédent est équivalent à :

$762{,}78 \times (1 - 0{,}0946)^{12} = 231{,}47$ \$/kW.

Cet excédent ramené à l'année 1 du projet peut être assimilé à une réduction de la valeur de l'investissement initial de 1 872 $/kW considéré dans l'exercice précédent ; l'investissement initial équivalent devenant :

1 872 $/kW – 231,46 $/kW = 1 640,53$/kW.

Le coût de capital moyen correspondant au montage financier du promoteur privé peut être calculé comme étant proportionnel à l'investissement initial diminué de cet excédent de revenu. Le coût équivalent pour le promoteur privé serait donc :

7,06 ¢/kWh × (1 640,53 ÷ 1 872) = 6,19 ¢/kWh

Une question demeure. Est-ce qu'un producteur privé accepterait un rendement sur l'équité plus faible pendant les premiers 12 ans de son projet pour être compensé dans les années 13 à 20 ? En d'autres termes, les prix de vente au distributeur sont-ils basés sur le remboursement de l'emprunt et de l'équité en 12 ans aux taux escomptés, comme présenté à la section 8.7 ? Nous n'avons pas cette réponse…

8.8.1 Fiscalité

La fiscalité peut aussi avoir un impact non négligeable sur les coûts de l'éolien. Au Québec, la compagnie d'électricité étant une société d'État, elle ne paie pas d'impôts, mais un producteur privé en paie sur le montant de ses profits réduits de la dépréciation de ses équipements.

Par contre, la Loi canadienne de l'impôt permet au promoteur privé de financer l'exploration au moyen d'actions accréditives, ce qui est courant pour l'exploration pétrolière, gazière, aurifère, etc. Le promoteur éolien peut aussi bénéficier de cette mesure, en finançant l'évaluation de la ressource du site par le biais de programmes d'actions accréditives. Les routes d'accès, le réseau de raccordement électrique des éoliennes ainsi qu'environ le 1/6 des éoliennes d'une centrale éolienne peuvent être

113. Voir 8.7 ci-dessus.

ainsi considérés comme faisant partie des frais d'exploration du gisement éolien au site d'une future centrale éolienne.

En partant du coût installé de 1 872 $/kW, l'éolienne représente ≈ 80 % de ce coût, soit 1 498 $. Les routes d'accès, le raccordement au réseau, etc. représenteraient ≈ 20 %, soit 374 $/kW. L'exemption d'impôt s'appliquerait donc sur le 374 $/kW et sur 1/6 du 1 498 $/kW (coût des éoliennes), soit sur 624 $/kW.

Si on suppose un taux d'imposition (fédéral + provincial) de 50 % sur les profits, le producteur privé ferait financer 312 $/kW (50 % de 624 $/kW) par les gouvernements et son coût installé, après crédit d'impôt serait de 1 872 $ – 312 $ = 1 560 $/kW. Recalculons les données du tableau 8.3 sur cette base :

7,06 ¢/kWh × (1 560/1 872) = 5,88 ¢/kWh pour les 12 premières années

et 3,21 ¢/kWh × (1 560/1 872) = 2,68 ¢/kWh de la 13e année à la 20e.

En refaisant le calcul du coût de capital moyen du promoteur privé en incluant les dégrèvements fiscaux auxquels il aura éventuellement accès en tant que producteur, nous obtenons :

6,19 ¢/kWh × (1 560/1 872) = 5,16 ¢/kWh.

Les dégrèvements fiscaux représentent donc environ 1,03 ¢/kWh par rapport au coût moyen de capital avant dégrèvements fiscaux calculé à la section 8.8 ci-haut.

Ce 5,16 ¢/kWh se rapproche du coût de capital de 4,65 ¢/kWh calculé au tableau 8.2, pour un projet réalisé via le montage financier d'une compagnie d'électricité, c'est-à-dire lorsque la compagnie d'électricité en est le promoteur et le propriétaire. Toutefois, il faut insister sur cette réalité : les dégrèvements fiscaux du promoteur privé, de l'ordre de 1,03 ¢/kWh, sont financés par la société civile. Ils font donc partie des coûts du projet pour la société civile qui consommera ce service essentiel qu'est l'électricité. Ainsi, le point de comparaison du coût de capital d'une centrale éolienne demeure bel et bien le coût de capital moyen de 6,19 ¢/kWh avec le montage financier du promoteur privé vs 4,65 ¢/kWh pour le montage financier de la compagnie d'électricité.

Le calcul n'est pas tout à fait aussi simple puisqu'il faut aussi tenir compte des coûts associés à la réalisation du montage financier (préparer la documentation, mettre en marché les actions accréditives, etc.). Le retour d'impôt se fera environ un an plus tard et il faut donc ajouter des frais d'intérêt. Comme nous le verrons dans l'exemple américain de la section 8.8.2, ces coûts ont un impact sur le coût de l'énergie produite.

Par ailleurs, la compagnie d'électricité peut aussi tirer avantage dans son propre bilan de ces crédits d'impôts en faisant d'abord financer les centrales éoliennes par un promoteur privé capable de les obtenir pour ensuite reprendre la propriété des projets, ce qu'aux États-Unis on appelle un *flip*. Là aussi, le montage financier entraînera des coûts.

8.8.2 Crédit de production éolienne et services publics

Le Production Tax Credit aux États-Unis (PTC) est un crédit d'impôt fédéral ajusté à l'inflation qui s'applique à chaque MWh d'énergie renouvelable produite et vendue durant les 10 premières années de production d'une centrale éolienne. En 2008, l'ajustement pour l'inflation représentait un crédit fiscal de 21 $/MWh ou 2,1 ¢/kWh.

En octobre 2008, une directive administrative du US Department of Treasury a modifié les règles du programme PTC, afin de permettre aux compagnies d'électricité d'y avoir désormais accès[114]. Jusque-là, les compagnies d'électricité, privées ou publiques, n'étant pas assujetties à l'impôt de la même façon qu'un producteur privé, étaient exclues de ce programme. Cette décision risque de modifier le terrain financier des développements éoliens aux États-Unis et de stimuler la participation des compagnies d'électricité en tant qu'investisseurs. Au Canada, le Programme d'encouragement à la production d'énergie éolienne (EPÉÉ), le pendant canadien du programme de PTC des États-Unis, était accessible aux compagnies d'électricité propriétaires de centrales éoliennes. Créé en 2000, le programme EPÉÉ a été aboli en 2005 (voir aussi la section 10.1 à ce sujet, p. 253).

Une étude parue en 2007 et portant sur la structure du financement des projets éoliens[115], même si elle ne s'applique qu'au marché des États-Unis[116], éclaire bien la question du montage financier des projets. Elle ne reflète évidemment pas les tout récents changements dans les règles d'accès au PTC mentionnées plus haut, mais mérite qu'on en cite ici des extraits (notre traduction) :

> Le financement de nouveaux projets éoliens diffère de ceux impliquant des carburants fossiles, à cause de leurs caractéristiques différentes. Spécifiquement, les projets éoliens exigent des capitaux importants pour leur construction, mais leur carburant est gratuit, alors que les

---

114. Mark Anderson, « Tax changes for wind: Better terms for utility ownership », *Windpower Monthly*, octobre 2008, p. 32-33.

115. Harper, J.P., Birch Tree Capital, Karcher, M.D., Deacon Harbour Capital & Bolinger, M., Lawrence Berkeley National Laboratory, *Wind Project financing Structures: A Review & Comparative Analysis*, Ernest Orlando Lawrence Berkeley National Laboratory, Environmental Energy Technologies Division, September 2007, disponible à : http://eetd.lbl.gov/ea/emp.

116. Bien que l'étude ne s'adresse qu'au marché américain, elle est intéressante parce qu'elle montre la complexité des montages financiers, complexité qui caractérise aussi le marché canadien.

> projets de centrales à carburant fossile exigent moins de capital (par unité de production), mais ont des coûts d'opération plus élevés (principalement le coût du carburant). De plus, les crédits d'impôt ou incitatifs financiers (*tax incentives*) du gouvernement fédéral pour les centrales à carburant fossile peuvent être (et généralement sont) distribués sur tout le cycle du carburant (c'est-à-dire de l'exploration à l'extraction au transport, à la production d'énergie et au contrôle de la pollution). Les crédits d'impôts pour les projets éoliens visent presque exclusivement l'étape de la production d'énergie. Les deux principaux crédits d'impôt disponibles pour les projets éoliens sont le crédit d'impôt à la production (PTC) et les déductions pour la dépréciation accélérée. Ces crédits d'impôts donnent une valeur significative aux projets éoliens, mais compliquent le financement des projets, puisque la plupart des promoteurs n'ont pas un revenu suffisant ou ne paient pas assez d'impôts pour pouvoir utiliser ces crédits d'impôts efficacement.
>
> En réponse à cette situation, le secteur éolien a développé des structures de financement multiples afin d'attirer des investisseurs à élaborer des projets, gérer les risques et allouer les crédits d'impôts à des organismes qui peuvent les utiliser efficacement. Quelques-unes de ces structures sont conçues pour attirer des investisseurs importants ayant un intérêt stratégique dans le secteur éolien. D'autres structures sont conçues dans le but d'attirer le capital plus passif des investisseurs institutionnels qui sont plutôt intéressés aux crédits d'impôts. D'autres permettent aux promoteurs et aux investisseurs de se servir d'emprunts pour appuyer leur équité et leurs rendements.
>
> Le rapport examine les sept principales structures de financement par lesquelles la plupart des grands projets éoliens aux États-Unis ont été financés, de 1999 à maintenant, à l'exclusion des projets réalisés par les compagnies d'électricité, dans la mesure où ils font partie du portefeuille interne des moyens de production d'électricité et sont inclus dans la base tarifaire de l'électricité.

Le tableau 8.4 provenant du rapport Harper *et al.* (tableau ES-1) donne une description sommaire de ces sept structures analysées. À noter le transfert (*flip*) qui exploite le transfert de propriété pour prendre avantage de crédits d'impôts.

Le tableau 8.5 (tableau ES-2 du rapport Harper *et al.*) montre un sommaire de l'impact de la structure de financement sur les coûts de projet, le rendement à l'investisseur et les coûts de l'électricité produite. À noter, les coûts du financement (*soft costs*) qui vont de 125 à 229 $/kW.

Il faut bien noter l'impact de la structure de financement sur le coût de l'énergie produite, actualisé sur 20 ans, qui va de 4,8 ¢/kWh à 6,3 ¢/kWh (48 à 63 $/MWh). L'écart maximal de coût de revient entre ces différentes structures financières dépasse 30 % du meilleur coût de la liste présentée.

TABLEAU 8.4
Description de sept structures de financement

NOM DE LA STRUCTURE DE FINANCEMENT	STRUCTURE DE CAPITAL DU PROJET	ÉQUITÉ INVESTISSEURS POSSIBLES	DESCRIPTION BRÈVE DES MÉCANISMES DE LA STRUCTURE
Société	Équité	Promoteur (corporation)	La corporation développe le projet et finance tous les coûts. Pas d'autre investisseur ou prêteur n'est impliqué. La corporation est en mesure d'utiliser les crédits d'impôts (pas de transfert).
Investisseur stratégique et transfert (flip)	Équité	Promoteur et investisseur stratégique	L'investisseur stratégique fournit tout le capital et reçoit un pourcentage des crédits d'impôts proportionnel à sa part d'investissement avant un transfert des allocations basé sur les profits.
Investisseur institutionnel et transfert	Équité	Promoteur et investisseur institutionnel	L'investisseur institutionnel fournit presque tout le capital et reçoit tous les crédits d'impôts puis, une fois que le promoteur a récupéré son investissement, tous les profits, jusqu'à un transfert des allocations basé sur les profits.
Payer à mesure (pay-as-you-go)	Équité	Promoteur et investisseur institutionnel	L'investisseur institutionnel finance une grande part du projet, injectant du capital au début et à mesure que les crédits d'impôts sont produits. un transfert des allocations basé sur les profits est inclus.
Effet de levier sur les revenus	Équité et emprunts	Promoteur et investisseur institutionnel	Basé sur la structure investisseur stratégique et transfert mais avec emprunt. Implique des investisseurs institutionnels plutôt que stratégiques. Le montant et l'amortissement des emprunts sont basés sur les revenus provenant des ventes d'énergie.
Effet de levier sur les revenus et les crédits d'impôt	Équité et emprunts	Promoteur et investisseur institutionnel	Similaire à la structure effet de levier sur les revenus, mais le montant et l'amortissement de l'emprunt est basé sur les revenus d'opération plus l'actualisation des crédits d'impôt.
Effet de levier inversé	Équité (mais emprunts extérieurs au projet utilisés)	Promoteur et investisseur institutionnel	Virtuellement identique à la structure investisseur institutionnel et transfert, mais le promoteur finance sa part d'équité par des emprunts.

Source : Harper, Karcher & Bolinger, note 115.

TABLEAU 8.5
Impact de la structure de financement sur le coût du financement et le coût moyen de l'énergie

	EFFET DE LEVIER SUR LES REVENUS ET LES CRÉDITS D'IMPÔT	EFFET DE LEVIER SUR LES REVENUS	INVESTISSEUR INSTITUTIONNEL ET TRANSFERT	EFFET DE LEVIER INVERSÉ	PAYER À MESURE	INVESTISSEUR STRATÉGIQUE ET TRANSFERT	SOCIÉTÉ
Coût présumé du projet installé, $/kW							
coût de base	**1 600**	**1 600**	**1 600**	**1 600**	**1 600**	**1 600**	**1 600**
coût du financement	**229**	**215**	**183**	**183**	**183**	**183**	**125**
coût total	**1 829**	**1 815**	**1 783**	**1 783**	**1 783**	**1 783**	**1 725**
Rendement après impôts, le TRI ciblé pour 10 ans est un input du modèle, alors que le taux de 20 ans est un output							
TRI ciblé, 10 ans	**9,25 %**	**9,00 %**	**6,50 %**	**6,50 %**	**6,50 %**	**6,50 %**	**S/O**
TRI, 20 ans	**9,67 %**	**9,29 %**	**7,12 %**	**7,12 %**	**7,03 %**	**7,02 %**	**S/O**
Termes présumés de l'emprunt (pour les structures utilisant l'effet de levier)							
taux d'intérêt	**6,70 %**	**6,70 %**	**S/O**	**6,70 %**	**S/O**	**S/O**	**S/O**
durée du prêt	**15 ans**	**15 ans**	**S/O**	**calculé**	**S/O**	**S/O**	**S/O**
Rendement après impôts pour le promoteur (à l'exception du TRI 20 ans de la société, les rendements au promoteur sont des outputs du modèle)							
TRI, 10 ans	**9,25 %**	**9,00 %**	**0,00 %**	**–10,08 %**	**5,75 %**	**6,50 %**	**6,64 %**
TRI, 20 ans	**33,15 %**	**30,58 %**	**10,44 %**	**11,91 %**	**11,5 2%**	**37,44 %**	**10,00 %**
VAN (10 %, 20 ans), k$	**7 208**	**7 540**	**1 578**	**4 673**	**7 811**	**20 745**	**0**
Coûts moyens de l'énergie (LCOE) sur une base de 20 ans							
Nominal, $/MWh	**48**	**50**	**53**	**53**	**59**	**61**	**63**

Notes : TRI = Taux de Rendement Interne ; VAN = Valeur Actualisée Nette.
Source : Tableau ES-2 de Harper, Karcher & Bolinger, note 115.

8.9 Comparaison du coût de financement des filières

Comme on peut le voir, la comparaison des coûts de capital de l'éolien ne se fait pas sans difficultés et il faut creuser le sujet avant de se faire une idée réaliste de la structure de coûts complète d'un projet.

Nous n'avons pas pris en compte les conditions de raccordement au réseau qui, dans certains pays, sont couvertes par des tarifs de transport de l'électricité, ni des différentes taxes municipales, provinciales, des redevances à payer aux propriétaires des terrains (généralement inclus dans les coûts d'opération et entretien), etc. Ce sont généralement des contraintes fixées par des encadrements spécifiques à chaque filière énergétique, différentes pour chaque juridiction donnée. Il n'est évidemment pas question de tenter d'en faire le tour dans cet ouvrage.

8.9.1 Marchés de l'énergie et subventions sectorielles

Nous avons survolé rapidement quelques types d'avantages fiscaux dont bénéficie l'éolien. Toutes les filières énergétiques bénéficient d'appuis financiers qui se présentent sous forme de divers règlements, subventions et programmes gouvernementaux d'aides sectorielles. Au risque d'insister, il faut rappeler que l'incidence de ces mesures incitatives financées par les revenus de fiscalité et encadrés par des règles à géométrie variable selon les filières complique singulièrement l'analyse de la compétitivité entre les filières. Dans le cas de l'électricité, les coûts de ces cadres réglementaires et financiers n'apparaissent pas dans la facture d'électricité de la clientèle, mais ils n'en constituent pas moins dans les faits des éléments concrets des coûts de l'énergie qui se trouvent externalisés de la base tarifaire de l'électricité. Ces externalités distorsionnent la comparaison du coût réel des filières énergétiques et freinent l'accès au marché de même que l'investissement dans des filières compétitives sur le marché[117]. Toutes ces mesures d'encadrement réglementaire ne sont pas neutres du point de vue de l'évolution de l'infrastructure énergétique. On entre ici sur le terrain du politique qui est en définitive le seul lieu d'arbitrage qui permette la résolution de ces enjeux structurels essentiels à une évolution dynamique du secteur énergétique.

---

117. On pourra lire à ce sujet les travaux éclairants du Pr Olav Hohmeyer, de l'université de Flensburg (Schleswig-Holstein, Allemagne). Son premier livre *Social Costs of Energy Consumption* (Berlin: Springer-Verlag, 1988) est un classique dans ce champ d'investigation novateur. Le Pr Hohmeyer, l'un des pionniers de la mise en place de la Bourse du carbone en Europe, est membre du GIEC (Groupe intergouvernemental d'experts sur l'évolution du climat).

À une question parue dans le *newsletter* électronique Solar Access.com, voici le commentaire de Levesque[118] sur le sujet (notre traduction) :

> Il peut être naturel pour des gens qui sont peu familiers avec le domaine de l'énergie de supposer que l'éolien et les autres formes d'énergie renouvelable, qui sont plus récents que l'industrie des carburants fossiles, sont subventionnés afin de les aider à se développer et de penser que les filières à carburants fossiles et nucléaires, suffisamment matures pour pouvoir croître sans l'assistance des gouvernements dans un environnement de marché libre, fournissent leurs services énergétiques à la société tout en faisant des profits.
>
> Cette façon de voir est très loin de la réalité. En fait, la vérité se situe presque à l'opposé d'une telle vision. En 2003, les subventions fédérales américaines à l'énergie représentaient entre 37 et 64 G$, selon une étude préparée pour une commission nationale sur la politique énergétique. L'éolien ne comptait que pour 1 % de cette somme.
>
> La subvention principale à l'éolien est le PTC[119], le crédit d'impôt à la production pour les premiers 10 ans d'un projet.
>
> Les subventions aux carburants fossiles ne datent pas d'hier. Des sources d'énergie comme le pétrole et le gaz naturel, par exemple, ont reçu des subventions tout au long des 75 dernières années pour couvrir des parties essentielles de leurs activités telles que l'exploration et l'extraction. Des exemples : les coûts de forage et les allocations d'épuisement existent depuis 1916 et sont des éléments permanents dans les lois de l'impôt.
>
> Comme pour les autres formes de production d'énergie, l'éolien reçoit des fonds pour la R&D (recherche-développement), pour aider à faire progresser la technologie. On pourrait supposer que, puisque les industries des carburants fossiles ont plus d'un siècle, le gouvernement fédéral (américain) n'injecte plus de fonds de R&D ou, à tout le moins très peu,

---

118. Levesque, Carl, « What is the Percentage of Federal Subsidies Allotted for Wind Power? », *Renewable Enerrgy Access*, April 10, 2007. Disponible à : http://www.renewableenergyaccess.com/rea/news/ate/story?id=48070.

119. Il faut noter que le PTC est voté à la pièce par le gouvernement des États-Unis. Le gouvernement des États-Unis a laissé le PTC expirer en 2000, 2002 et 2004 avec le résultat que le déploiement de l'éolien évolue en dents de scie, ce qui est néfaste pour le développement d'une base manufacturière. http://www.awea.org/pubs/factsheets/PTC_Fact_Sheet.pdf. Le budget du PTC qui devait expirer à nouveau le 31 décembre 2008 a été reconduit pour 2009 avec des dizaines d'autres amendements intégrés au *Emergency Economic Stabilization Act*, voté le 3 octobre 2008. Voir la figure 10.1. Avec la signature du American Recovery and Reinvestment Act of 2009 par le président Obama, de nouveaux scénarios financiers semblent se mettre en place. Ainsi, non seulement les règles d'application du PTC seront-elles prolongées jusqu'en 2012 pour les projets éoliens, mais les mécanismes financiers incitatifs sont désormais élargis, donnant aux promoteurs éoliens la possibilité d'opter soit pour : 1) le PTC, 2) soit pour un crédit d'impôt à l'investissement (ITC) couvrant jusqu'à 30 % des coûts du nouvel équipement, ou 3) soit pour l'obtention d'une subvention du Department of Treasury à hauteur de 30 % du coût des installations éligibles au ITC (Source : E. Feo, The American Recovery and Reinvestment Act; Will the Renewable Energy Engine Be Restarted?, North American Clean Energy Magazine, Vol. 3, #2, march-april 2009).

comparé à des sources émergentes. On pourrait aussi supposer que l'éolien et les autres énergies renouvelables, parce qu'elles sont beaucoup plus récentes et qu'elles présentent des avantages sociaux importants, recevraient des fonds plus importants. Ce n'est pas le cas.

Pour l'année fiscale 2006, le gouvernement fédéral (américain) a alloué 580 M$ en fonds de R&D pour les carburants fossiles, 221 M$ pour le nucléaire et 38,3 M$ pour l'éolien. Pour l'année fiscale 2008, les budgets sont de 547 M$ pour le nucléaire.

8.9.2 Marchés du carbone

Un des revenus futurs qui changent complètement la donne pour l'énergie éolienne en Amérique proviendra de l'instauration d'une prime aux énergies propres. En Europe, on avantage les énergies propres comme l'éolien de façon indirecte par l'imposition de frais de carbone aux industries produisant des gaz à effet de serre comme les énergies fossiles. Cette prime représenterait en fait le stade initial de ce que ferait un marché du carbone à l'échelle continentale.

La bourse européenne du carbone est précisément l'exemple d'un marché continental où la valeur environnementale d'une production verte est reconnue. La bourse du carbone européenne est en activité depuis 2005. Au moment de sa mise en route, les échanges se négociaient à un prix de 25 € la tonne de CO_2. En raison d'une surallocation de crédits de carbone et de la réduction de l'intensité des émissions, ce prix est tombé à 0,08 € la tonne pour les contrats de livraison décembre 2007, mais il est vite remonté. Les prix atteignaient 27,39 € la tonne de CO_2[120] pour livraison en décembre 2008 et se négociaient à 30,82 € la tonne pour livraison en décembre 2012.

En prenant un taux de change avoisinant les 1,60 $/€, 27,39 € la tonne de CO_2, représentent 43,82 $/tonne de CO_2. Puisqu'une centrale au charbon émet ≈ 1 kg de CO_2 par kWh produit, on parle donc d'un prix de 4,38 ¢/kWh pour les émissions de CO_2 associées à l'électricité produite à partir du charbon. Pour le gaz naturel, la pénalité serait d'environ 1,5 ¢/kWh par rapport à l'éolien.

120. *Tendances carbone, The Monthly Bulletin on the European Carbon Market*, n° 27, July 2008. Voir: http://www.bluenext.eu.

IMPACT DU MARCHÉ DU CARBONE EN MÉTALLURGIE

L'industrie de l'aluminium est une grande consommatrice d'électricité. La production d'une tonne d'aluminium exige 13 MWh d'électricité. La valeur théorique, à un rendement de 100 %, est de 1,22 tonne de CO_2 par tonne d'aluminium, selon l'équation suivante, (le carbone, *C*, est fourni par l'électrode) :

$Al_2O_3 + 1{,}5\ C$	$2\ Al + 1{,}5\ CO_2$	
Poids	54	66.

La production d'une tonne d'aluminium produit ainsi :

66/54 = 1,22 tonne de CO_2.

Les procédés modernes les plus efficaces de production d'aluminium par électrolyse génèrent environ 1,4 tonne de gaz carbonique (CO_2) par tonne d'aluminium.

Si l'électricité provient d'énergie fossile comme le charbon, ce sont presque 14,4 tonnes de gaz carbonique par tonne d'aluminium qui sont émises. Par contre, si l'électricité nécessaire à la production d'une tonne d'aluminium provient d'une source d'énergie renouvelable, à zéro dégagement de CO_2, telle une centrale éolienne, la production d'une tonne de métal ne génère que la 1,4 tonne de CO_2 inhérente au procédé métallurgique. La différence provient du fait que les 13 MWh d'électricité requis pour la production d'une tonne d'aluminium sont produits par une centrale au charbon qui émettra environ 13 tonnes de CO_2 (1 kg/kWh).

Avec l'établissement des bourses du carbone à l'échelle mondiale, la production d'électricité de source renouvelable serait avantagée de 4,38 ¢/kWh selon les données sur la valeur de la tonne de carbone, pour livraison à la fin de l'année 2008[121] en Europe, qui s'établit à 43,82 $.

Une autre façon d'illustrer l'avantage de l'éolien serait de considérer que la valeur au marché des crédits de carbone valoriserait la tonne d'aluminium de 570 $ (13 tonnes × 43,82 $/tonne) par rapport à une tonne d'aluminium produite à partir du charbon.

▶

121. Voir *Tendances carbone*, n° 27, juillet 2008, disponible à : http://www.bluenext.eu. En Europe, en juillet 2008, la tonne de CO_2 pour livraison en décembre 2008 se vend 27,39 €. En utilisant un taux de change de 1,60 $/€, nous obtenons un coût de 43,82 $/tonne pour livraison en décembre 2008. Une centrale au charbon ayant un rendement de l'ordre de 40 %, émet ≈ 1 kg de CO_2 par kWh produit, ce qui donne un coût d'émission de CO_2 de 4,38 ¢/kWh.

L'électricité est livrée à une aluminerie à haute tension par le réseau de transport sans passer par la distribution. Historiquement, au Québec comme ailleurs, on a construit les alumineries près des sources d'électricité, afin de réduire les pertes en transport de l'électricité. Le calcul, fait à la note 6 de l'annexe C, donne un coût de l'électricité éolienne livrée aux alumineries, adossée à l'hydraulique, de 6,98 ¢/kWh.

En appliquant les crédits de carbone de 43,82 $/tonne pour le déplacement de la production d'aluminium d'un pays utilisant le charbon pour produire son électricité (équivalent à 4,38 ¢/kWh) vers le Québec où l'électricité destinée à ces nouvelles alumineries serait produite à partir de l'éolien. Le coût, après application du crédit de carbone devient :

Coût de l'électricité éolienne, ¢/kWh	6,98
– crédit de carbone, ¢/kWh	4,38
Coût livré aux alumineries, ¢/kWh	2,60

Le calcul présenté ici sert simplement à illustrer comment des marchés spécialisés (en l'occurrence, celui d'une bourse du CO_2) permettent de monétiser des externalités environnementales. L'internalisation de cette valeur environnementale devient ainsi un puissant moteur de changement technologique sur les marchés énergétiques internationaux. (Voir aussi la note 117.)

Les Boules, Gaspésie (2008).

Les Boules, Gaspésie (2008).

[CHAPITRE 9]

Planifier l'intégration et l'exploitation de la production éolienne dans un réseau électrique

L'électricité en continu : un défi au quotidien

Janvier. Il fait encore nuit, la ville s'éveille sur un autre matin d'hiver glacial. Depuis deux jours, une masse d'air arctique occupe tout le sud du Québec. Dès 5 h 00, la programmation du thermostat électronique relance les systèmes de chauffage électrique mis en veilleuse pendant la nuit. Pendant que la température remonte à un niveau confortable dans chaque maisonnée, les citoyens, par milliers à chaque minute, se préparent comme à l'accoutumée à reprendre leur train-train quotidien. Autour de 6 h 00, pêle-mêle, par milliers, lampes, grille-pain, cuisinières, micro-ondes, sèche-cheveux, bouilloires à eau chaude se branchent et se débranchent, entraînant rapidement la demande électrique sur la pente abrupte du matin. Là où le nombre de résidents est plus important, la réserve d'eau chaude est vite épuisée et les éléments des chauffe-eau électriques ajoutent leur charge au réseau. Les chauffe-blocs-moteur des véhicules se mettent de la partie, les bureaux ouvrent avec tout leur lot de besoins électriques, et voilà qu'en trois heures, la demande électrique totale du Québec s'est accrue de plus de 6 000 MW (figure 9.1). Le réseau opère à pleine capacité ; la grande pointe de l'année pourrait bien survenir aujourd'hui.

La veille, au Centre de conduite du réseau chez Trans-Énergie à Montréal, à partir des prévisions météorologiques et de la connaissance de la routine quotidienne des abonnés, un plan de production basé sur l'anticipation de la demande électrique du lendemain et la disponibilité des équipements de production et de transport du réseau a été établi. Les groupes turbines-alternateurs des centrales hydroélectriques à La Grande, à Churchill Falls et à Manicouagan attendent, comme à chaque jour de l'année, le signal de départ. Au fur et à mesure que la demande globale des abonnés augmente de minute en minute sur l'écran de l'opérateur, ils se mettent au travail

FIGURE 9.1
Évolution de la demande horaire et de la variation de la demande horaire du jour où se produit la pointe annuelle

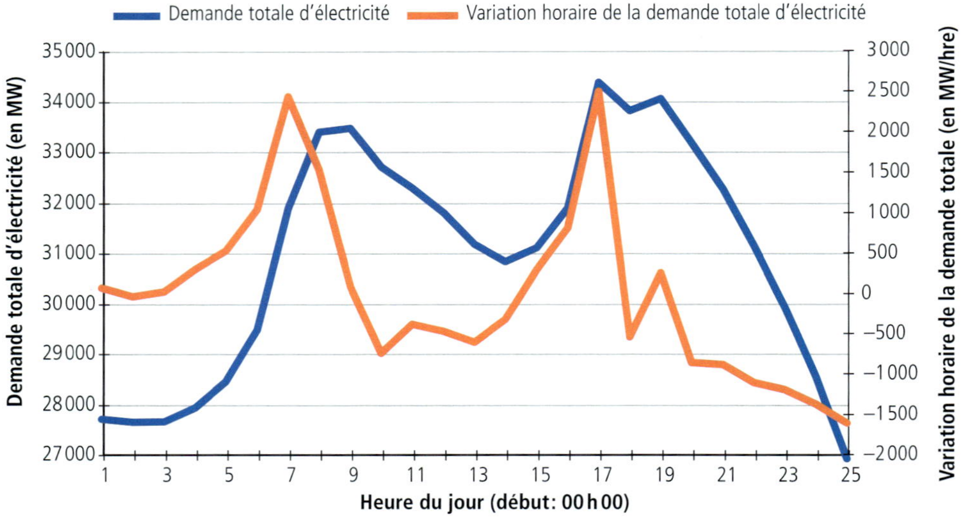

Source: *Demande patrimoniale du Québec*: http://www.regie-energie.qc.ca/regie/Decrets/Decret_1277-2001_24oct01.pdf.

dès réception de la commande de démarrage qu'il leur transmet. La vanne d'amenée d'eau de chaque groupe s'ouvre. L'eau lance la turbine qui entraîne son alternateur jusqu'à la vitesse de synchronisme. Chaque groupe turbine-alternateur s'accroche au réseau, l'un après l'autre, en bon ordre. Puis, la vanne d'amenée s'ouvre graduellement jusqu'au plein débit, et l'énergie stockée (sous forme d'eau dans les réservoirs) est convertie en électricité pour répondre instantanément à la demande d'électricité des abonnés à plus de 1 000 km de là.

La préparation du plan journalier est un exercice réalisé la veille. Chaque jour, on procède à l'estimation de la demande horaire du lendemain et on s'assure que les moyens de production seront disponibles pour répondre, en n'oubliant pas les réserves d'équilibrage qui assureront la stabilité du réseau à chaque minute. Pour plus de sûreté, on ajoute une prévision de 30 minutes pour les pics de consommation quotidienne que sont les périodes du matin et du retour à la maison. De tels pics existent évidemment autant en hiver qu'en été, même s'ils n'ont pas la même ampleur. À cause des besoins de chauffage, la demande électrique en base et en pointe est très différente entre les solstices d'hiver et d'été. On compte de 200 à 300 heures de pointe de demande dans l'année. Ces pointes se produisent toutes en hiver et on compte une vingtaine d'heures durant lesquelles le réseau opère près de la limite de capacité des équipements de production et de transport disponibles.

Chaque abonné décide de ses usages électriques, généralement sans trop se soucier de connaître le niveau de puissance transité sur le réseau. La capacité du réseau n'est évidemment pas infinie. Lorsque la demande électrique approche de la capacité maximale de production ou de transport disponible, l'opérateur doit alors faire appel à des moyens exceptionnels pour protéger le réseau d'une demande excessive. Ces moyens font partie de ce qu'on appelle la gestion de la demande. La réduction de tension sur le réseau de distribution en fait partie. Certains moyens font même appel au bon vouloir des abonnés. Le jeudi 15 janvier 2004, par une température de –25 °C, avec des vents soufflant à plus de 9 m/s, la demande atteint une pointe de 36 500 MW ; HQ fait un appel à tous par la voix des grands médias, invitant tous les abonnés à réduire leur consommation. En quelques minutes, la demande diminue de 800 MW ! Lorsque ces moyens sont insuffisants pour répondre de façon sécuritaire à la demande, l'opérateur responsable de la sécurité du réseau n'a d'autre choix que de commander le délestage de charge à partir de postes de répartition pour soulager les lignes de transport ou des équipements de production sur le point de se trouver en surcharge. Il ne faut pas mettre en péril l'intégrité physique du réseau de transport ni pousser trop loin la capacité de production d'une turbine, car les dommages mécaniques sur ces équipements essentiels en pleine saison froide se traduiraient par des impacts économiques et commerciaux défavorables.

9.1 Le réseau électrique, un organisme dynamique : son système de commande

Les réseaux électriques sont des systèmes physiques très élaborés et leur dynamique est complexe. Les équipements de transport (HT) qui relient les régions du territoire sur des milliers de km, les centrales de production – grandes et petites, centralisées ou dispersées selon les régions –, les postes HT de transport et de répartition d'énergie et les postes de distribution (MT) qui desservent des clientèles variées forment la colonne vertébrale d'un système qui, à bien des égards, se comporte comme un organisme vivant dans son environnement où tout n'est qu'énergie, celle qui est consommée à ses extrémités fines devant être produite parfois à des milliers de kilomètres de là. Le réseau électrique est donc équipé de son propre système nerveux, très nerveux pourrait-on dire étant donné l'étendue de cet organisme.

L'intégrité du réseau électrique se mesure avec des critères objectifs de qualité de l'onde, de sécurité d'approvisionnements, de fiabilité et de stabilité. L'organisation de tâches, les pratiques et les règles spécialisées qui participent à l'atteinte de ces objectifs d'intégrité peuvent se comparer en quelque sorte aux fonctions qu'assurent les systèmes nerveux, musculaire, lymphatique et sanguin d'un organisme vivant.

Le vocabulaire réseau est d'ailleurs très proche de celui de l'anatomie : on parle de tension, d'artère, de pulsation, de réseau, de réserve, d'alimentation, de stabilité, d'équilibre, de fiabilité, de qualité, de robustesse, de circulation d'énergie (écoulement de puissance, *load flow*), de transport, de temps de réponse, de système nerveux, de rétroactions, d'asservissements, d'automatismes, etc.). Cette intégrité implique qu'une multitude de tâches et de fonctions spécialisées soient prises en charge à tous les échelons du réseau, organisées selon une hiérarchie de commande claire et coordonnées selon des séquences d'interventions bien précises pour assurer la parfaite coordination et le bon fonctionnement de l'ensemble. Les paliers hiérarchiques du réseau sont fréquemment organisés selon les niveaux de tension d'opération, tant du côté de la demande que de la production.

Le réseau électrique est là pour répondre aux besoins incroyablement diversifiés de la clientèle. La demande électrique, toujours mobile, varie à chaque instant, à chaque jour de l'année, à chaque point du réseau selon le bon vouloir des clientèles qui comptent sur un approvisionnement continu. La demande électrique à chaque embranchement du réseau varie selon les besoins des abonnés desservis à partir de cet embranchement

NIVEAUX DE TENSION : TRANSPORT ET DISTRIBUTION

Le seuil de division entre le transport et la distribution est fixé par le niveau de tension des lignes électriques : au-delà de 50 kV en courant alternatif (CA) et de 75 kV en courant continu (CC) se trouve le domaine de la haute tension (HT : 69 kV, 120 kV, 161 kV, 230 kV, 315 kV, 735 kV en CA, et 500 kV en CC), réservé exclusivement au transporteur. En deçà de 50 kV AC, on est dans le domaine de la moyenne tension (MT), généralement 25 kV pour la majorité des lignes qui raccordent les transformateurs d'alimentation des maisons, partout au Québec. Les « entrées » électriques habituelles des résidences appartiennent au domaine des basses tensions (BT), 1 kV et moins (AC), et sont normalement prévues pour des appareils électriques de 120/240 V.

précis et à ce moment précis. Cette réalité dynamique est aussi celle à laquelle doit se plier chaque centrale qui travaille, en synchronisme parfait, à alimenter en énergie tous les centres de consommation de ce grand corps qui s'étend sur tout le territoire habité. Cette réalité dynamique est aussi celle de chaque ligne de transport HT qui fait circuler l'énergie vers les grands blocs de demande régionale, comme vers chaque artère de distribution MT qui entre dans chaque pièce de chaque construction habitée, au cœur des grandes villes comme dans chaque hameau du territoire.

Qui voudrait qu'un organisme aussi essentiel à la qualité de la vie d'une société moderne tombe en défaillance par un mauvais coup de baguette de la Fée électricité ? Le cerveau du réseau électrique est le Centre de commande du réseau, placé sous l'autorité exclusive de TransÉnergie. C'est là que sont conciliés et coordonnés les besoins des abonnés (la demande), les caractéristiques d'exploitation des centrales de production raccordées et celles des lignes (de transport et de distribution), bref, tous les mouvements d'énergie entre toutes les régions du territoire placées sous son contrôle.

REMONTER LE COURANT

Il fait sombre et le temps est venu d'allumer une lampe. Un coup d'index sur l'interrupteur et la magie opère. Magie ? L'effet l'est sans doute, mais derrière la plaque murale, tout un monde d'ingénierie attendait ce simple geste. En actionnant l'interrupteur, un contact électrique vient fermer le circuit de la lampe. Elle se trouve alimentée par une tension de 120V. Un courant se met à circuler dans la résistance électrique de l'ampoule. La célèbre équation établie en 1827 par le physicien allemand Georg Ohm tient toujours : $V=RI$. La puissance de l'ampoule, RI^2, s'ajoute à la demande électrique du réseau. En actionnant cet interrupteur, l'équilibre du réseau a été légèrement perturbé ; il doit être rétabli. Cette énergie que consomme l'ampoule vient forcément de quelque part. Il faut remonter le courant pour trouver la source capable de refaire l'équilibre.

Le courant du circuit de l'ampoule arrive du jeu de barres principal du panneau électrique où sont raccordés tous les circuits de la maison. Ce jeu de barres est directement branché aux fils d'alimentation de la maison qui sortent de l'enroulement secondaire du transformateur de distribution installé dans un poteau à proximité de la maison. Ce transformateur alimente un chapelet de foyers du voisinage où d'autres ampoules sont aussi sur le point de s'ajouter à la demande desservie par ce transfo. L'enroulement primaire de ce transformateur opère sous une tension de 25 kV et est raccordé au réseau de distribution local qui alimente d'autres transformateurs semblables. À partir d'ici, le courant de notre ampoule peut provenir de plusieurs

▶

endroits : ce sont les lois de Kirchoff sur l'équilibre des courants électriques qui entrent et sortent d'un point de raccordement électrique qui en décideront. Ces fils distribuent bien sûr de grands volumes d'énergie dans le quartier, mais ils peuvent aussi accueillir des sources de production régionales ou locales capables de fournir le courant de notre ampoule et une partie de la demande du quartier selon les besoins. Si on suit cette ligne de distribution, elle nous conduit inévitablement à un poste de distribution vers lequel convergent plusieurs artères identiques, chacune s'orientant vers un quartier. Il y a plus de 100 000 km de telles lignes au Québec. Ce poste de distribution qui, selon la taille des approvisionnements énergétiques qu'il dessert, est alimenté par une ou des lignes de transport à haute tension, triphasée, qui traversent parfois de très longues distances pour acheminer leurs approvisionnements. Le courant de notre ampoule, ajouté à ceux de toutes les autres rencontrées dans notre promenade électrique jusqu'ici, pourrait bien en effet venir de loin.

Ces postes de distribution, situés en périphérie des municipalités, peuvent être reliés à d'autres très importants postes de répartition qui sont localisés en périphérie des grandes agglomérations. Une boucle de postes de répartition de ce type existe autour de la grande région de Montréal qui compte pour 50 % de toute la consommation électrique du Québec, mais importe plus de 80 % de tous ses besoins en électricité d'autres régions du Québec. Dans la grande région de Québec-Capitale (14 % de la consommation totale du Québec, importée à 98 %), ce sont les postes HT Lévis et Laurentides qui font office de boucle de répartition. Tous ces grands postes de répartition accueillent les lignes de transport à 735 kV qui raccordent, sur des distances dépassant 1000 km, toutes les grandes centrales de production d'électricité du Nord québécois (Région Nord-du-Québec, Côte-Nord et du Labrador) d'où le Québec tire l'essentiel de sa consommation. Ces postes sont analogues aux échangeurs d'autoroutes qui permettent de passer d'une autoroute à une autre vers une nouvelle direction. On trouve dans ces grands postes de départ des jeux de barres complexes, des batteries de sectionneurs et de disjoncteurs qui permettent de rediriger de façon sécuritaire les courants sur d'autres lignes de transport et d'acheminer l'énergie en direction des grands centres de consommation.

Le courant de notre ampoule a peut-être voyagé sur plus de 1 000 kilomètres pour parvenir jusqu'à l'ampoule commandée par notre interrupteur à Montréal. Il y a fort à parier que le courant qui passe dans notre ampoule provient aujourd'hui d'une turbine qui transforme un courant d'eau en électricité. Mais, en Gaspésie ou dans le Bas-Saint-Laurent, il proviendra plus souvent qu'autrement, en 2015, d'une turbine qui transforme le vent en électricité. (Voir l'encadré sur les Surplus gaspésiens en 2015, à la section 9.4)

9.1.1 Agents perturbateurs : les aléas

Les réseaux électriques doivent préserver leur équilibre dynamique en tout temps, et ce, malgré les effets perturbateurs d'une grande variété de causes, fréquemment anticipées, mais parfois aussi imprévisibles. Elles proviennent principalement des caractéristiques de la demande et de l'exploitation des équipements de production, de transport et de distribution. Le bon fonctionnement du réseau doit donc être régi par un ensemble hiérarchisé de fonctions, de règles pratiques et de processus spécialisés qui sont responsables d'assurer son intégrité en tout temps en faisant face aux aléas de toutes sortes. L'intégrité du réseau doit être encadrée par des normes d'exploitation et de coordination sévères.

Les défaillances de pièces d'équipement, les bris mécaniques de ligne, les défauts survenant à toute pièce d'appareillage électrique dans un poste de répartition ou de distribution ou à tout système de production, les fluctuations de la demande, etc., sont autant d'éléments pas toujours prévisibles qui altèrent continuellement l'équilibre dynamique du réseau. Les changements de la météo, le cycle quotidien d'activités amènent les abonnés à allumer ou à éteindre le chauffage, l'éclairage, le grille-pain, le four, créant des appels ou des retraits de puissance instantanée. Les centrales électriques, les lignes de transport ou d'autres équipements tel que les postes, tombent en panne sans préavis, des arbres tombent sur les lignes, etc. L'objectif ne change pas : maintenir la vitesse (la fréquence du réseau) sur un terrain électrique où les changements de pente sont incessants. L'appétit énergétique des abonnés rend les montées plus raides à certaines heures. Il faut aussi ajouter que les aléas de long terme et des extrêmes de la météo, tels que des sécheresses, peuvent affecter l'exploitation de complexes hydrauliques ou nucléaires.

Plusieurs des considérations abordées dans les sections qui suivent sont essentielles pour bien comprendre la nature des aléas et leur prise en compte dans les processus de planification et d'exploitation du réseau. Ces aléas sont de diverses natures. Il y a ceux associés aux horizons de court et moyen termes que les exploitants du réseau électrique doivent gérer en continu, à chaque minute de chaque heure de chaque jour de chaque semaine de chaque mois. Il y a ceux associés aux horizons de plus long terme, liés à la variabilité saisonnière et annuelle des apports naturels et à l'analyse statistique des corrélations vent-demande qui interpellent les planificateurs du réseau. Car ils doivent anticiper les besoins en énergie et en puissance sur un horizon multi-annuel. Ce cadre général de planification et d'exploitation ne vaut évidemment pas que pour l'éolien, il s'applique à toutes les filières, à chaque centrale de production puisque la caractérisation de chacune dans ces divers horizons participe à la fiabilité du réseau.

9.2 Rappel sur la variabilité et l'intermittence : quiproquos éoliens

La variabilité en électricité n'est pas un phénomène nouveau. Elle fait partie de la planification et de l'exploitation des réseaux depuis toujours et continuera de se manifester toujours davantage.

Citons un rapport de l'Association européenne de l'énergie éolienne (EWEA)[122], selon lequel l'intermittence de l'éolien est un mythe (notre traduction) : « La puissance éolienne est quelquefois décrite comme une source d'énergie intermittente. Cet énoncé est trompeur : la puissance éolienne ne part pas et ne s'arrête pas par saccades irrégulières, ce qui constitue la définition de l'intermittence. L'éolien est une technologie de puissance variable. Quelquefois, on affirme aussi de façon erronée que l'éolien n'est pas fiable parce que la production d'une éolienne varie. »

La production et la demande électriques sont toutes deux variables. La question, par conséquent, n'en est pas une de variabilité ou d'intermittence en soi, mais plutôt de prévision, d'anticipation, de gestion, de minimisation de la variabilité. C'est avant tout une affaire de connaissance, en particulier des outils d'aide à la décision qui peuvent être utilisés pour améliorer l'efficacité de cette gestion. La puissance éolienne est variable, mais sa variabilité peut être prévue dans une large mesure. Ceci ne veut pas dire que la variabilité n'a pas d'impacts sur la gestion du réseau. Elle peut en avoir, spécialement dans les réseaux où l'éolien fournit une proportion élevée de la demande, mais il est possible de gérer ces apports par une gestion appropriée des réserves.

9.2.1 La planification à long terme du réseau, l'exploitation courante du réseau : Fiabilité du réseau

Lorsqu'un défaut se produit sur une unité de production hydraulique, sur une ligne de transport de 735 kV ou à un poste important, le déclenchement de l'unité en défaut est quasi instantané : le réseau peut perdre subitement 500 à 1 000 MW, parfois plus encore, sans préavis (voilà bien un cas patent d'intermittence) et se retrouver en déséquilibre plus ou moins sévère. Une perturbation de quelques milliers de MW peut entraîner une panne générale d'un réseau devenu subitement incapable, ni de reprendre la charge, ni de délester assez rapidement un bloc de demande équivalent à la production volatilisée pour se rééquilibrer. Les réseaux ont continuellement à faire face à des aléas – plus ou moins importants et plus ou moins rapides – provenant des grandes centrales de production, de lignes, de postes ou de ses clients industriels.

---

122. EWEA, *Large Scale Integration of Wind Energy in the European Power Supply: Analysis, Issues and Recommendations*, December 2005.

Les exploitants du réseau réussissent dans la majorité des cas à gérer ces aléas comme un cycliste réussit à éviter la majorité des « hasards » de la route.

LE TRAVAIL DU PLANIFICATEUR : PRÉVISION MULTI-ANNUELLE DES BESOINS EN ÉNERGIE ET EN PUISSANCE

La tâche qui consiste à prévoir les moyens à mettre en œuvre pour répondre à long terme aux besoins du réseau en énergie et en puissance appartient au planificateur du réseau. Comment croîtra la demande régionale pour chaque catégorie de clientèle ? Quelles sont les options de fourniture à moindre coût, etc. ? Dans cet exercice, il doit également prévoir les moyens à mettre en œuvre, tant du côté de l'offre que de la demande, pour faire face à toutes les situations de fluctuations et de perturbations susceptibles de se produire en exploitation de manière à permettre à l'opérateur de maintenir l'équilibre (la stabilité) du réseau à l'intérieur des marges prescrites et de garantir la fiabilité du réseau en tout temps, en mettant à profit les moyens et les technologies les mieux adaptés, les plus performants et les plus avantageux.

Certaines fluctuations sont plus faciles à gérer que d'autres. Mais il arrive que des événements inattendus surprennent les opérateurs du réseau et déjouent tous les scénarios de contingence établis par un planificateur, même conservateur. On se rappellera qu'en mars 1989, une intense tempête magnétique correspondant au pic du cycle caractéristique des taches solaires a causé une panne majeure du réseau d'Hydro-Québec et privé l'ensemble du Québec d'électricité pendant neuf heures. Il arrive aussi que des événements prévus longtemps à l'avance causent des dommages et des inconvénients prolongés sur d'importantes sections du réseau. Le verglas de janvier 1998 rappelle aux Québécois de la Montérégie des souvenirs pénibles. On se souviendra également du fameux *black-out* du 14 août 2003 qui a mis en panne tout le réseau du Nord-Est américain par une succession de défaillances en cascades aggravées par des interventions mal coordonnées, avec, à l'origine, une simple négligence dans la remise en route d'un système de télémétrie sur le réseau de transport du MidWest, en Ohio. Les réseaux électriques ne sont donc pas infaillibles et des événements non anticipés deviennent des occasions d'apprentissage qui permettent d'ajouter à ce que le réseau « sait faire » pour se protéger de nouvelles perturbations de même nature.

Les procédures d'exploitation élaborées par le planificateur pour faciliter la gestion du réseau conventionnel doivent évidemment tenir compte des caractéristiques technologiques particulières et des contraintes spécifiques de chaque équipement raccordé au réseau (centrales, procédés industriels, lignes de transport, agrégations et périodicités des blocs de demande régionale, etc.). L'intégration de la production de centrales éoliennes dans le réseau se planifie selon les mêmes règles et encadrements en assurant une prise en

▶

compte complète de la caractérisation des apports de chacune des centrales. Pour le cas de l'éolien, sa caractérisation impose d'accorder aux apports éoliens une priorité de passage en raison du caractère passif de la production éolienne, au sens où elle est tributaire de la présence de vents exploitables. C'est ainsi que plusieurs pays réussissent à intégrer une bonne proportion d'énergie éolienne et à gérer la variabilité éolienne de l'ensemble de la capacité éolienne raccordée au réseau sans mettre en péril ni la stabilité, ni la robustesse, ni la fiabilité du réseau. On pourra revoir la figure 3.2 qui compare sur une période de 10 jours de février 2005 les variabilités 10 minutes caractéristiques de la production d'une éolienne de plusieurs centrales éoliennes et de la totalité de la capacité éolienne installée en Allemagne. La variabilité éolienne est ainsi éminemment gérable même sur un horizon d'exploitation de court terme. Le fait qu'il soit possible d'anticiper, avec une précision qui s'améliore sans cesse, la production de centrales éoliennes permet d'envisager une contribution croissante de l'éolien à la fourniture des besoins globaux en énergie.

On a également vu à la figure 3.1 une comparaison de la variabilité des apports annuels entre l'hydraulique et l'éolien. Au sens de la variabilité des apports naturels, cette caractéristique de plus faible variabilité annuelle de l'éolien par rapport à l'hydraulique milite pour une plus forte pénétration éolienne dans le portefeuille de production ; la pondération des apports éoliens et hydrauliques amène une réduction de la variabilité annuelle combinée de ces deux apports naturels. Cette caractéristique représente une marge additionnelle de sécurité d'approvisionnements énergétiques qui a son importance pour une planification optimale de la fiabilité du réseau sur un horizon multi-annuel.

Pour ce qui est de la planification des besoins en puissance du réseau futur tels qu'ils interpellent la filière éolienne, il faut faire une incursion dans la terminologie de la fiabilité du réseau pour en apprécier les subtilités. (Voir aussi l'encadré Terminologie de la fiabilité.) Il est **absolument nécessaire de bien faire la distinction entre** les **moyens d'équilibrage** (qui appartiennent à l'univers de l'exploitation) et la **valeur en puissance** qui reste un critère exclusivement applicable à l'horizon de planification du réseau à long terme (horizons annuel et multi-annuel). La valeur en puissance d'un équipement sert spécifiquement à établir la contribution d'un équipement de production durant les périodes de pointe et à déterminer le surcoût lié à un éventuel support en puissance requis par le planificateur du réseau. Il sert à planifier les nouveaux besoins de puissance liés à l'accroissement prévu de la demande de pointe future du réseau. Chaque centrale possède une caractéristique de valeur en puissance.

TERMINOLOGIE DE LA FIABILITÉ DU RÉSEAU ÉLECTRIQUE (EN ÉNERGIE ET EN PUISSANCE)

Sécurité, stabilité, intégrité, flexibilité, valeur en puissance, support en puissance, besoins d'équilibrage, la terminologie de la fiabilité du réseau en couvre large.

Dans le jargon des planificateurs, la **fiabilité d'un réseau électrique** est encadrée par des critères d'**adéquation** (*adequacy*) au niveau des besoins (production, transport et distribution) du système et des pratiques d'exploitation qui assurent la **sécurité opérationnelle** du système.

La fiabilité du réseau équivaut donc à l'adéquation des besoins (planification annuelle et multi-annuelle) et de la sécurité opérationnelle (exploitation en temps réel).

Adéquation des besoins (en énergie et en puissance)

La fiabilité d'un réseau électrique est en principe adéquate si les approvisionnements et les moyens de production et de transport sont suffisants pour répondre aux besoins en énergie et en puissance de toutes ses clientèles. Les normes, les critères et les analyses d'adéquation déterminent donc l'aptitude d'un réseau à répondre en tout temps à la demande électrique globale et aux besoins énergétiques des clients. La fiabilité tient compte de la disponibilité des équipements, de la sécurité des approvisionnements en carburant (p. ex. : eau, gaz), des interruptions programmées et des pannes non programmées raisonnablement prévisibles des divers éléments constituant le réseau électrique. Les études d'adéquation couvrent l'ensemble du réseau électrique en exploitation et servent à la planification à long terme du réseau dans tous ses besoins de production, de transport et de distribution. Elles se basent sur une analyse statique (et statistique) de besoins futurs dont l'horizon typique va du bi-annuel au multi-annuel.

Fiabilité en puissance

La disponibilité d'une unité de production ou de transport n'est pas garantie en tout temps ; il existe toujours un risque non nul de défaut mécanique ou électrique. La fiabilité a un coût ! En pratique, on établit un objectif de fiabilité du réseau qui tient compte d'un compromis économique entre une sécurité d'approvisionnement adéquate et un coût acceptable. Les objectifs de fiabilité du réseau s'expriment différemment selon qu'il s'agisse de transport, de distribution ou de production. Ainsi, TransÉnergie a eu à une époque son indice de

▶

continuité de service (ICS, exprimé en heures de pannes par client par année) par lequel elle visait à garder son « nombre moyen d'heures d'interruption de service par client sous la cible de 0,65 par année[1] ».

Mais depuis la panne du 14 août 2003 qui a frappé tout le Nord-Est nord-américain, les choses ont changé : les États-Unis ont adopté une loi qui donne à chaque Conseil de coordination régionale de l'électricité l'obligation de fixer les normes et les critères de fiabilité et d'établir les mesures de contrôle obligatoires pour assurer la fiabilité de l'ensemble des zones de contrôle qui constituent son marché régional de l'électricité. Tous les responsables des zones de contrôle interconnectées de chaque région font partie du Conseil de coordination régionale. C'est généralement le contrôleur des mouvements d'énergie[2] d'une juridiction donnée qui agit comme représentant de sa zone de contrôle. Le réseau d'Hydro-Québec qui domine la zone de contrôle du Québec est ainsi représenté depuis 2005 au sein du NorthEast Power Coordinating Committee (NPCC) par Trans-Énergie. C'est ce dernier qui exerce le rôle de coordonnateur en matière de fiabilité (en puissance et en énergie) du réseau pour la zone de contrôle du Québec et en répond devant le NPCC[3]. (Voir la figure 9.19 à la section 9.8.) Le critère de fiabilité en puissance du NPCC s'énonce désormais sous forme d'une exigence faite à chacun des ISO[4] de ne pas recourir à la procédure de délestage de charge par manque de ressources opérationnelles plus d'une fois par 10 ans ou 0,1 heure par année. Ce critère est directement lié à la planification des ressources requises en pointe que nous examinerons plus loin.

Fiabilité en énergie

La disponibilité des équipements est une chose, mais il faut aussi du carburant. L'exigence de fiabilité en énergie, c'est la sécurité des approvisionnements énergétiques. Le distributeur doit donc s'assurer auprès de ses principaux fournisseurs que des approvisionnements adéquats seront effectivement disponibles. Dans le cas du Québec doté d'un parc presque exclusivement hydroélectrique, les aléas d'hydraulicité annuelle (voir figure 3.1) se traduisent par un critère de fiabilité en énergie du producteur, exprimé en termes de stocks équivalant à la probabilité d'un déficit d'apports énergétiques cumulés équivalant à 64 TWh sur deux ans ▶

1. Cette valeur ne tient pas compte des interruptions liées à des conditions climatiques exceptionnelles. Source : *Plan stratégique 2004-2008*, Hydro-Québec TransÉnergie, p. 59. http://www.hydroquebec.com/publications/fr/plan_strategique/2004-2008/pdf/4.pdf
2. En jargon réseau, le contrôleur des mouvements d'énergie sur le réseau (le conducteur du réseau) est souvent appelé l'ISO (de l'anglais : *Independant System Operator*) ; c'est lui qui fait respecter les règles d'échanges (accès, transits) entre producteurs et distributeurs sur le réseau en exploitation dans sa zone de contrôle.
3. Plan d'approvisionnement 2008-2015 Réseau intégré, HQD-1, document 1, 60 pages, Demande R-3648-2007, p. 20-21, Régie de l'énergie.
4. ISO, Independant System Operator : Acronyme qui désigne l'exploitant du réseau de transport d'électricité chargé d'assurer le bon fonctionnement du marché (entre Producteurs et Distributeurs) de l'électricité en exerçant son autorité et ses arbitrages sur les mouvements d'énergie qui transitent sur l'infrastructure de transport d'électricité dans sa zone de contrôle.

ou de 98 TWh sur 4 ans[5]. Le respect de ce critère est soumis par le distributeur à la vérification de la Régie de l'énergie. Le distributeur lui-même se prévaut d'une marge de fiabilité d'approvisionnements additionnels pour combler des déficits prévisionnels de l'ordre de 7,3 TWh par an, au moyen d'achats de court terme sur le marché québécois et hors Québec (maximum de 5 TWh dans ce cas)[6].

Fiabilité et critères de contingence

Il existe un critère de fiabilité que les planificateurs du réseau appellent le critère de contingence (N-1)[7] et qui leur permet de déterminer la marge de capacité de production et de transport requise par l'opérateur de réseau pour faire face, avec une forte probabilité de succès, à la pointe de demande anticipée sur le réseau dans les années à venir. Bien sûr, le planificateur du réseau – ni personne d'ailleurs – ne peut deviner quand cette heure de pointe surviendra précisément, ni quelle sera son amplitude exacte ou encore quels équipements précis risquent d'être indisponibles pour toutes sortes de raisons lorsqu'arrivera le moment de vérité. Lorsque ce moment surviendra, c'est l'opérateur de réseau qui aura les choses en main. Il prendra les décisions que lui dicteront les conditions de l'équilibre offre-demande du moment, en comptant sur les moyens de gestion disponible sur le réseau (et consignés dans son plan de production journalier), ceux-là même que le planificateur aura convaincu un organisme réglementaire comme la Régie d'autoriser plusieurs années auparavant.

En regard de l'objectif de fiabilité du réseau, cette discussion sur le critère de contingence (N-1) permet d'introduire correctement la notion de **valeur en puissance** d'un équipement de production, parfois appelée crédit de capacité (de l'anglais *Capacity credit* ou *Capacity value*). La valeur en puissance d'un équipement correspond à la charge additionnelle qui pourra être alimentée lorsque cet équipement sera intégré au réseau. C'est la puissance effective que le planificateur du réseau reconnaît être associée à une unité de production. Il inscrit cette valeur en puissance dans son bilan des capacités admissibles pour faire face à la pointe de demande annuelle anticipée.

▶

5. La figure 3.1 montre une variabilité annuelle moindre des apports éoliens par rapport à ceux de l'hydraulique. Une pénétration éolienne significative entraînerait une réduction progressive de la variabilité des apports naturels combinés éolien-hydraulique et une augmentation de la fiabilité intrinsèque des approvisionnements. La probabilité d'un déficit cumulatif d'apports énergétiques pourrait s'en trouver significativement réduite. La section 9.6.1 explore cette idée également sous un autre angle.
6. *Ibid.*, note 3 de cet encadré, p. 24-26.
7. La symbolique du critère de contingence (N-1) réfère à une analyse de fiabilité en puissance qui considère, par exemple pour la production, la probabilité que le réseau puisse satisfaire la demande de pointe si tous les groupes de production, à l'exception de celui ayant la plus grande capacité, sont disponibles. L'analyse de fiabilité en puissance porte également sur les actifs de transport.

FIABILITÉ DU RÉSEAU : LE PARADOXE DE LA PRODUCTION ÉOLIENNE

Prenons un exemple du critère (N-1) appliqué à la production éolienne. Rappelons que le planificateur cherche ici à évaluer la présence de l'éolien à une heure de pointe qui se produira dans une ou quelques années et que ce calcul sert à établir les besoins de puissance que devra autoriser la Régie !

Chacun a entendu le raisonnement qui suit à propos de l'énergie éolienne : « Puisqu'on ne sait jamais à l'avance si la production éolienne sera présente à une heure de pointe donnée, il est nécessaire de prévoir une centrale de remplacement de même capacité pour fournir la puissance équivalente quand il ne vente pas ». Il s'agit moins d'une demi-vérité que d'un pieux mensonge qui entretient une confusion certaine entre le critère de contingence (N-1) et la notion de valeur en puissance d'un équipement de production. Si on devait généraliser cette logique de centrales de remplacement en cas de non-disponibilité d'un équipement que certains estiment devoir appliquer à l'éolien, il est clair que toute la capacité installée d'un réseau devrait être rapidement doublée par des moyens de production comme des turbines à gaz (TAG) pour couvrir tous les risques de non-disponibilité d'équipements de production. Mais, même dans ce cas, il se pourrait que, pour des raisons de bris mécanique, de difficultés d'approvisionnements gaziers ou autres, une centrale de pointe de type turbine à gaz ne puisse être opérée au moment où la pointe qui avait justifié sa construction quelques années auparavant vient à se produire. C'est pourquoi le critère de contingence (N-1) permet de limiter les investissements en équipement de pointe à un niveau prudent et jugé raisonnable pour la sécurité d'approvisionnements au plus fort de la demande future.

Par définition, le critère (N-1) implique nécessairement que, dans un réseau traditionnel, aucune grande centrale éolienne typique ne constitue une capacité opérationnelle suffisante pour que le planificateur puisse même la considérer comme la plus grande unité de production du réseau ! En clair, une grande centrale éolienne est constituée d'un grand nombre d'unités de production. À ce titre, lorsque les vents régionaux se trouvent dans la gamme d'exploitation prévue par les aérogénérateurs, la probabilité que la production d'une grande centrale éolienne se volatilise subitement est tout simplement farfelue pour trois raisons connexes. La première est que le vent qui balaie une région n'apparaît pas subitement et ne disparaît pas davantage de façon instantanée. La production éolienne est prévisible et l'opérateur devrait être en mesure de « voir venir » l'évolution de la production éolienne régionale agrégée en temps réel. Il doit avoir le recul nécessaire pour en tenir compte au besoin dans sa conduite du réseau et dans la mobilisation des réserves et moyens d'équilibrage disponibles. La seconde est une conséquence de la première : si toute une centrale éolienne devait tomber en panne d'un seul coup, ce serait nécessairement en raison d'un défaut sur un équipement de transport ou dans un poste de raccordement et donc aucunement imputable à la centrale éolienne. La dernière réside dans la fiabilité de la production associée à une centrale éolienne en opération : cette fiabilité, qui se mesure aussi par un critère de fiabilité (N-1), correspond en l'occurrence à la non-disponibilité d'un seul des aérogénérateurs de toute la centrale – dans le cas d'une centrale de 350 MW, normalement 1 % de réduction de la production du moment –, ce qui ne saurait causer de souci d'aucune sorte au réseau.

Pour être tout à fait clair, cela signifie que si une panne survient au moment d'une pointe de demande du réseau au cours de laquelle la production éolienne est nulle, le problème ne saurait être attribué à la centrale éolienne. Il proviendrait de l'insuffisance (manque de modularité, de flexibilité) des moyens de gestion disponibles à l'exploitant selon le critère de fiabilité en puissance pour lui permettre de rectifier l'équilibre offre-demande. Ce problème relève des processus de planification à long terme et non pas de l'exploitation à court terme. L'encadré de la section 9.7.2 qui porte sur le déclenchement d'une procédure de délestage d'urgence au Texas en février 2008 constitue en l'occurrence un cas d'espèce en appui à cette constatation.

Étant donné ce qui précède, on doit observer de plus que dans le cas où la demande électrique est directement tributaire de la présence de vent – ce qui est précisément le cas au Québec durant la saison froide – surgit un étrange paradoxe pour le planificateur : la présence d'une forte capacité de production éolienne en pointe permet, de facto, de faire face à de plus fortes pointes ! L'éolien devient ainsi un élément de fiabilité additionnelle du réseau. L'argument s'applique tout autant à la corrélation éolienne et/ou solaire lors des pointes de climatisation d'été.

La valeur en puissance est aussi le résultat d'une analyse statistique portant traditionnellement sur la disponibilité et les caractéristiques opérationnelles de chaque centrale, ce qui implique aussi la prise en compte du risque lié à l'approvisionnement en carburant, quel qu'il soit. À ce titre, il ne faudrait surtout pas disqualifier trop vite, ainsi qu'on vient de le démontrer, les sources d'énergie renouvelables comme l'éolien sous prétexte qu'il n'est pas possible de dire longtemps à l'avance si telle ou telle centrale éolienne sera en production au moment de la future pointe de demande.

▶

Puisque c'est de statistiques dont il s'agit ici, il y en a une qu'il est désormais impératif d'inclure dans l'évaluation que fait le planificateur de la valeur en puissance d'un équipement de production : c'est celle qui décrit la corrélation spatio-temporelle entre les caractéristiques de production d'une centrale et la demande en regard de l'horizon d'exploitation avoisinant les heures de pointe anticipées. Dans le cas de l'éolien, cette analyse révèle parfois de belles surprises (voir encadré Valeur en puissance de l'éolien qui suit) et conduit à lui reconnaître une valeur en puissance qui peut dépasser son facteur d'utilisation mensuelle associé à la pointe de demande annuelle. ▶

VALEUR EN PUISSANCE DE L'ÉOLIEN : IMPORTANCE DE CORRÉLATION VENT-DEMANDE

La valeur en puissance d'un équipement est donc liée en partie à sa disponibilité et en partie à son carburant (eau, vent, gaz naturel, barre d'uranium, diesel, charbon, etc.). Pour les sources d'énergie renouvelable, la corrélation ressource-demande au quotidien a une grande influence sur la valeur en puissance qui peut lui être associée au moment de la pointe.

Au Québec, la physique du système vent-demande – la production éolienne obéit à une dynamique naturellement stable – est plus fortement corrélée encore durant la saison froide où la demande électrique est dominée par les besoins de chauffage. Au surplus, les cycles annuels de la demande et des vents sont parfaitement en phase, ce qui présente des perspectives d'exploitation particulièrement intéressantes comme on le verra à la section 9.6.1.

Le cas est particulièrement bien illustré par l'exemple de la production éolienne intégrée au réseau québécois pendant l'hiver, haute saison du cycle annuel de la demande électrique[1] et du cycle annuel des vents. Le système vent-demande-production éolienne constitue ainsi un système naturellement asservi où le vent responsable d'une demande accrue est en même temps source de production d'électricité. Une étude réalisée par Hydro-Québec en 1994 a démontré l'importance de cette corrélation[2] : « L'analyse est basée sur un historique de 30 ans de mesures horaires des vitesses de vent et de demande reconstituées. Il en résulte que la valeur en puissance (d'un parc d'éoliennes)

---

1. 70 % de la chauffe résidentielle du Québec est assurée par l'électricité. Selon Hydro-Québec, le chauffage représente plus de 54 % de la facture d'électricité des abonnés tout électrique du Québec. (Source : « Gaz ou électricité ? Quand efficacité énergétique rime avec économie et… logis », Carbonneau, V.R., *Le Devoir*, samedi 18 et dimanche 19 octobre 2008, cahier Habitation, p. H3.)
2. Roger Lambert et Jocelyn Marcotte, Hydro-Québec, Évaluation de la valeur en puissance d'un parc d'éoliennes incluant l'effet de corrélation entre le vent et la demande, comptes rendus de la 10e conférence de l'Association canadienne de l'énergie éolienne, p. 213-228, 17-19 octobre 1994, Régina, Saskatchewan.

pourrait atteindre jusqu'à une fois et demie la puissance moyenne produite en hiver. » En d'autres termes, si le FU hivernal d'une centrale éolienne approche 40 %, la valeur en puissance accordée à l'éolien pourrait atteindre 60 % de la capacité nominale de la centrale.

Sécurité opérationnelle

La sécurité opérationnelle du système est également tributaire des pratiques, des règles et des processus qui encadrent l'exploitation du réseau en temps réel. Ce cadre d'exploitation compte sur des services auxiliaires, nom que l'on donne aux fonctions requises pour assurer l'exploitation fiable d'un réseau de production-transport d'électricité. Assumées par l'exploitant de réseau, ces fonctions regroupent divers types de services : la régulation de la fréquence et de la tension, le suivi de la charge, la rotation des réserves et la coordination de la capacité de départ à zéro du système. Pour assurer l'équilibrage du réseau, on fait appel aux réserves opérationnelles associées aux trois premiers types de services auxiliaires. Les réserves opérationnelles sont généralement associées à des moyens de production dits cyclables, flexibles, comme des groupes hydroélectriques et des turbines à gaz (TAG).

Lorsque des perturbations importantes de courte durée surviennent sur le réseau (défauts, pannes d'équipements, événements planifiés ou non), on fait plutôt référence à des réserves de contingences (parfois appelées réserves de stabilité, non tournantes) qui incluent également au besoin, l'usage de moyens de gestion de la demande comme le délestage de charge (consenti ou non) pour effectuer des retraits dans des délais très courts afin de restaurer l'équilibre du réseau. (Voir l'encadré Texas, 26 février 2008, à la section 9.7.2 et la note 154 sur le réseau intelligent, à la section 10.6.1.)

Sources :
Terminologie en usage à l'Office national de l'énergie anglais-français (mis à jour en date du 30 novembre 2004) http://www.neb.gc.ca/clf-nsi/rthnb/whwrndrgvrnnc/trmnlgynsnb.pdf
Design and operation of power systems with large amounts of wind power, State-of-the-art report, IEA WIND, TASK 25, VTT working papers 82, ESPOO 2007, 111 pages.

9.3 Les limites à la pénétration éolienne dans un réseau électrique : la flexibilité du réseau

L'exploitation harmonieuse de la production éolienne dans le réseau électrique passe donc d'abord et avant tout par une caractérisation des apports éoliens pour en assurer une représentation physique cohérente dans les divers horizons de gestion de son intégration. Ainsi, on doit plutôt parler « des » caractérisations puisque l'intégration éolienne doit prendre en compte la réalité des processus d'exploitation déjà en place et s'assurer que ceux-ci ne constituent pas un obstacle indu à leur accès au réseau. L'éolien représente à cet égard une occasion d'apprentissage, de renouvellement des pratiques et d'adaptation pour les planificateurs et les exploitants ainsi que pour les concepteurs d'éoliennes. L'évolution de la part de l'éolien dans plusieurs réseaux européens témoigne de cette évolution des idées. L'expérience acquise dans le monde aujourd'hui permet d'envisager des pénétrations (en pourcentage de l'énergie produite et livrée par un réseau donné) significatives de l'éolien avec des adaptations mineures en termes économiques du côté des pratiques d'exploitation et des modifications au réseau.

La figure 9.2 illustre le cas de la production éolienne et de la demande sur le réseau de l'exploitant du réseau espagnol pendant une journée de mars 2008[123]. L'Espagne, cinquième pays européen en nombre d'habitants, possède 575 centrales éoliennes qui totalisent une capacité installée de près de 15 000 MW répartie sur l'ensemble du pays. Cinq fois à chaque minute de chaque jour, un message électronique part de chacune de ces centrales éoliennes dispersées sur le territoire vers le centre de conduite du réseau[124]. L'information qu'il contient est vitale pour l'exploitation sécuritaire du réseau qui doit gérer harmonieusement la variabilité de cette production. Le système fonctionne si bien que, certains mois, la production éolienne fournit jusqu'à 40 % de la demande électrique totale du pays.

---

123. « Focus on grid integration : Checks and Balances: Integrating Europe's Growing Wind Capacity », *Wind Directions*, sept.-oct. 2008, p. 21-23. http://www.ewea.org/fileadmin/ewea_documents/images/publications/wd/

124. Le système, opérationnel depuis l'été 2007, est administré par le CECRE (Centro de Control de Régimen Especial) établi à Alcobenas, au nord de Madrid. Le CECRE est placé sous l'autorité du REE (Red Electrica de Espana), l'exploitant du réseau espagnol. Le CECRE est relié à 21 centres de commande régionaux (opérés par des sociétés de production d'électricité ou, dans certains cas, par des exploitants de centrales éoliennes) qui accueillent les informations des centrales de leur zone administrative. Source : note précédente.

FIGURE 9.2
Production éolienne et demande sur le réseau espagnol en mars 2008

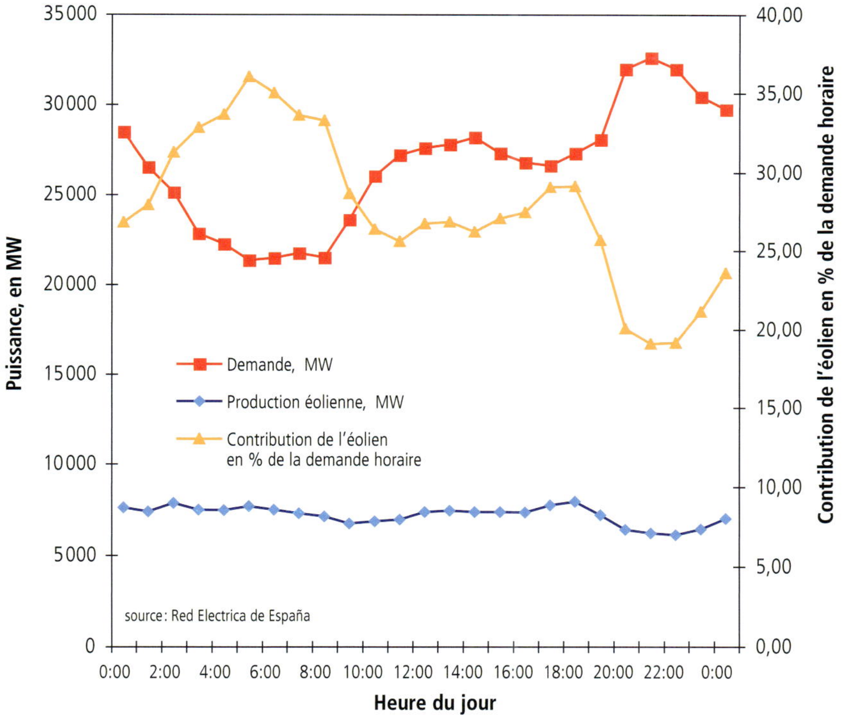

L'éolien couvre jusqu'à 35 % de la demande horaire de l'Espagne le 23 mars 2008

On peut observer que la demande varie de 13 000 MW entre son minimum de 20 000 MW et son maximum, atteint vers 22 h 00. L'exploitation quotidienne du réseau est dominée par l'évolution de la demande horaire avant tout ; elle grimpe de 8 000 MW entre 18 h 00 et 22 h 00, mais son taux de variation maximum entre 19 h 00 et 20 h 00 approche les 4 000 MW à l'heure. Pendant toute cette journée, la production éolienne varie peu autour d'une moyenne de 7 500 MW. Au moment où commence la pointe du soir, la production éolienne diminue de 1 500 MW environ, en douceur, à un taux de 750 MW à l'heure. La trace en jaune montre la part de la demande fournie par la production éolienne au cours de la journée : 30 % en moyenne, avec un maximum de 37 % au moment du creux de la demande quotidienne.

Notons que la péninsule ibérique (Espagne et Portugal) est virtuellement coupée du reste de l'Europe. La puissance de transmission nette entre l'Espagne et la France n'est que de 500 MW (voir p. 32 du document de la note 123), ce qui lui laisse peu de flexibilité pour écouler des surplus de production vers les réseaux voisins.

La variabilité des apports énergétiques de l'éolien ne semble pas poser de problème technique particulier au niveau de l'exploitation. Une visite détaillée du Centre de conduite du réseau d'Hydro-Québec en compagnie des responsables de Trans-Énergie démontrerait mieux que nous ne saurions le faire ici la robustesse du réseau d'Hydro-Québec et les moyens d'intervention (du côté de l'offre et de la demande) disponibles pour garantir la mission de sécurité et de fiabilité du réseau québécois. Il est difficile de penser que les exploitants d'Hydro-Québec, qui sont responsables de la conduite du réseau, pourraient être pris de court par les quelque 3 000 MW éoliens qui seront progressivement mis en service au Québec d'ici 2015 ! D'abord, il ne serait pas raisonnable de croire qu'Hydro-Québec serait moins capable de gérer l'éolien que ce qu'ont déjà largement démontré chacun dans leur réalité particulière les exploitants des réseaux danois, espagnols, nord-européens, portugais ou des États-Unis. Quoique la stratégie énergétique du Québec en dise, on ne voit pas en vertu de quel obstacle technologique précis, le réseau québécois se trouverait limité à n'accepter que 5 % de ses approvisionnements électriques en éolien. Plusieurs caractéristiques technico-économiques d'intérêt pour le Québec de même que l'expérience d'exploitation acquise par d'autres juridictions suggèrent des taux de pénétration éolienne dans le réseau nettement plus élevés, notamment en raison de la grande flexibilité qu'offrent les actifs hydroélectriques du réseau électrique québécois.

La figure 9.3 montre, pour l'année 2008, la contribution horaire de l'éolien exprimée en pourcentage de la demande horaire du réseau du Jutland danois sous le contrôle de l'UCTE (Union for the Coordination of the Transmission of Electricity, *ISO de la zone Jutland/Allemagne/Nordpool*). On observera qu'à certaines heures, la capacité éolienne fournit plus que la demande requise par le réseau du Jutland, l'énergie excédentaire étant alors exportée vers les réseaux voisins. Le graphique montre également (en trait plein) l'évolution au cours de l'année 2008 de la portion de la consommation électrique totale cumulée au Danemark fournie, par les apports éoliens depuis le début de l'année. Cette part atteint 40 % en janvier et 24 % à la fin de l'année.

FIGURE 9.3

Contribution horaire de l'éolien exprimée en pourcentage de la demande horaire du réseau du Jutland danois en 2008

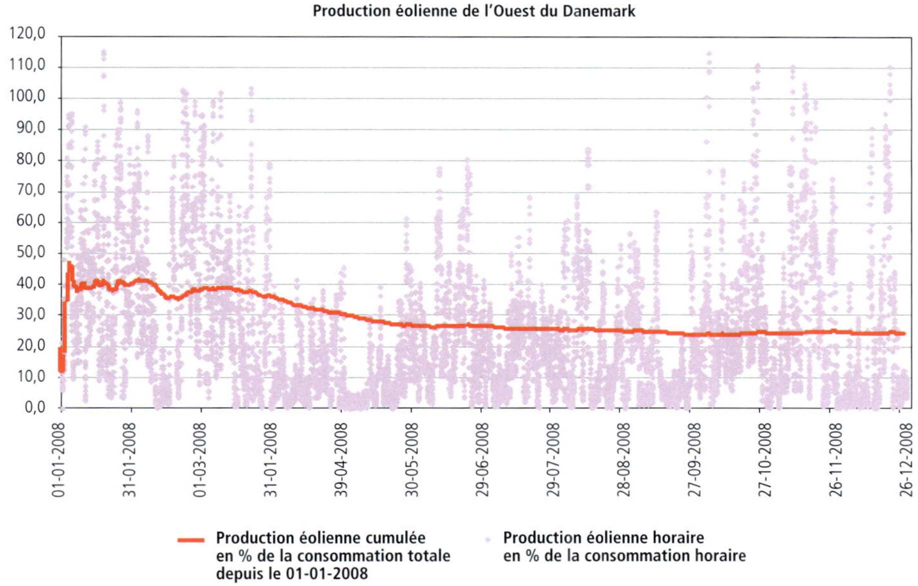

Gracieuseté : Gitte Agersbaek, Energinet.dk

Bien sûr, la topologie des réseaux dans cette zone de l'Europe diffère de celle que l'on trouve au Québec, mais la réalité incontestable des faits permet de mettre de côté le discours timide qu'on entend en Amérique du Nord sur les limites à la pénétration éolienne dans les réseaux électriques. Des échanges d'énergie avec les réseaux voisins sont nécessaires ? Il n'y a rien là qui ne se fasse pas déjà ici.

NIVEAUX DE PÉNÉTRATION ÉOLIENNE RÉPERTORIÉS EN 2008

Le rapport du groupe de travail éolien n° 25 de l'Agence Internationale de l'Énergie, qui fait le point sur les perspectives de forte pénétration éolienne dans les grands réseaux, affirme :

> Malgré des pénétrations éoliennes limitées dans la majorité des réseaux dans le monde, plusieurs régions montrent une forte pénétration et ont acquis une expérience pratique de la réalité de cette intégration éolienne dans leur réseau. Voici la liste des régions où la production éolienne actuelle dépasse 20 % de la demande totale d'énergie annuelle :
>
> Jutland, West Denmark : 24 %
>
> Nord de l'Allemagne : 33 %
>
> Régions de l'Espagne : La Navarre : 47 %, L'Aragon : 30 %, Castille-La Mancha : 30 %, Galicie : 29 % et la Castille-Leon : 24 %
>
> et la région du Gotland, en Suède : 20 %

Source : *Design and operation of power systems with large amounts of wind power*, State-of-the-art report, IEA WIND, TASK 25, VTT working papers 82, ESPOO 2007, 111 pages.

De fait, le Danemark, avec l'accord des opérateurs des réseaux de transport, vise 50 % d'ici 2025 et l'Espagne 100 % en 2010 (en Navarre). Le rapport donne également la liste des pays où des études de pénétration éolienne dépassant 50 % ont été réalisées.

Le tableau 4 de ce même rapport montre que plus de 15 analyses examinant la possibilité de voir la capacité de production éolienne contribuer à plus de 25 % de la pointe du réseau ont été réalisées par divers exploitants de réseau électrique. Elles sont données au tableau 9.1.

Il faut mentionner le cas du Portugal, un joueur récent sur la scène des leaders de l'intégration éolienne dans le monde. Le Portugal, qui compte sur une production électrique fournie à 25 % par l'hydraulique, possède 2 500 MW de capacité éolienne installée en 2008 et vise 5 100 MW en 2013. Ses interconnexions se limitent à l'Espagne, un autre grand producteur éolien. Pour réaliser cette intégration, le Portugal compte sur la flexibilité de ses actifs hydrauliques et une forte agrégation régionale de ses centrales éoliennes, de même que l'engagement enthousiaste du TSO (Transmission System Operator) dans cette opération[1].

▶

1. « Focus on grid integration: Checks and Balances: Integrating Europe's Growing Wind Capacity, Portugal's innovation », *Wind Directions*, sept.-oct. 2008, 20 p. p. 37 ; http://www.ewea.org/fileadmin/ewea_documents/images/publications/wd/

TABLEAU 9.1
Liste de pays ayant examiné la possibilité de voir l'éolien contribuer à plus de 25 % de la demande de pointe du réseau

ÉTUDE	INTERCONNEXION SI PRISE EN COMPTE	DEMANDE DU RÉSEAU	CAPACITÉ ÉOLIENNE
	En MW	(pointe, en MW)	en % de la pointe
Nordic 2004		67 000	27
Nordic+Allemagne/Greennet	6 600	155 500	37
Finlande 2004		14 000	29
Allemagne 2015/dena		77 955	46
Irlande/ESBNG -1		5000	40
Irlande/ESBNG -2		6500	54
Irlande/SEI -1	500	6127	32
Irlande/ SEI -2	900	6900	28
Pays-Bas		15 500	39
Centre-Norvège/Sintef		3780	28
Portugal	1000	8800	58
Espagne 2011		53 400	33
Suède		26 000	31
Royaume-Uni		76 000	50
USA- Minnesota 2006	5000	20 000	30

Source : *Design and operation of power systems with large amounts of wind power*, State-of-the-art report, IEA WIND, TASK 25, VTT working papers 82, ESPOO 2007, 111 pages.

LE TRAVAIL DE L'OPÉRATEUR DU RÉSEAU : EXPLOITER TOUTE LA FLEXIBILITÉ DES ÉQUIPEMENTS DU RÉSEAU

Que vient faire le terme flexibilité dans le vocabulaire des réseaux électriques ? La flexibilité mesure en quelque sorte les talents d'équilibriste du réseau. Elle mesure sa capacité à absorber, à compenser, à retrouver son équilibre en présence de perturbations, lentes ou brusques, d'amplitudes variables, positives et négatives qui cherchent continuellement à accélérer (p. ex. : surplus de production) ou à ralentir (p. ex. : accroissement de la demande) son rythme de marche, sa fréquence. La flexibilité du réseau électrique a une incidence directe sur la fiabilité et la robustesse d'un système, sur sa capacité à résister aux aléas de production et de demande (pris isolément ou combinés), aux événements planifiés, aux défauts et aux pannes d'équipements, etc. La flexibilité d'un réseau constitue en quelque sorte l'assurance d'un service fiable aux abonnés. Un réseau est d'autant plus flexible qu'il peut résister à de fortes perturbations. Mais tout réseau, grand ou petit, possède ses limites de stabilité. Tout réseau possède un critère de stabilité ultime au-delà duquel on reconnaît la possibilité que des événements majeurs puissent être les plus forts. Un tel événement pourrait par exemple entraîner la perte de 30 % de la production ou de la demande du réseau dans un temps trop court pour que l'exploitant puisse le contrer dans un délai raisonnable avec des moyens de gestion suffisamment puissants. On accepte donc le risque – calculé – que le réseau puisse se trouver alors hors service, en panne majeure, ce qui demandera quelques heures d'interruption de service, le temps de le remettre en exploitation. Le critère de stabilité retenu découle essentiellement de contraintes de coût ; le coût des moyens de gestion du risque augmente avec la sévérité de la perturbation considérée. Tels sont les risques de ce métier d'équilibriste.

La marge de stabilité opérationnelle de l'exploitant du réseau lui est garantie par les moyens de gestion et d'intervention dont il dispose pour préserver l'équilibre dynamique du réseau. La flexibilité du réseau constitue en définitive cet arsenal de moyens. Dans ce contexte, les sources d'énergie renouvelables ne présentent pas pour un réseau flexible un risque singulier parmi le continuum d'aléas qu'il doit négocier à chaque instant. De quoi cette flexibilité se nourrit-elle ?

La taille et la diversité du portefeuille de moyens de production, l'étendue, la capacité, l'architecture et les interconnexions de son réseau de transport avec les réseaux voisins sont les critères utilisés pour comparer la flexibilité caractéristique des réseaux électriques entre eux.

Les centrales les plus flexibles sont celles qui permettent de répondre à la demande rapidement (voir aussi l'encadré Les équipements de Production à la section 9.7). Les centrales hydroélectriques avec réservoir sont certainement reconnues comme ayant les meilleurs attributs de flexibilité à cet égard. Par rapport aux centrales de pointe au gaz naturel également très flexibles, elles possèdent l'immense avantage de compter sur un carburant renouvelable dont le prix n'est pas sujet à la forte volatilité des approvisionnements en gaz naturel. ▶

On attribue une valeur plus grande aux équipements flexibles, c'est-à-dire à ceux dont le temps de réponse est rapide, car ils permettent de corriger les variations de la production et de la demande en temps réel, à la dernière minute en quelque sorte. De la même façon, les fluctuations plus lentes (liées au cycle quotidien de la demande, au passage des systèmes météorologiques et de leurs effets anticipés sur la demande et la production, etc.) peuvent être confiées à des unités de production plus lentes ou absorbées dans des opérations d'achat-vente intra-horaires sur les marchés externes, grâce aux interconnexions avec les réseaux voisins. La flexibilité existe donc également dans les possibilités offertes par le réseau de transport.

Les réseaux doivent être assez robustes pour gérer tous les événements qui contribuent à la dynamique offre-demande en temps réel. Malgré les meilleures prévisions, le statut des milliers de composants qui forment l'offre et la demande n'est pas connu avec une précision de 100 %. La demande peut être plus élevée que prévu, la production éolienne régionale plus forte que prévu, une unité de production peut être soudainement indisponible, un défaut sur une ligne de transport peut exiger le détournement de l'écoulement de puissance vers un autre bras du réseau de transport, etc. Tous ces aléas causent des écarts par rapport à la planification anticipée la veille et sont le lot quotidien de l'exploitant du réseau.

Tous les actifs du réseau ont quelque chose à voir avec la flexibilité du réseau. Ils permettent de faire face, en continu, à tous les aléas caractéristiques de chacun des horizons d'exploitation, chacun de ces actifs venant appuyer avec ses caractéristiques complémentaires, le travail d'équilibriste de l'exploitant, de manière à garantir la stabilité du réseau en tout temps.

Lorsque les périodes de pointe arrivent, le réseau est très fortement sollicité et la marge de flexibilité est réduite. La stabilité du réseau repose alors sur la fiabilité des équipements déjà tous mobilisés. À ce point limite, les moyens de gestion de la demande représentent la soupape de sécurité qui permet de préserver la stabilité en cas d'imprévu : contrats de puissance interruptibles, télédélestage de charge, interruptions de service. C'est pendant ces heures de pointe que la variabilité des apports de la production doit être examinée avec le plus d'attention.

La mesure de la flexibilité d'un réseau est une science peu développée encore. Certains pays abordent la question en mode formation continue. Mais une méthodologie d'évaluation de la flexibilité réelle d'un réseau faciliterait certainement une intégration optimale de l'éolien dans les pratiques de conception, de planification et d'exploitation du réseau. Même si la flexibilité est une préoccupation intégrée aux pratiques courantes de planification de la fiabilité qui président à la conception et à l'évolution des réseaux, aucune méthodologie formelle de planification de la flexibilité ne permet aujourd'hui d'effectuer un transfert de connaissances rigoureux auprès des exploitants de réseaux en matière d'intégration de la production éolienne. L'utilité et l'intérêt d'une telle méthodologie s'imposent de plus en plus dans les pratiques de planification ▶

qui influencent le potentiel d'évolution technologique du réseau et notamment le cadre d'intégration des énergies renouvelables comme l'éolien.

L'expérience acquise grâce au leadership de pays comme l'Allemagne, le Danemark, l'Espagne, le Portugal ou des États comme le Texas pourrait profiter à des dizaines d'autres planificateurs qui commencent à lorgner du côté de l'éolien. La formalisation d'une méthodologie de caractérisation de l'indice de flexibilité des réseaux reste à faire[1].

1. Empowering Variable Renewables – Options for Flexible Electricity Systems, Agence Internationale de l'Énergie, OCDE/AIE, juillet 2008, rapport rédigé en appui au plan d'action des pays du G8, 36 p. www.iea.org/Textbase/publications

FLEXIBILITÉ/COOPÉRATION DES MOYENS DE PRODUCTION

Aux États-Unis, sur le marché spot[1] déréglementé où l'accès au réseau de transport est régi par le plus bas prix de l'offre, certains producteurs privés exploitent des centrales combinées TAG-éoliennes qui, grâce au carburant gratuit de l'éolien, renforcent les occasions d'affaires, tout en rapportant plus de bénéfices que ce que permettrait l'exploitation de turbines à gaz (TAG) ou de centrales éoliennes opérées isolément. Évidemment à de plus hauts niveaux de pénétration, il faut prévoir l'investissement pour apporter les modifications nécessaires au réseau (lignes, renforcements). On verra qu'au Québec, les caractéristiques de la demande et la flexibilité de la filière hydroélectrique permettent d'envisager dans le réseau principal une pénétration de l'éolien considérable. On conviendra que, dans un marché spot, les outils de prévision de la production éolienne sont essentiels.

Les éoliennes peuvent être jumelées à des centrales au diesel dans plusieurs localités nordiques, ce qui permet d'économiser du carburant de plus en plus coûteux. Lorsque le niveau de pénétration éolienne (en pourcentage de la demande instantanée) s'accroît au-dessus d'une certaine limite, il devient nécessaire de dévier l'énergie excédentaire ou de réduire la contribution d'une autre source de production pour maintenir l'équilibre. Nous traiterons des atouts de la technologie du jumelage éolien-diesel à haute pénétration développée par HQ au chapitre 10. Nous verrons comment une philosophie de gestion d'un parc diversifié permet de redéfinir les règles d'exploitations en procurant à la fois des avantages économiques et un élargissement des perspectives énergétiques pour les réseaux électriques (réseaux de chaleur, réfrigération, hydrogène, etc.).

1. On appelle marché spot un marché au comptant portant sur les devises, les taux ou les matières premières. Le terme s'applique aujourd'hui également au marché de l'électricité dans ses opérations à court terme au quotidien.

9.4 Intégration au réseau électrique et gestion des apports énergétiques : stabilité et sécurité du réseau électrique au quotidien

Les fluctuations saisonnières, quotidiennes, horaires ou instantanées sont d'une importance bien relative selon qu'elles interpellent les concepteurs, les planificateurs, les exploitants ou les opérateurs d'un réseau électrique. Leurs tâches variées impliquent des horizons d'intervention spécifiques. La réalité de l'exploitation en temps réel du réseau au quotidien est bien différente de l'univers de la planification des besoins énergétiques à venir (lendemain, mois, saison, année) effectuée par le distributeur ou de celle du concepteur des systèmes de protection et de commande. Ces niveaux de préoccupations sont tous essentiels à la fiabilité et à la rentabilité à long terme du réseau, tout en s'appuyant chacun sur des règles et pratiques spécifiques qui visent des buts complémentaires. Tous participent à l'intégrité, la stabilité, la sécurité et la fiabilité du réseau.

La figure 9.4 permet de synthétiser les discussions qui précèdent sur les rôles du planificateur et de l'exploitant dans l'évolution du réseau électrique et de ses règles d'exploitation. Elle présente l'ensemble de ces préoccupations qui participent directement à la bonne marche d'un service essentiel comme l'électricité.

Pour les exploitants du réseau électrique, les normes de qualité de l'onde (milliseconde – seconde), de stabilité (seconde – minutes) et de fiabilité d'un réseau électrique (24 heures/7 jours) déterminent les écarts de fréquence et de tension acceptables ou tolérables par le système en toutes circonstances. La gestion des perturbations se produisant sur ces grandeurs physiques en raison des aléas de puissance qui se produisent sur l'ensemble du réseau (Production, Transport et Distribution : PTD) est la responsabilité des exploitants du réseau qui interviennent notamment sur la production ou la demande pour maintenir le réseau à l'intérieur des plages d'opération des équipements et des critères d'exploitation sécuritaires. Dans cet univers temporel, le vent n'est qu'un des aléas auxquels il faut faire face. Habituellement, les pires aléas du vent pour le réseau ne se trouvent pas tant du côté de la variabilité à court terme de la production éolienne que de la limite mécanique des éléments de transport et de distribution (bris, branches, arbres).

Les processus d'exploitation qui s'intéressent à la stabilité du réseau en temps réel obéissent à des règles de décision et des critères techniques d'opération établis. Ces règles d'exploitation doivent refléter une représentation/caractérisation adéquate des spécifications opérationnelles des équipements, des comportements électromécaniques et de la dynamique propre à chacun des équipements raccordés au réseau. Elles doivent aussi tenir compte des coûts de mobilisation des moyens de gestion du réseau (du côté de l'offre et de la demande) dans le plan journalier.

FIGURE 9.4

Schéma synthèse des processus de planification et d'exploitation qui déterminent l'évolution du réseau électrique et ses règles d'exploitation

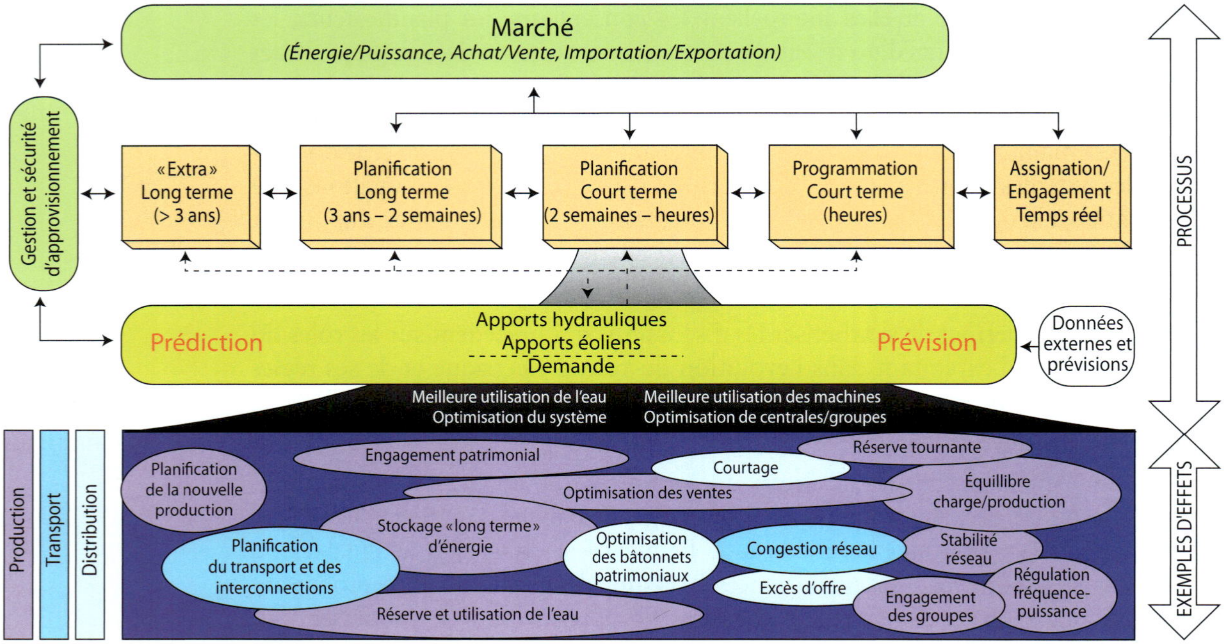

Traduit de *Large-Scale Integration of Wind Power in a Hydro-Electric System, Understanding the Issues*, Forcione *et al.*, 20e conférence annuelle de l'Association canadienne d'énergie éolienne, 17-20 octobre 2004, Montréal.
Source : Hydro-Québec.

La conduite du réseau doit répondre en tout temps à l'importante exigence de stabilité et de fiabilité opérationnelles. Cette responsabilité est assumée au quotidien par un ensemble de fonctions complémentaires chacune centrée sur son horizon temporel propre : la régulation fréquence-puissance (secondes à minutes), le suivi de charge et la réserve tournante (10 minutes à une heure). Les décisions concernant l'ordonnancement des groupes chargés de répondre aux besoins de la demande du jour d'après (horizon quelques heures à 24 heures avec une 'visibilité' hebdomadaire). C'est à l'intérieur de ce cadre temporel que la question de la variabilité des fluctuations de puissance sur le réseau s'inscrit. C'est au cœur de cette gamme de variabilité que se pose la question de l'équilibrage offre-demande en temps réel. L'éolien, avec ses propres caractéristiques de variabilité (voir section 9.5), se retrouve quelque part dans la variabilité globale offre-demande qui constitue le terrain de jeu des moyens d'équilibrage dont dispose l'exploitant du réseau.

L'ÉQUILIBRAGE DU RÉSEAU

L'équilibre offre-demande exige des moyens d'intervention pour l'exploitant du réseau électrique en tout temps : il dispose pour cela de réserves opérationnelles d'équilibrage. Les fonctions d'équilibrage servent à l'exploitant du réseau de transport à absorber, compenser et atténuer les fluctuations et les variations de puissance sur le réseau et à maintenir l'équilibre entre l'offre (la production) et la demande (la consommation) du réseau en exploitation, en tout temps. Ces fluctuations de puissance font partie de la vie quotidienne pour l'exploitant du réseau. Les fluctuations ne sont pas une caractéristique exclusive à la production éolienne, loin de là. Les fluctuations de la demande sont une réalité d'exploitation en temps réel du réseau depuis longtemps. N'oublions pas que les réseaux électriques ont comme première obligation de répondre à la demande de ses abonnés. Or, la demande varie. Elle peut même varier beaucoup en fait, mais l'exploitation du réseau doit s'y adapter. Car c'est le réseau qui est au service de la demande et non le contraire. La stabilité du réseau dépend donc de l'efficacité et de la flexibilité des moyens d'équilibrage, qu'il y ait ou non présence de production éolienne. De plus en plus, on reconnaît même que la stabilité du réseau peut s'accommoder d'une très grande diversité de moyens tant du côté de l'offre que de la demande. (Voir aussi la note 154 sur le réseau intelligent à la section 10.6.1.)

On identifie généralement trois types de réserves opérationnelles, chacune visant à minimiser les effets des fluctuations de puissance sur le réseau en les considérant selon trois fenêtres temporelles d'observation emboîtées : (approximativement) 10 secondes à 5 minutes, 5 à 30 minutes, et 30 minutes à quelques heures.

En Amérique du Nord, les fonctions d'équilibrage associées à chacun de ces trois horizons de visibilité d'exploitation en temps réel sont regroupées selon trois catégories de processus distincts. Ce sont respectivement le réglage fréquence-puissance, le suivi de charge et le suivi du plan d'ordonnancement de groupes. Le premier compte sur une réserve synchronisée (asservie à la fréquence de référence du réseau) et le second sur une réserve tournante (opérée en mode consigne de puissance). La dernière catégorie détermine la coordination horaire du partage de charge des groupes, la gestion de la rotation des réserves, les séquences de départs/arrêts des unités de production inscrites au plan de production journalier selon l'évolution des besoins de la demande horaire réelle.

Sources : *Terminologie en usage à l'Office national de l'énergie – anglais-français* (Mise à jour en date du 30 novembre 2004) http://www.neb.gc.ca/clf-nsi/rthnb/whwrndrgvrnnc/trmnlgynsnb.pdf.

La figure 9.5 illustre la problématique générale des processus d'exploitation au quotidien : programmation 24 heures, suivi de charge, réserve intra-horaire, réglage fréquence-puissance et réserve de stabilité.

FIGURE 9.5

Schéma général des processus d'exploitation au quotidien : programmation 24 heures, suivi de charge, réserve intra-horaire, réglage fréquence-puissance et réserve de stabilité

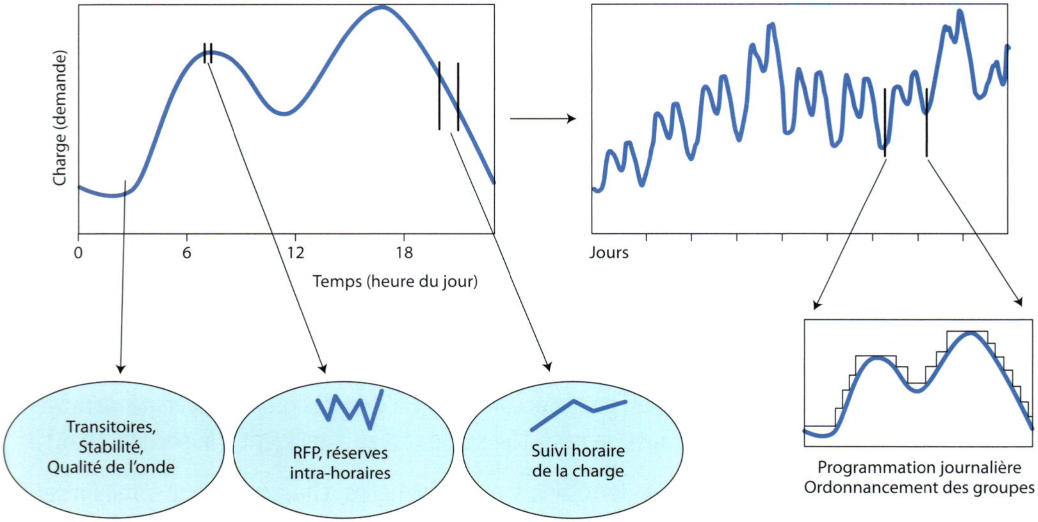

NB FORME JOURNALIÈRE DU QUÉBEC

Adapté de *Perspectives sur l'évolution technologique et les enjeux d'intégration/pénétration de l'énergie éolienne dans les réseaux électriques*, Saulnier, B. et Forcione, A., Conférence IEEE Montréal/IEEE Power Engineering Society and Industrial Applications Society, 16 juin 2004, Université McGill, Montréal.

Au Centre de conduite du réseau (le CCR), par exemple, on ne se rendra pas compte du déclenchement d'une éolienne de 2 MW, mais il faudra réagir rapidement à la perte soudaine de la production d'un groupe hydroélectrique de plusieurs centaines de MW ou à la défaillance subite d'une ligne de transport de 735 kV. En termes de production sur l'ensemble du réseau, ce qui se passe au site de chaque éolienne ou de chaque centrale n'est pas d'un poids déterminant pour ce niveau d'intervention lorsqu'on considère la répartition des inerties dans un système en exploitation telle qu'elle apparaît au pilote du Centre de conduite du réseau.

LES SURPLUS GASPÉSIENS

La Gaspésie a vu sa consommation totale diminuer depuis 1998, passant de 1 836 à 1 306 GWh en 2007 (fermetures d'usine), et ce, malgré que le nombre d'abonnements soit passé de 51 000 à 53 500 durant cette période. La tendance semble indiquer une reprise, possiblement reliée à l'activité économique des développements éoliens.

On peut penser que la consommation d'électricité pourrait se stabiliser autour de 1 500 à 1 800 GWh vers 2015. Ce qui signifie que la région disposera de surplus énergétiques annuels de l'ordre de 3 TWh en 2015 (voir annexe B). Ces surplus pourront intéresser ses régions voisines :

- Soit le Nouveau-Brunswick avec lequel le Québec dispose d'interconnexions asynchrones : (785 MW import 1 200 MW export). Tous les surplus éoliens pourraient y être écoulés sans difficulté.
- Soit le Bas-Saint-Laurent, qui a vu sa consommation passer de 3823 à 4 527 GWh, de 1998 à 2007. Après un fléchissement de la consommation régionale entre 2004 à 2006 (malgré une hausse des abonnements : de 108 371 à 114 632), la tendance semble indiquer une reprise de la consommation sans doute liée à l'activité économique associée justement aux développements éoliens. On peut considérer que la consommation pourrait croître à 5 000 GWh en 2015. Cela signifie que le Bas-Saint-Laurent pourrait également absorber tous les surplus gaspésiens d'électricité éolienne.

Actuellement, ces deux régions dépendent totalement du poste de Lévis pour leur approvisionnement en électricité. En 2015, elles formeront une région autonome du point de vue électrique. Elles pourraient bien constituer dans les faits un sous-réseau avec un bilan production-consommation d'électricité annuelle équilibré et sans émission de CO_2. Grâce à l'éolien, ce sera le seul ensemble régional à posséder au Québec une telle caractéristique d'autonomie totale (100 % de la demande annuelle fournie par l'éolien, mieux que le Danemark !), tout en pouvant se réclamer du label Énergie verte, selon la classification actuelle des États-Unis en matière de filières de production électrique (qui ne reconnaît pas la grande hydroélectricité comme une énergie verte).

Il reste que, localement ou régionalement, la production éolienne des régions du Bas-Saint-Laurent et de la Gaspésie qui deviendront exportatrices nettes d'électricité en 2015, fournira un laboratoire d'expérimentation en exploitation qui s'annonce fort stimulant. La production éolienne déterminera la direction générale de l'écoulement de puissance sur les lignes de transport qui traversent cette région, ce qui attirera de plus en plus l'intérêt du Centre de conduite du réseau et des courtiers d'électricité opérant sur les marchés du Nouveau-Brunswick.

9.4.1 Sécurité, intégrité, qualité de l'onde : enjeux d'évolution dans la conception des éoliennes

En termes de sécurité et de fiabilité de l'approvisionnement, le comportement électrique des éoliennes intéressera le responsable de la conception du réseau de transport chargé d'accueillir la production des centrales éoliennes. Le rôle de ce responsable concerne l'horizon temporel réservé à la qualité de l'onde électrique (microseconde) et aux interventions des systèmes automatisés des appareillages de télécommunication, de téléprotection et de télécommande, un horizon qui s'étend de 1 à 100 millisecondes (quelques cycles électriques).

Les différents aspects décrits plus haut nécessitent des équipements et une hiérarchie de commande adaptés aux exigences de chaque horizon considéré, appropriés pour chaque niveau de tension impliqué dans le transit éolien et cohérents avec une ligne de décision claire. Le but visé est d'assurer l'intégration harmonieuse de toutes les capacités de production qui se trouvent raccordées en un point donné du réseau et de garantir en tout temps la fiabilité du réseau. Cette intégration sécuritaire est régie par des règles, les normes et les pratiques établies qui visent la protection des équipements et détermine des comportements électriques conséquents aux équipements de production raccordés (p. ex.: critères de reprise de charge en condition de défaut de tension, etc.) quand des conditions de défaut surviennent en cours d'exploitation. Ces exigences peuvent différer selon le niveau de tension de transit considéré et/ou la région de transit.

Ce sont les ingénieurs spécialistes de la conception du réseau qui ont la responsabilité de cette intégration électrique pour laquelle la prise en compte de tous les transits de puissance – demande et production – est nécessaire. Ils donneront éventuellement leur accord à la mise en service des équipements éoliens, une fois que toutes les exigences de protection et de commande auront été respectées et que les études de conformité de transit auront été complétées. Nous ne discuterons pas ici de l'ingénierie de conception touchant la qualité de l'onde et la sécurité des réseaux électriques. Ces volets d'intégration spécialisés dépassent le cadre du présent ouvrage. On se référera à un livre récent qui rassemble l'essentiel des connaissances d'ingénierie sur tous les aspects de l'intégration de l'éolienne dans un réseau électrique[125]. Par l'ampleur des problématiques d'intégration qu'il couvre, les connaissances d'ingénierie éolienne appliquée qu'il rassemble, les illustrations et les exemples pratiques et variés qu'il

---

125. *Wind Power In Power Systems*, edited by Thomas Ackermann, Wiley 2005, 691 p., £85.00, ISBN 0-470-85508-8. L'ouvrage rédigé par un collectif de 40 experts reconnus du domaine éolien comprend 29 chapitres. (http://www.windpowerinpowersystems.info/TOC.html)

rapporte, ce livre se positionne comme le premier manuel de référence moderne de l'ingénierie éolienne appliquée.

On retiendra pour le moment que l'évolution historique de la problématique d'intégration de l'éolien au réseau dans le monde a suivi un parcours marqué par une adaptation progressive, par itérations successives, et ce, tant du côté des systèmes éoliens, en réponse aux exigences établies par les réseaux électriques, que du côté des exploitants du réseau qui ont révisé leurs exigences de raccordement en constatant les possibilités et les caractéristiques électriques qu'offrent des systèmes éoliens de plus en plus sophistiqués. Aujourd'hui, on est loin de l'époque où la seule chose que l'exploitant exigeait d'une éolienne, en cas de panne de réseau (dont la cause n'était pas nécessairement éolienne), était de se débrancher jusqu'à une remise en état manuelle par un opérateur. Ceci, afin d'éviter qu'elles puissent se maintenir en marche d'elles-mêmes (par auto-excitation grâce aux condensateurs utilisés pour corriger le facteur de puissance au point de raccordement local) et se retrouver en opération en mode îloté[126], mettant à risque la sécurité des équipes de réparation.

Mais ces temps ont bien changé. Les opérateurs de ligne travaillent aujourd'hui sur des lignes « vivantes »[127] et les exploitants des réseaux électriques exigent maintenant que les aérogénérateurs en opération puissent traverser une période de plusieurs cycles électriques (1 cycle électrique dure 16,7 ms) sans aucune tension présente sur la ligne. En effet, à la demande des exploitants du réseau de transport, les manufacturiers ont intégré dans leurs aérogénérateurs la capacité de rester « en ligne » en cas de défaut sur le réseau. Cette capacité permet aux éoliennes de traverser un défaut de manière à demeurer en production après la correction du défaut. Ainsi, elles restent branchées au réseau même en cas de chute de tension de 85 %, et ce, jusqu'à 9 cycles[128]. Dépendant du réseau et de la génération d'éoliennes en service, l'intégration des éoliennes peut être bénéfique au réseau ou peut entraîner des dépenses de renforcement plus ou moins élevées selon les avantages qu'elles procurent à l'exploitant lorsque de tels événements se produisent.

---

126. *Îloté*: Se dit d'un réseau électrique comprenant à la fois un ou des centres de production et des charges temporairement détachés du réseau principal à la suite d'une perturbation ou d'une manœuvre. Source : 'Caractéristiques et cibles de qualité de la tension fournie par les réseaux moyenne et basse tension d'Hydro-Québec', février 2001, http://www.hydroquebec.com/distribution/fr/publications/pdf/qualite_tension_fr.pdf

127. On les qualifie de vivantes parce qu'elles sont électrifiées.

128. Rapport de l'Agence internationale de l'énergie (IEA), Task 25, *Design and Operation of Power Systems with Large Amounts of Wind Power,* State of the art report, octobre 2007, chapitre 4, p. 73.

L'annexe A présente la variété des systèmes de conversion éolienne. Elle illustre le genre de performance électrique vers laquelle les exigences d'exploitation de réseaux ont amené les concepteurs d'éoliennes depuis les années 2000 : opération à puissance de consigne (réserve de puissance disponible), contrôle de puissance réactive au point de raccordement, contrôle de tension…

Une étude de l'IEA a examiné les besoins de consolidation ou de renforcement du réseau nécessaires pour intégrer l'éolien. En voici un extrait (notre traduction)[129] :

> Avec la technologie récente, les centrales éoliennes peuvent être conçues pour répondre aux exigences de l'industrie (de l'opération des réseaux électriques) : elles peuvent rester en opération lors de chutes de voltage ; elles peuvent fournir de la puissance réactive au système ; elles peuvent contrôler le voltage ; elles peuvent participer à l'opération du système en mode consigne de puissance et avec contrôle des taux de changement de puissance et elles peuvent fournir de l'information en temps réel. Dans les régions où la pénétration éolienne est limitée, les études de stabilité ont démontré que les centrales éoliennes modernes, dotées de contrôleurs électroniques de puissance et de capacité dynamique de support du voltage, pouvaient améliorer la performance des réseaux en amortissant les fluctuations de puissance et en facilitant la récupération après un défaut. Des études anglaises suggèrent qu'à des taux de pénétration élevés, exiger des grandes centrales éoliennes qu'elles restent branchées durant un défaut est plus efficace économiquement que de modifier l'opération du réseau pour intégrer des centrales éoliennes qui n'ont pas la possibilité de « traverser » ce type de défaut.

On peut illustrer cette évolution technologique avec l'exemple de la centrale éolienne off-shore de 160 MW (80 Vestas 2 MW) de Horns Rev (ELSAM), au Danemark, qui est dotée, entre autres, de ce dispositif de reprise après défaut et peut aussi être exploitée en mode « Puissance de consigne + réserve » comme le montre la figure 9.6. Reliée au poste côtier par un câble sous-marin (CC) de 150 km, cette centrale est entièrement automatisée pour permettre d'asservir la puissance produite (calage variable et vitesse variable), de fixer le taux de montée et de descente en puissance, de suivre des séquences de retrait précises en cas de défaut critique du réseau, de contrôler dans certaines limites la puissance réactive de la centrale ou d'une seule machine et de suivre une séquence de retrait machine par machine en cas de vent excessif. Il s'agit d'une centrale qui montre la voie suivie par l'industrie éolienne moderne, une voie qui ouvre de nouvelles possibilités de gestion du gisement éolien à tous les exploitants de réseau.

---

129. *Ibid.*, note 128, section 7.3, p. 104.

FIGURE 9.6A

Diagramme de réglage de la production d'électricité au Danemark incluant la boucle de commande de la centrale éolienne de Horns Rev (Vattenfall)

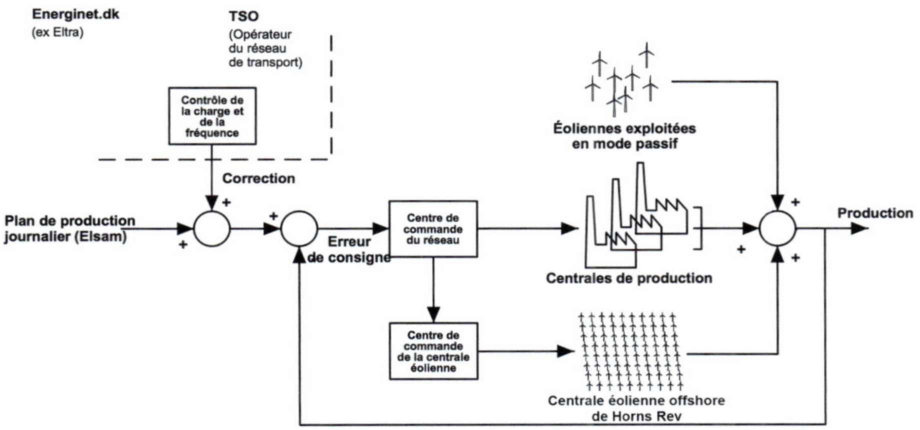

FIGURE 9.6B

Données de production de la centrale de Horns Rev (24 mai 2005)

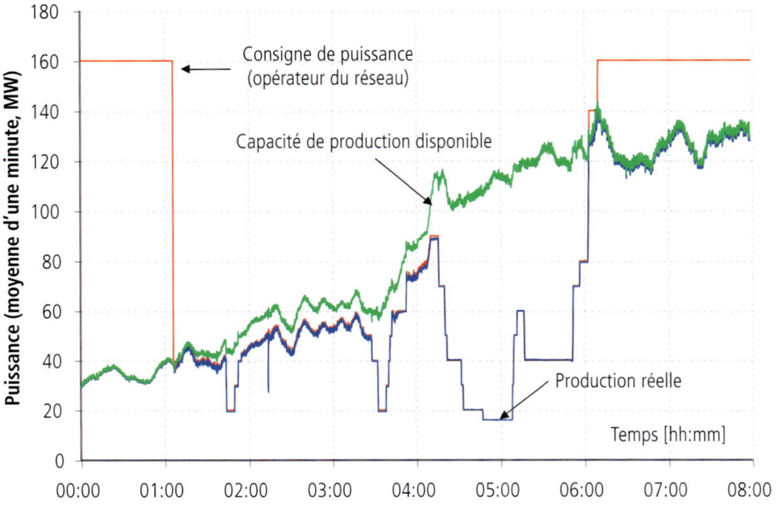

Source : http://wind.nrel.gov/public/SeaCon/Proceedings/Copenhagen.Offshore.Wind.2005/documents/papers/Wind_power_plant_control/J.Runge_Kristoffersen_TheHornsRevWindfarm_pp.pdf.
Gracieuseté : Jesper Runge Kristoffersen, Vattenfall Research & Development

Horns Rev : une centrale éolienne exploitée simultanément en mode réserve d'équilibrage et réglage fréquence-puissance sur le réseau d'électricité du Danemark.
Gracieuseté : Jesper Runge Kristoffersen, Vattenfall Research & Development

9.5 De quelle variabilité parlez-vous ?

Statistique ou chronologique ? Pour une ou 100 machines ? De court, moyen ou long terme ? Locale ou régionale ? Géographique et/ou topologique ?

En raison de l'importance que la gestion des apports énergétiques éoliens peut avoir sur la place qu'occupera l'éolien dans le portefeuille énergétique du Québec, il faut s'intéresser de près à la notion de variabilité de l'éolien, car elle est d'une grande utilité au quotidien dans l'exploitation d'un réseau électrique en temps réel. Dans toute discussion sur la variabilité des apports énergétiques éoliens, il est non seulement essentiel de préciser l'horizon de temps auquel on se réfère (seconde, minute, heure, jour, semaine, saison ou année), mais il importe de préciser le niveau d'agrégation de la production éolienne qui fait l'objet du questionnement. À défaut de bien identifier la nature du problème, la discussion ne saurait être fructueuse.

S'intéresse-t-on aux fluctuations de puissance d'une seule machine, d'une centrale éolienne formée de N machines opérant dans un site donné, de plusieurs centrales distribuées (ou « embarquées », au sens américain de *embedded*) dans une région précise ou encore dispersées sur un vaste territoire ? En exploitant au mieux les gisements éoliens, c'est-à-dire en plaçant les éoliennes là où les vents sont les plus forts et réguliers, et en les dispersant sur le territoire, on minimise en principe l'amplitude des fluctuations éoliennes. Considérons l'exemple des deux graphiques suivants (figures 9.7 et 9.8) qui présentent sous forme statistique l'effet de dispersion géographique de 2 400 MW de centrales éoliennes sur la variabilité intra-horaire de la demande soustraite de la production éolienne comparée à la variabilité de la demande prévisionnelle 2011 seule.

On observe entre ces deux distributions statistiques un léger rétrécissement dans la forme de la courbe, donc une certaine réduction de la variabilité avec la répartition géographique qui suggère une certaine réduction des besoins de réserve.

À qui cette information peut-elle être utile ? Elle peut servir à établir le niveau de réserve générique caractéristique de l'horizon temporel associé aux données statistiques de la distribution.

Insistons sur le fait que ces graphiques traitent de variabilité statistique horaire (distribution du nombre d'occurrences, classées par amplitude de variations intra-horaires). Aussi intéressants soient-ils sur un plan stratégique, ils ne disent strictement rien de la séquence horaire des événements qui sont ceux que gère l'exploitant du réseau en temps réel (voir section 9.7). Les statistiques transforment la réalité séquentielle en une abstraction mathématique valable certes, mais qui pourrait bien représenter

FIGURE 9.7

2 400 MW de centrales éoliennes localisées (Mont-Joli) : effet sur la variabilité intra-horaire de la demande (demande prévisionnelle 2011)

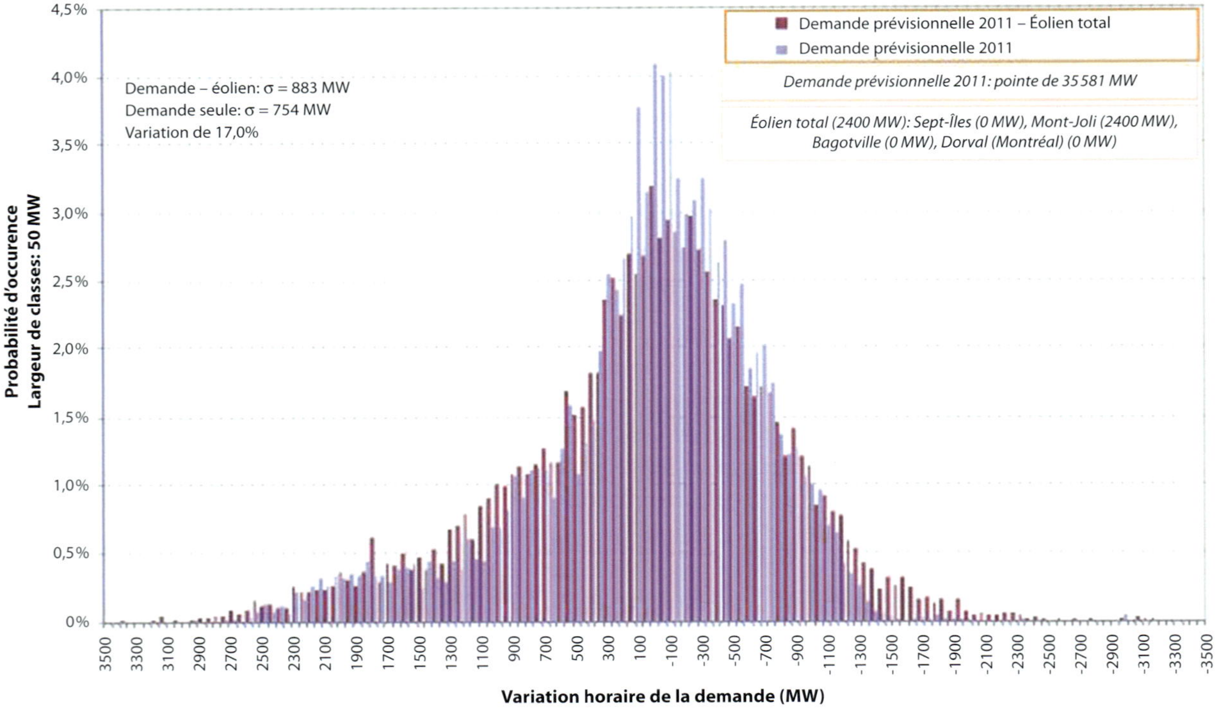

Gracieuseté : Hydro-Québec

les choses d'une manière en l'occurrence inutilement dramatique du point de vue de l'exploitation. En soustrayant la demande prévisionnelle de la production anticipée de chaque heure, on tient effectivement compte du lien physique qui existe entre la demande d'électricité et la présence de vent pendant toute l'année. Mais leur mise en graphique les considère bel et bien comme des événements statistiquement indépendants, ce qu'ils ne sont évidemment pas dans la réalité temporelle. Cette façon de représenter la réalité sert au planificateur (voir l'encadré Le travail du planificateur à la section 9.2) , mais elle est loin de celle vécue par l'exploitant ; il se pourrait même qu'elle conduise à surévaluer les besoins d'équilibrage réels requis.

FIGURE 9.8
2 400 MW de centrales éoliennes dispersées géographiquement (au Québec) : effet sur la variabilité intra-horaire de la demande (demande prévisionnelle 2011)

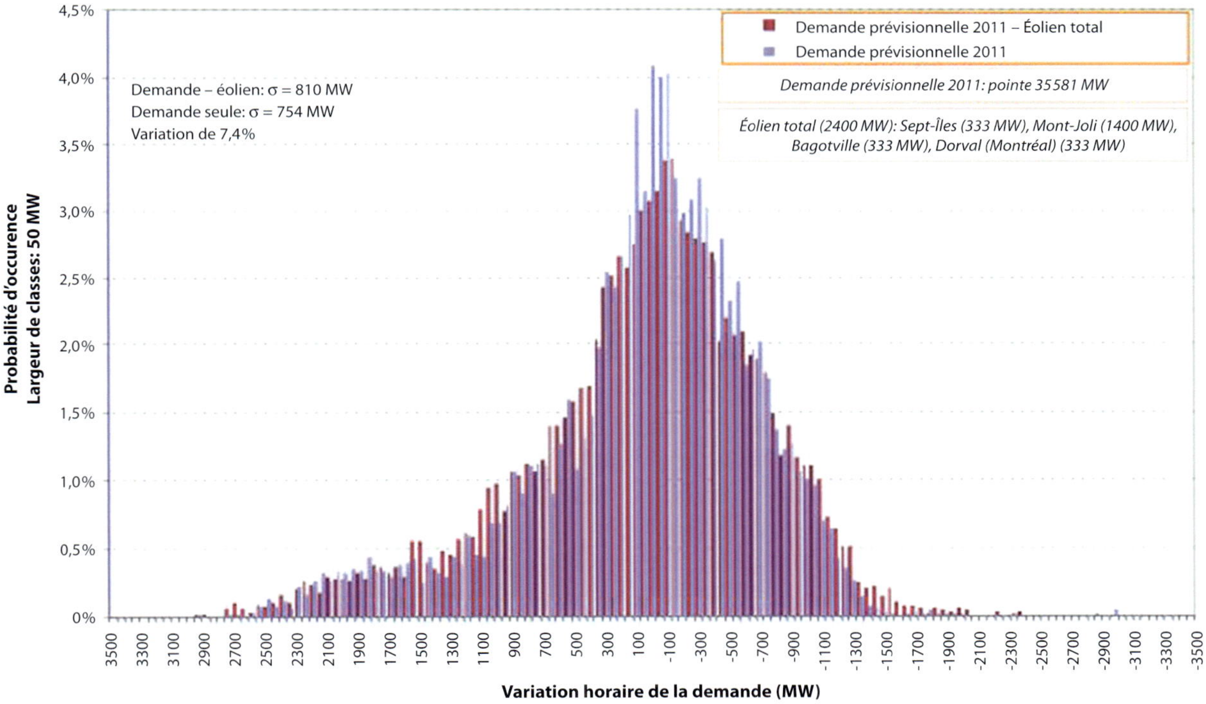

Gracieuseté : Hydro-Québec

Une représentation statistique aveugle de mesures horaires risque d'aboutir à une sur-compensation par rapport à une règle de gestion basée sur la réalité de l'observation et de la prévision en temps réel. Il s'agit après tout de conduire le réseau. Alors autant avoir les yeux sur la route. Une règle de gestion en temps réel pourrait convenir tout autant à l'établissement d'un critère de réserve adapté, capable de gérer à moindre coût la variabilité éolienne. De fait, comme la production éolienne est prévisible, l'utilisation d'outils modernes de prévision à court terme des vents dans les zones où des centrales éoliennes sont en exploitation permettrait d'apporter une meilleure réponse au problème de la minimisation des coûts d'équilibrage des apports éoliens. Cette évolution est en cours ; elle progresse rapidement.

Entre-temps, il serait certainement utile d'évaluer la variabilité chronologique des apports éoliens dans une étude d'optimisation des débits turbinés des centrales hydrauliques avec et sans éolien. L'opération d'une turbine hydraulique affectée au suivi de charge est en effet modifiée par la production éolienne par rapport au cas sans éolien. Le point d'opération de cette turbine hydraulique se déplacerait vraisemblablement autour du point de rendement ciblé pour la turbine hydraulique en question. En effet, il serait possible de mesurer précisément l'impact économique de l'éolien sur le suivi de charge et la gestion de l'eau. Pour une heure donnée, cette turbine hydraulique assurant le suivi de charge dans un cas sans éolien aurait pu recevoir dans un scénario éolien une commande d'arrêt par l'exploitant du réseau en raison d'un niveau de production des centrales éoliennes sécuritaire par rapport au cas de base.

Ainsi, une façon de mesurer plus exactement l'impact prévisible de l'éolien sur les besoins de réserve serait de faire une étude des archives d'années précédentes : une sorte d'exercice de prévision *a posteriori* si l'on peut imaginer une telle chose. Il s'agirait de faire la comparaison entre la séquence annuelle effective de la réserve horaire associée à la demande horaire anticipée pendant une année complète (sans éoliennes, le cas de référence) et celle qui aurait été requise pour tenir compte de la demande nette (demande horaire sans éolien du cas de référence – la production éolienne horaire anticipée) selon différents cas de répartition géographique de centrales éoliennes. Cette façon de faire permettrait également de pousser l'étude plus loin en mesurant l'intérêt des outils de prévision de production éolienne de l'horizon horaire à quotidien – selon les prévisions météos de la période dans les régions éoliennes concernées selon l'archive chronologique documentée de l'année à l'étude – dans l'établissement du plan de production et de réserve du lendemain, fournissant ainsi une réponse juste au problème de la gestion de la variabilité de l'éolien au quotidien. Cette étude pourrait être faite pour une variété de scénarios de répartition de centrales éoliennes.

Une dernière observation concernant les statistiques de variabilité éolienne : l'intervalle de temps de référence utilisé pour les établir détermine le facteur de forme de la distribution. On imagine bien que la variabilité de minute à minute montrera une courbe plus étroite que celle d'une variabilité hebdomadaire. Le coût de l'eau turbinée à un point de rendement inférieur constitue bel et bien le problème d'optimisation qui est au cœur de l'identification du plan optimal d'exploitation du réseau. Cependant, pour examiner ce type de problème, le pas de temps caractéristique des programmes d'optimisation de la production – une semaine typique – est beaucoup trop long par rapport à l'horizon d'exploitation en temps réel de la réserve de production pour permettre d'y apporter une réponse sérieuse. Ces questions restent importantes, mais il leur manque le modèle numérique d'optimisation capable d'y apporter une réponse qui soit méthodologiquement proche de la réalité. C'est en posant les bonnes questions qu'on arrive à construire les modèles susceptibles d'apporter la bonne solution à chaque type de problématique d'exploitation. En l'absence de ce genre d'analyses d'optimisation post-vision (à défaut d'un meilleur terme), la détermination des prix du service d'équilibrage de l'éolien risque d'être dominée par une statistique conservatrice qui mène à une surfacturation.

Bien qu'elle puisse intéresser à des degrés divers tous les paliers spécifiques d'intégration des apports éoliens (commande, protection et appareillages spécifiques à la distribution, la répartition ou le transport), c'est à l'exploitant de réseau responsable de la stabilité du réseau en temps réel, TransÉnergie au Québec, que la question de la variabilité de l'éolien s'adresse de manière particulière. Le Centre de conduite du réseau (CCR) qui planifie et commande les moyens d'équilibrage du réseau est imputable de la stabilité dynamique du réseau qui doit amortir les perturbations continues causées notamment par les aléas de la production et de la demande. Une caractérisation adéquate de la variabilité de l'éolien en temps réel est certainement incontournable pour l'aider à identifier les moyens de gestion les plus performants. Mais la représentation de la variabilité éolienne associée à un horizon de temps particulier de la réserve opérationnelle et des services auxiliaires exige une caractérisation adaptée aux pratiques opérationnelles de chacun des horizons de temps concerné. La prévision de la production éolienne est reconnue aujourd'hui comme l'un de ces outils en temps réel dont le CCR pourrait se doter pour minimiser le coût de la réserve associée aux apports éoliens au quotidien. Par ailleurs, l'étude de la variabilité hebdomadaire des apports éoliens garde tout son sens dans le cadre de l'étude d'un problème d'optimisation de la gestion des réservoirs et du parc de production.

9.6 La planification du réseau électrique : évolution technologique et nouveaux investissements

Comme on l'a vu aux sections 9.2 et 9.3, pour le planificateur-concepteur de l'extension et de l'évolution du réseau électrique, c'est la fourniture à plus long terme des nouveaux besoins d'énergie et de puissance de ses abonnés qui constitue sa tâche première. Son rôle n'a pas changé. Aujourd'hui comme hier, c'est toujours à partir de la prévision des besoins futurs que les décisions d'investissement se justifient. C'était vrai à l'époque de l'électrification industrielle du Québec où plusieurs monopoles régionaux d'électricité, dont quelques-uns subsistent encore, se sont constitués autour de ressources énergétiques essentielles au développement industriel (scieries, pâtes et papier, minerai, aluminium). Cela reste vrai aujourd'hui où Hydro-Québec est devenu le monopole public d'électricité qu'on connaît. Les déterminants de la croissance de la demande se sont transformés avec le temps. Aujourd'hui, la démographie des régions devient le facteur dominant de l'évolution de la demande, qui ne progresse plus au même rythme dans les pays développés et qui diminue même dans certaines régions où la démographie souffre des perspectives d'emplois réduites. La croissance de la demande dans les villes où la population croît désormais plus rapidement continue de démontrer que c'est là désormais que les enjeux énergétiques se concentrent, que c'est là aussi que l'imagination et la créativité des planificateurs-concepteurs des réseaux sont le plus fortement sollicitées devant la complexité des contraintes multiples et difficiles qui doivent être prises en compte.

Le planificateur doit désormais s'assurer que l'aspect complémentaire entre les ressources et équipements dont il dispose et ceux qu'il planifie d'acquérir dans son portefeuille de production soient prudemment pris en compte, que les blocs d'énergie additionnels qui viendront répondre aux nouveaux besoins d'approvisionnements préservent la manœuvrabilité du système en tout temps. Les solutions toutes tracées d'hier ne sont peut-être plus économiquement optimales et doivent prendre en compte de nouvelles complémentarités.

En intégrant la production éolienne à son réseau, le planificateur doit dorénavant comparer les caractéristiques du cycle des apports annuels éoliens avec les caractéristiques de la demande afin de bien quantifier l'impact économique de cette filière, de lui donner une occasion de démontrer sa pleine compétitivité et de modifier les pratiques d'exploitation des équipements de production et de transport de façon à reconnaître les puissantes synergies de ressources qui doivent être étudiées, reconnues, et valorisées, à l'échelle du système complet mais aussi à l'échelon local et régional. La place de l'éolien dans le grand réseau électrique du Québec mérite ainsi un examen attentif, surtout qu'au Québec, vent et demande sont irrémédiablement reliés au quotidien.

9.6.1 Corrélation apports et demande, rôle du stockage d'énergie (réservoirs annuels et multi-annuels)

Examinons quel est l'impact de la synergie production éolienne-demande sur les ouvrages hydroélectriques qui forment l'essentiel de la production électrique du Québec. Dans un premier temps, considérons que toute la demande est agrégée et que toute la production est centralisée. Selon la demande, un groupe hydroélectrique turbine l'eau qui se trouve stockée dans ces gigantesques accumulateurs d'énergie potentielle que sont les réservoirs hydrauliques. Or, il se trouve que l'électricité produite par les centrales éoliennes a pour effet, en temps réel, sans intervention aucune, de diminuer la consommation d'eau des centrales hydroélectriques. Puisque cet apport éolien, introduit sous forme d'électricité à divers points du réseau, se traduit au niveau de la turbine hydraulique par une diminution de la demande instantanée, il y a donc une correction à la baisse du débit turbiné moyen (assurée par des automatismes de régulation de puissance). Ce facteur constitue ainsi une économie d'eau directe et transparente pour l'exploitant. De plus, ce mariage naturel pourrait fréquemment faire économiser le démarrage coûteux d'une centrale de pointe et ainsi s'avérer bénéfique dans les périodes de forte demande.

La valorisation de ces stocks d'eau non turbinés peut se faire à travers des opérations d'exportation aux heures de plus faible demande. La comptabilité de ces stocks d'eau représente certainement un crédit à mettre dans la balance du bilan d'équilibrage du producteur.

Sur une année, le volume d'eau ainsi économisé dans le réservoir permet une plus grande flexibilité dans la gestion des réserves hydrauliques, diminue le marnage intra-saisonnier et permet d'optimiser la productivité du couple éolien-hydraulique. Cette analyse illustre toute la synergie et toute la complémentarité du couple éolien-hydraulique au Québec. Il reste à en faire l'optimisation selon une modélisation explicite de scénarios d'exploitation précis où la corrélation entre le vent, la demande et la production éolienne est représentée régionalement ou par zones naturelles.

Pour pouvoir fonctionner avec un approvisionnement à plus de 95 % hydraulique, Hydro-Québec a dû développer une capacité de stockage impressionnante. Ce besoin est exacerbé par le décalage entre les apports hydrauliques et la demande. Normalement, les apports hydrauliques sont décalés de la demande d'environ 6 mois, comme l'illustre le graphique de la figure 9.9. Sur une base mensuelle, l'apport éolien suit assez bien la demande comme on peut le voir sur le même graphique.

FIGURE 9.9

Déphasage de 6 mois entre les apports hydrauliques et la demande et cohérence mensuelle entre les apports éoliens et la demande

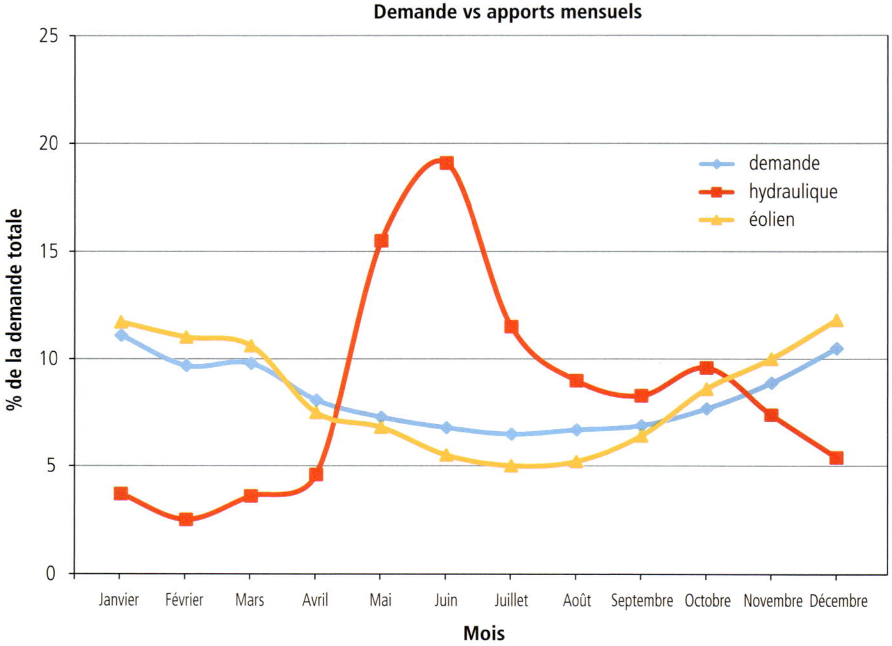

La figure 9.10 montre l'écart mensuel entre les apports naturels et la demande dans deux cas: celui, actuel, où l'apport hydraulique fournit plus de 95 % de la demande, ou celui, hypothétique, où l'apport éolien satisferait 100 % de la demande.

Enfin, le graphique 9.11 montre la variation mensuelle du stockage requis par le réseau actuel et celui qui serait requis pour un réseau à 100 % éolien.

FIGURE 9.10
Écart mensuel entre les apports naturels et la demande selon des scénarios tout éolien ou 95 % hydraulique

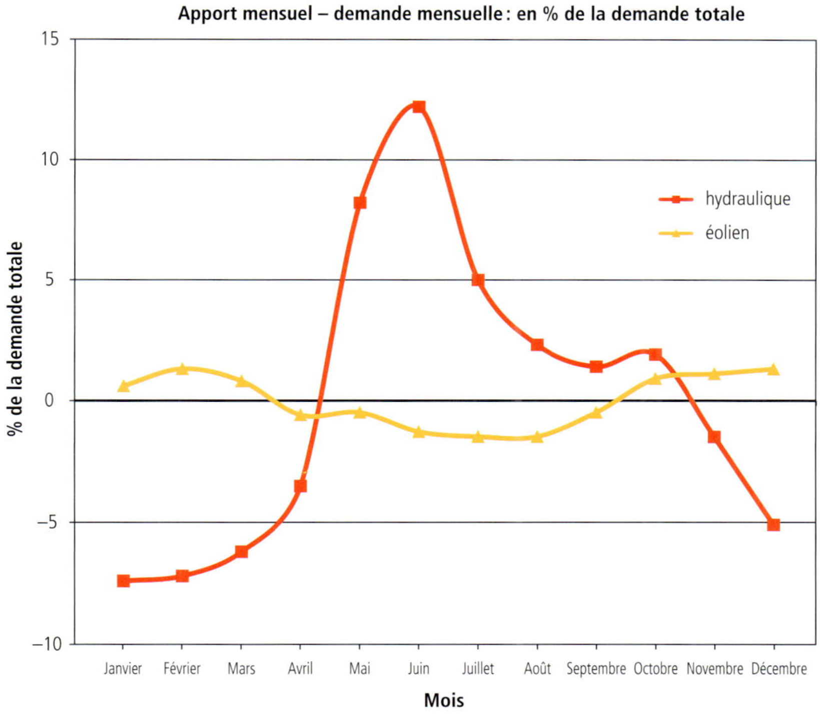

Pour le réseau actuel, les stocks d'eau doivent être à leur maximum en octobre. À cette période, la demande hivernale moins les apports d'hiver combinés avec les variations annuelles de ces apports exigent de stocker une réserve énergétique d'environ 70 TWh. Nous avons utilisé une réserve de 72 TWh, soit, selon l'échelle de l'ordonnée du graphique 9.11, 40 % de la demande annuelle totale de 180 TWh.

FIGURE 9.11
Variation mensuelle des stocks hydrauliques requis par le réseau actuel ou par un réseau à 100 % éolien

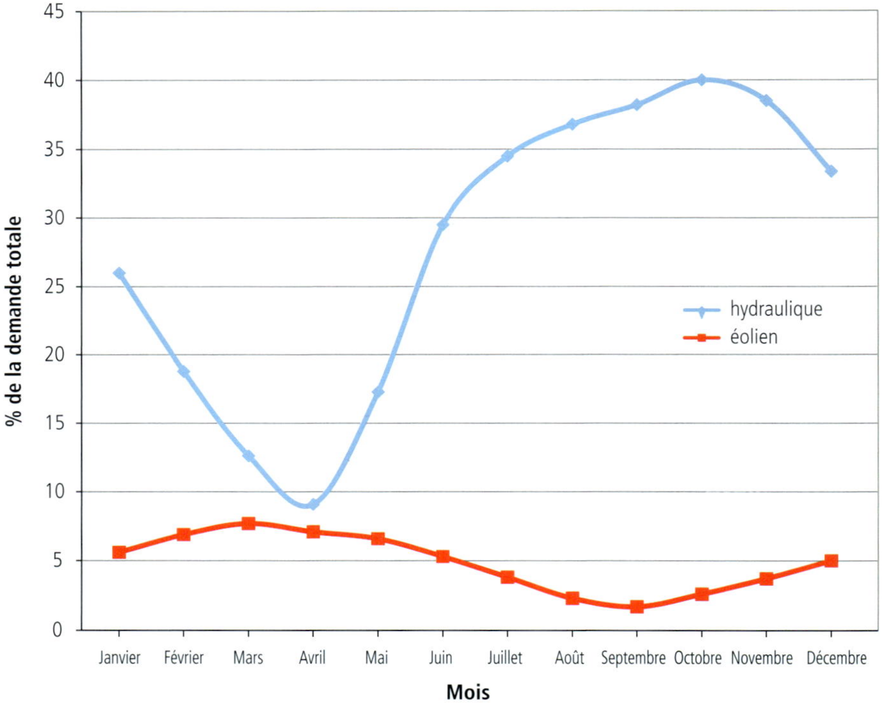

Pour un réseau alimenté à 100 % par des apports énergétiques éoliens, le critère de stockage correspondrait aux réserves hydrauliques nécessaires pour traverser la demande de l'été, les besoins en stockage étant dans ce cas à leur maximum en mars. Le stockage maximal du cas tout éolien a été calculé en proportion du cas de l'hydraulique, soit le 72 TWh de l'hydraulique multiplié par le ratio de l'amplitude crête à crête du stockage de l'hypothèse tout éolien (maximum-minimum du cas éolien) à l'amplitude crête à crête du cas hydraulique actuel, en d'autres mots, proportionné par l'effet de marnage entre le cas éolien et celui de l'hydraulique, soit :

$$\text{Max éolien} = 72 \times (5{,}9/30{,}7) = 13{,}8 \text{ TWh}$$

approximé à 14 TWh, soit 7,7 % de la demande totale

Du graphique 9.11, on peut déduire que la capacité actuelle de stockage du réseau d'Hydro-Québec permettrait d'intégrer et de réguler jusqu'à 5 fois plus d'énergie éolienne que d'énergie hydraulique, soit près de 900 TWh. Le graphique illustre aussi que la concordance des apports éoliens avec la demande du Québec produit moins de marnage que l'hydraulique.

À un taux de croissance de la demande annuelle de 1,5 % et en supposant que le FU de la demande soit préservé, ce 900 TWh équivaudrait à satisfaire la croissance de la demande québécoise uniquement avec de l'éolien pour les prochains 120 ans. En d'autres mots, le Québec n'aurait pas à construire de nouveaux réservoirs avant 120 ans :

$$(900 + 180) = 180 \times (1{,}015)^{n}$$

où n = nombre d'années.

Une autre façon d'interpréter ces résultats consiste à voir dans la grande capacité de stockage d'énergie éolienne que l'ensemble des réservoirs hydrauliques actuels permet un système qui pourrait servir entre-temps au Québec à augmenter considérablement ses exportations dès maintenant en exploitant massivement le gisement éolien. Cette analyse montre entre autres que l'éolien n'a presque pas besoin de stockage, mais qu'il a besoin de régularisation sur une base hebdomadaire, une fonction que les réservoirs actuels peuvent fournir sans rien perdre de leur capacité à alimenter la production électrique actuelle.

9.6.2 Variabilité spatiale

Sur une base de dix minutes, la variabilité de la production éolienne [(Pmax-Pmin)/Pmoyen] diminue avec le nombre d'éoliennes. Par exemple, les variations dans l'écoulement éolien ne sont pas ressenties au même moment par toutes les éoliennes d'une centrale, ce qui déphase les fluctuations entre chacune des éoliennes et atténue globalement la variabilité de la production de l'ensemble de la centrale éolienne. La variabilité de la puissance éolienne varie ainsi en fonction de l'inverse de la racine carrée du nombre d'éoliennes dans une centrale. (Voir la figure 3.2, à la section 3.4.2.)

$$\text{Variabilité d'une centrale éolienne} = \text{variabilité d'une éolienne} \div \sqrt{n}$$

où n = nombre d'éoliennes dans la centrale.

Pour une centrale de 100 MW formée d'éoliennes de 2 MW, si la variabilité d'une éolienne est de l'ordre de ± 50 %, la variabilité du parc sera de : $\pm 50\,\% \div \sqrt{50} = \approx \pm 7\,\%$.

Pour un ensemble de 2000 MW formé d'éoliennes de 2 MW dans une même région et en dehors des phases d'entrée et de sortie de l'écoulement éolien sur le territoire de cette méga-centrale, la variabilité deviendrait :

$\pm$ 50 % $\div$ $\sqrt{1000}$ = $\approx$ $\pm$ 1,6 %, soit $\approx$ l'ordre de grandeur de la variabilité de la demande. Ce cas n'est pas si éloigné de celui de la région de l'Est du Québec en 2015. (Voir l'encadré Les surplus gaspésiens à la section 9.4.)

De la même façon, la variabilité diminuera avec la dispersion géographique. Citons encore le rapport EWEA (notre traduction, source : note 24) :

> Les opérateurs du réseau n'ont pas à intervenir chaque fois qu'un consommateur individuel change sa consommation, par exemple lorsqu'une usine s'anime le matin. De la même façon, ils n'ont pas à intervenir pour la variation de puissance d'une éolienne. C'est la production totale de toutes les éoliennes sur le réseau ou de l'ensemble de toutes les centrales éoliennes sur le réseau qui compte.
>
> La variabilité de l'énergie éolienne doit être considérée dans le contexte du réseau global, plutôt que dans le contexte d'une centrale isolée ou d'une éolienne isolée. Le vent ne souffle pas en continu, il se dissipe du territoire d'implantation d'une centrale éolienne comme il y est entré : graduellement. Ainsi avec une dispersion géographique large, l'éolien peut être exploité et fournir de l'électricité de façon fiable même s'il n'est pas disponible 100 % du temps à un endroit en particulier.

9.6.3 Délais de concordance entre les apports éoliens et la demande de chauffage au Québec

Il est vrai que la production éolienne doit être prise « au vol » : lorsqu'il vente, l'éolienne produit une énergie qu'il faut acheminer immédiatement. Cela ne signifie pas pour autant que la production éolienne doive être étudiée dans un bilan de variabilité isolé. On peut très bien imaginer que la connaissance de la climatologie éolienne du territoire desservi par le réseau pourrait faire émerger une stratégie de répartition de centrales éoliennes réalisée avec l'objectif de mieux synchroniser la demande régionale de chauffage avec la production éolienne régionale qui serait mobilisée immédiatement pour y répondre.

Rappelons que, durant la saison froide, les approvisionnements en électricité du Québec sont fortement tributaires des besoins de chauffage électrique. N'oublions pas non plus que les lois de la thermodynamique font de la convection (le vent, en l'occurrence) un facteur d'accroissement de la demande de chauffage électrique du

Québec (le facteur de refroidissement éolien). Ainsi, une augmentation de 5 km/h de la vitesse du vent sur le Québec se traduit par une demande électrique additionnelle de quelque 500 MW. Comme la vitesse mensuelle moyenne des vents est plus élevée l'hiver que l'été dans la majorité des régions du Québec, la production éolienne présente une intéressante caractéristique de concordance avec l'augmentation de la demande électrique causée par le refroidissement éolien. Cette concordance est d'autant meilleure que la demande de chauffe et la production éolienne sont rapprochées spatialement (on parlera de proximité charge-source), ce qui est un argument positif en faveur de la production éolienne décentralisée, ou « embarquée » régionalement au Québec, comme la figure 9.9 le montre bien.

Un système météorologique balaie le territoire à une vitesse de propagation et selon des directions prévues, de sorte que le délai de concordance entre la production éolienne et la demande est assez facilement prévisible pour une répartition de centrales éoliennes donnée sur le territoire. Même si la demande due au refroidissement éolien est examinée par rapport à la production de centrales éoliennes éloignées, la concordance entre les deux peut être parfaite lorsque les systèmes météorologiques se déplacent dans certaines directions. Par exemple, les vents d'ouest d'un grand système météorologique au Québec (direction dominante) peuvent théoriquement entraîner un décalage temporel très faible entre une production éolienne en Abitibi et la demande montréalaise située à plusieurs centaines de kilomètres, alors que le délai de retard de la production éolienne pourrait être de plus de 15 heures sur Montréal pour des centrales éoliennes situées en Gaspésie. Quoiqu'il en soit, la réalité météorologique permet de prévoir le moment où la rencontre de tel ou tel couple demande-source se produit. En effectuant le suivi de la production éolienne, il serait donc possible pour l'exploitant de décider à quel moment on pourra engager la production éolienne au service d'une charge donnée et relaxer simultanément le niveau moyen de la production du groupe turbine-alternateur qui était dédié au suivi de cette même charge. Les réserves d'eau économisées grâce à la production éolienne peuvent ainsi être comptabilisées, sur une base globale ou régionale, au crédit de l'éolien dans le bilan des coûts d'équilibrage de l'éolien. Un tel mode de gestion chronologique suppose l'identification d'un jumelage spatial (selon ce que permet la topographie du réseau de transport) entre des centrales éoliennes et des centrales hydrauliques dédiées au service d'une charge régionale, par exemple. Un tel mode pourrait également suggérer de quel côté pourrait se faire l'expansion du réseau de transport. (Voir la section 9.8 pour des exemples concrets.)

Dans le même ordre d'idée, les fluctuations de production de centrales éoliennes réparties sur le territoire du Québec devraient être combinées aux autres fluctuations des différentes classes de demande régionales, pour donner un indicateur de la demande nette régionale, plutôt que d'être traitées isolément. Le suivi des bilans d'équilibrage au fur et à mesure de l'accroissement de la pénétration éolienne dans le réseau pourrait ainsi être documenté utilement.

Cette caractéristique de complémentarité avantageuse entre l'éolien et l'hydraulique a pesé dans la décision du gouvernement du Québec de décréter l'achat de 3 000 MW d'éolien en deux blocs d'appel d'offres de HQD (A/O-2002-02 et A/O-2005-03). Bien que les projets retenus auront été décidés essentiellement par le critère coût de l'énergie éolienne produite, le Québec, avec quelque 4 000 MW de capacité éolienne en exploitation à l'horizon 2015, pourra chiffrer la réalité de cette complémentarité en faisant de la capacité éolienne mise en service l'objet d'apprentissages d'exploitation nouveaux. (Voir l'encadré Les surplus gaspésiens, à la section 9.4.).

9.7 Opération et exploitation du réseau en temps réel : aléas divers

La véritable question qu'il faut donc examiner quant aux fluctuations des apports éoliens est la suivante : comment l'exploitant du réseau électrique gérera-t-il ces aléas de tous les projets éoliens mis en service au Québec par rapport à ce qu'il fait couramment pour les aléas courants du réseau sans éolien ?

À plus forte raison quand le vent est un déterminant de la demande, il serait intéressant d'analyser la variabilité de la demande « nette » (demande – production éolienne). Cela pourrait révéler des écarts statistiques d'amplitude moindres que ceux de l'éolien analysé isolément. Cette complémentarité pourrait se traduire même, selon toute logique, par des besoins d'équilibrage moindres que ceux qui sont mis en œuvre dans un réseau sans production éolienne significative. De quels outils dispose TransÉnergie pour assurer l'intégration au moindre coût, pour l'ensemble des abonnés, des aléas de la production éolienne ? L'examen de ce qui se fait couramment dans un réseau traditionnel aidera à comprendre la nature du problème d'adaptation à l'éolien.

Chaque jour, Hydro-Québec affronte des variations de la demande électrique d'une ampleur considérable. La figure 9.12 montre une période de 15 jours de demande électrique en hiver, en automne et en été. On observera le patron caractéristique de la demande journalière avec ses deux pics quotidiens, de même que le niveau de base de la demande fortement influencé par la demande saisonnière de chauffage. On remarquera également que le patron de demande journalière d'un jour de semaine est atténué durant les week-ends. Les comportements individuels des consommateurs, une fois agrégés et modulés par les aléas de la température, forment une demande globale relativement prévisible d'un jour à l'autre.

FIGURE 9.12

Trois périodes de 15 jours de demande électrique : hiver, automne et été

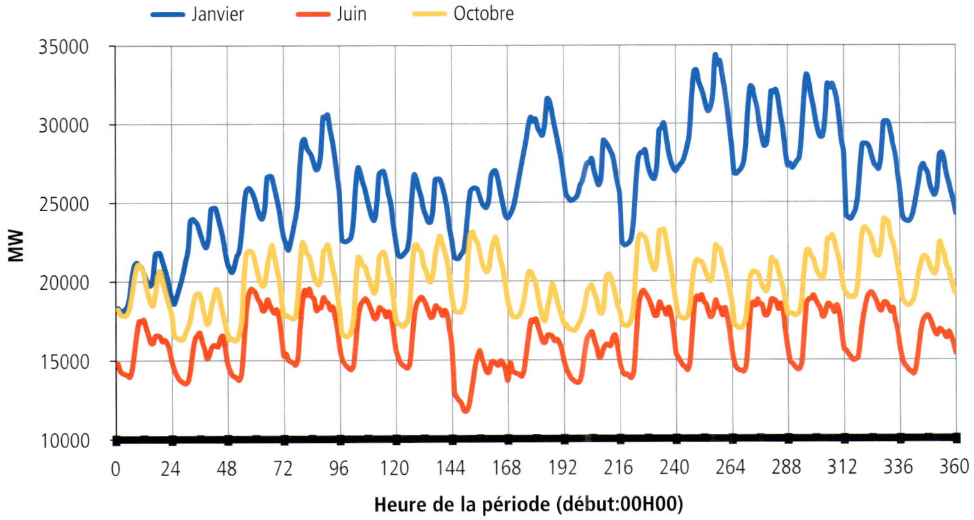

Tiré de *Demande patrimoniale du Québec* : http://www.regie-energie.qc.ca/regie/Decrets/Decret_1277-2001_24oct01.pdf.

Le réseau électrique fait face à toutes ces fluctuations en gérant les mouvements d'énergie, grâce aux actifs de production et de transport. On n'est pas à une fluctuation près d'ailleurs. C'est en effet la responsabilité des exploitants du réseau de s'assurer que la production soit toujours équilibrée avec la demande de manière à répondre en tout temps aux besoins d'énergie de toutes les clientèles. Trans-Énergie fait très bien cela, grâce en particulier à la possibilité de commander la séquence de production de tout l'arsenal de turbines hydroélectriques d'HQ Production. Ces turbines sont les éléments de production les plus flexibles qui soient pour assurer l'équilibre dynamique permanent entre la demande réelle et la demande anticipée.

Le monde rêvé d'un exploitant de réseau serait sans doute de pouvoir adapter la charge pour maximiser les capacités de transit et de production du réseau en tout temps. Évidemment, les choses fonctionnent rarement de cette façon[130]. Il s'agit plutôt pour l'exploitant du réseau de répondre aux besoins de clientèles (résidentielle, institutionnelles, commerciale et industrielle) dont les besoins sont extrêmement variés, et qui comptent en tout temps, partout sur le territoire et sur demande, sur une source d'énergie fiable et de qualité pour des usages électriques de tous types, rarement utilisés en continu sur l'année. Cela donne quand même une mesure de la complexité des défis que représentent la planification et l'exploitation du réseau électrique qui doit préserver son équilibre à tout moment.

Le plan de production journalier utilisé par l'exploitant prévoit la disponibilité d'une réserve pour faire face à tous les aléas de la demande en temps réel, en mobilisant en continu divers moyens de faire face aux aléas susceptibles de se produire sur le réseau (pannes, arrêts planifiés, événements imprévus, etc.). Cette planification de la production s'effectue entre autres sur un horizon de 24 heures où différents processus d'exploitation et différents équipements assureront la stabilité du réseau à chacun des 60 cycles de chaque seconde et ainsi de suite pour chaque minute de chaque heure du lendemain grâce à une hiérarchie de fonctions de commande et de régulation bien établie.

---

130. La production d'aluminium constitue une exception notable à cet égard puisque la demande d'électricité du procédé de transformation de la bauxite varie très peu. Les centrales hydroélectriques de Rio Tinto Alcan dans la région du Saguenay ont un facteur d'utilisation moyen de plus de 80 %, indiquant que cet autoproducteur (Rio Tinto Alcan produit lui-même son électricité) exploite de façon optimale son réseau électrique de production et de transport, conçu au départ pour cette demande industrielle très particulière à proximité de ses usines de transformation.

DEMANDE, CDC, PLAN D'ORDONNANCEMENT DE LA PRODUCTION

Pour comprendre la place des divers moyens de production dans la fourniture des besoins électriques, il est nécessaire d'examiner les caractéristiques de la demande.

La courbe annuelle de demande classée (CDC) et ses bâtonnets de demande horaire

Si on place côte à côte, comme des bâtonnets, en ordre décroissant, la demande de chacune des heures de l'année, on obtient une figure utile pour caractériser statistiquement la demande globale du réseau par son FU. Cette figure s'appelle courbe de la demande classée (CDC, aussi appelée CPC, courbe de puissance classée). Elle représente la distribution statistique de tous les besoins énergétiques horaires de toutes les clientèles du réseau. La CDC couvre horizontalement les 8 760 heures de l'année et, verticalement, l'amplitude de la demande horaire, c'est-à-dire la puissance moyenne livrée aux abonnés à chaque heure. Toutes les heures de pointe s'y retrouvent regroupées à gauche, sans égard à la durée qui les séparait dans la réalité de leur occurrence chronologique. De même, dans la partie médiane de la courbe, une heure correspondant à une nuit d'hiver peut côtoyer une heure de canicule estivale.

La figure 9.13 montre les caractéristiques de la courbe CDC patrimoniale du Québec (165 TWh livrés et une pointe annuelle de 34,342 MW). L'aire sous la courbe représente précisément l'énergie totale livrée aux abonnés du réseau pendant l'année. Le FU de la demande électrique patrimoniale consommée au Québec s'établit à 54,8 %.

Cette quantité d'énergie annuelle livrée provient de toutes les productions horaires, de chacune des unités de production qui alimentent le réseau électrique. La réalité des besoins électriques fait en sorte que les réseaux électriques sont rarement monolithiques du point de vue des technologies de production et des moyens de gestion qui

FIGURE 9.13

Courbe de la demande classée (patrimoniale) du Québec : FU = 0,548

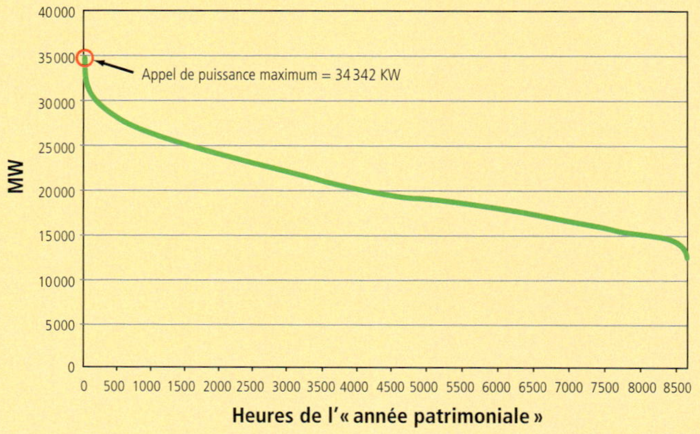

Source : Demande patrimoniale du Québec : http://www.regie-energie.qc.ca/regie/Decrets/Decret_1277-2001_24oct01.pdf.

▶

font partie de son portefeuille. La constitution de leur portefeuille de production détermine, en principe, leur flexibilité. (Voir l'encadré, Niveaux de pénétration éolienne répertoriés en 2008, à la section 9.3 à la page 194.) Chaque réseau électrique compte sur un portefeuille de divers actifs de production qu'il exploite avec la meilleure efficacité possible, c'est-à-dire en tentant de tirer la meilleure performance économique possible de la variété des moyens de production intégrés au réseau.

La CDC permet aussi de visualiser comment les différentes catégories d'équipements de production coopèrent dans la fourniture des approvisionnements électriques.

Centrales de base, centrales cyclables et centrales de pointe

Les planificateurs des réseaux électriques divisent la CPC (courbe de puissance classée) en trois couches superposées (figure 9.14).

La couche du bas est de forme rectangulaire, représentant une demande présente en permanence toute l'année (son FU est de 100 %). Cette tranche est celle qu'on associe aux équipements de production dits de base, c'est-à-dire ceux qui sont exploités en continu toute l'année. C'est le domaine traditionnel des centrales thermiques à carburant lourd, des centrales nucléaires et des centrales hydroélectriques adossées à des réservoirs multi-annuels. Cela doit aussi être la zone des centrales de type passif, comme l'éolien, le solaire et les centrales hydrauliques au fil de l'eau dont la production est intimement liée à la météorologie régionale et dont il faut capter l'écoulement au vol. Dans le jargon de la production, on parle parfois de centrales *must run*. On peut argumenter longtemps sur la pertinence de les reconnaître comme centrales de base étant donné qu'elles ne possèdent pas cette si pratique manette de gaz ou ces robinets d'amenée de carburant qui conditionnent notre vision de contrôle de la puissance. Mais le fait est qu'ils doivent être exploités en priorité puisqu'ils contribuent directement à répondre à la demande (avec, dans le cas de la production éolienne, cet avantage unique, au Québec en tout cas, de pouvoir effacer en temps réel la demande de chauffe générée par le vent) en produisant des kWh. Comme toute centrale, qu'elle soit de base, cyclable, modulable ou de pointe, qu'elle soit de source nucléaire, au gaz, thermique ou hydraulique, la centrale éolienne contribue à la sécurité des approvisionnements énergétiques. De plus, au moment même où elles injectent leur production au réseau, les centrales éoliennes agissent comme des économiseurs de carburant (fossiles ou hydrauliques, etc.) sur les centrales, diesel, thermiques ou hydroélectriques en opération. À ce titre, leur accès prioritaire au réseau dans le bloc de base se justifie. De fait, c'est de cette façon que les contributions du solaire passif au chauffage des locaux sont incluses de manière transparente dans la portion de la demande associée à la chauffe. Les négawatts de l'efficacité énergétique procèdent également de cette même logique imposée par la physique et la thermodynamique.

▶

La majorité des centrales au fil de l'eau possèdent un réservoir de capacité réduite. Leur production est maximale lors des crues printanières et est fréquemment réduite à néant au moment de la canicule et en hiver. La centrale de Beauharnois (avec 1 689 MW de capacité et 12,5 TWh produits annuellement) est un cas d'exception dans la catégorie centrale au fil de l'eau puisqu'elle compte sur d'immenses réservoirs, au cœur de l'Amérique du Nord : les Grands Lacs.

La tranche médiane de la CDC est associée à des équipements de production utilisés de façon cyclique, soit quelques heures par jour, soit quelques mois par année. Comme sa forme est essentiellement triangulaire, son FU est assez proche de 50 %. C'est le domaine privilégié de l'hydraulique et des centrales thermiques. Les centrales hydrauliques ont les temps de réponse parmi les plus courts ; elles sont particulièrement souples pour assurer le suivi de charge en temps réel.

FIGURE 9.14

Courbe de la demande classée et domaines des centrales de base, cyclables et de pointe

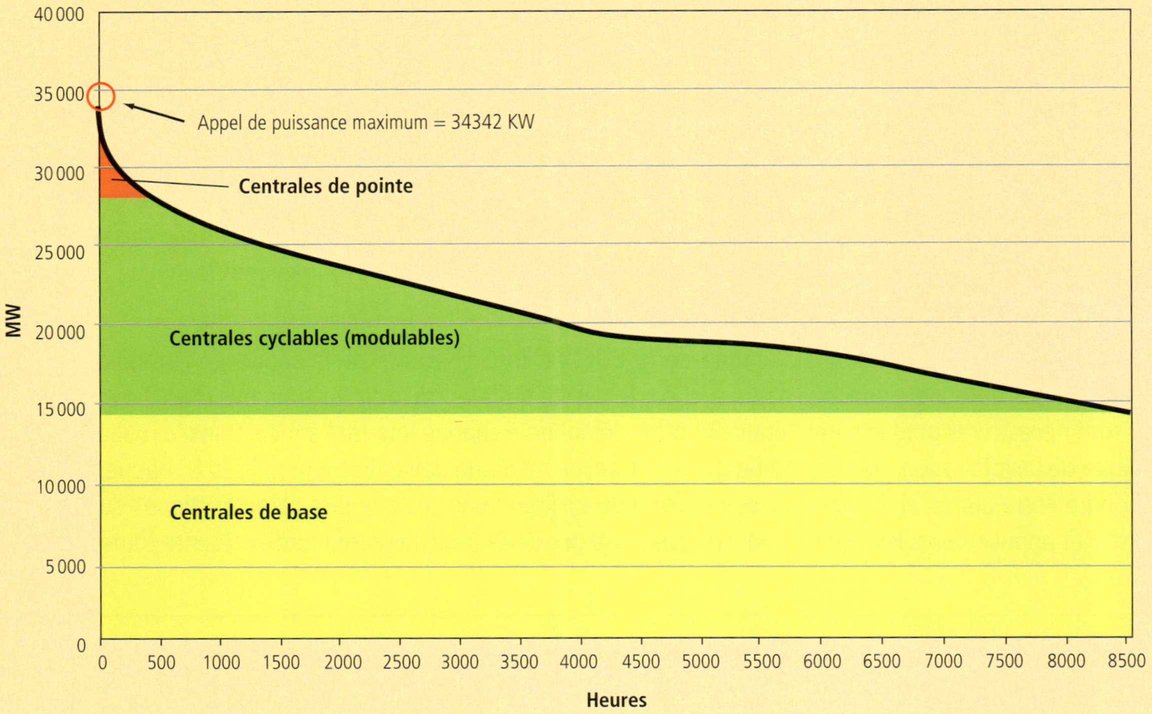

Adapté de *Demande patrimoniale du Québec* : http://www.regie-energie.qc.ca/regie/Decrets/Decret_1277-2001_24oct01.pdf.

▶

La tranche supérieure de la CDC a la forme d'un triangle très effilé. Cette partie de la demande est fournie par les centrales dites de pointe, surtout des centrales hydroélectriques, mais aussi des centrales de type turbine à gaz qui sont utilisées moins de 200 heures par année et correspondent toutes aux fortes demandes hivernales au Québec. Le FU de cette tranche de demande est d'à peine 2 %. D'autres moyens de gestion de la pointe existent. Ils sont regroupés à l'intérieur d'une catégorie plus large, celle des moyens de gestion de la demande (efficacité énergétique, programmes bi-énergie, retrait de charges volontaires, réduction de la tension de distribution, contrats de charges interruptibles, délestage de charge). Lorsque la demande dépasse la capacité de production disponible et les moyens normaux de gestion de la demande, il ne reste guère que le délestage de charge pour préserver l'équilibre du réseau rendu à ses limites d'exploitation. (Voir aussi la note 154 sur le réseau intelligent, à la section 10.6.1.)

Coûts de production et décisions concernant la planification du lendemain (24 heures)

À cette superposition d'usages correspond également une échelle de coûts de production croissants. Les centrales de base devraient satisfaire au critère du moindre coût et les centrales de pointe de type TAG qui n'opèrent que quelques heures par année, représentent le coût de production le plus élevé. Dans ce dernier cas, il faut dire que ces centrales sont construites pour des raisons de fiabilité en puissance du réseau et ne sont pas réalisées à des fins de production énergétiques pour lesquelles d'autres filières moins coûteuses sont un meilleur choix économique. Quoiqu'il en soit, c'est de cette pyramide de moyens de production à coût croissant que le planificateur de la production tire à chaque jour son plan d'ordonnancement des groupes qui seront appelés à fournir, au moindre coût, les besoins du lendemain. Ces besoins du lendemain correspondent à une série chronologique de 24 bâtonnets de puissance qui occuperont éventuellement chacun leur place, selon leur taille, dans la CDC à la fin de l'année.

Même si la représentation statistique de la CDC est fort différente de la séquence chronologique de formation des bâtonnets pendant l'année, elle a le mérite de faire ressortir les trois tranches d'équipements qui sont nécessaires pour assurer l'équilibre offre-demande à chaque jour de l'année. Dans la réalité chronologique de l'exploitation, des équipements de la tranche médiane doivent être mobilisés à chaque jour pour répondre entre autres aux exigences de la demande cyclique associée aux pics caractéristiques du matin et du soir et appuyer ainsi les équipements de base chargés de la tranche permanente présente toute l'année.

LES ÉQUIPEMENTS DE PRODUCTION

Centrales de production d'électricité à débit turbiné

L'électricité de plusieurs types de centrales est produite par des machines électriques mues par des turbines (du latin *turbo*, toupie). Les turbines de cette catégorie de centrales sont alimentées par un débit de liquide et/ou de gaz. La conception de ces turbines est conditionnée par les caractéristiques spécifiques de l'écoulement du fluide qu'utilise chaque type de centrales :

- **le vent** pour l'hélice de l'éolienne,
- **l'eau** pour la turbine (ou roue) hydraulique,
- un jet de gaz comprimé à haute température pour la turbine à gaz,
- de la **vapeur sous pression** pour les turbines des centrales thermiques, qu'elles soient alimentées en carburant fossile (charbon, mazout) ou fissile (uranium concentré).

Sauf pour l'éolien et la centrale hydroélectrique au fil de l'eau, ces centrales à moteur-turbine ont la caractéristique commune de pouvoir produire sur demande (en supposant évidemment que le carburant qui leur est nécessaire est disponible). Pour ce faire, la centrale hydroélectrique est adossée à un réservoir, la centrale TAG est alimentée par un gazoduc, et la centrale thermique possède ses réserves de carburant.

Centrales motorisées

Il existe aussi des centrales dont la machine électrique est mue par un moteur à combustion. Elles appartiennent à la catégorie des groupes électrogènes qui carburent à la gazoline, au diesel ou au mazout lourd.

Complémentarité opérationnelle entre centrales de production

Afin d'illustrer les synergies qui peuvent être valorisées dans la planification et l'exploitation du portefeuille de centrales électriques disponibles sur un réseau électrique, il faut discuter de la flexibilité spécifique de chacune des technologies de production. (Voir l'encadré Le travail de l'opérateur de réseau à la section 9.3.) L'exemple de l'éolien et des centrales thermiques donne une bonne idée de la complémentarité des technologies de production énergétiques exploitant des carburants différents.

Soulignons d'abord que le carburant des centrales thermiques fossiles ou fissiles sert à produire de la vapeur sous pression qui alimentera ensuite les turbines. Au cœur des grandes centrales à carburant fossile, on trouve toujours une bouilloire géante, la chaudière, appelée aussi générateur de vapeur. On imagine bien

▶

que ces centrales ne se mettent pas en marche instantanément. Au départ, il faut amener le générateur de vapeur à sa température d'opération. La montée en pression du circuit de vapeur doit ensuite suivre des règles de sécurité de la phase de mise en puissance de la centrale, La mise en production du groupe turbine alternateur est également assujettie aux caractéristiques physiques de la bouilloire. Considérant la taille du circuit de vapeur et les contraintes de mise en puissance, il faut plusieurs heures pour atteindre le niveau nominal de production d'une centrale à carburant fossile à partir d'un démarrage à froid. Une fois en production, ce type de centrales est généralement exploité en tant que centrale de base, c'est-à-dire qu'on lui assigne un niveau de production déterminé. On se sert de ce type de centrales pour desservir une tranche de demande de base, rarement pour faire du suivi de charge à court terme.

Toute centrale nucléaire possède également un réacteur ; c'est dans cette enceinte que se trouve le carburant fissile. Pour le nucléaire, la cuve du réacteur constitue l'équivalent des systèmes de combustion de la centrale thermique à carburant fossile, la grande différence entre les deux étant la température de la source de chaleur qui alimente le générateur de vapeur. Ainsi, la température dans la boucle du caloporteur est beaucoup plus faible (300 °C) que celle autorisée par la combustion de carburant fossile dont la flamme est en contact avec la paroi de la chaudière de la centrale thermique à carburant fossile (1 900 °C). La cuve du réacteur est constituée d'un circuit de chauffage du caloporteur physiquement séparé des circuits des générateurs de vapeur qui alimentent les turbines. L'échange thermique entre la cuve du réacteur et chaque générateur de vapeur est assuré par un échangeur de chaleur. Les caractéristiques de transfert thermique entre le réacteur et le générateur de vapeur sont donc tributaires des limites de température du liquide caloporteur dans la cuve du réacteur. La montée en température du circuit de vapeur dans une centrale nucléaire est donc plus lente en principe que celle observée dans une centrale thermique fossile.

Temps de réponse caractéristique d'une centrale : thermique vs hydraulique

Ce long temps de réaction n'en fait pas une technologie particulièrement souple pour s'adapter aux fluctuations rapides de la demande. S'il a à sa disposition des centrales d'autres types dans son portefeuille d'options de production, l'exploitant du réseau fixe généralement le point de consigne d'une centrale nucléaire pour de longues périodes. Lorsqu'il modifie cette consigne, c'est généralement en anticipation d'un événement prévu dans un délai compatible avec le long temps de réponse caractéristique de ce type de centrale. De ce point de vue, la centrale nucléaire est certainement peu flexible pour l'exploitant qui l'opère généralement en base. Comme la majorité des centrales thermiques à carburant lourd, la centrale nucléaire est ainsi considérée comme une centrale de base et elle est avant tout exploitée comme telle. On pourrait dire qu'un réseau exclusivement nucléaire aura, en principe, moins de souplesse qu'un réseau exclusivement hydraulique pour ▶

s'adapter aux fluctuations à court terme qui affectent le réseau. Les centrales hydroélectriques et les centrales turbine à gaz se caractérisent en particulier par des temps de réponse courts, ce qui en fait des moyens de production privilégiés pour suivre à court terme les fluctuations de la charge branchée au réseau. Bien sûr, les centrales hydroélectriques disposant de réservoirs importants peuvent aussi être exploitées comme centrales de base. Cette flexibilité qui permet de l'exploiter tant en base qu'en suivi des fluctuations de la charge court terme fait de l'hydraulique un mode de production particulièrement apprécié des exploitants de réseau. Le réseau électrique du Québec est essentiellement hydraulique, donc l'un des réseaux électriques, sinon LE réseau électrique, le plus flexible du monde.

9.7.1 La réserve opérationnelle (moyens d'équilibrage) et l'éolien

Le tableau 9.2 présente l'impact de l'ajout de 10 % de capacité éolienne (environ 5 % d'énergie) dans le réseau électrique de l'État de New York sur la variabilité spécifique aux différents produits qui constituent la réserve d'équilibrage. Les impacts de l'éolien sur les éléments spécifiques de réserve sont représentés en pourcentage des besoins de référence pour chaque produit d'équilibrage. Ces résultats tirés d'une étude réalisée par New York State Energy Research and Development Authority (NYSERDA) en 2004, montre que la variabilité combinée éolien-demande présente sensiblement les mêmes exigences pour l'exploitant du réseau que la variabilité de la demande de référence. La variabilité horaire maximale en particulier reste à toutes fins utiles inchangée. Il faut bien noter que l'étude ne prend pas en compte l'effet bénéfique de la prévision de la production éolienne de l'heure sur la réduction des besoins effectifs d'équilibrage en temps réel. Il faut également se rappeler que, puisque le chauffage électrique ne fait pas partie du profil de la demande de l'État de New York, le découplage production éolienne-demande contribue à une variabilité accrue pour cette grandeur physique sur l'horizon horaire et quotidien.

TABLEAU 9.2

Résultats de l'étude de NYSERDA; besoins d'équilibrage associés à l'ajout de 10 % de capacité éolienne au réseau

Étude de GE pour NYSERDA, New-York State	VARIABILITÉ DE LA DEMANDE 2008 (33 GW) CAS DE RÉFÉRENCE	VARIABILITÉ ADDITIONNELLE CAUSÉE PAR + 3 300 MW DE CAPACITÉ ÉOLIENNE VS CAS DE RÉFÉRENCE		
Paramètre d'équilibrage	MW	MW	% additionnel	en % du 3300 MW
Erreur de prévision 24 heures	700	150	21,43 %	4,55 %
Maximum	800	150	18,75 %	4,55 %
Variabilité horaire	858	52	6,06 %	1,58 %
Variabilité horaire maximale	2 575	1	0,04 %	0,03 %
Variabilité suivi-charge (5 minutes)	54,4	1,8	3,31 %	0,05 %
Variabilité régulation 6 secondes, 1 σ	71	12	16,90 %	0,36 %
Variabilité régulation 6 secondes, 3 σ	225	36	16,00 %	1,09 %
Maximum	275	36	13,09 %	1,09 %
Réserve tournante	1 200	0	0,00 %	0,00 %
Stabilité après défaut (%)	8,00	–3,00	–37,50 %	-0,09 %

Source : The effects of integrating wind power on Transmission system planning reliability and operations, Report on Phase 2: System performance evaluation, prepared for NYSERDA, Albany, NY, by GE Energy, 4 March 2004, http://www.nyserda.org/publications/wind_integration_report.pdf.

Un grand nombre d'études de ce type ont été effectuées depuis lors. Le tableau 9.1 à la section 9.3 répertorie celles qui ont examiné des pénétrations éoliennes dépassant 25 % de la demande de pointe. La stabilité du réseau est ainsi planifiée et gérée en temps réel, grâce à une connaissance fine des caractéristiques des intrants et extrants qui sollicitent le réseau sans arrêt. Le temps qu'il fait n'est évidemment pas le moindre des déterminants de la demande et il se trouve que le vent fait déjà intrinsèquement partie de la prévision de la demande. Une augmentation de la vitesse du vent de 5 km/h le long de la vallée du Saint-Laurent accroît de 500 MW la demande de chauffage du Québec. Cet aléa météorologique prévisible ne représente rien de particulièrement nouveau pour l'exploitant du réseau québécois du côté des vents d'hiver.

9.7.1.1 *Aléas commerciaux : occasions de bénéfices sur les marchés d'exportation*

Au Québec, la production éolienne contribuerait tout naturellement à « écraser » de la demande durant la saison de chauffe, donc à économiser de l'eau dans les réservoirs. En été, lors des pointes de climatisation, on pourrait même parler d'un phénomène proportionnellement plus marqué. De telles économies d'eau sont de l'argent virtuel pour les courtiers d'Hydro-Québec Production (HQP) et d'Hydro-Québec Distribution (HQD) qui cherchent les occasions d'affaires sur les marchés voisins. De fait, les opérations de ces centres de courtage en import-export d'électricité créent des contraintes d'exploitation additionnelles sur le réseau depuis quelques années. Ces volumes contractuels *spot*, souvent créés par des occasions de court terme et/ou à courte échéance sur les marchés voisins sont inévitablement générateurs d'aléas additionnels sur le réseau de transport et de distribution. Mais ces opérations n'ont pas semblé causer des difficultés particulières aux exploitants du réseau. Les bénéfices des opérations de courtage semblent davantage restreints par les limites des interconnexions avec les réseaux voisins que par la flexibilité du portefeuille de production.

On peut facilement imaginer qu'il y a là parfois de surprenantes fluctuations ou inversions de charge sur les lignes de transport que ces marchés exploitent. Mais ces aléas de courtage sont gérés grâce à une bonne coordination des acteurs qui exploitent ainsi la flexibilité du réseau de manière concertée (voir l'encadré Le travail de l'opérateur du réseau à la section 9.3) et en pleine connaissance de l'imminence d'événements à venir. Il n'y a pas de raison de voir le traitement des apports éoliens intégré avec moins de bonheur.

À ce propos, la figure 9.15 montre l'évolution chronologique de la production éolienne par rapport aux échanges d'énergie entre les marchés Nordic et celui de l'ouest du Danemark, et ce, pour décembre 2003. On notera que la corrélation entre les deux traces est plutôt aléatoire, indiquant que la gestion de l'éolien est intégrée dans l'ensemble de la planification de la production du Danemark sans difficulté particulière.

Force est de conclure que les prétendues difficultés à gérer ce qu'on appelle faussement l'intermittence de la production des centrales éoliennes n'ont aucun fondement opérationnel. La nature des fluctuations qu'un réseau électrique peut gérer, ainsi que le démontre la réalité des marchés de l'électricité, bat en brèche ce mythe de l'intermittence accolée à la production des centrales éoliennes.

FIGURE 9.15
Échanges d'électricité éolienne et hydraulique entre l'ouest du Danemark et la Norvège/Suède (nordic) en décembre 2003

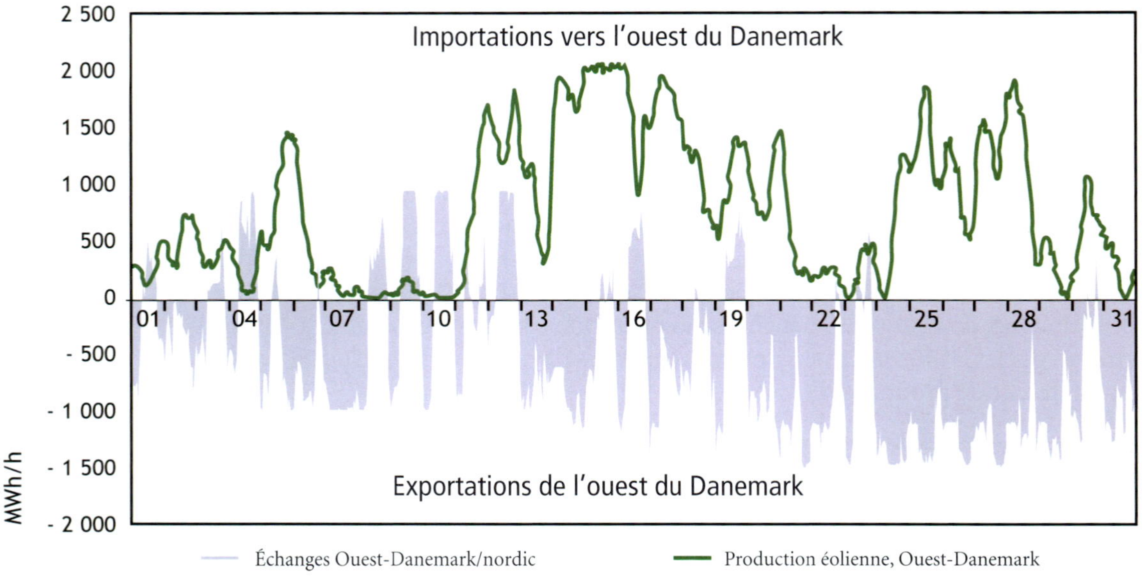

Source : International Energy Agency – IEA 2005, © OECD/IEA, 2008, Empowering Variable Renewables – Options for Flexible Electricity System.

On estime que le coût des besoins d'équilibrage additionnels associés au suivi de charge avec l'éolien se situe dans la fourchette de 1-3 $/ MWh (0,1 – 0,3 ¢/kWh) jusqu'à 10 % de pénétration éolienne dans un réseau. Il faut préciser que l'estimation des besoins d'équilibrage dépend beaucoup de l'horizon de prévision spécifié par l'exploitant dans la préparation de son plan de production du lendemain. Généralement, on prévoit des contingences plus grandes pour couvrir les aléas associés à une période plus lointaine. On estime que les besoins annuels d'équilibrage de l'éolien seraient réduits de 50 % si des outils de prévision d'horizon horaire pour l'éolien remplaçaient la prévision de 24 heures de l'éolien dans le plan de production (incluant l'équilibrage) d'un exploitant.

9.7.2 Outils de prévision de la production éolienne

Les défis techniques de cette intégration ont été surmontés d'abord dans le réseau du Nord de l'Allemagne. Ils sont documentés grâce aux remarquables efforts de suivi démarrés il y a plus de 10 ans, sous mandat gouvernemental, par le groupe ISET de l'université de Kassel de Hanovre afin d'étudier l'évolution de la production de centrales spécifiques et de celle de l'ensemble des centrales dispersées sur le territoire allemand. Des outils de gestion éprouvés et performants, qui exploitent de puissantes machines de calcul requis par les modèles d'analyse météorologique, permettent aujourd'hui de prévoir la production éolienne avec une précision utile aux exploitants du réseau.

Ces services spécialisés de prévision sont l'objet d'un intérêt international croissant. Des progrès scientifiques et technologiques constants accroissent la connaissance du comportement de l'écoulement éolien (raffinement des modèles physiques en terrain complexe et des modèles atmosphériques, utilisation de bases de données historiques locales couplées aux puissances de calcul partagé par de multiples micro-ordinateurs, apport des technologies de réseaux neuroniques dans l'apprentissage de la production d'une centrale par secteurs géographiques en temps réel). Plusieurs firmes spécialisées en analyse météorologique de court terme se positionnent actuellement pour offrir de tels services de prévision des apports éoliens régionaux aux exploitants des réseaux.

On pourra visiter les sites des entreprises 3Tier, Wind Logics, AWS TrueWInd, etc. pour se faire une idée des possibilités qu'offre aujourd'hui ce domaine commercial qui fournit des données de mieux en mieux adaptées pour faciliter la gestion des apports éoliens sur les réseaux.

Nul doute que les modèles de persistance cèdent déjà la place à des outils d'aide à la décision de plus en plus performants, à des systèmes dédiés à la prévision à court terme de la production de centrales éoliennes pour des points précis de raccordement au réseau, de manière à mieux appuyer l'exploitant du réseau.

Il est même permis d'exploiter des centrales éoliennes en mode puissance de consigne (voir figure 9.6), ce qui étend encore plus les possibilités de voir une pénétration de plus en plus forte de l'éolien dans les réseaux. Ces possibilités technologiques seront avantageuses pour un réseau comme celui d'Hydro-Québec qui, grâce à sa formidable infrastructure de stockage et de production hydroélectrique, est positionnée comme aucune autre utilité de classe mondiale pour assurer l'intégration harmonieuse d'une pénétration significative d'éolien dans son bilan d'apports énergétiques. Ces moyens lui ouvrent même la possibilité de se créer de nouvelles fenêtres d'opportunité pour des exportations additionnelles encore plus vertes.

TEXAS, LA CRISE DU 26 FÉVRIER 2008

L'événement décrit ici restera un classique dans le grand livre des exploitants des réseaux électriques[1]. Mieux que toute argumentation, il illustre comment des pratiques de gestion inflexibles dans la prise en compte de la production éolienne en temps réel peuvent mettre à risque la sécurité du réseau.

Voyons les faits (figure 9.16). Une perturbation de fréquence sur le réseau du Texas, le 26 février 2008, a amené le Conseil de la fiabilité électrique du Texas (ERCOT) à déclencher sa procédure de délestage d'urgence (EECP) à 18 h 41, précisément au moment de la pointe de demande du soir qui atteignait 35 550 MW. L'événement a fait couler beaucoup d'encre dans la presse spécialisée et a pu donner l'impression, plusieurs mois après l'événement, que l'éolien était le beaudet de la fable dans cette crise. Cependant, en mai 2008, après avoir analysé la séquence d'événements, ERCOT a rendu son verdict[2] et identifié le coupable : une règle d'exploitation dépassée qui ne tenait pas compte de l'information prévisionnelle sur la production éolienne couramment disponible et accessible en temps réel.

Le rapport d'ERCOT démontrait que les outils de prévision de la production éolienne régionale en temps réel devraient être désormais considérés comme indispensables à une exploitation sécuritaire du réseau (et à la fiabilité des processus en vigueur pour le suivi de charge et l'engagement des groupes de production en période de pointe). ERCOT concluait que le taux régulier de réduction de la production des centrales éoliennes durant la période précédant 18 h 00 (de 2 000 MW à 500 MW sur 3 heures), le 26 février 2008, n'expliquait pas l'incapacité démontrée par le système au cours de cet événement à anticiper le déploiement des moyens disponibles pour faire face à la période (prévisible) de demande de pointe caractéristique du retour à la maison.

ERCOT reconnaissait implicitement que le fait que les réserves d'équilibrage se soient trouvées graduellement épuisées pendant 90 minutes pour répondre à plus de la moitié de la hausse de la demande de pointe sur cette période (2 000 MW sur les 4 000) au moment critique de la demande du soir nécessitait une révision des procédures de gestion des réserves. Dans les 40 minutes précédant le déclenchement de la procédure d'urgence, la demande avait grimpé de 2 550 MW, forçant la mobilisation de toute la réserve d'équilibrage. Neuf minutes après le déclenchement de la procédure d'urgence, les responsables ont procédé au délestage (1 200 MW au total, sur 12 minutes) des clients « interruptibles » (en vertu de contrats autorisant le délestage, en échange de tarifs d'approvisionnements avantageux), ce qui permit de restaurer graduellement la fréquence.

---

1. « A storm in a teacup : wind blamed, then vindicated », Jesse Broehl, *Wind Power Monthly*, April 2008, p. 47-48.
2. *ERCOT operations report on the EECP event of February 26 2008*, 13 p. mai 2008. www.ercot.com/content/meetings/ros/keydocs/2008/0612/06._May_08_ ERCOT_Operations_Report_Public.doc

FIGURE 9.16

Perturbation de fréquence sur le réseau du Texas, le 26 février 2008 : déclenchement de la procédure de délestage d'urgence à l'heure de pointe

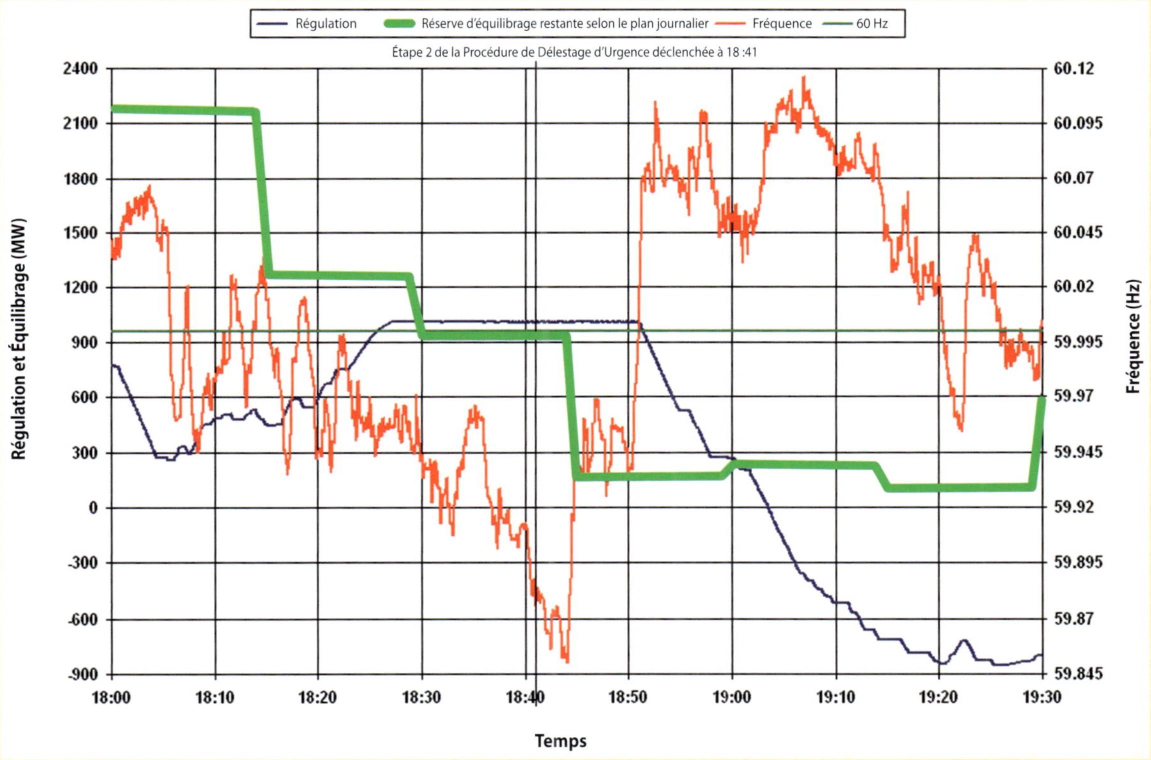

Source : http://www.ercot.com/content/meetings/ros/keydocs/2008/0313/07._ERCOT_OPERATIONS_REPORT_EECP022608_public.doc. Gracieuseté : ERCOT – Electricity Reliability Council Of Texas.

Lorsque le pire de la crise se termine, peu après 19 h 00, l'opérateur du réseau ERCOT a eu très chaud. Il devra s'expliquer.

Comment la baisse de production de la production éolienne a-t-elle été prise en compte lors de cet événement ? L'analyse des faits montre qu'à 19 h 00 précises, 960 MW de production éolienne manquaient à l'appel par rapport à la prévision de production éolienne anticipée la veille et figurant sur le plan de ▶

production horaire révisé à chaque heure utilisé par l'opérateur (selon la pratique en vigueur). L'analyse montre également que ce déficit était à ce même niveau depuis plus de deux heures et que l'écart avait commencé à se creuser plus de quatre heures auparavant.

Il faut savoir qu'un système de prévision à court terme de la production éolienne était à l'essai dans cette région au moment des faits, mais sans communication directe avec le centre de conduite de ERCOT. Or, il se trouve que le système avait anticipé avec un haut niveau de précision l'occurrence de cette baisse de production[3].

La figure 9.17, fournie par ERCOT, montre l'événement météorologique et la prévision qui en a été faite par le système à l'essai de prévision de la production éolienne. On notera comment la courbe de probabilité de 80 % de dépassement de la production (indiquant le niveau de fiabilité des apports éoliens en cours) s'est maintenue sous la courbe de production réelle des centrales éoliennes pendant toute la durée de l'événement, indiquant bien que l'opérationnalisation de ce système dans la procédure d'exploitation aurait permis de constater, plusieurs heures à l'avance, le passage de la perturbation atmosphérique transitoire qui en était la cause, de prédire ses effets sur la production éolienne et de déclencher les procédures nécessaires pour préparer le réseau à traverser sans surprise cet événement, notamment en mobilisant les réserves requises par l'arrivée imminente de la pointe du soir. Le plan d'exploitation établi la veille, quant à lui, était basé sur une prévision de production éolienne de 24 heures incapable d'anticiper le phénomène atmosphérique en cause et entraînant le déficit offre-demande au-dessous du seuil de stabilité du réseau (seuil de basse fréquence), obligeant l'opérateur a déclencher la procédure de délestage d'urgence.

Quelle fut la cause de la baisse de production éolienne ? Il s'agissait d'un intense phénomène de refroidissement de la couche inférieure de l'atmosphère, coïncidant avec une réduction des gains solaires au sol. L'échange de la chaleur accumulée dans le sol avec l'air froid de la zone de haute pression atmosphérique de près de 200 km de diamètre, en déplacement dans la couche supérieure de l'atmosphère, a modifié régionalement l'écoulement de la masse d'air. La région de production éolienne s'est graduellement retrouvée dans une cellule atmosphérique, dominée par une forte circulation de convection interne, freinant les vents horizontaux jusque-là associés au passage du système atmosphérique synoptique recouvrant le Texas à travers cette région. Cette poche de convection s'est ainsi trouvée accrochée pendant plusieurs heures sous sa source froide. ▶

---

3. Noah Francis, « AWS Truewind Predicting sudden changes in wind power generation », *North American Windpower*, vol. 5, nº 9, October 2008, p. 58-62.

FIGURE 9.17

Prévision de la production éolienne vs production effective comparée au plan de production journalier établi la veille (Texas, 26 février 2008)

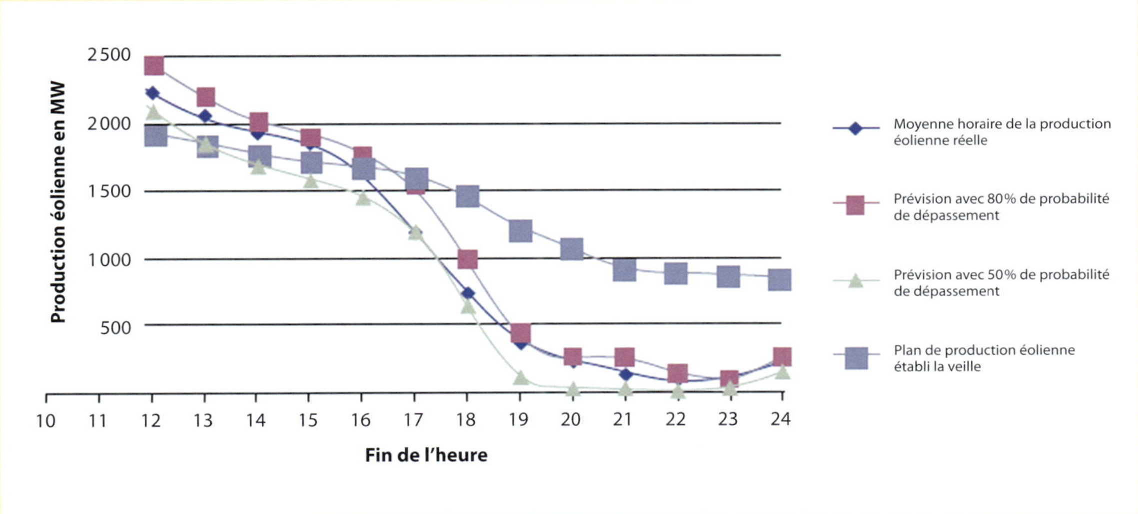

Gracieuseté : ERCOT – Electricity Reliability Council Of Texas

Le système météorologique a entraîné la baisse graduelle de production des centrales éoliennes à un taux de 500 MW par heure à partir de 15 h 00 pour l'amener ensuite vers 200 MW vers les 20 h 00. À partir de 23 h 00, l'événement météorologique régional a commencé à se dissiper et les vents atmosphériques ont pu entraîner à nouveau dans leur sillage l'air de la couche inférieure de la région éolienne.

Les clients délestés ont retrouvé leur alimentation électrique en soirée. Plus de peur que de mal ! Il faut saluer le leadership d'ERCOT qui a tiré les leçons de l'événement et a reconnu la nécessité de mettre à niveau ses pratiques d'exploitation de la production éolienne en temps réel.

9.7.3 L'horizon annuel : jumelage éolien-hydraulique, réservoirs et risque d'apports naturels faibles

Il serait également nécessaire de vérifier si la cohérence vent-demande particulièrement forte qui existe au Québec durant la saison de chauffe n'entraîne pas des avantages intra-saisonniers considérables qui, en termes de valorisation économique de stocks hydrauliques, pourraient dépasser de beaucoup les coûts d'équilibrage associés à la variabilité en temps réel des apports éoliens. Car la complémentarité de l'hydraulique et de l'éolien a également des effets récurrents sur une base annuelle. Précisément en raison même de la rétroaction positive de la production éolienne sur la demande, on peut même avancer l'hypothèse que ces avantages économiques annuels mis en valeur par les capacités d'entreposage des réservoirs multi-annuels augmentent avec la pénétration éolienne, tout en fournissant une assurance contre le risque statistique réel d'années de faibles apports naturels éoliens et/ou hydrauliques.

9.7.4 La facture des améliorations aux lignes de transport

Les processus de planification et d'amélioration du réseau, les encadrements d'évolution technologique du réseau et les décisions d'extension des réseaux électriques sont certainement complexes. Ils mettent en jeu des aspects technologiques qui engagent la gestion de court terme, mais aussi la planification à plus long terme des réseaux électriques selon le cycle de vie des investissements à faire.

La gestion du court terme comprend essentiellement des mesures d'optimisation de l'infrastructure existante qui s'accompagnent d'une mise à niveau d'ordre technologique (usage d'automatismes programmables en remplacement de mécanismes préréglés en usine, par exemple) et la révision de pratiques d'exploitation considérées comme des moyens d'adaptation relativement « soft ».

Les processus de décision qui touchent des investissements majeurs dans des projets de production et de transport doivent être centrés sur la nécessité d'assurer, de manière transparente, une intégration harmonieuse des équipements dont les perspectives de rentabilité économique à long terme sont fondées et l'investissement à coût complet est estimé le plus prudent d'un point de vue tarifaire.

L'infrastructure de transport et de distribution a besoin d'améliorations, non seulement pour accommoder des capacités croissantes d'énergie éolienne, mais parce qu'il s'agit là d'un impératif technique pour assurer périodiquement la mise à jour des systèmes de protection du réseau et améliorer, grâce à des équipements de technologie plus récente, la performance du réseau. Des améliorations aux postes et aux lignes de transport sont réalisées couramment dans le cadre de programmes d'entretien périodiques ou de réfection/remplacement planifié de lignes vétustes. En ce sens, la mise en service de toute technologie de production qui s'intègre au réseau est généralement l'occasion de procéder à de telles mises à jour technologiques. Ces occasions d'amélioration ne devraient pas servir à stigmatiser telle ou telle filière en donnant l'impression que la facture est entièrement attribuable à leur intégration.

L'ajout d'une charge significative en un point du réseau entraîne également des mises à niveau semblables sur certains éléments de l'infrastructure de transport. Il reste toujours surprenant de constater que les annonces de projets éoliens semblent imputer à l'éolien un fardeau économique particulièrement lourd en termes d'améliorations aux infrastructures de transport, alors qu'il s'agit bel et bien d'une problématique commune à toutes les filières de production et à tous les projets de raccordement de charge significative. Loin d'être une faveur faite à une filière, ces améliorations au réseau sont une occasion d'améliorer globalement la robustesse du réseau et la fiabilité du service. Comme on ne planifie pas les routes et les autoroutes en se basant seulement sur les caractéristiques des autobus, par exemple, il ne faut pas davantage financer certaines des améliorations apportées au réseau routier en imposant une hausse du coût du permis de circuler aux autobus seulement. Les extensions du réseau, les renforcements de lignes de transport et de distribution et la mise en service de capacités additionnelles bénéficient en définitive à la fois aux exploitants et à tous les usagers du réseau. En ce sens, ils constituent en principe l'aboutissement d'une décision d'investissement avisée. Dans une telle perspective, il faut appliquer une règle d'équité sur cet aspect des modifications à l'infrastructure du réseau : le coût complet des améliorations nécessaires devrait être précisé pour tout projet de production et de demande, en prenant soin d'identifier la part de ce coût associé à des modifications directement attribuables à ce projet de celle associée à une occasion de mise à niveau d'un élément connexe du réseau pour lequel une réfection et/ou un remplacement étaient prévisibles.

On remarquera au passage l'absence d'études détaillées sur les coûts que font peser sur le réseau (en termes d'équilibrage, extension et renforcements de réseau) les filières de production autres que l'éolien. Cette situation pose problème quant à une analyse équitable et raisonnée des coûts de fourniture puisque encore aujourd'hui, elle ne permet pas de comparer le coût global des investissements dans une filière de production.

Plusieurs études (Autriche, Danemark, Allemagne, France, Pays-Bas) se sont également intéressées à la question des renforcements et des améliorations associés à la pénétration de l'éolien dans les réseaux électriques. Ces études indiquent que ces besoins de renforcement coûteraient de 0,1 à 4,7 $/MWh pour des pénétrations éoliennes allant jusqu'à 30 %. Ces coûts sont considérés comme étant faibles (même à 30 % de pénétration) s'ils sont correctement alloués dans la base tarifaire. Il faut noter qu'à plus haute pénétration, les centrales éoliennes modernes sont équipées des automatismes télécommandés utiles pour la régulation de la tension locale, de la puissance active, réactive et même de la fréquence du réseau.

Ces mêmes études formulent des commentaires très durs sur les obstacles que font peser sur l'éolien les inefficacités et les distorsions causées par les encadrements historiques institutionnels et légaux de marchés électriques dominés par des monopoles ou des holdings exclusifs intégrés verticalement. Les pratiques de planification et d'exploitation traditionnelles des planificateurs et exploitants de ces réseaux électriques favorisent rarement l'émergence de sources d'énergie compétitives et sont, notamment aujourd'hui, un empêchement à une plus forte pénétration éolienne. C'est ce qui a fait dire à la Commission Européenne que : « Les marchés intérieurs doivent se développer en tenant compte des objectifs de soutenabilité de la Communauté et qu'à cet effet, il reste essentiel de maintenir des incitatifs (économiques) capables d'appuyer une plus grande pénétration des énergies renouvelables dans le réseau, une réduction accrue des émissions polluantes et une saine gestion de la demande[131] ».

9.8 L'évolution du réseau électrique (cas du transport)

La construction de nouvelles lignes de transport pour répondre à la croissance de la demande intérieure est devenue un enjeu d'évolution du réseau de transport. L'évolution du réseau de transport doit tenir compte de la pertinence technico-économique des projets qui auront accès aux nouvelles autoroutes énergétiques qu'il faudra inévitablement construire. Un marché de l'électricité durable et efficace dépend de l'accès non discriminatoire au réseau de transport. Au Québec, les autorisations de construction de ligne relèvent des Autorités du marché de l'électricité. Le monopole que constitue le secteur du transport doit dorénavant intégrer dans son expansion des considérations nouvelles qui sont directement liées aux coûts des projets de production et, par là, à la compétitivité des filières qui auront accès à l'infrastructure incontournable du grand réseau continental.

---

131. EWEA, Large Scale Integration of Wind Energy in the European Power Supply : analysis, issues and recommendations, décembre 2005.

La dernière partie de ce chapitre s'intéresse de plus près aux enjeux structurels du réseau de transport, la colonne vertébrale de cette infrastructure indispensable que constitue le réseau électrique. La figure 9.18 montre le diagramme du réseau de transport d'électricité du Québec.

Le développement du réseau de transport et des interconnexions avec les réseaux voisins fait l'objet d'un consensus international parmi les planificateurs du réseau : le développement du réseau de transport est devenu un enjeu stratégique de l'évolution des réseaux électriques et des marchés de l'électricité à l'échelle continentale fortement sollicités par une demande croissante pour de nouveaux approvisionnements énergétiques et des difficultés croissantes de sources d'approvisionnements à coûts raisonnables. Voyons ce que cela signifie pour l'éolien.

9.8.1 Extension du réseau de transport : accès aux zones de fort gisement d'énergie verte : États-Unis et Europe

Le 17 juillet 2008, la Régie des utilités publiques du Texas (PUCT) ordonnait aux entreprises de transport (les seules qui sont réglementées sur le marché de l'électricité au Texas) de procéder à la réalisation d'un plan de 4,93 milliards $US pour la construction de lignes de transport d'électricité entre les riches gisements éoliens du Nord-Ouest et les grands centres de consommation du Texas (Dallas, San Antonio et Houston)[132]. Le scénario retenu vise le raccordement de 18 500 MW d'éolien au réseau de transport à partir de zones d'énergie renouvelables compétitives (CREZ) désignées en 2005 par la PUCT. Le Texas dont les riches bassins pétroliers sont en fort déclin s'est engagé, depuis le début des années 2000, dans l'exploitation de ses riches gisements éoliens. C'est l'État qui possède la plus grande capacité éolienne installée des États-Unis avec plus de 5 600 MW (au 30 juin 2008) et plus de 3 000 MW en construction[133]. Dans cet État où la compétition fait loi, les prix de l'électricité, même sur le marché de gros, sont en hausse constante et la législature se penche sérieusement sur l'idée de réglementer de nouveau le marché de l'électricité.

---

132. Le 22 septembre 2008, un groupe de six fournisseurs de services de Transport d'électricité a déposé au PUCT une demande conjointe d'autorisation portant sur la construction de près de 4 000 km de lignes de transport et de postes de répartition associés au raccordement des CREZ. Ce consortium inclut : Electric Transmission Texas LLC (ETT), LCRA Transmission Services Corp. (LCRA TSC), Oncor Electric Delivery, Sharyland Utilities, South Texas Electric Coop. and Texas-New Mexico Power Co. Réf. Transmission Providers File Crez Plan, http://www.nawindpower.com/e107_plugins/content/content_lt.php?content.2841.

133. http://www.awea.org/projects/projects.aspx?s=Texas

FIGURE 9.18
Schéma du Réseau de transport d'électricité à 735 kV du Québec

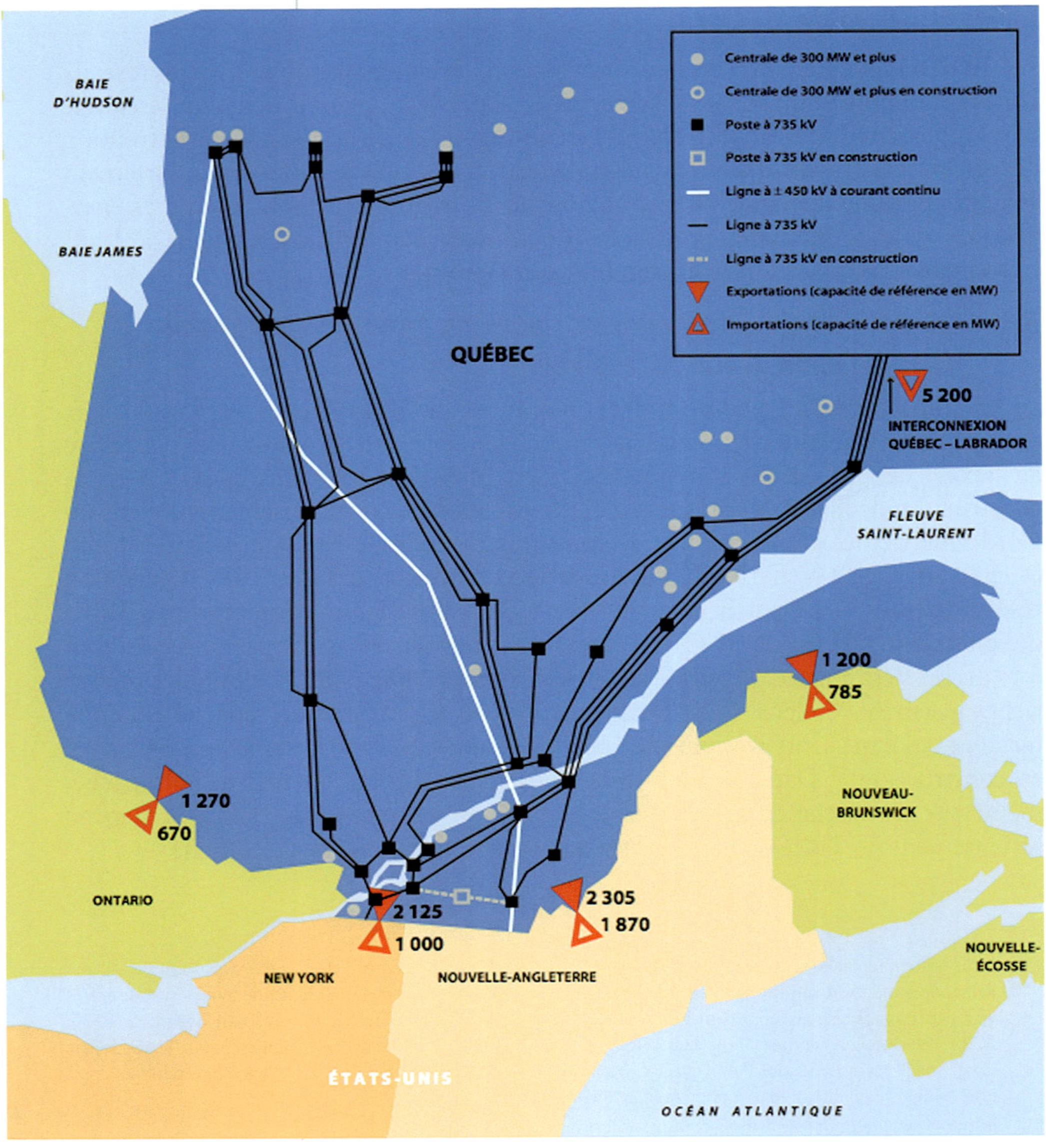

Source : Hydro-Québec TransÉnergie.

Les mêmes tendances se dessinent actuellement à l'Association des gouverneurs de l'Ouest (WGA) où 19 États sont représentés et qui entend intégrer 30 000 MW d'électricité renouvelable dans le portefeuillle électrique en exploitant une Zone d'énergie renouvelable de l'Ouest (WREZ) ciblée pour faciliter la construction de nouvelles lignes de Transport capables d'accueillir ces approvisionnements d'ici 2015. La WREZ comprend 11 États des États-Unis, le Nord-Ouest du Mexique et, du côté canadien, la Colombie-Britannique et l'Alberta[134].

En Europe, les plans d'accès aux riches gisements éoliens sont plus étonnants encore. Les orientations de la Commission Européenne prévoient intégrer, d'ici 2015, la production de 30 000 MW de capacité éolienne provenant de complexes éoliens off-shore. Cela nécessitera la construction d'un *Super-Grid* en mer du Nord, un réseau de transport destiné à récupérer la production éolienne offshore et à la raccorder au réseau électrique continental[135].

Les planificateurs du réseau électrique ne peuvent ignorer aujourd'hui ces nouveaux mouvements d'intégration de capacité éolienne qui viennent changer les règles de planification du réseau de transport à l'échelle nord-américaine et bousculent les pratiques établies sur les marchés de l'électricité en faveur des sources d'énergie vertes.

La figure 9.19 montre les juridictions des huit zones de transport régional d'électricité de l'Amérique du Nord. Le Québec fait partie de la zone coordonnée par le NorthEast Power Coordinating Committee (NPCC[136]).

Ce mouvement d'évolution vers les gisements éoliens pourrait même amener les instances décisionnelles du NPCC à modifier certaines règles d'accès prioritaire au réseau pour les producteurs d'énergie renouvelable comme l'éolien qui peuvent également bonifier leur production sur des marchés spécialisés d'attributs environnementaux (crédits d'énergie verte). Ces règles pourraient influencer les pratiques traditionnelles

---

134. Angela Beniwal, « WGA takes Zonal approach in the West », *North American Wind Power*, p. 52-54, September 2008.

135. *European commission announces first building blocks of a future super-grid*, 13 nov. 2008. Source : http://europa.eu/rapid/pressReleasesAction.do?reference=IP/08/1696&format=HTML&aged=0&language=EN&guiLanguage=en

136. Voir aussi l'encadré Terminologie de la fiabilité du réseau électrique à la section 9.2.1. Le NPCC est le Conseil de coordination régionale de l'électricité qui, pour le marché de l'électricité du Nord-Est de l'Amérique, fixe les normes et critères de fiabilité et établit les mesures de contrôle obligatoires pour assurer cette fiabilité. Hydro-Québec TransÉnergie, qui exerce le rôle de coordonnateur en matière de fiabilité du réseau pour la zone de contrôle du Québec, fait partie du NPCC.

de la planification de l'ensemble du réseau interconnecté de tout l'Est nord-américain. Pour des raisons d'efficacité dans la planification prudente de l'avenir électrique, on revient fatalement à cette nécessité de réguler le marché et de faire évoluer des règles de planification et d'exploitation des marchés de l'électricité vers une intégration toujours plus grande d'énergie verte dans les réseaux du monde entier.

FIGURE 9.19

Les huit zones de transport régional d'électricité en Amérique du Nord

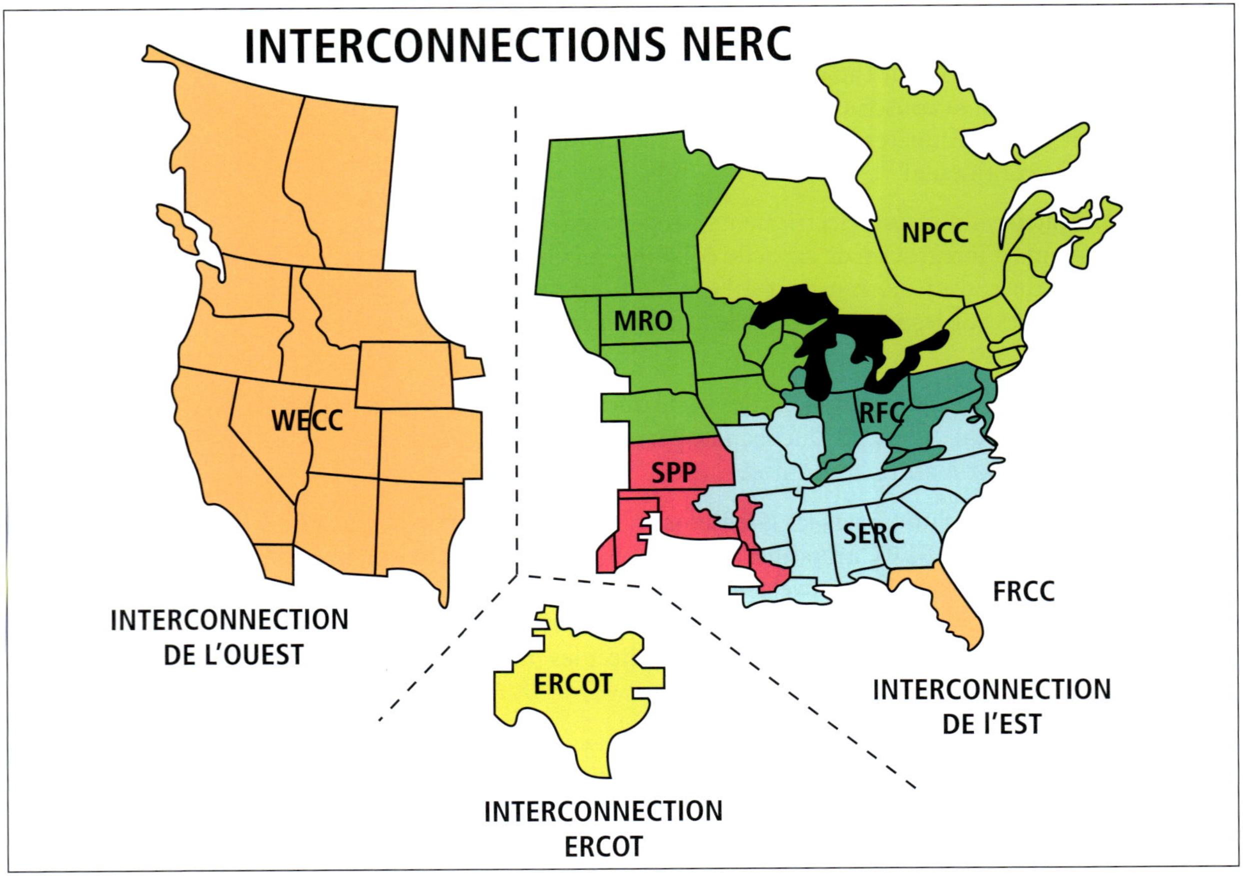

Note : Chaque zone de transport est soumise à un Conseil de coordination régionale de l'électricité. Le Québec fait partie de la zone coordonnée par le NPCC.

Source : *Wind and Other Renewable Resources*, Chairman Barry T. Smitherman Public Utility Commission of Texas, February 29, 2008 ; http://www.puc.state.tx.us/about/commissioners/smitherman/present/pp/Wind_Other_Renewable_Resources_022908.pdf

D'éventuelles réglementations du NPCC pourraient ainsi modifier les perspectives de revenus d'import-export d'électricité d'HQ et affecter la rentabilité des opérations commerciales et même les perspectives de contrats de vente à long terme. Elles pourraient aussi présenter des risques d'investissements pour les grands projets de production hydroélectrique. Elles vont clairement dans le sens d'un encouragement à la construction de nouvelles interconnexions avec les États-Unis ou l'Ontario pour des transits spécifiques d'énergie verte, mais elles constituent également une incitation à la construction de projets de production modulaires capables de s'adapter à une croissance plus faible de la demande intérieure (démographie, consommation, etc.). Il faut suivre de près ces nouvelles tendances et en tenir compte dans l'analyse de risque des nouveaux approvisionnements énergétiques.

Dans ce contexte, le Québec aurait certainement avantage à officialiser, après la région de Gaspésie-IDLM, la désignation de nouvelles Zones d'énergie renouvelable du Québec (ZERQ). Lorsqu'on regarde l'Atlas canadien d'énergie éolienne, entre les 50e et 55e parallèles de l'hémisphère Nord, plusieurs zones de fort gisement apparaissent évidentes. On pourrait imaginer la ZER-Nord-du-Québec, la ZER-Montérégie, la ZER-Chaudière-Appalaches, etc. Et puisque le Québec se distingue aujourd'hui entre autres par le fait qu'il a réussi à préserver son monopole de transport sur tout son territoire, il a même un pas d'avance sur le Texas ou l'Ouest américain qui affirment, un peu nostalgiques, qu'en matière d'électricité « Une planification coordonnée est tellement plus sensée[137] ».

9.9 Vers une plus grande contribution de l'éolien dans le portefeuille énergétique des réseaux électriques

Finalement, c'est le coût de production qui demeure le principal élément de compétition entre les filières chargées de répondre aux nouveaux approvisionnements énergétiques. Or, les prévisions d'évolution de coûts de l'éolien et des filières conventionnelles suggèrent que dans un scénario d'apports éoliens substantiels, les revenus associés aux bénéfices de la filière éolienne (coûts de production en baisse, valeur de la réduction des émissions polluantes et de CO_2 et autres avantages environnementaux) constituent des avantages stratégiques. Des études (Royaume-Uni, Allemagne et Danemark) confirment que, dans un scénario conservateur (prix du gaz faible, très faible valeur des crédits de CO_2), les coûts d'intégration de l'éolien ne représentent que 0-4 $/MWh, référencé au

137. Jeff Siegel, « Who will build CREZ lines, and when? », *North American Wind Power*, p. 1 ; 23-25, September 2008. « It's the coordinated planning that makes so much sense ».

tarif des consommateurs. Cette projection ne tient évidemment pas compte de la valeur d'un investissement dans des sources de production comme l'éolien dont le carburant est gratuit, qui contribuent intrinsèquement à diminuer à la fois la hausse des coûts de production, le risque des investisseurs et le risque de rupture d'approvisionnement, et, ainsi, à sécuriser les approvisionnements énergétiques en volume tout en stabilisant les prix à long terme. Le rapport affirme à ce sujet que « la plupart des pays et des institutions continuent d'ignorer l'élément de risque que représente la volatilité des prix des carburants fossiles en comparant les coûts de différentes filières de production ». Il suggère que l'approche des coûts actualisés doit faire place à des méthodes de calcul qui permettent une interprétation économique plus lisible, c'est-à-dire plus facilement quantifiable, des risques liés à la volatilité des prix du pétrole, du gaz et du charbon.

Les pratiques de gestion de réseaux établies et les réserves tournantes existantes pour gérer les variations de la demande et de la production sont plus qu'adéquates pour gérer la variabilité de la production éolienne jusqu'à des niveaux de pénétration de 20 à 30 % de la demande totale d'énergie, dépendant de la nature spécifique d'un réseau. Pour des niveaux de pénétration plus élevés, quelques modifications pourraient être nécessaires dans les réseaux et leurs méthodes de gestion. La conclusion principale du rapport d'EWEA (voir note 24) est que la capacité du réseau européen d'absorber de grandes quantités d'énergie éolienne est davantage limitée par des considérations économiques et des règlements en vigueur que par des considérations techniques ou pratiques.

La croissance fulgurante du marché de l'éolien n'est en rien le fruit du hasard. Le nombre d'utilités publiques qui y investissent de façon majeure devrait suffire à convaincre de la maturité de cette industrie qui n'a pas fini de surprendre[138].

---

138. Références additionnelles :

UWIG (Utility Wind Integration Group) : http://www.uwig.org

IEEE : http://www.ieee.org/organizations/pes/public/2007/nov/index.html

Chabot, B. « L'intermittence et les aléas météorologiques, un frein au développement de l'électricité renouvelable ? L'exemple de l'éolien. », Numéro spécial GC/LEF de l'Institut de l'énergie et de l'environnement de la Francophonie, Énergies renouvelables, développement et environnement : discours, réalités et perspectives #23, avril 2007, p. 23-25. http://www.iepf.org/ressources/document.asp?id=250

[CHAPITRE 10]

Les marchés de l'industrie éolienne

Avec ses hautes turbines à rotor tripale, intégrées au réseau de distribution ou regroupées parfois par centaines dans des centrales de production d'électricité de capacité approchant les 1 000 MW, le marché du **grand éolien** domine largement le chiffre d'affaires et l'évolution de l'industrie éolienne.

On identifie pourtant trois marchés distincts pour l'éolien. De tailles nettement plus modestes, les deux autres marchés sont également en progression et témoignent de la vigueur d'une industrie en évolution constante. Cette industrie connaît de mieux en mieux ses forces et sait les mettre en valeur, se renouvelant, d'une part, dans des **micro-marchés spécialisés** et offrant, d'autre part, de nouvelles alternatives d'approvisionnement énergétique durable, économique et de qualité aux **communautés isolées**.

Les systèmes développés pour les besoins de ces marchés transforment également l'industrie éolienne. Des infrastructures énergétiques hybrides (p. ex. : systèmes à haute pénétration éolienne, systèmes hybrides avec ou sans stockage, etc.) modifient le regard porté sur l'architecture, la conception et l'exploitation des réseaux traditionnels. Les contraintes imposées par les règles d'exploitation des réseaux traditionnels deviennent également autant de défis relevés par les concepteurs d'aérogénérateurs qui, à leur tour, amènent une évolution dans des règles de planification, de gestion et d'exploitation des réseaux. Les réseaux électriques traditionnels s'ouvrent ainsi graduellement à la réalité d'une intégration toujours croissante de l'éolien à laquelle ils étaient fermés il y a peu de temps encore. L'idée du vent comme source d'approvisionnement énergétique fiable fait son chemin, lentement mais sûrement, dans des systèmes énergétiques qui repensent leurs notions de flexibilité et leurs critères de planification en vue d'une exploitation plus souple, capable de tirer profit des synergies et des complémentarités d'apports durables que permettent ces nouveaux venus si différents des actifs traditionnels. Un continuum de perspectives énergétiques se met en place où systèmes hybrides autonomes (production décentralisée) et réseaux énergétiques viennent se greffer naturellement au paradigme traditionnel du réseau centralisé.

Ce chapitre réunit ainsi diverses perspectives d'évolution de l'industrie éolienne et des réseaux énergétiques. Au-delà de sa capacité à répondre aux besoins énergétiques sur les plans individuel, communautaire ou commercial, l'éolien transforme aussi la manière traditionnelle de percevoir le réseau électrique. Il laisse entrevoir de nouvelles possibilités dans les synergies qu'il est possible de mettre en valeur dans l'organisation des services énergétiques au sein d'une communauté, et prépare les esprits à une révision en profondeur des méthodes de planification, de conception et d'exploitation des réseaux électriques.

Nous examinerons ensuite les options d'un propriétaire foncier qui voudrait valoriser le gisement éolien de sa propriété. Quels avantages y a-t-il à devenir autoproducteur, membre d'une coopérative d'autoproducteurs, ou partenaire d'un promoteur dans un grand projet de centrale éolienne sur le territoire de sa communauté ?

Nous explorerons ensuite les points communs qu'ont les systèmes hybrides qui émergent sous la pression de déterminants sociaux, environnementaux, technologiques et économiques, avec les réseaux autonomes pour les communautés isolées. Nous verrons comment ces nouveaux concepts font leur chemin dans les réseaux traditionnels par le biais de la production distribuée (par opposition à la production centralisée) et comment ils conduisent à une remise en question des modes de planification des réseaux électriques traditionnels.

Mais avant de discuter de ces trois marchés, il faut présenter les principaux outils d'incitation économique qui sont utilisés dans différentes juridictions et qui ont permis, à divers degrés, le développement de ces créneaux de marchés aux caractéristiques très variées.

10.1 Prix d'achats prescrits vs quotas-appels d'offres : la carotte et le bâton

Beaucoup d'analystes européens sont d'avis que le débat sur les externalités des technologies d'énergie renouvelable est stérile : essayer de les imposer au marché du charbon ou du gaz déclenche de telles réactions d'hostilité chez les puissants lobbies de ces industries qu'elles ne mènent qu'à d'incessantes et épuisantes batailles de tranchées où toute discussion constructive finit inévitablement par s'éteindre dans des procès d'intention partisans.

L'approche par prix d'achats garantis[139] reste l'instrument privilégié de mise en œuvre d'une volonté politique désireuse de stimuler l'émergence de changements technologiques dans le secteur de l'énergie. Son utilisation en Europe a eu des effets importants sur le développement des technologies d'énergie renouvelable (TER) et d'efficacité énergétique (EE). Ce moyen constitue une réponse politiquement efficace aux préoccupations environnementales des citoyens (GES, pollution de l'eau, de l'air et des sols vs santé publique) et il est facile à opérationnaliser grâce à la maîtrise des outils tarifaires par l'appareil administratif des États. L'approche par prix d'achats garantis se base sur la nécessité de mettre sur pied les conditions d'une diversification énergétique basée sur les critères du développement durable. L'art de cette tarification détermine les conditions d'émergence d'un portefeuille de projets énergétiques et d'une industrie de diversification énergétique capables de concurrencer les filières traditionnelles et de mettre en œuvre un plan de substitution des filières fossiles qui représentent un fardeau économique insoutenable à moyen terme. Quand on y réfléchit bien, le rôle économique structurant d'un tel système n'a pourtant rien de bien nouveau. Ce système qui a entraîné en 25 ans la croissance et l'évolution de l'industrie de l'éolienne utilise exactement et précisément le même mécanisme de régulation économique que celui suivi dans la 1re moitié du XXe siècle : la tarification publique de l'électricité comme outil privilégié d'évolution technologique grâce au développement des réseaux électriques partout dans le monde.

Signalons que l'Ontario a mis en application, dès novembre 2006, à l'intention des producteurs indépendants, un programme d'achats d'électricité provenant de sources renouvelables selon des tarifs d'achats garantis, modulés selon les technologies visées[140]. Le programme RESOP (*Renewable Energy Standard Offer Program*) gravite autour d'un contrat d'achat normalisé, le *Standard Offer Contract* (SOC). La capacité minimale des projets est de 10 KW, mais elle peut aller jusqu'à 10 MW. Le prix d'achat SOC 2008 de l'électricité de producteurs indépendants s'établissait à 10,08 ¢/kWh pour l'éolien, le petit hydraulique et la biomasse, et à 42 ¢/kWh pour le photovoltaïque (PV)[141]. Les projets de biomasse et de petit hydraulique peuvent également compter sur un boni de

139. D'abord adoptés par le Danemark, les prix d'achats garantis ou tarifs d'achats garantis pour stimuler l'émergence des filières renouvelables sont appelés les *Feed-in Tariffs* en Allemagne, et les Tarifs d'achat équitables et efficaces (TEE) en France, en Espagne et au Portugal.

140. http://www.powerauthority.on.ca/SOP/

141. Lorinc, John, « Sun Power, How Ontario is jump-starting the solar economy », *Canadian Geographic*, April 2008, p. 38-47. En mars 2009, le ministre de l'Énergie et des Infrastructures de la province de l'Ontario annonçait un nouveau plan de Tarifs garantis qui prévoit pour les projets éoliens un prix d'achat de 13,5 à 14,4 ¢/kWh (Source : 'Ontario Unveils North America's First Feed-In Tariff – Price Guarantees For Large and Small Renewable Energy Projects Will Create Jobs', Ontario Power Authority, http://powerauthority.on.ca/page.asp?PageID=122&ContentID=6858).

3,52 ¢/kWh s'ils se voient reconnaître une valeur en puissance en pointe (en fait, s'ils démontrent qu'ils produisent durant plus de 80 % des heures de pointe). La durée des contrats SOC honorés par l'*Ontario Power Authority* est de 20 ans.

Étant donné le tarif d'achat de 42 ¢/kWh autorisé pour l'électricité provenant du photovoltaïque, des résidents de Toronto se sont regroupés (*WISE*, *West-Toronto Initiative for Solar Energy*) pour bonifier leur retour sur investissement en effectuant des achats regroupés de systèmes solaires photovoltaïques et de systèmes solaires thermiques. Le RESOP connaît ainsi un fort succès du côté des technologies d'énergie solaire (thermique et photovoltaïque). La Province a déjà approuvé 158 ententes contractuelles portant sur 316 MW au total, soit près de quatre fois la capacité solaire ciblée au départ (88 MW). Bien qu'il s'agisse d'une capacité relativement faible par rapport à la consommation d'une grande ville, les résultats démontrent très clairement comment un simple signal de prix pour une technologie d'énergie prometteuse suscite rapidement des investissements individuels créateurs d'un *momentum* économique. Ce mécanisme incitatif de nature tarifaire contraste nettement avec la lourdeur de contrôles bureaucratiques associés aux mécanismes de quotas déterminés, adjugés par appels d'offres compétitifs.

L'approche par prix d'achats garantis compte plutôt sur l'effet carotte pour stimuler l'émergence d'un marché, alors que l'approche quotas-appels d'offres joue surtout du bâton afin de garder un maximum de contrôle sur l'initiative de concurrents qui lutteront pour obtenir la meilleure part du gâteau. La première est inspirée par une vision politique guidée par la nécessité économique d'une évolution structurelle de l'industrie énergétique à long terme sur son territoire; la seconde fait montre d'une réticence à modifier les règles et conventions qui régissent l'organisation de son infrastructure énergétique existante.

La souplesse et la flexibilité des systèmes de tarifs réglementés permettent de réajuster périodiquement, à la hausse ou à la baisse selon le cas, le niveau du tarif de manière à assurer les conditions de continuité nécessaires à l'enracinement d'un créneau industriel prometteur à long terme. Au contraire, l'approche quotas-appels d'offres compte sur l'intégration, sur une courte période, de blocs de capacité déterminée suivis d'une période d'inaction indéterminée qui oblige l'industrie à s'adapter à une progression par à-coups beaucoup moins efficace et plus risquée en termes d'investissements et de résultats à long terme. Cette évolution discontinue est également amplifiée par les aléas politiques des programmes fédéraux spécifiques à l'éolien (c'est le cas des incitatifs financiers tels le PTC aux États-Unis et le WPPI au Canada, par exemple) qui limitent l'horizon de visibilité de l'industrie éolienne en Amérique du Nord. Sa croissance s'en trouve affectée de façon chronique et le *momentum* acquis se trouve menacé à chaque cycle électoral.

La figure 10.1 montre l'évolution de la capacité éolienne annuelle installée aux États-Unis depuis 10 ans et fournit sans doute la meilleure illustration de ce phénomène en dents de scie qui nuit à une industrie d'avenir, continuellement menacée entre autres par la disparition d'incitatifs fiscaux essentiels à sa survie et à sa vitalité durant la phase de maturation nécessaire à son intégration dans l'infrastructure industrielle conventionnelle.

FIGURE 10.1

Impact de l'intermittence des programmes de crédit d'impôt pour la production éolienne aux États-Unis sur le taux d'installation annuel de capacité éolienne

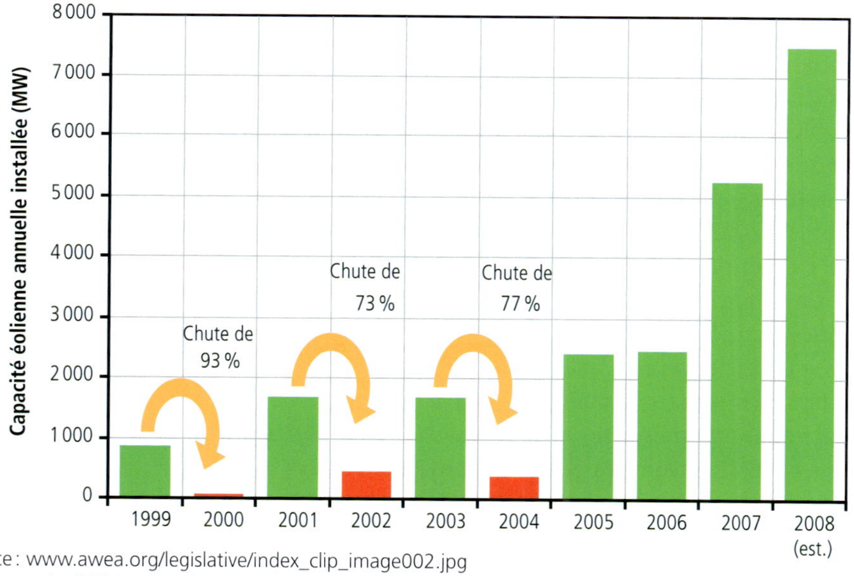

Source : www.awea.org/legislative/index_clip_image002.jpg
Gracieuseté : AWEA – American Wind Energy Association

Aux États-Unis, le PTC (*Production Tax Credit*) a été l'objet de stratégies politiques houleuses à maintes reprises au Congrès et au Sénat depuis 15 ans (voir aussi la note 119 à la page 168). Mais le Canada n'est pas en reste. Le programme canadien EPÉÉ (Encouragement à la production d'énergie éolienne, WPPI en anglais) adopté en 2000 a permis la croissance rapide de la capacité éolienne. Spécifiquement dédié à l'éolien, EPÉÉ a été abandonné en 2005. Le gouvernement l'a remplacé par un programme fourre-tout, écoÉNERGIE pour l'électricité renouvelable, donnant lieu à un incitatif unique de 1¢/kWh pour tout projet de plus de 1 MW, éolien (20 ans), micro-hydroélectrique (50 ans), biomasse (30 ans), solaire PV, géothermique, marémotrice et houlomotrice, à condition qu'il soit mis en service avant mars 2011. Ce programme vient à échéance en 2009. On doit se rappeler que ces incitatifs financiers proviennent d'initiatives prises à l'échelon gouvernemental fédéral alors que la politique énergétique sur le territoire national relève essentiellement de la juridiction des États (aux États-Unis) et des Provinces (au Canada). C'est là un sujet de préoccupation majeur pour l'industrie nord-américaine de l'éolien. Ce n'est donc que dans le cadre législatif des politiques énergétiques propres aux États et aux provinces qu'elles peuvent contribuer au bilan énergétique du continent. Il s'agit d'une réalité incontournable dans le secteur de l'électricité.

Les interventions fédérales dans le domaine de l'électricité soutenable entretiennent ainsi un étrange brouillard politique qui camoufle en permanence les enjeux fiscaux, financiers, économiques et industriels du développement durable du secteur de l'électricité. La précarité des programmes fédéraux d'encouragement aux énergies renouvelables réussit, entre autres, à donner l'impression que ces technologies coûtent plus cher que les conventionnelles tout en évitant que les questions pressantes sur le véritable coût des filières traditionnelles ne soient mises en évidence. Ces programmes réussissent à donner l'impression d'une soupape politique capable d'évacuer les pressions citoyennes lorsqu'elles deviennent un peu trop insistantes, sans jamais remettre en question l'ordre énergétique établi. Malgré la réalité de gisements énergétiques diamétralement opposés dans la fourniture électrique dominante des provinces – le nucléaire en Ontario, le charbon et le gaz en Alberta, l'hydraulique au Québec et au Manitoba –, l'échelon fédéral souffle alternativement le chaud et le froid sur les nouvelles énergies renouvelables tout en maintenant les principales règles de redevances et de taxation des énergies conventionnelles qui assurent les revenus du secteur énergétique des deux paliers de gouvernement. Ce jeu du chat et de la souris crée une incertitude financière chronique qui complique sérieusement les projets de croissance de l'industrie des nouvelles TER en Amérique du Nord. Pour les provinces et les États déterminés à encourager l'émergence de l'industrie éolienne à travers une politique législative claire, engagée envers un développement énergétique soutenable, les effets déstructurants d'une telle politique fédérale devraient constituer un motif sérieux d'adoption de l'approche par prix d'achat prescrits. L'intérêt de cette approche à tarifs déterminés pour les États et les provinces possède l'immense avantage technique de permettre une continuité dans les conditions d'implantation d'une industrie d'avenir pour les projets d'énergie verte. Elle leur permet de compenser les aléas financiers occasionnés par un changement de politique éolienne à l'échelon national par un ajustement rapide, efficace et équitable pour tous les citoyens-abonnés du réseau électrique à l'échelon provincial. Les retombées économiques, les emplois et les bénéfices environnementaux apportés par l'enracinement de nouvelles filières de production soutenables et compétitives seront enfin clairement visibles et mesurables dans l'économie.

En prenant avantage de toute la flexibilité de l'outil tarifaire, chaque province dispose ainsi d'un moyen efficace pour entreprendre son virage vert. Disposant au surplus d'une comptabilité dédiée à cet exercice, une province pourra récupérer sur les marchés du carbone, dont la création est imminente, tous les investissements consentis par ses citoyens pour la mise en œuvre de cette vision d'un avenir énergétique soutenable.

Étant donné l'encadrement juridique et normatif plus complexe requis par les ententes contractuelles et compte tenu du signal tarifaire retenu dans son volet éolien, le programme ontarien RESOP invite assez clairement à déposer, à l'intérieur de certaines limites de capacité cependant, des projets à caractère communautaire plutôt qu'individuels (mieux appropriés pour le PV en milieu urbain, par exemple). Par ailleurs, le maximum de 10 MW peut être revu à la baisse si des contraintes de transport local, dans les zones de transport verte (contraintes minimales), jaune ou orange (contraintes maximales) s'appliquent. En zone orange, un projet réalisé sur une exploitation agricole pourrait se trouver limité à 250 kW en raison de certaines règles d'exclusion à caractère commercial.

Le programme RESOP a été adopté à la suite de plusieurs années de représentation et d'argumentation de la part de l'*Ontario Sustainable Energy Association* (OSEA[142]). Il s'est fortement inspiré des succès de l'approche tarifaire adoptée dès les années 1990 par le Danemark, l'Allemagne (*Feed-In Tariffs* – FIT), l'Espagne et la France en 2001. Le système tarifaire du RESOP s'appuie en fait sur la méthodologie de tarification élaborée à l'Agence de l'Environnement et de la Maîtrise de l'Énergie (ADEME), en France. La méthode des Tarifs efficaces et équitables (TEE)[143], aussi connue comme la méthode Chabot, du nom de l'ingénieur et économiste qui l'a mise

---

142. *Ontario Sustainable Energy Association*; www.ontario-sea.org/

143. L'adoption des TEE sur le territoire français en 2001 s'est traduite par la mise en service de plus de 2 500 MW de capacité éolienne fin 2007, plus de 2 500 MW de projets additionnels ayant obtenu leurs permis de construire. La structure tarifaire du programme éolien français a été revue à la baisse en 2007. Le nouveau programme a également éliminé le plafond de 12 MW pour les projets soumis et amené la désignation de zones de développement éolien admissibles au programme (ZDE) dans les communes. Source : B. Chabot (ADEME) et B. Saulnier, *Des tarifs d'achat*

au point, a été choisie également par l'Irlande, le Portugal et, plus récemment, par la Suisse dans leurs efforts d'appropriation de la filière éolienne. Ces mécanismes tarifaires ont été conçus comme des instruments de développement favorisant à la fois l'atteinte d'objectifs nationaux de réduction des émissions et l'émergence d'une industrie nationale d'énergie renouvelable compétitive. Ils intéressent aujourd'hui plusieurs juridictions des États-Unis – Indiana, Michigan, Minnesota, Californie, Floride, Wisconsin, Washington, Maine – où un *momentum* se construit autour de cette approche de régulation par des prix capables d'éliminer les effets discontinus des politiques passées sur la stabilité de l'industrie émergente des énergies vertes[144,145].

À l'été 2008, la firme londonienne Ernst & Young a mis en lumière de manière particulièrement frappante la supériorité du mécanisme de prix d'achats garantis de type allemand par rapport au système de quotas-appels d'offres en vigueur au Royaume-Uni, en comparant la performance économique des systèmes adoptés par le Royaume-Uni (*Non-Fossil Fuel Obligation*, NFFO quotas et appels d'offres) et l'Allemagne (*Feed-In-Tariffs*, EEG) pour stimuler le développement de la production d'énergie renouvelable en 2006. Malgré le fait que le gisement du Royaume-Uni soit nettement supérieur à celui qu'on trouve en Allemagne, la firme conclut que l'Allemagne a produit quatre fois plus d'énergie renouvelable que le Royaume-Uni (72,7 TWh vs 18,1 TWh), à un coût nominal de 20 % inférieur : 2,6 p/kWh par rapport à 3,2 p/kWh (5,4 vs 6,6 ¢CAN/kWh)[146].

Compte tenu de l'objectif du Royaume-Uni d'atteindre 20 % d'énergie renouvelable en 2020, ce qui représente 33 000 MW de capacité additionnelle pour l'éolien (10 fois la capacité éolienne en service en juin 2008), le commentaire d'une firme

efficaces et équitables applicables à l'électricité éolienne au Québec ? Pourquoi ? Comment ?, 7e Forum québécois sur l'électricité, Institut Canadien, Montréal, 12-14 mai 2008.

144. *Designing Model Legislation for a System of Feed-in Tariffs*, Paul Gipe, sept. 2008 ; http://www.wind-works.org/FeedLaws/USA/Model/ModelAdvancedRenewableTariffLegislation.html
Sur le site Internet windworks.org de M. Gipe, un analyste chevronné du secteur des énergies renouvelables dans le monde depuis plus de 25 ans, on peut suivre l'évolution des systèmes de tarifs européens et prendre connaissance des critères de conception qui les encadrent (Allemagne, France). Le site permet de suivre le positionnement législatif actuel des systèmes des tarifs d'achats dans les juridictions des États-Unis.

145. *Feed-in Tariffs and Renewable Energy in the USA – a Policy Update*, Wilson Rickerson, Florian Bennhold, and James Bradbury, mai 2008, 26 pages ; accès Web : http://www.wind-works.org/FeedLaws/USA/Feed-in_Tariffs_and_Renewable_Energy_in_the_USA_-_a_Policy_Update.pdf

146. *Renewable energy Country attractiveness indices*, Ernst & Young, Quarter 1-2 2008, p. 13. http://www.ey.com/Global/assets.nsf/International/Industry_Utilities_Renewable_energy_country_attractiveness_indices/$file/Industry_Utilities_Renewable_energy_country_attractiveness_indices.pdf

londonienne (notre traduction) mérite d'être cité : « Malgré le fait qu'un prix d'achat garanti pourrait bien être culturellement incompatible avec le Royaume-Uni, cette comparaison suggère qu'il est nécessaire de revoir la capacité du système ROC[147] à atteindre les objectifs au meilleur coût. »

Avec cette présentation des outils de stimulation du marché très éclaté des technologies d'énergie renouvelable (TER) et d'efficacité énergétique (EE), on peut mettre en perspective l'évolution des trois secteurs de marchés de l'éolien :

- la micro-électrification,
- les réseaux non reliés,
- les grands réseaux.

10.2 Micro-électrification (fermes, villégiature et sites isolés)

Le pompage d'eau, l'aération d'étangs et l'électrification partielle de bâtiments (éclairage, ventilation, chauffage de l'eau et autres procédés électriques à la ferme, etc.) demeurent des usages pour lesquels le petit éolien a sa place. À bien des égards, ces usages sont également ceux qu'on retiendra comme essentiels dans des sites isolés, comme les pourvoiries ou les postes de télécommunications, là où le coût du raccordement au réseau est prohibitif. Un système autonome doit assurer une fourniture énergétique essentielle, ce qui exige la fiabilité de tous ses composants. Un stockage d'énergie est nécessaire dans tout système autonome pour lequel aucune autre source d'énergie d'appoint n'a été prévue. Il peut s'agir de stockage électrochimique (piles), hydrique (réservoir d'eau alimenté par le travail de pompage d'une multipale) ou thermique.

Le coût de revient de l'énergie fournie par un système autonome est inévitablement et significativement plus élevé que le tarif de distribution payé par un abonné. Le cahier des charges du service à fournir peut entraîner des exigences de fiabilité et de continuité particulières. Pour une fiabilité de 100 %, l'ajout d'un groupe de réserve (groupe électrogène et réserve de carburant) peut être requis pour un système qui doit garantir un service fiable en tout temps. Dans le cas de réalisation de projets de micro-électrification en mode autonome (télécom, pourvoiries), les systèmes de stockage, les onduleurs et les panneaux de commande, de régulation et de distribution

---

147. ROC, *Renewable Obligation Credit*, nom des certificats d'unités de production de source renouvelable qui sert à établir la comptabilité en regard des objectifs de production d'énergie renouvelable selon le système NFFO (*Non-Fossil Fuel Obligation*) en vigueur au Royaume-Uni.

Application agricoles éolien-PV, Colorado, É.-U. Gracieuseté : DOE/NREL
Photo : David Parsons

Petites éoliennes, Arizona, É.-U. Gracieuseté : DOE/NREL
Photo : Southwest Windpower

Voilier et électricité éolienne.

de chaque système sont des éléments de coût distincts de celui de l'aérogénérateur. L'aérogénérateur (incluant la tour de support) représente les deux tiers du coût du système pour un projet sans stockage et environ la moitié dans le cas d'un projet avec stockage.

Ce domaine d'application est celui du petit éolien dont la capacité se situe dans la fourchette de 100 W à quelques centaines de kW. En général, il s'agit de rotors éoliens dont le diamètre varie de 1 à 20 m environ. Leur marché principal est formé de clients ayant des besoins énergétiques de faible puissance pour lesquels il n'y a pas d'alternative économique.

Le marché du petit éolien nord-américain pourrait aussi être appelé à se développer principalement sous la poussée des programmes de tarification nette que plusieurs distributeurs d'électricité offrent aujourd'hui à leurs abonnés qui souhaitent devenir autoproducteurs. Mais la décision d'entrer dans ce créneau de marché où le raccordement au réseau de distribution est requis, devra être précédée d'une analyse coût-bénéfice soignée. Comme on l'a vu au chapitre 8, un grand nombre d'éléments de coûts déterminent la rentabilité d'un projet éolien intégré au réseau: évaluation de la ressource, conception du système, étude des impacts, obtention des permis, achat de l'éolienne et des composants et modules complémentaires du projet, installation, certification et mise en service, durée de vie de l'équipement, frais d'entretien (documentés selon un historique de performance crédible du manufacturier), assurances, garanties des manufacturiers, contrats d'entretien, remplacement de composants après usure normale, location d'équipements, etc. Dans tous les cas, pour que l'investissement soit fondé, il faudra également évaluer, sur la même période d'analyse, le coût de comparaison de la fourniture électrique par le réseau de distribution en tenant compte des projections de tarifs du distributeur d'électricité tels qu'établis par l'organisme de réglementation de l'électricité ayant juridiction localement.

Ce marché du petit éolien se développe dans les juridictions où la hausse continue des tarifs d'électricité des distributeurs devient une incitation à l'introduction de technologies concurrentes. Il s'appuie également sur des programmes d'incitation à la production verte mis en place en vertu d'objectifs nationaux de réduction des émissions polluantes et de GES.

On compte cependant très peu d'autoproducteurs éoliens au Canada comparativement aux États-Unis. En définitive, la qualité du gisement éolien disponible au site considéré constitue la base principale de la rentabilité économique de tout projet éolien. En 2008, selon la qualité du gisement éolien et les conditions d'implantation du site, et en excluant les programmes d'incitation à la production d'énergie renouvelable ou la valeur des crédits environnementaux, le coût de revient de l'énergie fournie par le petit éolien est de l'ordre de 15 à 30 ¢/kWh. La majorité des programmes d'autoproducteurs offerts par les utilités publiques acceptent l'électricité ainsi produite au même prix que le tarif de l'abonné. Pour cette raison, les perspectives de croissance de ce marché au Canada restent donc extrêmement réduites et il est vraisemblable que ce marché éolien restera celui des besoins spécifiques de l'industrie des télécom, de pompage de l'eau ou de villégiateurs (chalets isolés, navigation de plaisance, etc.).

L'industrie du petit éolien possède un concurrent très sérieux spécialement dans les zones les plus fortement urbanisées responsables de la plus grande part des nouveaux besoins énergétiques : l'électricité des panneaux solaires photovoltaïques dont l'intégration à l'habitat urbain en particulier présente des avantages tout à fait évidents sur l'éolien, sauf dans les latitudes nordiques où les apports solaires d'hiver forcent le PV à compter sur la ressource la plus abondante localement, le vent.

De fait, il faut réfléchir aux marchés d'application des technologies d'énergie renouvelables dans un cadre de référence géoclimatique très technique où les caractéristiques des apports, la modularité des technologies et les particularités de la demande d'énergie, locales, régionales et territoriales deviennent les déterminants de la planification de réseaux d'énergie adaptés aux besoins des communautés et à la densité des agglomérations.

10.3 Réseaux non reliés (Grand-Nord, Îles) : l'idée du réseau d'énergie

La plage d'application typique de ce second créneau de marché est de l'ordre de 100 kW à 10 MW, où les aérogénérateurs sont raccordés à un niveau de tension de quelques dizaines de kV (domaine du réseau de distribution). On traitera plus en détail de ce marché lors de la présentation du système de jumelage éolien-diesel à haute pénétration sans stockage à la section 10.7. C'est à travers la philosophie de gestion de ce système qu'on peut constater qu'il n'existe pas de limite technique à la capacité éolienne qui peut être intégrée dans un réseau. Tout est dans la manière de gérer énergie et puissance. La valorisation des surplus énergétiques peut améliorer la rentabilité du système. La seule limite qui demeure est d'ordre économique. La détermination de la limite de pénétration éolienne dans un réseau est une question d'optimisation économique, une question d'ingénierie appliquée. En fait, à partir d'un niveau de pénétration éolienne de 30-40 %, on doit examiner le réseau électrique non plus en termes traditionnels d'électricité mais bien en tant que réseau énergétique. Il faut introduire des moyens de récolter, récupérer et valoriser l'énergie excédentaire produite en l'utilisant, par exemple, pour diminuer la consommation de carburant fossile de plus en plus coûteux dans des procédés traditionnels de combustion (réseaux thermiques, chauffage de l'eau, procédés industriels) et, peut-être même un jour prochain, pour produire économiquement de l'hydrogène. À partir d'un certain niveau de pénétration éolienne dans un réseau, seul le coût des solutions techniques peut bloquer la diversité des solutions possibles pour valoriser l'énergie excédentaire. Les systèmes hybrides sont en fait une nouvelle branche de l'ingénierie des systèmes énergétiques appelée à révolutionner la conception, la planification et les pratiques de gestion des réseaux énergétiques.

Il existe de remarquables perspectives de complémentarité et d'efficacité énergétique à l'échelle des communautés. Il s'agit d'imaginer de nouvelles règles de planification et d'exploitation du réseau électrique capables de faire coopérer des systèmes hybrides basés essentiellement sur des sources d'énergie renouvelables et structurés pour répondre à tous les besoins énergétiques de nos sociétés[148]. Des moyens de gestion d'énergie modernes, une meilleure efficacité énergétique et, possiblement, une plus grande sobriété énergétique (en raison de modes de gestion qui accordent la priorité aux apports des énergies renouvelables à carburant gratuit et favorisent la proximité production-demande) rendront possible de planifier une gestion intégrée des apports, des usages et des ressources énergétiques en les considérant comme un continuum hiérarchisé de services énergétiques organisés en vue d'un rendement énergétique global amélioré. La bonne source d'énergie à la bonne place, c'est aussi une définition de l'efficacité énergétique dans la planification même des réseaux énergétiques de l'avenir.

10.4 Grandes centrales éoliennes : de 10 à 1 000 MW et plus

Constituées de plusieurs aérogénérateurs de 2 à 5 MW chacun, les grandes centrales éoliennes sont raccordées au réseau régional de distribution ou de transport d'électricité. Le marché du grand éolien est compétitif avec les filières traditionnelles et représente l'essentiel du chiffre d'affaires global de tous les secteurs[149] de l'industrie éolienne moderne. Un rotor placé sur une tour de 100 m de hauteur profite d'un meilleur gisement ; sa productivité par m^2 de surface balayée est nettement plus élevée que celle qu'on peut obtenir d'une petite éolienne installée à 15 ou 25 m d'élévation

---

148. Un site spécialisé sur les architectures énergétiques des communautés : http://www.rsvp.nrel.gov/index.html.

149. En 2006, les nouvelles installations représentaient une valeur d'environ 40 G$ (25 G€), et près de 50 G$ si on tient compte de la valeur de l'électricité produite. Source : GWEC, *Global Wind 2007 Report*, p. 6.

sur le même site. Cela contribue directement à étendre le potentiel énergétique durable accessible au niveau local. Parallèlement, les hausses du coût unitaire des géants qui ont émergé aujourd'hui continuent d'être compensées par un coût de revient par kWh produit de plus en plus compétitif. Si la tendance et les conditions de croissance de l'industrie éolienne se maintiennent, – et il ne semble pas qu'elles changeront dans un futur prévisible –, le grand éolien, qui possède actuellement les rendements économiques les plus attrayants pour le réseau électrique, continuera de dominer le peloton des filières énergétiques vertes dans l'avenir.

10.5 Options d'utilisation de l'éolien pour un propriétaire foncier

Pour donner une idée de l'intérêt comparé entre les trois secteurs de marché, on peut tenter d'imaginer les options éoliennes qui s'offrent, par exemple, au propriétaire d'une exploitation agricole en territoire rural ou périurbain. L'agriculteur qui souhaite mettre en valeur le gisement éolien disponible sur ses terres dispose de trois avenues technologiques : il doit considérer l'autoproduction, le projet communautaire ou la centrale éolienne.

10.5.1 L'autonomie électrique (micro-électrification, autoproduction)

En mode autoproduction (c'est-à-dire en vertu d'un contrat de facturation nette), le raccordement au réseau de distribution est implicite. Il s'agit d'un système relativement simple puisque le réseau prend automatiquement la relève si le vent tombe ou que l'éolienne est indisponible. Dans quelques provinces au Canada, on retrouve diverses variantes de contrats d'autoproducteurs de type facturation nette ou mesurage net. Ces contrats prescrivent également l'utilisation de dispositifs et d'automatismes de protection pour le raccordement au réseau. À titre d'exemple, le programme d'autoproduction (facturation nette) en vigueur au Québec illustre cette option[150].

L'autoproducteur ne reçoit pas de chèque de son distributeur. Au mieux, sa facture annuelle peut être réduite à 0 $. Un seul compteur pourrait servir à établir le bilan de production net sur l'année, mais certains programmes – c'est le cas du programme SOC en Ontario – exigent un raccordement par compteur séparé qui cumule l'énergie injectée sur la ligne de raccordement vers le réseau de distribution. Le mode facturation nette est généralement associé à un abonné détenant un contrat d'autoproducteur individuel (petites éoliennes ou PV). Le critère décisif de rentabilité d'une telle option réside comme toujours dans le coût de revient unitaire, en ¢/kWh, de l'énergie produite par le projet éolien. Pour les agriculteurs desservis par le réseau

150. http://www.hydroquebec.com/autoproduction/fr/index.html

électrique, c'est-à-dire la majorité d'entre eux, ce coût de revient devrait être inférieur au tarif d'abonnement établi par le distributeur d'électricité, sinon la rentabilité ne sera pas au rendez-vous. Le marché du petit éolien pourrait se développer grâce au mode autoproduction, mais cela ne pourra se faire que là où la combinaison des tarifs d'électricité et de la qualité du gisement éolien le permet. Il faut bien constater qu'au Canada, où les tarifs d'électricité restent relativement bas, les coûts de revient nettement plus élevés du petit éolien, même en comptant sur une bonne qualité de la ressource éolienne, font en sorte que ce créneau de marché n'est pas près de grandir.

Depuis 2005, HQ offre un programme d'autoproduction à ses abonnés, limité à une capacité de production maximale de 50 kW. Ce programme vise à encourager l'éolien, mais l'option coopérative d'autoproducteurs lui permettrait de dégager une valeur nettement meilleure, ne serait-ce que par les économies de gestion de la distribution pour le suivi des « petits » dossiers des « petits » autoproducteurs. L'économie serait significative aussi dans les coûts d'autorisation par les pouvoirs publics concernés et dans les coûts d'installation.

10.5.2 Coopérative d'autoproducteurs : un chemin vers la production distribuée

Lorsqu'un statut d'autoproducteur est offert à un abonné, le seuil de rentabilité éolien est déterminé par le tarif d'abonnement de cet autoproducteur. La reconnaissance du droit d'un abonné à investir dans un projet éolien en tant qu'autoproducteur individuel ouvre naturellement la porte à l'idée d'un regroupement de tels abonnés au sein d'une coopérative d'investissement en autoproduction. Une telle coopérative pourra bénéficier d'un meilleur pouvoir d'achat auprès des manufacturiers et installateurs de petits systèmes éoliens. Il est raisonnable de croire que des milliers d'abonnés regroupés sur un secteur de distribution particulier pourraient se qualifier comme autoproducteurs à travers une société d'investissement communautaire. Or, il se trouve que la syndication d'investisseurs d'une communauté (voir la section 10.1) permet également d'envisager l'achat, beaucoup plus rentable, d'une grande éolienne moderne pour cette communauté. Le concept de l'autoproduction conduit ainsi tout naturellement à l'idée d'une coopérative d'investissement[151] dont chaque abonné-actionnaire détient un titre d'autoproducteur individuel dans l'exploitation d'une grande éolienne commerciale raccordée au réseau de distribution de son agglomération. Une telle agrégation d'investissements dans l'exploitation d'une éolienne

---

151. Des exemples de coopératives d'investisseurs existent pour des projets éoliens réalisés sur des terrains municipaux – http://www.c-bed.org/canada.html – y inclus dans des grandes villes comme Toronto http://www.windshare.ca/.

commerciale de grande taille débouche sur une rentabilité individuelle nettement meilleure que ce que permet d'entrevoir le statut d'autoproducteur isolé.

Quel meilleur investissement éolien sur 20 ans des autoproducteurs pourraient-ils faire autrement qu'en se regroupant pour acheter une machine de grande série, dotée de toutes les garanties et certifications de la grande industrie éolienne, tout en comptant sur l'assurance de programmes d'entretien et de service certifiés à long terme? Le marché du petit éolien ne fournit pas toujours ce type de services avec des garanties équivalentes. Ce mode d'investissement par coopérative d'autoproducteurs exploitant une grande éolienne commerciale moderne comporte des avantages évidents sur le plan technique: en raison des milliers de machines déjà en service dans le marché du grand éolien, la coopérative d'autoproducteurs bénéficie d'appareillages d'interconnexion certifiés par l'industrie éolienne et déjà normalisés pour les réseaux électriques. En prime, ces machines offrent au réseau de distribution la flexibilité d'un équipement électrique capable de répondre instantanément à la demande de proximité causée par le refroidissement éolien (demande hivernale vs vent). Elles permettent d'accroître la robustesse du réseau en cas de défauts de courte durée, de fournir de la puissance réactive à la demande de l'opérateur du réseau, de suivre des consignes de puissance, de se conformer à des consignes de mise en puissance, de retrait en puissance dans certaines conditions de vent… Ces fonctionnalités participent en temps réel à une meilleure stabilité et à une meilleure fiabilité en distribution; elles améliorent aussi la qualité de l'alimentation électrique et la sécurité d'approvisionnement du réseau. Elles représentent une valeur réelle pour l'exploitant des actifs du réseau de distribution. Loin d'être l'imprévisible perturbateur du système, l'éolienne moderne apporte ainsi à l'exploitant en distribution le potentiel de marges de fiabilité et de gestion additionnelles qui positionnent l'éolien comme un allié au niveau de la planification, de l'évolution et de l'exploitation du réseau de distribution.

Il restera évidemment à calculer la rentabilité du projet qui demeure indiscutablement tributaire du prix d'achat consenti par le distributeur.

10.5.3 La production commerciale d'électricité (grand éolien)

Le coût de développement de centrales éoliennes peut atteindre des centaines de millions de dollars. Ces grands projets constituent un domaine d'affaires spécialisé tant en termes d'ingénierie, de financement, de contraintes légales et juridiques qu'en termes d'exploitation d'un projet éolien sur sa durée de vie. Malgré tout, ce sont ces

PROCESSUS NATUREL DE MISE EN ROUTE D'UN PROJET DE CENTRALE ÉOLIENNE

Dans tous les pays, la nature même des projets de développement éoliens oblige ses promoteurs, quels qu'ils soient, à se faire reconnaître des droits fonciers sur le territoire où ils anticipent la réalisation d'un projet éolien. Il s'agit d'abord, pour chaque promoteur, de sécuriser une éventuelle concession foncière, un claim éolien. Lorsqu'ils concernent des terrains privés, ces droits – options, claims, ententes superficiaires – doivent faire l'objet d'une négociation de gré à gré, plus souvent qu'autrement individuelle, avec autant de propriétaires fonciers que nécessaire pour « loger » un projet en développement. Le processus est incontournable et éminemment confidentiel par nature.

Lorsque l'enjeu met les promoteurs en concurrence pour des bénéfices d'exploitation qui dureront 20 ans, comme c'est le cas au Québec avec plus de 3 000 MW d'appels d'offres compétitifs, l'exercice se complique sur le plan social par le côté ruée vers l'or qui s'y trouve automatiquement associé. Rappelons que cette ruée vers les 3 000 MW a donné lieu à près de 12 000 MW de propositions, toutes déposées chez HQD pour évaluation. Un processus de ce type suscite fatalement une certaine méfiance chez ceux qui se sentent bousculés devant la ruée soudaine qu'ils constatent dans leur voisinage. Ils peuvent aussi se trouver exclus des retombées économiques potentielles alors qu'ils devront peut-être vivre à proximité de nouveaux voisins qu'ils perçoivent comme une source d'inconvénients additionnels pour leur qualité de vie sans y avoir été préparés (voir la section 7.4.4, Acceptabilité sociale et environnementale).

Pourtant, des études effectuées en Angleterre, en Écosse (voir l'encadré Éolien et paysage à la section 3.8.3) et même au Canada font état d'une cohabitation harmonieuse entre éoliennes et populations vivant à proximité.

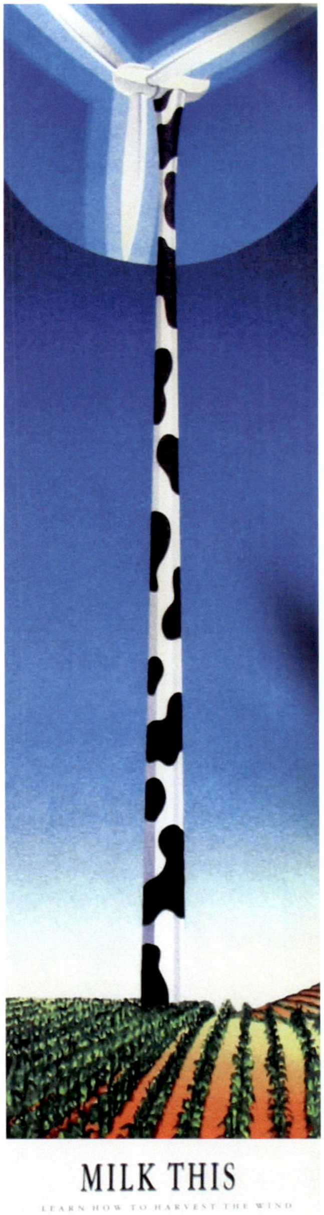

Source : Great Plains Windustry Project, Minnesota. www.windustry.org.

grands projets qui offrent les meilleures perspectives de rentabilité économique et le plus faible coût de revient du kWh.

Une propriété foncière de grande taille dans une zone de bon gisement éolien est ainsi un actif que l'agriculteur essaiera de mettre en valeur de la manière la plus rentable possible. Le slogan des fermiers du Minnesota est bien connu : « Nous cultivons du maïs, du bœuf et… de l'électricité ! ». Ces grands projets nécessitent des expertises techniques, commerciales, financières et juridiques nombreuses et complexes (utilités, pouvoirs publics, réglementation municipale et régionale, études d'impacts environnementaux, etc.). Ils requièrent aussi des apports financiers majeurs, ce qui les place hors de portée d'un exploitant agricole unique. La réalisation de ces projets prend quelques années. Des ententes superficiaires avec un ensemble de propriétaires fonciers sont généralement nécessaires pour arriver à réaliser le meilleur projet éolien possible pour les investisseurs.

10.5.3.1 Projets communautaires et projets coopératifs

Il est également possible pour un regroupement de propriétaires fonciers de se constituer en coopérative de développement d'une centrale éolienne sur leurs propriétés regroupées. On peut aussi imaginer qu'un propriétaire agricole investisse dans les phases initiales de l'évaluation du gisement éolien sur sa propriété en vue de valoriser éventuellement cette information essentielle, en partenariat avec un promoteur éolien de son choix[152].

10.6 Systèmes hybrides : des réseaux autonomes à la production distribuée

Au plan opérationnel, un système hybride se caractérise de deux façons :

- Il mobilise au moins deux technologies de production exploitées en synergie (p. ex. : éolien-diesel, éolien-hydraulique, éolien-PV-diesel).
- Sa complexité spécifique au niveau de la gestion et de l'exploitation des apports est semblable, au plan conceptuel, à celle d'un réseau électrique traditionnel.

L'univers des systèmes hybrides regroupe une variété de technologies agencées dans une grande diversité d'architectures. Il est malheureusement impossible d'en faire une nomenclature exhaustive dans le cadre de cet ouvrage. Les références

152. On consultera à cet égard le projet de la Coopérative de Val ÉO, au Lac-Saint-Jean. http://www.agr.gc.ca/cb/index_e.php?s1=n&s2=2006&page=n60628

données à la fin de cette rubrique fourniront plus de détails à ceux qui souhaitent poursuivre l'exploration de cet univers technologique foisonnant.

On parle de systèmes hybrides en association avec des problématiques énergétiques qui concernent souvent des communautés regroupées – villages, hameaux, îles – pour lesquelles les coûts d'approvisionnement en énergie sont nettement plus élevés que sur le grand réseau. La plage typique de ces systèmes va de quelques dixièmes à quelques dizaines de MW, mais on s'y intéresse le plus souvent pour des communautés isolées dont les besoins électriques vont de quelques MW jusqu'à plusieurs dizaines de MW de capacité. Le domaine des systèmes hybrides est intimement associé au développement rapide des technologies de production et de stockage modulaires, décentralisées et dotées d'interfaces de raccordement conformes aux exigences des exploitants des réseaux. Il inclut des fonctions d'exploitation paramétrables, des processeurs de télécommunication, des interfaces pour automates programmables et diagnostics à distance, des systèmes d'acquisition et d'archivage de données ainsi que des convertisseurs d'électronique de puissance performants.

Il s'agit d'un marché plus complexe que celui de l'autoproduction ou même des petits systèmes autonomes en raison des contraintes de fiabilité que ces systèmes, qui opèrent en totale autonomie, doivent respecter pour garantir la même qualité de service aux communautés isolées qu'à celles qui sont reliées au grand réseau continental.

Un système hybride doit notamment :

- assurer la disponibilité, la fiabilité et la qualité de l'électricité en tout temps à ses abonnés,
- obéir à des règles d'exploitation temps réel basées sur une priorisation économique des ressources énergétiques disponibles,
- compter sur une gestion automatisée des composants du système afin de garantir la stabilité du système en tout temps, y inclus dans les transitions entre les différents modes d'opération du système. (ex. dans un système éolien-diesel, trois modes d'alimentation du réseau local existent selon l'intensité du vent : éolien seul, éolien-diesel et diesel seul).

De fait, les réseaux non reliés, aussi appelés réseaux autonomes, constituent le marché privilégié des systèmes hybrides. Les communautés isolées sont traditionnellement desservies par des groupes électrogènes diesel. L'industrie des systèmes hybrides désigne fréquemment ce marché comme celui de l'électrification des villages (*village power*).

Les performances et les caractéristiques de modularité des technologies mises en œuvre dans des systèmes hybrides donnent toute sa légitimité au domaine de la production distribuée aussi appelée décentralisée, ou encore embarquée. En production distribuée, les systèmes hybrides contribuent à l'évolution des règles de planification, de conception et des pratiques d'exploitation des systèmes énergétiques (incluant celle du vecteur électricité), tant au niveau de l'offre de services énergétiques que du côté de la gestion de la demande d'une clientèle variée, de plus en plus informée des possibilités qu'offre la technologie moderne et de plus en plus exigeante envers les grands réseaux continentaux d'électricité qui lui fournissent son énergie.

Le marché des systèmes hybrides laisse entrevoir un nouveau paradigme réseau qui permet d'imaginer un ensemble de sous-réseaux énergétiques locaux et régionaux participant à un approvisionnement énergétique diversifié[153].

10.6.1 Moteurs sociaux-environnementaux-technologiques et économiques des systèmes énergétiques hybrides

Les moteurs de cette branche spécialisée du génie énergétique sont multiples :

- la diminution des coûts d'approvisionnement d'électricité pour les communautés non reliées aux grands réseaux, la sécurité des approvisionnements énergétiques, la réduction de la manutention des carburants (diminution du potentiel de déversements dans des environnements souvent fragiles) ainsi que la diminution des rejets de polluants,
- les programmes d'électrification mis en place pour répondre aux problèmes criants de fourniture des besoins énergétiques de base des populations qui n'ont pas encore accès à l'électricité (plus de 2 milliards de personnes dans le monde),
- l'importance accordée aujourd'hui à la diminution de l'intensité énergétique dans tous les secteurs d'activité économique comptabilisée dans le produit national brut (PNB) d'un pays et exprimé en GJ/$PNB. L'intensité énergétique est un indicateur de la performance énergétique de l'économie d'un pays. Cette pression joue nettement en faveur de la croissance de la demande d'électricité,

153. Smart Grid, « Leader or follower ; developing the smart grid business case », John McDonald, *IEEE Power & Energy*, nov.-déc. 2008, vol. 6, n° 6, p. 18-24.

de l'extension et de l'évolution des règles de planification des modes d'exploitation des réseaux électriques et, en particulier, de la diversification du secteur de l'électricité,

- les pressions internationales liées aux réalités des changements climatiques et de la dégradation de la qualité de l'air qui sont un levier important de la croissance des marchés des énergies renouvelables, notamment le solaire – PV et solaire thermique – et l'éolien.
- depuis plus de 10 ans, la déréglementation du marché de l'électricité a entraîné une restructuration des monopoles traditionnels. La compétition du secteur de la production, l'ouverture des réseaux de transport aux producteurs indépendants et l'arrivée de nouveaux distributeurs et courtiers de services énergétiques ont radicalement modifié le commerce de l'électricité. Ces changements ont entraîné une croissance phénoménale de transactions commerciales de court terme sur le marché spot de l'électricité à l'échelle continentale. Cette ouverture s'est accompagnée de la pénétration croissante de systèmes automatisés et de télécommunications dans les processus de planification et d'exploitation des réseaux, le développement de solutions énergétiques locales au niveau du réseau de distribution (production embarquée) et l'émergence de micro-réseaux pouvant opérer en mode îloté.

L'émergence d'un paradigme de planification inspiré de la philosophie du réseau intelligent (*Smart Grid*) influence désormais concrètement l'évolution des règles architecturales de la planification des réseaux traditionnels. Elle est déjà en train de jeter les bases de l'organisation du réseau du futur. Le magazine spécialisé *IEEE Power&Energy*, de l'*IEEE Power and Engineering Society*, en fera le thème d'une édition 2009[154].

Tous ces éléments contribuent à une redéfinition des pratiques et des savoir-faire traditionnels des planificateurs des réseaux électriques, amenant les concepteurs et les exploitants de réseau à se préparer aux conséquences du foisonnement de solutions technologiques commerciales disponibles tant du côté de l'offre que de la demande d'énergie des clients.

154. « Critical issue in energy ; efficiency, Smart grids, & renewables », Mel Olken, éditeur du magazine spécialisé *IEEE Power&Energy*, vol. 6, nº 6, nov.-déc. 2008, p. 4.

10.6.2 Marché privilégié – réseaux autonomes

On n'a qu'à penser à l'alimentation électrique de villages des Territoires du Nord-Ouest, du Grand Nord québécois ou de l'ensemble des communautés des Îles-de-la-Madeleine pour situer les usages des systèmes considérés ici. Les réseaux autonomes forment un créneau de marché spécialisé qui couvre des capacités électriques allant de 100 kW à 100 MW. Plusieurs technologies de production peuvent se jumeler et agir en complémentarité pour assurer la fourniture des besoins électriques et énergétiques de ces communautés qui ne sont pas rattachées au grand réseau électrique continental.

Pour l'éolien, le seuil d'entrée de ce domaine d'application des systèmes hybrides commence à 50 kW – les plus fortes capacités de la classe petites éoliennes – mais n'exclut pas l'exploitation des turbines de grande série de capacité supérieure à 1 MW. Les éoliennes commerciales de 2 MW sont celles qui accaparent actuellement le gros du marché global de l'industrie éolienne dans des applications de type centrales éoliennes, reliées aux grands réseaux électriques continentaux, et peuvent donc trouver une place dans des réseaux électriques aux modes d'exploitation novateurs.

Le cas échéant, dans un système éolien-diesel, les éoliennes seront raccordées directement au réseau de distribution MT (< 50 kV). Il est frappant de constater le parallélisme qui existe entre la réalité énergétique des réseaux autonomes et celle qu'on retrouve dans ces nouveaux concepts de quartiers résidentiels californiens dont l'approvisionnement électrique d'appoint fait aussi partie intégrante des exigences de sécurité énergétique des propriétaires-résidents, pour faire face à une éventuelle panne du grand réseau.

Il existe ainsi un continuum de concepts et d'applications des systèmes hybrides dans des architectures de type réseau énergétique pour lesquels les éoliennes commerciales modernes de grande capacité présentent un potentiel technologique durable et rentable. Ce continuum de solutions énergétiques hybrides milite en faveur d'une nouvelle pratique de planification et d'exploitation et amène en particulier la redéfinition de la fiabilité à l'échelle régionale.

10.6.3 Seuil de rentabilité des systèmes hybrides

Les coûts de fourniture de l'électricité dans les réseaux autonomes sont significativement plus élevés que dans le réseau continental. Les ressources énergétiques locales y sont peu nombreuses et leur exploitation est sujette à des contraintes climatiques sévères. La principale source d'énergie en réseau autonome reste le carburant diesel.

L'éloignement de ces communautés fait en sorte que le transport représente une part non négligeable du prix de ce carburant, ce qui pèse lourdement sur le coût de revient du kWh. L'approvisionnement électrique est généralement fourni par des groupes diesel-alternateurs dont le rendement de conversion carburant-électricité est d'environ 4 kWh/litre. Finalement, le poids de l'infrastructure électrique en réseau autonome est réparti sur un moins grand nombre d'abonnés de sorte qu'on n'y bénéficie pas des avantages que procurent les économies d'échelle et de volumes de grands marchés. Tous ces éléments favorisent l'intégration, dans les réseaux autonomes, de sources alternatives d'électricité qui exploitent des ressources naturelles existant sur le territoire en vue de réduire la dépendance du carburant diesel importé à fort prix. C'est là le domaine d'application privilégié des systèmes hybrides.

10.7 Exemples de systèmes hybrides

Parmi toutes les alternatives de production énergétiques utilisant les ressources locales, l'éolien occupe une position privilégiée dans le marché des systèmes hybrides dans les régions nordiques, en raison de la vaste distribution de cette ressource naturelle, abondante au Canada, de la maturité de l'industrie éolienne dont les coûts sont toujours plus compétitifs. La différence de prix entre la production éolienne et diesel risque fort de s'accentuer en faveur de l'éolien dans un marché pétrolier marqué par une instabilité de plus en plus préoccupante. L'éolien est ainsi appelé à jouer un rôle croissant dans ce type d'applications. Dans les meilleures caractéristiques géoclimatiques, il est certainement permis d'anticiper une réduction de la consommation de carburant diesel de 50 % et, possiblement dans certains cas, jusqu'à 80 %.

10.7.1 Systèmes de jumelage éolien-diesel à haute pénétration

Pour décrire les caractéristiques de la technologie de jumelage qui suit, on doit d'abord rappeler ce qu'on entend par le taux de pénétration éolien. La définition que nous utilisons est celle du rapport entre la capacité éolienne installée et la demande de pointe du réseau considéré. La figure 10.2 illustre les principaux éléments d'un système de jumelage éolien-diesel à haute pénétration sans stockage (JEDHPSS). Cette technologie a été développée à l'Institut de recherche d'Hydro-Québec (IREQ) avec l'appui de RNCanada, de 1986 à 1994.

Les règles de conception et d'exploitation qui ont conduit à la démonstration de la faisabilité de cette technologie sont les suivantes :

- La pénétration éolienne optimale d'un système éolien diesel à haute pénétration est dictée strictement par les paramètres économiques au site. L'investissement en éléments éoliens dans le réseau existant est essentiellement remboursé par les économies de carburant annuelles anticipées. Cet investissement devient donc, principalement, fonction du coût de carburant et de la qualité du gisement éolien au site.
- La priorité est donnée en tout temps à l'éolien (principe du moindre coût de carburant).
- Lorsque les vents le permettent, les moteurs diesel sont éteints.
- La qualité de l'électricité du système jumelé doit être égale ou meilleure que celle du système initial.

Pour maintenir la fréquence[155], un système de régulation assure l'équilibre, en tout temps, entre la production et la consommation, en contrôlant l'alimentation de charges secondaires (non prioritaires par rapport à la demande des abonnés). Le système fonctionne selon trois modes, dépendant du niveau moyen de la production éolienne : éolien seul (100 % de la demande alimentée par éolien) ; en mode jumelé éolien-diesel ; et en mode diesel seul (100 % de la demande alimentée par le diesel). Pour fonctionner en mode éolien seul, la production doit être supérieure à la demande, afin d'assurer une réserve de sécurité. La portion en excès de la demande prioritaire (incluant la réserve de sécurité) est dirigée vers des charges secondaires ; ces charges secondaires maintiennent l'équilibre entre la production et la consommation, ce qui assure la stabilité de la fréquence du réseau. Ces surplus énergétiques sous forme d'électricité peuvent être valorisés en se substituant, par exemple, au carburant normalement utilisé pour le chauffage des locaux ou de l'eau ou d'autres procédés énergétiques couramment en usage dans la communauté. Il y a donc un potentiel d'économies additionnelles de carburant pour l'ensemble de la communauté. Il faut noter que la valeur de substitution de l'électricité excédentaire n'est que de 33 à 50 % de celle qui sert à alimenter la demande prioritaire puisqu'elle est destinée à remplacer du carburant qui aurait été utilisé directement pour la chauffe (non électrique) à un rendement de combustion de deux à trois fois meilleur que le rendement d'un groupe électrogène diesel.

Cette technologie innovatrice a fait l'objet de plusieurs études de simulation qui ont permis d'examiner tour à tour, à l'aide de modèles appropriés, les questions de

155. 60 Hertz (Hz) dans les réseaux nord-américains, 50 Hz sur les réseaux européen et asiatique.

qualité de l'onde et de stabilité de réseau (logiciel de calcul Simulink et Matlab/SPS[156]), de même que les problématiques de rentabilité économique (modèle de gestion des apports éoliens[157]).

La première application commerciale de cette technologie a été réalisée en 1999 sur l'île Saint-Paul (îles Pribilof, mer de Béring) en Alaska[158], où le taux de pénétration est de l'ordre de 350 %, c'est-à-dire que la puissance nominale de l'éolienne équivaut à 3,5 fois la demande de pointe électrique. Le système est valorisé par l'utilisation des surplus de production éolienne pour le chauffage des locaux.

Autres informations sur des systèmes éoliens-diesel :

- **Alaska** : http://www.akenergyauthority.org/programwindsystem.html
- **Île Saint-Paul**, Alaska ; (premier projet commercial de la technologie éolien-diesel à haute pénétration) : http://www.akenergyauthority.org/PDF%20files/St-Paul-Alaska-Operational-Experience_TDX-Power.pdf
- **Northern Power Systems** (village Power, micro-grid)

  http://www.northernpower.com/power_systems/MPowerProducts/RVP.html
  http://www.northernpower.com/data/Unsorted/pjb_AVEC_1.0-17872.pdf

FIGURE 10.2
Éléments d'un système de jumelage éolien-diesel à haute pénétration sans stockage (JEDHPSS)

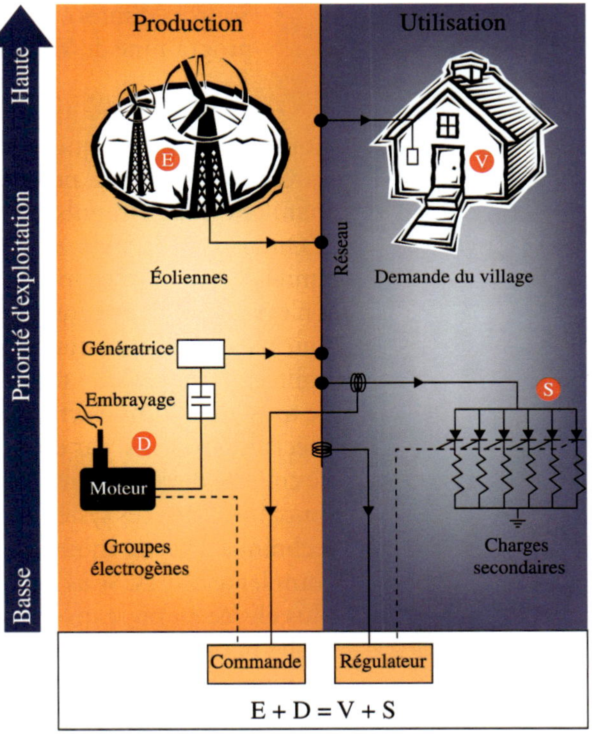

Source : Hydro-Québec.

156. Saulnier, B. et Gagnon, R., *Engineering of Wind-Diesel Systems using Matlab / SPS* Tools*, Wind Diesel 2004 Workshop, Girdwood, Alaska, 28-29 sept. 2002.

157. Forcione, A. et Saulnier, B., *Systèmes jumelés éolien-diesel au Nunavik ! Établissement des configurations et VAN optimales pour les quatorze villages ! Mise à jour 2004*, HQD-5, document 1, Annexe 1, Régie de l'énergie (Demande R-3550!2004), 15 décembre 2004.

158. Mott, L. & Saulnier, B, *Commercial Wind-Diesel Project*, St-Paul Island, Alaska, 14th PPDIUC, Winnipeg, Man., 2000.

- **Frontier Energy System** (Île de Ramea, Terre-Neuve)
- **Power Corp**, Australie (projet en Antarctique): http://www.pcorp.com.au/index.php?option=com_content&task=view&id=99&Itemid=157
- Source d'information additionnelle sur les systèmes hybrides: site du programme de Village Power (**NREL**, Colorado, USA)

10.7.2 Systèmes hybrides PV-éolien

Contrairement à ce qui se passe en Allemagne, en France, en Espagne, au Japon ou en Californie où une nette tendance à l'intégration du PV au patrimoine urbain se manifeste sous l'impulsion de tarifs d'achats garantis, les usages du PV au Canada (l'Ontario constituant une exception notable comme on l'a vu à la section 10.1) se limitent surtout à des applications spécialisées ou à des marchés de niche pour lesquels il n'existe pas de solution plus séduisante ou/et économique. Les besoins énergétiques fournis par des systèmes autonomes à base de PV sont donc généralement de capacité limitée. Il s'agit d'une technologie que l'on voit rarement appliquée à la couverture de tous les besoins électriques d'un village, mais qui se prête plutôt bien aux services spécialisés fournis, par exemple, par des stations automatisées de communication ou de collecte de relevés environnementaux conçues pour fonctionner sans intervention humaine. Dans ces systèmes, la production électrique des panneaux PV peut profiter, techniquement du moins, de l'éolien dont les caractéristiques d'apports annuels sont complémentaires. Sous les latitudes canadiennes, en effet, la production éolienne est plus élevée en hiver qu'en été, alors que le nombre d'heures d'ensoleillement disponibles pour le PV l'hiver est considérablement moindre qu'en été. Il est donc possible de jumeler des modules PV à du petit éolien pour alimenter le profil de charge requis d'un usage spécifique. On parle alors de système hybride PV-éolien (voir la figure 10.4).

10.8 Systèmes hybrides : leçons et perspectives grand réseau

Des systèmes hybrides bien planifiés permettent d'élargir l'offre de services énergétiques en valorisant certains volumes d'énergie excédentaire d'un réseau électrique comme on vient de le voir avec les réseaux autonomes. Un réseau fournisseur d'électricité peut ainsi devenir un fournisseur d'énergie dans la communauté et occuper de nouvelles niches de marché. Cette évolution devrait se traduire par une amélioration de l'efficacité énergétique de la communauté, grâce à la réduction des besoins en coûteux approvisionnements importés et aux complémentarités qu'elle permet dans l'utilisation de l'énergie dans la communauté. Cela devrait entraîner une amélioration récurrente de l'intensité énergétique locale dans toute communauté où ce type d'évolution du réseau électrique est mis en œuvre. La technologie de jumelage éolien-diesel à haute pénétration fournit un exemple probant de cette évolution vers une meilleure performance énergétique des réseaux.

Dans le cas du jumelage éolien-diesel de l'île Saint-Paul, un réservoir d'eau chaude incorporé au système de chauffage de l'aéroport (circulation d'eau chaude) absorbe l'énergie électrique excédentaire. Développé pour des réseaux autonomes (communautés isolées), ce concept pourrait donner lieu à une contribution importante de l'éolien, à une échelle plus large, en établissant de nouvelles complémentarités, de nouveaux ponts énergétiques à l'intérieur de réseaux de distribution locaux d'énergie (chauffage/climatisation urbaine, substitution électricité/pétrole, stockage thermique, stockage électrochimique, production d'hydrogène, etc.) à l'échelon municipal et régional.

10.8.1 Réseaux autonomes vs grand réseau

En éliminant la notion d'une limite technique à la contribution de ressources comme l'éolien dans le réseau, des régions traditionnellement dépendantes d'électricité importée peuvent même songer à subvenir à une partie importante de leurs besoins, à devenir redistributeurs d'énergie auprès d'autres réseaux régionaux ou même à exporter leur surplus d'électricité vers d'autres régions. La technologie permet de l'envisager sans problème.

On peut poursuivre ce raisonnement au niveau d'une artère de distribution d'une région rurale ou d'un quartier urbain en imaginant de la même façon un grand nombre d'éléments de production de petite capacité, à l'échelle des besoins de tous les résidents qui y sont raccordés. Une telle contribution pourrait transformer complètement le bilan énergétique annuel de cette branche du réseau.

Une ligne de transport, des procédés qui utilisent des formes d'énergie différentes (réduction de consommation de carburant) exploités en combinaison avec du stockage (thermique ou électro-chimique) ou qui servent à la fabrication de produits de base à valeur ajoutée (dessalement de l'eau) ou de carburants (hydrogène), tous ces moyens sont des options qui d'un point de vue économique doivent être évaluées. De fait, les limites actuelles à la pénétration éolienne dans les réseaux restent essentiellement liées à un certain statisme dans les règles d'exploitation et les pratiques de planification qui encadrent les décisions d'investissements dans le réseau et imposent en particulier une circulation unidirectionnelle des flux d'énergie à l'intérieur des réseaux de distribution.

Grâce à la production annuelle de ses centrales éoliennes en service et sans même l'apport d'équipements technologiques particulièrement novateurs, l'Est du Québec deviendra, en 2015, une région exportatrice nette d'électricité. En moins de 10 ans, l'Est du Québec sera passé d'une situation de dépendance énergétique quasi complète à une situation d'exportateur d'électricité grâce à la mise à niveau du réseau de transport régional par Trans-Énergie. Dans ce cas, l'exportation des surplus d'électricité éolienne vers les régions voisines transitera sur le réseau de transport d'Hydro-Québec vers Québec, Montréal ou le réseau du Nouveau-Brunswick par les postes régionaux ou d'interconnexion de Trans-Énergie (voir l'encadré Les surplus gaspésiens à la section 9.4, p. 203).

10.8.2 Paradigmes : production centralisée vs distribuée

L'intégration de moyens de production au niveau du réseau de distribution appartient au domaine générique de la production décentralisée (par opposition à la production centralisée que représentent les grandes centrales traditionnelles). On désigne la production décentralisée en réseau de distribution sous le vocable de production distribuée. On pourrait également la qualifier de production embarquée, au sens anglais de *embedded*, c'est-à-dire intégrée dans les opérations sur le terrain, en l'occurrence, une production qui serait raccordée aux centres de consommation d'électricité, à travers le réseau de distribution.

La notion de production distribuée peut parfois porter à confusion. En pratique, lorsqu'on s'intéresse à l'agrégation éolienne régionale dans des études offre-demande visant l'optimisation de la gestion d'un parc de production régional ou national, il est utile de préciser qu'on donne à un ensemble d'éoliennes « distribuées » sur un territoire donné le sens de « dispersées géographiquement ». La notion de production distribuée utilisée dans cette section a moins à voir avec cette notion de dispersion géographique (qu'elle n'exclut cependant pas) qu'avec celle de la proximité offre-demande qui constitue une donnée essentielle de l'univers de décision économique et technique des planificateurs et des exploitants du réseau de distribution électrique. La figure 10.3 donne un schéma représentatif de ce qu'est, au sens de la conception et de la planification du réseau, la production distribuée (décentralisée) par rapport à la production centralisée (conventionnelle)

On a vu, dans la section 9.5, que des caractéristiques parfaitement valides pour un niveau d'agrégation de production éolienne donné peuvent n'être d'aucune utilité pour examiner certaines problématiques d'intégration qui concernent des horizons d'exploitations différents (par exemple, la variabilité horaire de la production ne

FIGURE 10.3
Schéma illustrant la signification de la production distribuée (décentralisée) par rapport à la production centralisée (conventionnelle) pour le concepteur du réseau de demain

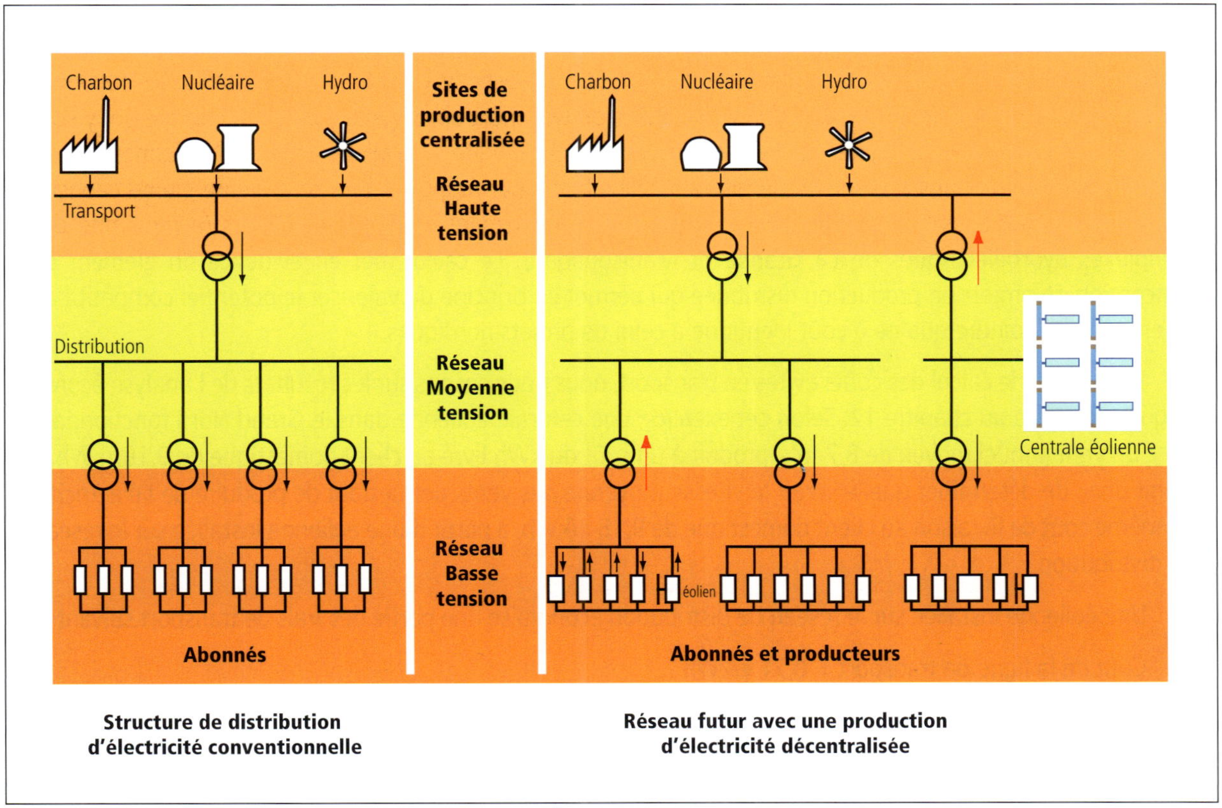

Source : EWEA – European Wind Energy Association, *Prioritising Wind Energy Research, Strategic Research Agenda of the Wind Energy Sector*, July 2005. Ref. http://www.windplatform.eu/fileadmin/ewetp_docs/Structure/SRA_final.pdf. Gracieuseté : Kassel Institut für Solare Energieversorgungstechnik – ISET.

PRODUCTION ÉOLIENNE CENTRALISÉE OU DISTRIBUÉE : COÛT DE TRANSPORT VS GISEMENT

L'équivalent gisement éolien du coût de transport

Production distribuée vs production centralisée, qu'en est-il des aspects économiques ? Installer des éoliennes sur le réseau de distribution permet d'éviter les coûts de transport ainsi que les pertes d'énergie qui y sont associées. On peut ainsi imaginer qu'il existe un point de rentabilité équivalent entre des éoliennes raccordées en distribution dans une région de gisement plus faible par rapport à une centrale de même capacité raccordée en mode centralisé dans une zone de meilleur gisement du Nord Québécois (à proximité des complexes hydroélectriques de La Grande et Manicouagan). Le calcul met en évidence un élément de conception de projets en production distribuée qui permet en principe de valoriser le potentiel compétitif de gisements de moindre qualité à coût identique à celui de projets nordiques.

Pour établir le calcul des coûts évités en transport, nous nous basons sur les résultats de l'analyse économique présentée au chapitre 12. Selon cet exercice, une centrale éolienne dans le Grand Nord fonctionnant avec un vent annuel moyen de 8,7 m/s, produit à un coût du kWh livré au client domestique de 9,18 ¢kWh. Il s'agit donc de déterminer quelle serait la vitesse moyenne des vents permettant de produire de l'électricité, au même coût de livraison au client domestique de 9,18 ¢/kWh, à partir d'une éolienne installée sur le réseau de distribution.

Une éolienne installée sur le réseau de distribution économise une partie des frais de transport suivants :

Coût de la ligne de transport = 0,71 ¢/kWh

Imprévus de 20 % : 0,71 × 0,20 = 0,14 ¢/kWh

Frais d'entretien de 15 % : 0,15 × (0,71 + 0,14) = 0,13 ¢/kWh

+ coût des pertes de 5,2 % (de chapitre 12) = 0,40 ¢/kWh

pour un coût évité total de : 1,38 ¢/kWh

On trouve le résultat suivant : une centrale éolienne bénéficiant d'un vent de 7,6 m/s, installée sur le réseau de distribution, sera aussi rentable qu'une centrale éolienne installée sur le réseau de transport bénéficiant d'un vent moyen annuel de 8,7 m/s.

▶

Il s'agit évidemment d'une première approximation. Nous avons supposé que les coûts de renforcement ou modification du réseau de distribution seront les mêmes pour le scénario décentralisé que dans le cas analysé au chapitre 12. Cependant, nous n'avons pas crédité comme coût évité le coût du poste élévateur de tension de la centrale Grand Nord, qui représente vraisemblablement une différence importante par rapport à un raccordement au réseau de distribution[1]. De même, nous n'avons pas tenu compte des surcoûts de 4 %, associés à la version nordique de l'éolienne, qui pourraient être évités dans un scénario décentralisé réalisé plus au sud. Le calcul du coût évité reste donc conservateur.

Évidemment, le calcul peut être raffiné : la production distribuée fait appel à de plus petites centrales éoliennes, quand ce n'est pas à des éoliennes individuelles, donc, les économies d'échelle ne sont pas nécessairement reflétées ; l'entretien, encore à cause des économies d'échelle, pourrait aussi être plus dispendieux. Par contre avec un plan d'agrégation de projets communautaires, les coûts d'installation seraient moindres. L'exemple présenté permet tout au moins d'établir une balise dans la comparaison des options technologiques que représentent les modes de production centralisée et décentralisée.

1. Selon des chiffres d'HQTÉ, le coût d'un poste de départ pour une ligne de 315 kV est d'approximativement 95 M $. Si ce coût est exact, le fait de le négliger dans le calcul effectué ici pour un scénario production distribuée équivaut à une économie additionnelle de 0,48 ¢/kWh, correspondant à un vent de 7,3 m/s pour de la production distribuée, comparable à 8,7 m/s pour un projet centralisé.

Source : Demande R-3526-2004, Dossier HQ-3, Document RRSE, Original 2004-03-30, p. 37.

permet pas d'étudier la qualité de l'onde au point de raccordement). Les mêmes précautions s'appliquent à l'exploitation en mode production distribuée et il faudra utiliser la représentation adéquate de l'éolien pour répondre aux questions spécifiques concernant une branche-artère particulière d'une sous-section du réseau ; c'est la seule manière de trouver des solutions viables et rigoureuses à des problématiques d'ingénierie précises.

Aux fins des préoccupations de l'exploitant du réseau électrique, la production distribuée n'a de sens qu'en ce qu'elle influence d'une manière ou d'une autre la topologie physique du réseau et les tâches placées sous sa responsabilité spécifique. L'information de la topologie physique du réseau (niveaux de tensions, postes, distances, lignes, capacités des équipements, transfos, équipements de protection, demande par types d'abonnés, règles d'exploitation, etc.) est essentielle à l'intégration harmonieuse de la production distribuée. Pour des apprentissages rigoureux concernant l'étude des problématiques d'intégration de l'éolien aux réseaux, il est évident que, pour tout cas de figure considéré, il faut formuler le problème particulier en s'assurant que la représentation de la topologie physique du réseau concerné soit associée au niveau d'agrégation éolienne conséquent, et vice-versa. Si on imagine que le réseau compte sur 50 % de production décentralisée, il faut également convenir que la proximité de la production et de la consommation modifie complètement la prévision de la demande pour l'exploitant par rapport à un mode entièrement centralisé. En conséquence, le plan d'ordonnancement de la production du lendemain sera significativement différent. L'optimisation devra compter inévitablement sur une base prévisionnelle de la production éolienne très poussée.

Selon qu'ils touchent des questions de stabilité électrique, de fiabilité du réseau, de conception des systèmes de commande-protection, d'écoulement de puissance (*load-flow*), d'optimisation économique liée aux règles d'exploitation, les modèles de simulation examinent des problèmes et des méthodes appartenant à des horizons de temps exclusifs et doivent se baser sur des méthodes de calcul et des systèmes d'équation spécialisés qui interpellent des domaines d'ingénierie spécifiques. Dans ces logiciels de simulation spécialisés, chacun des composants faisant partie de la formulation du problème sous analyse est représenté selon des gabarits de modélisation et des paramétrages spécifiques. Ainsi la représentation appropriée d'une caractéristique d'un aérogénérateur, d'une centrale ou de plusieurs centrales agrégées, de même que celle de n'importe quel autre équipement ou appareillage de réseau doivent être conséquentes avec l'horizon de temps spécifique au besoin visé par l'étude. C'est ainsi qu'on peut tirer des conclusions rigoureuses de l'analyse d'une problématique d'exploitation ou de planification particulière.

La production distribuée est de fait un sous-ensemble du vaste domaine des ressources énergétiques distribuées (RED) (*Distributed Energy Resources*). Nous touchons ici à un paradigme qui interpelle directement l'ingénierie des réseaux énergétiques[159]. Selon les principes des RED, la conception, la planification et l'exploitation des grands systèmes-réseaux énergétiques se place sous l'angle de la diversité et de la modularité des sources d'énergie, des technologies de production, des technologies de stockage et des modes de gestion de la demande, de façon à rechercher un objectif d'efficacité dans l'utilisation des ressources.

---

159. Roberge, R., Reid. R. et Saulnier, B., *Emerging technologies, generation and storage for distributed and autonomous energy systems*, 13th CanWEA conference, Québec, 1997.

Les RED privilégient l'approche modulaire pour les sources de production qui peuvent se combiner aux méthodes de gestion de la demande (compteur intelligent, tarification différenciée selon l'heure du jour ou l'amplitude de la demande, télécommande de charge, plan de télédélestage coordonné) et à des unités de stockage d'énergie locales pour améliorer la fiabilité et la qualité-continuité-sécurité de l'approvisionnement énergétique (et électrique). Par exemple, pour des nouveaux besoins en chaleur, froid et électricité de procédés industriels, l'approche des RED offre des perspectives intéressantes d'optimisation, d'adéquation offre-demande par l'installation de systèmes énergétiques offre-demande conçus spécifiquement pour alimenter ces nouveaux besoins au niveau local (chauffage, ventilation climatisation, pompage). (Voir aussi la note 154 sur le réseau intelligent à la section 10.6.1.)

L'intégration des RED est facilitée par la disponibilité de systèmes de conversion commerciaux d'électronique de puissance très performants et de systèmes de commande et contrôle homologués permettant la mobilisation et l'exploitation d'unités de productions distribuées comme les éoliennes. Des RED équipés de systèmes de commande automatisés et de fonctions de communication avancées offrent un degré de liberté additionnel aux exploitants dans la gestion de leur réseau de distribution. Ils leur permettent de passer au besoin des commandes (arrêt, départ, consigne de puissance, rampe, support de tension, etc.) à des unités RED spécifiques et de contribuer ainsi à alléger, en coordination, les besoins de réserve tournante de l'exploitant du réseau de transport, tout en lui donnant la possibilité de gérer de façon optimale une partie de la demande sans pénalité d'inconfort pour les abonnés.

Les RED raccordées au réseau ne doivent pas être vues comme un substitut au réseau électrique traditionnel (centralisé). Bien que les RED puissent être assemblés pour répondre à des besoins énergétiques d'un village autonome (mini-réseau, *micro-grid*), elles offrent également de belles possibilités pour les exploitants du réseau centralisé. Les RED peuvent servir à fournir les besoins énergétiques comme le chauffage de l'eau et des locaux et/ou assurer la fourniture en base, en urgence ou en pointe et contribuer à la qualité de l'onde.

Les groupes électrogènes sont des unités de production fréquemment utilisées en mode production distribuée, mais leurs inconvénients (pollution de l'air et bruit) en font de plus en plus la cible de réglementations urbaines qui limitent souvent leur usage aux besoins d'urgence. Ces inconvénients n'existent pas en zone urbaine pour d'autres technologies (PV, stockage thermique, volants d'inertie), mais, sauf pour le stockage thermique, leur coût reste souvent un handicap.

Il existe pourtant d'autres synergies, d'autres complémentarités à mettre en valeur.

L'exemple de la complémentarité des apports éoliens et hydrauliques dans le grand réseau québécois a été souligné à la section 9.6. On a aussi présenté la complémentarité production-demande liée à la demande de chauffage à l'échelle locale et régionale. Ce n'est pas le seul possible ; on peut aussi penser à la complémentarité des cycles annuels des gisements régionaux d'énergie solaire et éolien.

La figure 10.4 montre un exemple concret pour l'Allemagne, documenté par l'Institut für Solare Energieversorgungstechnik (ISET) de l'université de Kassel, de

FIGURE 10.4

Complémentarité PV-éolien : facteurs d'utilisation mensuels de l'éolien, du solaire photovoltaïque (PV) et du mix « éolien+PV » en Allemagne, 2005

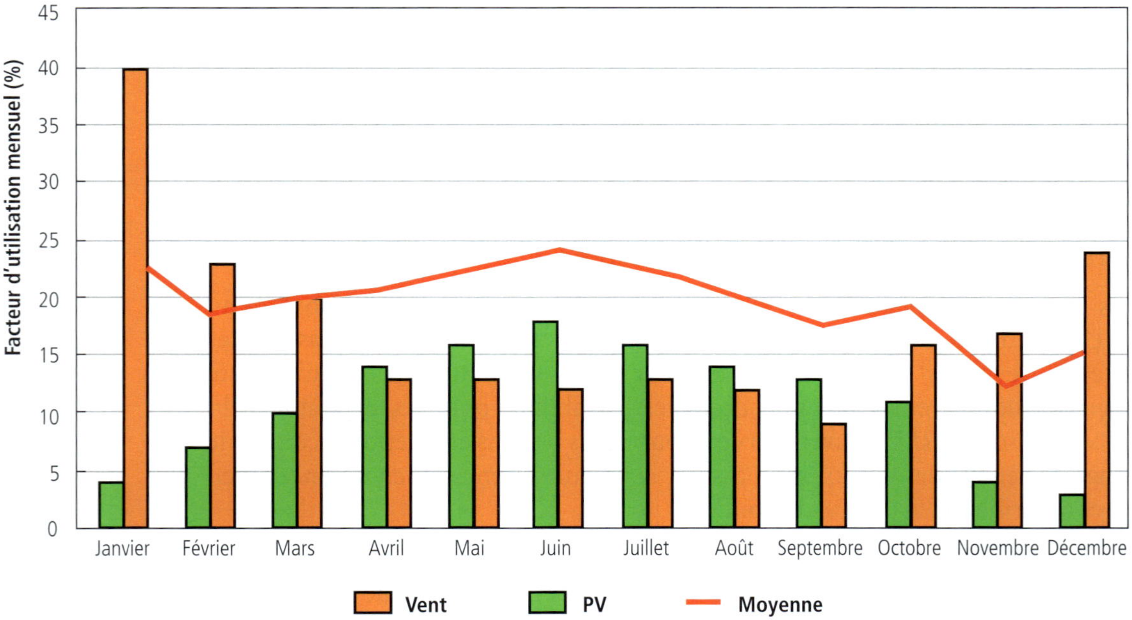

Source : International Energy Agency – IEA 2005. Gracieuseté : Kassel Institut für Solare Energieversorgungstechnik – ISET © OECD/IEA, 2008, Empowering Variable Renewables – Options for Flexible Electricity System.

la complémentarité solaire-éolien actuellement en exploitation qui affiche une productivité mensuelle combinée fort intéressante pour ces deux ressources naturelles.

On y voit le facteur d'utilisation mensuel de l'ensemble des équipements éoliens et PV en 2005. On déduit de ce graphique que la taille et la performance des unités d'énergie solaire (quelques kW par bâtiment urbain et FU annuel inférieur à 10 %) ne sont pas un empêchement technique à une contribution significative au bilan de production. Tout est affaire de nombres et de leviers financiers pour les faire émerger.

Sans le recours de systèmes de tarifs d'achats prescrits comme ceux adoptés par l'Allemagne, par la France et, depuis 2006, par l'Ontario pour la filière PV par exemple, ce type de marché PV reste paralysé en Amérique du Nord (voir aussi la section 10.1). Quant à l'éolien en production distribuée, le coût compétitif de ses unités commerciales modernes lui ouvre un créneau potentiellement significatif dans les réseaux de répartition et distribution situés en périphérie des grandes villes. Dans ce cas également, un système de tarifs prescrit pourrait causer d'intéressantes surprises en termes d'acceptabilité sociale tout en permettant l'intégration de production locale à des coûts compétitifs et l'émergence de meilleures conditions de stabilité pour une industrie de fabrication de l'éolien à long terme.

10.8.3 Perspectives, avenir et évolution du réseau électrique

On a vu précédemment que la technologie éolienne commerciale actuelle représentait, en mode production distribuée, un moyen additionnel à la disposition des planificateurs et des concepteurs pour étudier de nouveaux scénarios d'évolution du réseau. Par ailleurs, les filières d'énergie renouvelables intégrées en mode production distribuée contribuent également à réduire la congestion des lignes de transport en période de pointe (cas du synchronisme vent-demande et soleil-demande au Québec pendant la saison de chauffe ou de climatisation par exemple), à stabiliser les prix de fourniture de l'électricité à long terme et à sécuriser les approvisionnements énergétiques à long terme également. À pénétration croissante dans le temps, elles se traduisent éventuellement par le possible report d'un investissement dans une ligne de transport liée aux développements des réseaux électriques traditionnels basés sur une production centralisée. Le mode production décentralisée qui privilégie l'approche modulaire apporte une flexibilité additionnelle par des délais de mise en œuvre relativement courts dans la construction de capacités ajoutées qui répondent rapidement et précisément à l'identification de nouveaux besoins de consommation énergétiques, dans le temps (nouveaux quartiers, nouvelle industrie raccordée sur une artère de distribution, etc.) et dans l'espace (proximité des nouvelles charges si nécessaire ou possible).

Les arbitrages qui doivent être faits pour décider de privilégier tel ou tel projet de production d'énergie électrique devraient donc prendre en compte les risques et les avantages financiers, structurels et opérationnels de l'approche production distribuée pour l'ensemble des exploitants du réseau et inclure la valeur de ces éléments de coût dans la comparaison du coût global de fourniture de l'énergie livrée sur les marchés. Il se pourrait que ces analyses fonctionnelles bouleversent les cadres décisionnels traditionnels, et conduisent à de nouvelles perspectives quant aux choix des projets et/ou des lignes de transport les plus avisés (voir section 9.8).

L'évolution des systèmes RED dans l'histoire des réseaux électriques rappelle à plusieurs égards celle du monde des ordinateurs. Les ordinateurs centraux (*mainframe*) d'il y a 40 ans ont été remplacés par des ordinateurs personnels qui peuvent se partager des tâches entre eux sous coordination d'un ordinateur maître. Des unités de traitement de plus en plus petites et spécialisées sont en communication constante par Internet pour assurer en continu (mais non en synchronisme parfait) des échanges de services électroniques selon des protocoles rigides. La coordination des communications de ce réseau est d'autant plus stupéfiante qu'elle est sujette à une croissance phénoménale tant en termes d'utilisateurs que de volume d'échanges d'information nominale et de tâches que chacun y effectue chaque année. Pourtant, la facilité et la simplicité avec laquelle on y accède s'améliorent sans cesse, et les coûts d'appareillage diminuent constamment. Bien sûr, l'exigence de synchronisme sur un territoire immense fait du grand réseau électrique un animal unique et incomparable en son genre. Par ailleurs, s'il est une chose de laquelle il n'est pas permis de douter, c'est que les surprenantes possibilités démontrées par la multiplication des systèmes de communications qui alimentent Internet à chaque instant aujourd'hui sont partout et que leur fiabilité démontrée permet aux exploitants des réseaux électriques d'étendre les possibilités de gestion fine de l'offre et de la demande comme jamais auparavant. C'est dans cette direction que les RED amènent aujourd'hui les concepteurs du réseau électrique.

Une étude récente sur la production décentralisée dans les réseaux électriques mérite à elle seule un détour pour l'ampleur de la collaboration scientifique européenne mise en œuvre et la portée de ses conclusions et recommandations[160]. (Voir aussi la note 154 sur le réseau intelligent à la section 10.6.1.)

Alors que le Québec est à la croisée des chemins dans ses décisions énergétiques, citons M.J. Charles Smith, directeur exécutif d'UWIG (*Utility Wind Integration Group*), éditeur invité de la parution de novembre-décembre 2007 du *IEEE Power & Energy Magazine*[161] Son message aux ingénieurs et technologues qui fabriquent l'univers technologique de demain, un univers dans lequel les enjeux énergétiques sont omniprésents, est sans équivoque : « Pour les ingénieurs chargés de la conception des systèmes énergétiques et des réseaux électriques de l'avenir, l'éolien constitue une formidable occasion d'innovation et de créativité pour répondre aux difficiles défis de l'avenir énergétique des sociétés. Et ces défis interpellent d'abord et avant tout les ingénieurs qui détiennent les connaissances et possèdent l'autorité de les imposer : les attentes qui pèsent sur leurs épaules sont nombreuses et la coopération de tous les domaines d'ingénierie sera nécessaire pour relever ces défis. »

L'occasion vaut, bien sûr, pour les ingénieurs et technologues du Québec. Chacun dans son champ de compétence peut contribuer à rénover les bases de l'industrie de l'électricité et participer à la création d'une nouvelle industrie énergétique soutenable, en préparant le terrain pour intégrer des technologies aussi prometteuses que l'éolien et positionner le Québec comme le territoire énergétique carboneutre le plus avancé dans le monde.

---

160. http://www.iset.uni-kassel.de/dispower_static/documents/fpr.pdf. En janvier 2009, le Kassel Institut für Solare Energieversorgungstechnik – ISET – en Allemagne a intégré le Fraunhofer Institute for Wind Energy and Energy Systems Technology – IWES – nouvellement formé au sein de la Fraunhofer-Gesellschaft, une institution fédérale de recherche appliquée dotée d'un budget de 1,4 milliard d'euros et qui emploie plus de 14 000 personnes. Cette décision s'accompagne de la création d'un Centre d'Excellence en technologies de production distribuée d'énergie électrique à Kassel.

161. J. Charles Smith et Brian Parsons, « What Does 20% Look Like? », Developments in wind technology and systems, *IEEE Power&Energy*, nov.-déc. 2007, vol. 5, nº 6 ; http://www.ieee.org/organizations/pes/public/2007/nov/

Centrale éolienne de Rughton, Buffalo Ridge, Minnesota, USA.
Gracieuseté : DOE/NRE ; photo : Corey Babcock

[CHAPITRE 11]

Les éléments de coût des nouveaux approvisionnements énergétiques

Dans ce chapitre, nous présentons les éléments techniques qui doivent être pris en compte pour établir le coût de l'électricité livrée aux clients du réseau électrique, qu'il s'agisse du distributeur lui-même, d'un client industriel ou d'un abonné domestique. Ces éléments constituent la base de l'exercice de comparaison des nouveaux projets d'approvisionnements énergétiques, toutes filières confondues. Il s'agit en définitive de convenir des aspects techniques essentiels à la production, au transport et à la distribution de l'électricité qui sont à la base du service d'électricité fourni aux abonnés et qui se traduisent par un coût de fourniture qui permette de comparer entre eux, sur une base technique équivalente, des projets dont les caractéristiques opérationnelles sont différentes.

Pour ce faire, nous présentons dans ce chapitre quelques éléments d'économie importants pour la compréhension des enjeux commerciaux de l'électricité, service public essentiel pour la qualité de la vie moderne. La discussion sur la comparaison des coûts de projets de production ne peut échapper à une présentation des règles particulières du commerce de l'électricité. Le présent chapitre est donc divisé en deux parties.

Dans un premier temps, nous présentons les caractéristiques générales de fonctionnement des marchés et mettons en évidence l'importance de les réguler, de les réglementer et de les encadrer par des règles de fonctionnement efficaces dans l'intérêt de tous. Nous précisons la nature exceptionnelle du marché de l'électricité dans ses trois dimensions indissociables : la production, le transport et la distribution.

La seconde partie de ce chapitre examinera les catégories générales de coûts qui font partie de la logique des investissements requis pour l'exploitation sécuritaire d'un réseau électrique en constante évolution.

11.1 Marchés 101 : prix, coût, réglementation, autorité réglementaire et tarification, termes de base du commerce

Les termes de tout contrat d'échange gravitent autour de deux notions économiques : le coût et le prix. La différence entre les deux constituant un profit ou une perte. Un vendeur recherche un profit (prix de vente – coût) ; un acheteur cherche à acquérir un bien ou un service qui en vaut le coût. On voit bien qu'il y a là, en principe, matière à négocier.

On comprendra avant tout que, pour négocier un juste prix d'achat, il faut minimalement se faire un portrait détaillé de la structure de coûts du vendeur. L'efficacité des marchés en dépend.

Coût : si c'est l'acheteur qui parle, c'est de son coût d'achat qu'il s'agit. Le coût inclut le bénéfice du vendeur. Quand le vendeur parle de coût, il peut s'agir de plusieurs choses, dépendant du vendeur. Si le vendeur est producteur, il s'agit de son coût de production ; si le vendeur est un intermédiaire dans la chaîne de distribution, il s'agit de son coût de fourniture, c'est-à-dire son coût d'achat (coût de production + bénéfice du producteur) et/ou de son coût de transport et/ou de son coût de mise en marché, avant bénéfices.

Prix : le prix de vente est généralement établi par le fournisseur. Dans une transaction, le prix de vente du vendeur est le coût d'achat de l'acheteur. L'acheteur peut revendre évidemment ; c'est ce que font les revendeurs qui s'approvisionnent chez un producteur ou un grossiste en distribution.

Un pain peut ainsi coûter cinq fois plus cher à la Coop de Kuujuuaq[162] que dans une grande surface au sud du Québec. Il y a des raisons à cela : le prix du transport, le volume annuel de ventes, la logistique de l'acheminement, etc.

C'est la loi de l'offre et de la demande qui déterminera le prix à payer pour tout bien ou service. Cette loi est pourtant bien plus complexe que ce que son énoncé ne le laisse deviner. Le prix dépend de la rareté du produit. Cette rareté peut être réelle (un tableau d'un grand maître, un litre de pétrole) ou artificielle (un produit de masse de l'industrie du divertissement). Le marché est un mécanisme naturel d'établissement des prix d'un produit puisqu'il intègre en principe les intérêts du vendeur et de l'acheteur et reflète les encadrements commerciaux de ce produit.

---

162. « The 1,000-mile diet », Alex Rosslin, *Canadian Geographic*, November-December 2007, p. 76-88.

Quand on y réfléchit bien, un réseau électrique est un système dynamique à tous égards remarquable, un chef-d'œuvre d'ingénierie appliquée. Parmi tous les marchés commerciaux, aucun n'est contraint par une exigence de fiabilité qui s'approche, même de loin, de celle des réseaux électriques. La performance des réseaux électriques détermine celle des réseaux de télécommunication (câble, télécom, Internet), d'aqueduc, d'éclairage, de circulation sur le réseau de transport routier et de transports publics comme le métro, chacun d'eux constituant des services publics absolument essentiels à la qualité de vie des communautés. Comme si ce n'était pas assez, cette fiabilité se double d'une exigence de synchronicité offre-demande disponible partout sur le territoire, urbain et rural, à chaque abonné, en tout temps. Le cahier des charges est impressionnant. En réalité, ces caractéristiques exclusives d'instantanéité, de synchronisme de ce système qui s'étend sur tout le territoire font des opérations sur le réseau électrique le cadre idéal d'initiation au fonctionnement d'un marché qui suit des règles d'exploitation et de transactions rigoureusement établies. Aucun autre marché n'est soumis à la simultanéité offre-demande que le réseau électrique impose par nature à tous les électrons qui y sont échangés entre producteurs, transporteurs, distributeurs et consommateurs. Tout ce qui y est produit doit être consommé chaque instant, toute l'année, sans interruption.

Avec ces aspects du monde commercial en tête, nous sommes prêts à examiner le détail des items de coût des approvisionnements électriques.

11.1.1 Principes du commerce : efficacité et performance

Alors, les biens et services ont-ils été créés égaux ? Certainement pas. On les trouve dans une grande variété de formes et de volumes. Ils couvrent une infinité de besoins : de l'essentiel au superflu, du plus rudimentaire au plus complexe, du plus simple au plus extravagant. Ils répondent tous à un besoin, réel ou fabriqué, de la part d'une clientèle et, en ce domaine, l'histoire du commerce a largement démontré que tous les caprices peuvent en être l'objet, que les droits commerciaux sont parfois plus respectés que les droits humains. Posons donc la question autrement : y a-t-il des services qui seraient plus essentiels que d'autres et sur lesquels il faudrait collectivement assurer un accès universel et prioritaire pour tous ? On parle ici de ressources essentielles à la qualité de vie et qui devraient être protégées des excès du commerce afin d'en préserver l'usage pour les besoins fondamentaux du vivant et du social, de la vie en société de droit. Y a-t-il des ressources dont l'exploitation exige un usage collectif prudent pour que puissent en jouir, en toute légitimité, les générations qui suivront ? La qualité de l'air, l'accès à l'eau et à l'énergie, l'usage éthique des terres agricoles, le commerce des réserves finies de pétrole, la diversité biologique ? La réponse à ces questions dépasse évidemment l'univers strictement commercial.

Investir l'avenir. Le cas du Danemark

Entre l'Europe et l'Amérique, on observe généralement une différence d'approche significative quant à l'usage des mécanismes visant à faciliter l'arrivée de sources d'énergie renouvelable sur les marchés de l'énergie. Cette différence se mesure à long terme par les retombées économiques et industrielles de ces mécanismes incitatifs. Évidemment, les deux approches produisent des retombées économiques, mais, 30 ans plus tard, il faut prendre la mesure de ce qu'une vision politique pragmatique, confrontée à un problème structurel important, peut produire en termes de retombées économiques structurantes à long terme dans un pays de taille même très modeste. Les règlements et les lois d'encadrement politique adoptés par le Danemark pour l'éolien dès 1975 ont préparé la renaissance spectaculaire de l'industrie éolienne que chacun connaît aujourd'hui. L'établissement d'un prix imposé aux compagnies d'électricité pour l'achat de la production électrique d'origine éolienne n'est pas le moindre des leviers économiques ainsi adopté par le gouvernement danois à cette époque. L'exemple du Danemark a inspiré tour à tour l'Allemagne, l'Espagne, la France, l'Inde et le Portugal et fait maintenant tache d'huile sur tous les continents. Aujourd'hui, l'industrie éolienne est solidement implantée sur le terrain énergétique international, mais elle doit son origine à une volonté politique inspirée.

Que dire de plus sinon que les retombées économiques aujourd'hui constituent une richesse collective d'une formidable ampleur pour les Danois ? Que ces retombées sont de plusieurs ordres de grandeur plus élevés que les sommes modestes qui ont été nécessaires à sa mise en œuvre ? Que cette réussite a compté il y a 30 ans sur une vision collective pragmatique de ce qui reste considéré comme une utopie encore aujourd'hui en Amérique ?

Pour le Danemark seulement, le vent, c'est plus de 21 % de son électricité, 20 000 emplois manufacturiers et 4,7 G € (7,5 milliards $) de revenus d'exportation. En 2009, l'industrie éolienne y est la plus grande source d'exportation, toutes industries confondues.

11.1.2 Services publics : rôle et pouvoirs des organismes de réglementation

Le prix de biens et services essentiels doit être encadré par une réglementation coordonnée aux plans fédéral, national et municipal, assujettie à des normes techniques de services obéissant à des exigences précises adoptées dans l'intérêt public. Le prix de ces biens et services de base peut prendre la forme de redevances, d'impôts, de taxes dédiées et/ou de tarifs. Toutes ces classes de prix peuvent s'appuyer les unes sur les autres afin de couvrir les coûts complets d'une commodité à caractère universel dont la gestion interpelle directement l'administration publique. C'est le domaine des services publics, chacun étant soumis à un organisme de réglementation spécifique : routes, ponts, réseaux de transport, postes, famille, éducation, santé, télécommunications, aqueducs, pipelines, égouts, collecte des ordures, électricité, permis et autorisations diverses qui requièrent chacun une coordination spécifique, sur une échelle nationale, territoriale, régionale et/ou municipale et, dans certains cas, continentale et internationale.

Ainsi, pour des raisons d'efficacité du marché de l'électricité, la tarification de l'électricité sur le territoire d'une province ou d'un État est partout confiée à l'autorité d'un tribunal quasi judiciaire chargé d'agir comme arbitre d'une saine compétitivité entre les intervenants de ce marché (producteurs, distributeurs et transporteurs) pour préserver les meilleurs intérêts des abonnés. Ce tribunal quasi judiciaire de l'électricité porte divers noms selon les juridictions : provinces, États ou pays. On y référera dans ce texte comme étant l'autorité réglementaire du marché de l'électricité d'une juridiction. Son rôle est d'assurer le traitement équitable des différentes catégories d'abonnés et de faire en sorte que l'évolution du réseau électrique intègre les éléments de technologie qui permettent d'en optimiser l'exploitation au meilleur coût. Au Québec, cette autorité est la Régie de l'énergie, qui a juridiction sur la tarification de l'électricité et du gaz et qui encadre le marché des produits pétroliers. La tarification de l'électricité est une question de première importance pour tous les citoyens qui se partagent inévitablement les coûts de fourniture de ce service public essentiel entre tous.

11.1.2.1 Combien vaut l'électricité ?

Pour se faire une idée de la valeur d'un service comme l'électricité, on pourrait expérimenter ce qu'il en coûte de s'en priver pendant quelques semaines. Une telle expérience collective réussirait assurément à convaincre tout le monde que le prix de tel ou tel service doit être haussé, tellement les inconvénients sociaux se multiplient en situation de pénurie ! Pourtant, ce n'est probablement pas ainsi qu'il convient d'aborder rigoureusement la question de la tarification des services publics.

Plusieurs groupes de lobbyistes revendiquent ouvertement la hausse des tarifs d'électricité pour qu'ils s'alignent sur ceux du marché continental, prétextant que le fait de payer un coût inférieur constitue une incitation au gaspillage. Mais il ne faudrait pas perdre de vue que tous les risques du marché de l'électricité reposent ultimement sur une structure tarifaire réglementée appliquée par une autorité du marché de l'électricité (AMÉ) à des abonnés captifs (leur service d'électricité essentiel étant physiquement relié en un seul point du réseau électrique de leur juridiction électrique). Cette structure tarifaire réglementée garantit la couverture complète et transparente des dépenses encourues pour répondre, bon an mal an, aux besoins électriques sur l'ensemble d'un territoire donné tout en garantissant un rendement raisonnable aux agents qui alimentent et exploitent les actifs des grandes fonctions du réseau.

Toute hausse majeure de tarifs ne saurait être justifiée que par une modification équivalente des conditions de fourniture des services. Une hausse importante et récurrente des coûts d'approvisionnement en pétrole dans un territoire où l'électricité est fournie par des centrales thermiques ou diesel serait un exemple valable. (On remarquera que lorsque des chocs d'approvisionnement se produisent ils sont d'origine structurelle et affectent les marchés internationaux simultanément. Ils prennent alors la forme d'une pénurie, qui entraîne une hausse générale des prix et favorise l'émergence de filières ou d'options énergétiques compétitives jusque-là jugées non rentables.)

11.2 Logique des investissements dans un réseau électrique : catégories générales de coûts

Les projets qui sont réalisés pour répondre aux nouveaux besoins énergétiques doivent toujours être examinés sous l'angle de l'équilibre offre-demande. Cela interpelle invariablement les trois grandes fonctions intimement associées à la bonne marche d'un réseau électrique : la production, le transport et la distribution. C'est dans ce cadre fonctionnel strict et bien délimité que le coût de l'électricité prend tout son sens. Il est donc essentiel de bien s'entendre sur la base technico-économique qui permet de comparer le coût (en ¢/kWh ou en $/MWh) de réalisation, par exemple, d'un projet de production éolien, hydraulique ou nucléaire qui doit répondre à la croissance de la demande future établie par le distributeur en vertu de son rôle de mandataire de la prévision des nouveaux besoins d'électricité en énergie et en puissance dans sa juridiction.

Tout projet de production, quel qu'il soit, implique des coûts d'acheminement (coût de transport et de distribution) vers la clientèle. Par exemple, au Québec, l'ajout d'approvisionnements éoliens en Gaspésie nécessite des modifications ou des renforcements du réseau. Mais cela n'est en rien différent des nouveaux approvisionnements hydrauliques réalisés au Nord du Québec qui doivent également compter sur des modifications au réseau. Ces modifications peuvent nécessiter la construction d'une nouvelle ligne de transport, de nouveaux postes élévateurs de tension, de travaux de renforcement du réseau de transport, etc. Les coûts d'acheminement sont indissociables du coût des nouveaux projets d'approvisionnements énergétiques, et on doit en tenir compte pour évaluer le coût global d'un projet. La réalité physique complexe qui sous-tend la planification et l'évolution géographiques concrètes d'un réseau électrique performant fait partie intégrante de la comparaison des nouveaux approvisionnements énergétiques.

Le fonctionnement sécuritaire du réseau électrique exige de plus une coordination des décisions d'investissement associées à toute modification au réseau, qu'il s'agisse de besoins identifiés par un producteur, par le transporteur ou par le distributeur, chacun agissant dans le cadre de ses responsabilités propres. De fait, les décisions prises par l'une ou l'autre de ces fonctions, même lorsque ces décisions ne concernent pas un nouveau projet de production, ont des impacts multiples et parfois complexes sur les coûts, en raison des répercussions budgétaires qu'ils peuvent entraîner sur les autres fonctions. La bonne marche du réseau reflète donc un ensemble de décisions coordonnées entre les trois acteurs essentiels de l'exploitation du réseau, chacun ayant à respecter ses règles d'expansion et d'évolution spécifiques, de même que ses normes techniques d'exploitation particulières. Cette coordination impose conséquemment une séparation claire de la comptabilité associée à chacune des fonctions.

Comment faire autrement si on veut déterminer la réelle pertinence d'un investissement de long terme fait au nom de tous les abonnés dans un service public aussi essentiel que l'électricité ?

11.2.1 Le coût des nouveaux approvisionnements énergétiques : comparaison des options

En définitive, c'est le coût des nouveaux approvisionnements électriques livrés qui intéresse l'abonné du réseau. Ce coût ne signifie rien de particulièrement révélateur pour lui s'il n'est pas en mesure de le comparer avec celui d'autres projets d'approvisionnements électriques de taille comparable. L'utilité de savoir que le coût global moyen des approvisionnements éoliens se situe à X ¢/kWh ne peut avoir de sens que si le coût global d'un projet nucléaire, hydraulique ou gazier, sur une base comptable comparable, est mis dans la balance.

COMPARER DES KWH AVEC DES KWH

Le prix d'un pain au Nunavik coûté 5 fois ce que paient les Montréalais. Il s'agit pourtant du même pain cuit et emballé dans la région de Montréal ou de Québec. D'autres coûts entrent donc dans le prix payé par le consommateur : ce sont les coûts de transport et de distribution. La distance a de l'importance !

L'électricité suit une logique commerciale identique : le coût des approvisionnements énergétiques livrés à l'abonné inclut une composante production, une composante transport et une composante distribution. Ainsi, lorsqu'il s'agit de nouveaux approvisionnements énergétiques, il n'est pas possible de déterminer la meilleure option sans *magasiner* et comparer le prix des divers projets énergétiques et des diverses options sur l'ensemble de leur cycle de vie. La pertinence d'un projet énergétique ne peut être déterminée que par comparaison avec d'autres projets énergétiques qui peuvent répondre au même besoin en fournissant un service équivalant au meilleur coût possible. Pour éviter de comparer des pommes et des oranges, il faut forcément déterminer une base de comparaison commune. Pour les projets d'électricité, il faut comparer des ¢/kWh à des ¢/kWh.

Quel que soit l'investissement retenu, il doit se justifier sur une base de critères objectifs, applicables à toutes les options. L'électricité se prête particulièrement bien à cet exercice par le fait qu'elle voyage dans un système physique complexe mais fini, qu'on appelle le réseau électrique. Le bon fonctionnement du réseau électrique repose sur un partage de responsabilités très précis entre les exploitants du réseau. Le producteur, le transporteur et le distributeur doivent coordonner leurs actions, leurs interventions et leurs décisions en tout temps.

Ces trois fonctions indispensables et clairement complémentaires déterminent une structure d'allocation de coûts en trois volets, chacun étant l'image comptable des réalités physiques et opérationnelles spécifiques à chacune de ces fonctions. Le coût de l'électricité est établi à partir de cette triple réalité technico-économique : celle du producteur, celle du transporteur et celle du distributeur qui assurent la livraison coordonnée de l'électricité sur tout le territoire, à chaque client, selon son besoin, et ce, en tout point du réseau. C'est donc à partir de la comptabilité de chacun de ces regroupements fonctionnels que s'établit le coût du produit de base du réseau électrique : le kilowattheure (kWh).

Comme les consommateurs finissent toujours par payer l'ensemble des coûts de l'électricité qui leur est livrée, l'intérêt d'une allocation de coûts claire dans un service public est tout à fait fondamental : la production au producteur, le transport au transporteur et la distribution au distributeur, voilà qui est rigoureux et

▶

transparent. Il revient à l'autorité réglementaire du marché de l'électricité d'en formaliser l'usage comptable dans l'exercice de son mandat de tarification dans l'intérêt de tous les abonnés[1].

Mais comment comparer un projet éolien de 80 MW réalisé par un producteur privé avec un projet de production de 800 MW mis en œuvre par une grande compagnie d'électricité ? En quoi la connaissance du coût global moyen d'un ensemble de projets éoliens réalisés par des producteurs indépendants informe-t-elle sur la compétitivité de cet investissement public en termes économiques ? Un seul projet de même envergure, hydraulique, gazier ou d'efficacité énergétique pourrait-il fournir un bloc d'énergie équivalent à moindre coût ? Voilà les questions que se pose le client qui paie la facture. Il s'attend naturellement à ce que ses mandataires travaillent à maximiser la rente collective à laquelle il souscrit lorsqu'il acquitte sa facture, assurant du coup le financement des actifs du réseau public d'électricité engagés en son nom.

Service essentiel, coût des nouveaux approvisionnements et minimisation de l'impact tarifaire

Pour que la comparaison économique soit possible entre des projets réalisés en vue de répondre aux nouveaux approvisionnements énergétiques (ces nouveaux besoins électriques étant établis par le distributeur, HQ-Distribution dans le cas du Québec), on reconnaîtra d'abord la pertinence de la règle – élémentaire – d'une base de production énergétique annuelle sensiblement équivalente pour chacun des projets examinés. Ensuite, la comparaison du coût global entre des projets exigera que les coûts complets de production, de transport et de distribution sur tout leur cycle de vie – du berceau au cercueil – soient clairement reconnus et correctement représentés pour chacun d'eux. Toutes choses étant égales par ailleurs, le meilleur projet à réaliser sera celui dont le coût livré au client et exprimé en ¢/kWh, sera le plus intéressant. L'éolien ne fait pas exception à la règle bien évidemment.

La transparence des coûts

Une comparaison équitable ente deux projets de production suppose un volume d'énergie d'envergure comparable, une base financière identique et un service rendu équivalent. Cette comparaison nécessite la connaissance des apports énergétiques annuels, du détail des coûts financiers et une évaluation documentée

▶

1. Le cas de la production est différent depuis l'avènement de la déréglementation des marchés de l'électricité. Par exemple, au Québec, depuis la Loi 116, adoptée en 2000, la notion de tarif de production est disparue du vocabulaire réglementaire. Le prix de vente des livraisons des producteurs (le principal étant HQP) au distributeur (HQD) apparaît, en termes réglementaires, comme le coût d'achat des approvisionnements énergétiques du distributeur. C'est ce coût qui représente la tranche production du tarif de distribution. Ce coût inclut la marge bénéficiaire du producteur sur laquelle, depuis l'adoption de la Loi 116, la Régie n'a pas juridiction. Seuls les tarifs de transport et de distribution sont réglementés.

du coût de considérations telles que l'équilibrage, la valeur en puissance, les coûts de démantèlement, etc. Sans ces précisions, il n'est pas possible de juger rigoureusement, en toute connaissance de cause, de l'avantage économique d'un investissement particulier par rapport à un autre réalisé pour répondre aux nouveaux besoins énergétiques. Seule une analyse comparative complète et équitable entre différents projets permet de répondre adéquatement à ce que les abonnés attendent légitimement de leur fournisseur : minimiser l'impact tarifaire associé à la mise en service de nouveaux équipements de production retenus pour répondre à la croissance de la demande.

La prise en compte de l'acceptabilité sociale et des attributs environnementaux des projets prend aujourd'hui un poids financier réel, non négligeable, dans l'évaluation d'un projet en termes de risques d'approvisionnements, de marché des crédits d'émission de GES, de crédits d'énergie verte, etc.

Les nouveaux projets de production d'électricité sont présumés être mis en œuvre prioritairement pour répondre à la croissance anticipée de la demande électrique intérieure, c'est-à-dire pour servir, à terme, la clientèle sur laquelle repose, entièrement, le financement de chacun de ces projets. Les abonnés d'un réseau électrique doivent donc pouvoir compter sur une comptabilité rigoureuse qui permette d'établir le coût de leur service public essentiel. Dans la mesure où ces nouveaux approvisionnements énergétiques sont réalisés à des coûts compétitifs et qu'ils sont réputés avoir été acquis prudemment selon des critères de comparaison rigoureux, la question de l'allocation transparente du coût des équipements pour les produire et les acheminer à la clientèle s'impose sans difficulté. Cette règle d'examen économique détaillé s'impose dans un service public aussi essentiel que l'électricité, qui constitue de fait un monopole octroyé sur un marché intérieur captif, sur un territoire et dans un univers physique bien délimités. Il est tout à fait naturel que le consentement public à de tels privilèges commerciaux soit encadré par un mécanisme d'autorisation placé sous l'autorité compétente d'une instance administrative investie de ce pouvoir d'examen et pleinement habilitée à juger publiquement de la pertinence d'investissements engagés au nom de l'intérêt public.

11.3 Base de comparaison économique pour les nouveaux projets de production

Ainsi, les améliorations, les renforcements, les additions et les mises à niveau techniques au réseau de transport pour acheminer l'énergie produite par une centrale éloignée des grands centres de consommation deviennent de nouveaux intrants financiers et économiques dans la base tarifaire de transport. Comme le transporteur est le seul garant de la fiabilité du réseau de transport, il n'est que naturel que les investissements en transport qu'il estime être prudent se retrouvent dans son bilan et constituent la base de coûts légitimes du transporteur (Trans-Énergie au Québec). La logique est identique pour les améliorations, les renforcements, les additions et les opérations qui touchent les activités du distributeur – HQD est le principal distributeur au Québec.

Le cas de la Production est plus complexe à analyser depuis l'avènement de la déréglementation des marchés de l'électricité en janvier 1997[163]. Avec la déréglementation de la Production, les opérations d'import-export d'électricité avec les réseaux voisins sont l'objet de stratégies commerciales agressives entre producteurs qui cherchent à tirer profit de toutes les occasions d'affaires sur les marchés voisins. La Bourse de l'électricité qui se met rapidement en place à partir de ce moment permet aux plus importants producteurs, et particulièrement à ceux qui disposent d'un portefeuille de production flexible, de tirer des bénéfices croissants de leurs capacités d'exportation et de leurs interconnexions avec les réseaux voisins. Mais les perspectives de bénéfices juteux ne doivent pas nous distraire de notre propos qui vise ici à établir **le coût des nouveaux approvisionnements énergétiques** susceptibles d'améliorer le rendement des investissements de production sur les marchés d'exportation.

Pour donner une idée des principes de calcul des coûts de l'électricité transitée sur le réseau, considérons que les améliorations, additions et opérations qui touchent les activités de production se retrouvent dans le bilan d'un producteur pour constituer son coût légitime. C'est cette logique de calcul des coûts, simple et claire, qui a prévalu dans l'établissement d'une tarification réglementée (basée sur le moindre coût) durant la phase d'expansion accélérée du réseau électrique de la dernière moitié du siècle dernier[164]. De fait, cette logique d'intérêt public demeure la plus simple. Elle assure

---

163. La Federal Energy Regulatory Commission (FERC), une agence indépendante structurellement rattachée au Département de l'énergie des États-Unis, dans son NoPR 888 du 1er janvier 1997, fixe les règles et les conditions du marché de gros de l'électricité en Amérique du Nord en vue de stimuler la concurrence entre les producteurs et distributeurs d'électricité, pour le bénéfice éventuel des entreprises réglementées d'électricité dans toutes les juridictions du continent. Cette décision entraînera de profonds changements sur le marché continental de l'électricité, ouvrant notamment à tous les producteurs l'accès aux réseaux de transport et entraînant des changements majeurs dans les règles de commerce de l'énergie avec les réseaux voisins. Au Québec, la Loi 116 viendra ainsi confirmer, en juin 2000, qu'au-delà d'un plafond de 168 TWh (ce 'volume d'électricité patrimoniale' correspondant à la consommation d'électricité intérieure du Québec anticipée à l'horizon 2005), le statut commercial d'Hydro-Québec Production, jusqu'alors monopole de production sera celui d'un promoteur indépendant. Voir aussi la note 1 de l'encadré précédent Comparer des kWh avec des kWh.

164. Voir le site Internet créé par André Bolduc sur l'évolution de l'électricité du Québec : http://www.hydroquebec.com/comprendre/histoire/histoire_quebec/index.html. Pour un portrait global de l'histoire de l'électricité en Amérique du Nord, consulter aussi : « Creating the Electric Age: Roots of Industrial R&D », *EPRI Journal*, Electric Power Research Institute, March 1979, 96 p.

en tout cas une meilleure lisibilité des nouveaux investissements qui sont appelés à répondre aux besoins de la croissance de la demande.

Ces bilans fonctionnels PTD (Production-Transport-Distribution) facilitent donc la prise en compte des nouveaux investissements requis et reconnus comme tels. Ainsi, les nouveaux investissements en transport viennent pondérer les actifs déjà investis dans le transport, les nouveaux investissements en distribution viennent pondérer les actifs déjà investis dans la distribution et les nouveaux investissements de production viennent pondérer les actifs déjà investis dans la production. Comme le réseau électrique ne peut être séparé de ses investissements passés, il faut respecter la logique PTD pour pouvoir juger de la pertinence de l'investissement que souhaite faire un producteur, un transporteur ou un distributeur pour répondre à de nouveaux besoins. Pour établir solidement le coût des nouveaux approvisionnements énergétiques, il faut donc considérer la contribution de chacun des éléments pour pouvoir comparer équitablement le poids économique de différents projets sur l'ensemble des actifs déjà investis en PTD.

Ainsi, le coût marginal d'un nouveau projet touchant le réseau électrique, qu'il s'agisse de la construction d'une nouvelle capacité de production, de transport ou de distribution et qu'il soit réalisé de façon indépendante ou coordonnée entre ces trois fonctions, devrait se traduire en principe par des ajustements marginaux de coûts associés à chacune de ces trois grandes fonctions. Bon an mal an, des investissements multiples répondant à des déclencheurs variés touchent chacune des trois grandes fonctions du réseau. C'est à chacune d'elles qu'il revient de coordonner et d'optimiser ses propres investissements avec ceux des autres fonctions ; c'est ce qui fait que le réseau électrique est en évolution continue.

En principe, dans une analyse conventionnelle où le poids financier des attributs environnementaux de la production en Amérique du Nord reste encore externalisé, le projet qui représente le coût marginal d'approvisionnements le plus faible est normalement celui qui réussit à se qualifier comme le meilleur projet. À coût global égal entre deux projets, d'autres critères objectifs à incidence économique – environnementaux, industriels ou autres – permettront de trancher entre deux projets.

Afin d'optimiser l'investissement collectif dans l'infrastructure publique essentielle que constitue le réseau électrique, nous insistons sur le fait que le coût d'un projet d'approvisionnement énergétique doit être mis dans la balance par rapport à une autre option énergétique comparable en termes de volume d'apports annuel. Une telle comparaison devra tenir compte des coûts complets de production, de transport et de distribution qui y sont associés non seulement durant la construction, mais durant toute la période d'exploitation du projet. Les paramètres de financement de projets ont également une grande importance.

Pour circonscrire le terrain économique de cette comparaison, la section qui suit décrit les différents items à prendre en compte dans le calcul de coût des nouveaux approvisionnements. Pour chaque item, nous tentons d'apporter des précisions utiles au contexte de leur prise en compte, particulièrement de leur impact sur le coût de l'électricité livrée à différents niveaux : au distributeur, aux clients industriels, aux commerces et institutions, aux abonnés domestiques, bref à la vaste clientèle de ce service essentiel entre tous.

11.3.1 Le coût de production ($/MWh, ¢/kWh)

Le coût de production représente la part du lion dans la comparaison économique des projets de centrales. C'est lui qui, à la marge, donne lieu aux ajustements les plus significatifs dans le coût de l'électricité.

Le coût de production de l'énergie au point de raccordement au réseau (de transport ou de distribution) doit d'abord attirer notre attention. Il s'agit après tout d'assurer des approvisionnements suffisants pour couvrir l'ensemble des nouveaux besoins énergétiques nets de toutes les clientèles du réseau pendant toute la durée de vie du projet. Le coût de production comprend les coûts de réalisation (développement, capitalisation, construction et mise en service) et les coûts d'opération et d'entretien sur la durée de vie de la centrale. Le coût de production d'un projet énergétique se répartit très différemment entre ces deux grands blocs, selon qu'il s'agit d'une filière renouvelable ou thermique. Les projets d'énergie renouvelables se caractérisent par des coûts de capital élevés et des coûts d'opération généralement faibles en raison du fait que leur carburant est gratuit. Quant aux filières thermiques, leur performance économique est dominée par les frais d'opération, très fortement liés aux coûts des approvisionnements en carburant. Par ailleurs, lorsqu'on examine le découpage des lots associés au bloc construction, des différences significatives apparaissent aussi entre des filières renouvelables comme l'éolien ou l'hydraulique. (Voir le tableau 3.1 à la section 3.6 : Structure des coûts et des emplois…)

RISQUES FINANCIERS DES NOUVEAUX PROJETS D'APPROVISIONNEMENT ÉLECTRIQUE

L'exercice de comparaison économique des projets de production sur leur durée de vie est complexe dans la mesure où il est nécessaire de bien comprendre la nature des risques associés à chacun des éléments de coûts qui composent le coût de production énergétique au cours de la vie prévue du projet. Cette analyse est importante pour évaluer la compétitivité réelle à long terme des projets de production de différentes filières.

On s'est presque habitué à l'idée que le coût de l'énergie produite par un complexe énergétique d'importance une fois mis en service soit plus élevé que l'estimation qui en était faite au moment de la décision de réalisation. En effet, des ajustements budgétaires s'imposent fréquemment en cours de route[1]. Il n'est pas rare que le poste budgétaire Imprévus ajoute jusqu'à 20 % à l'estimé de construction de centrales hydrauliques. Ce peut être davantage encore dans le cas de centrales nucléaires dont une partie des coûts encourus est financée par des programmes récurrents hors projet, à l'échelon gouvernemental, afin de couvrir les impacts environnementaux et les besoins structurels de suivi du cycle de vie à long terme.

Du côté des coûts d'opération, l'évolution des coûts de carburant et la présence de plus en plus marquée de marchés qui imposent la prise en compte d'une comptabilité environnementale des technologies de production deviennent un enjeu économique à long terme de plus en plus critique pour toute filière thermique qui forme actuellement l'essentiel de la production d'électricité mondiale.

Au niveau de l'exploitation d'une centrale, des erreurs d'appréciation de la qualité du gisement sont toujours possibles, mais avec l'amélioration des connaissances climatiques et d'ingénierie, elles sont aujourd'hui plutôt l'exception que la norme. La productivité d'une centrale demeure à l'intérieur des variations normales des apports naturels liés aux caractéristiques climatiques régionales (pluie, vent, etc.) qui sont généralement bien couvertes en termes de risque financier par l'application d'un critère de risque climatique déterminé par les assureurs de l'industrie.

Des risques techniques réels existent dans la construction, la mise en service ou l'exploitation ; ils entraînent la révision, généralement à la hausse, du coût de plus d'un projet. Pour s'en faire une idée, il faut d'abord s'intéresser à la structure de coûts d'un projet de production.

Avec la hausse constante et la volatilité marquée du niveau des coûts de carburant depuis quelques années, il est certain que l'efficacité énergétique et les sources d'énergie durables représentent aujourd'hui les meilleures protections contre les fluctuations du coût des carburants fossiles. En 2009, toute politique

---

1. Robert A. Boyd, ex-administrateur de Churchill Falls Labrador Corporation (CFLCo), ex-président-directeur général d'Hydro-Québec et de la Société d'énergie de la Baie James, « Le contrat d'énergie Churchill Falls : le cheminement d'une décision », revue *Forces*, n°s 57-58, 1982.

▶

énergétique avisée doit rechercher à réduire sa dépendance aux sources d'énergie non renouvelables importées dont le risque de rupture d'approvisionnement constitue une menace de plus en plus sérieuse. Cette observation suggère notamment l'adoption d'une stratégie réfléchie de substitution des carburants fossiles par des sources d'énergie durables dans tous les secteurs d'activité. On tentera d'évaluer les retombées de cette perspective dans le chapitre final de ce livre.

Ces protections contre les risques d'approvisionnement doivent être recherchées également au niveau de la réalisation des projets qui exigent la consommation de quantités significatives d'énergie fossile, que ce soit pour la réalisation d'ouvrages civils ou pour la fabrication de composants et appareillages électromécaniques. De fait, la structure de capitalisation de projets de production exploitant des sources d'énergie renouvelables montre des différences majeures dans le poids de chacun de ces deux éléments : travaux de génie civil et équipements produits en usine, dans le coût de réalisation d'un projet.

Par exemple, la modularité des turbines éoliennes a un effet direct sur la durée de réalisation des centrales éoliennes tout en permettant d'ajuster annuellement les projets de production aux changements de l'évolution de la demande influencés par les grands cycles économiques. Ce n'est pas le cas pour les grands complexes hydroélectriques qui présentent à cet égard un risque évident qu'il importe d'évaluer en amont des décisions de construction. Bien que les délais d'obtention de permis soient similaires pour l'éolien et l'hydraulique, les choses sont bien différentes en ce qui concerne la durée de construction. L'hydraulique requiert des délais de réalisation jusqu'à quatre fois plus importants que l'éolien : on parle de 10 ans dans le cas de la construction d'un complexe hydroélectrique comme celui prévu sur la rivière La Romaine, comparativement à 18 à 24 mois pour une centrale éolienne. D'importants aléas financiers peuvent survenir sur 10 ans.

On conçoit que l'impact d'une hausse du carburant dans la phase construction d'un projet a d'autant plus d'effet sur le coût total du projet que sa durée de réalisation est longue. Par rapport à l'hydraulique, l'éolien présente à cet égard une certaine protection contre la hausse des coûts de construction.

Dans la structure de coûts de réalisation d'une grande centrale hydroélectrique par exemple, le coût de construction des ouvrages de génie civil (routes d'accès, digues, enrochement, barrages, centrale) représente plus des trois quarts de l'investissement comparativement au quart pour une centrale éolienne de taille comparable. Comme le budget de travaux civils comprend une part significative d'approvisionnements pétroliers, toute hausse des prix du carburant a donc un impact proportionnellement plus important sur le budget de construction d'un projet hydraulique que sur le budget d'un projet éolien.

▶

La tranche équipements de production – turbines, systèmes de conversion, appareillage électrique – du budget de construction de ces deux types de projet doit également être prise en compte dans l'évaluation du risque que présente la volatilité des coûts du pétrole. Par contre, dans la mesure où des précautions sont prises pour fiabilité des approvisionnements en matériaux et composants, le contrôle des procédés de fabrication et d'assemblage en usine minimise en principe dans les deux cas l'impact relatif des aléas des hausses du prix du pétrole dans le coût de fabrication. De plus, la part du carburant fossile dans les coûts de fabrication peut être de beaucoup réduite si la fabrication est réalisée localement, avec de l'électricité renouvelable, de sorte que l'impact potentiel d'une hausse des prix du pétrole ne se répercute pas avec autant de poids sur cette portion du coût de construction et contribue, en principe, à stabiliser proportionnellement le coût de l'énergie produite.

Du côté éolien, le transport de composants lourds ou encombrants comme les nacelles, les pales et les tours d'éoliennes, les retards de construction dus à des conditions météorologiques difficiles représentent un risque pour l'estimation budgétaire de construction. Mais le fait que 80 % du coût du projet éolien soit associé à des composants fabriqués en usine atténue la portée des aléas de construction sur le terrain comme tels. Les aléas de construction pèsent beaucoup plus lourdement sur le budget de réalisation des projets hydroélectriques.

On retiendra également le fait que le coût de production d'un projet hydraulique de 2 000 MW se compare difficilement avec le coût de production d'une centrale éolienne de 20 MW raccordée en distribution.

Ces éléments d'analyse restent bien sûr qualitatifs, mais toute décision d'investissement dans un nouveau projet de production d'électricité visant à satisfaire la croissance de la demande d'électricité sur le réseau public doit s'efforcer d'en évaluer l'effet afin d'optimiser la rentabilité future des opérations de projets réalisés.

11.3.2 Le coût d'acheminement ($/MWh, ¢/kWh) : transport et distribution

Le coût d'acheminement, qui constitue une tranche indissociable du coût de livraison des approvisionnements électriques à la clientèle, entre naturellement dans la comparaison du coût des nouveaux approvisionnements énergétiques.

Il est plus commode de parler de coûts d'acheminement pour couvrir l'ensemble des besoins reliés au transport de l'électricité jusqu'au réseau de distribution. Ce sont les coûts d'additions, de renforcements, de mises à niveau d'équipements de lignes et de postes. Le réseau de transport se distingue du réseau de distribution par le niveau de tension d'opération. Au-delà de 50 kV (50 000 volts), il s'agit de haute tension. C'est le domaine du transport (69 kV, 120 kV, 161 kV, 230 kV, 315 kV, 345 kV et 735 kV). En deçà de 50 kV, c'est le domaine de la moyenne tension, réservé au réseau de distribution (principalement à 25 kV au Québec). Ce niveau de tension alimente la grande majorité des transformateurs de distribution qu'on trouve dans les quartiers résidentiels de toutes les villes au Québec. Les réseaux de transport et de distribution sont des infrastructures indispensables aux transits d'énergie électrique vers la clientèle. Il existe donc une reconnaissance implicite et légitime d'un coût de transport et de distribution correspondant aux charges financières liées à l'ensemble des activités et des actifs que doivent planifier, construire et exploiter le transporteur et le distributeur pour répondre aux besoins de leurs clients.

Le type de projets de production a aussi des conséquences sur les coûts d'acheminement : s'agit-il d'un projet relié au réseau de transport ou d'un projet relié au réseau de distribution ? La distinction est importante puisque, dans les deux cas, le coût d'acheminement de l'électricité se présente de façon différente. Les coûts d'acheminement seront des coûts essentiellement engagés par le distributeur dans le cas de projets de production réalisés en réseau de distribution. S'il s'agit de projets de production provenant de centrales de plus grande taille, souvent éloignées des centres de consommation, ils devront être acheminés par le réseau de transport et occasionneront des coûts additionnels pour le transporteur et le producteur.

En pratique, toute production énergétique d'une nouvelle centrale raccordée au réseau de transport est livrée au distributeur qui la reçoit à un point de livraison précis de son réseau. Cela donne lieu à l'application d'un coût de transport pour l'électricité qui doit obligatoirement transiter par le réseau de transport.

Par contre, il n'est pas du tout clair qu'un projet de production dit éloigné entraîne des modifications à un réseau de distribution local et un coût de distribution. Si des modifications sont nécessaires en raison de l'intégration d'un projet éloigné, le distributeur doit faire la démonstration qu'elles sont rendues nécessaires pour des raisons qui n'ont rien à voir avec, par exemple, la congestion de la même infrastructure de distribution locale à cause d'une croissance accélérée ou pour des raisons de conformité d'autre nature.

11.3.2.1 La distance a de l'importance

Dans la mesure où les nouveaux approvisionnements énergétiques sont réputés avoir été prudemment acquis, la question de leur livraison sécuritaire à la clientèle implique l'ajout de certaines améliorations, additions ou opérations qui se traduisent naturellement par des coûts additionnels d'acheminement dans les bilans du transporteur et du distributeur. Afin de bien marquer l'ajustement marginal légitime qu'elle doit apporter aux bases tarifaires respectives du transporteur et du distributeur en raison de l'intégration de nouveaux approvisionnements énergétiques, les autorités réglementaires du marché de l'électricité exigent normalement de retrouver clairement les frais d'acheminement spécifiquement associés à la mise en service d'un nouvel équipement de production.

Une remarque comptable s'impose pour le cas du Québec, à la suite de l'entrée en vigueur de la Loi 116. Au-delà d'un certain montant par kW que la Régie demande au transporteur d'assumer, les producteurs doivent payer le coût du raccordement jusqu'au réseau de transport pour leurs nouveaux actifs de production. Dans le cas d'une centrale qui doit se raccorder au réseau de transport, cette prescription a pour effet, entre autres, de faire passer une partie des actifs d'acheminement dans le coût de production du promoteur/producteur plutôt que dans la base tarifaire du transporteur, et ce, même si ce dernier restera officiellement propriétaire de ce raccord et qu'il se chargera d'en faire l'entretien durant toute sa vie utile. D'autres juridictions travaillent d'ailleurs dans le sens traditionnel du pacte social de l'électricité et entendent ainsi confier au monopole naturel réglementé que constitue le transport dans un réseau électrique moderne le soin de construire les lignes de transport qui donneront accès aux riches gisements énergétiques. C'est le cas par exemple au Texas pour l'accès aux zones d'énergie renouvelables compétitives (CREZ) de même qu'en Europe où les orientations de la Commission Européenne prévoient intégrer 30 000 MW de capacité éolienne provenant de complexes off-shore grâce à la construction d'un réseau électrique dédié en mer du Nord[165]. (Voir la section 9.8.)

Lorsque les nouveaux approvisionnements énergétiques proviennent directement du cœur du réseau de distribution – et on prendra note au passage du fait qu'il n'existe qu'une infime minorité de projets éoliens raccordés en distribution au Québec alors qu'il s'agit de la majorité des projets en France, en Allemagne et au Danemark – ils ne contribuent vraisemblablement pas à hausser le tarif de transport. Mieux, on peut facilement évaluer la capacité de production qui permet ainsi d'éviter l'usage du transport et donner ainsi lieu à un crédit partiel du tarif de transport pour cette électricité. Plusieurs filières énergétiques peuvent en principe tirer avantage de cette réalité, le solaire et l'éolien en sont deux exemples (voir la section 10.8.2).

165. *European Commission announces firs building blocks of a future super-grid*, 13 nov. 2008. Source : http://europa.eu/rapid/pressReleasesAction.do?reference=IP/08/1696&format=HTML&aged=0&language=EN&guiLanguage=en

Dans le cas de projets de production distribuée – intégrés directement au réseau de distribution –, les modifications au réseau de distribution destinées à accueillir cette nouvelle production de proximité doivent être identifiées et le coût d'acheminement au-delà du coût de distribution déjà établi doit être clairement visible. De la même façon, le coût du transport dominera le coût d'acheminement pour les projets de production centralisée.

La section 10.8.2 présente davantage les enjeux de la production distribuée[166] – aussi appelée décentralisée ou embarquée – qui, avec sa diversité de solutions énergétiques, prépare une révolution montante et un changement de paradigme pour les planificateurs d'un secteur électrique qui s'est traditionnellement développé autour d'une approche centralisée nécessitant l'usage de lignes de transport à haute tension pour acheminer l'électricité produite, sur de longues distances, jusqu'aux grandes zones de consommation.

11.3.3 Le découpage du saucisson : impact d'un projet de production répondant aux nouveaux besoins énergétiques

Tout nouvel approvisionnement énergétique a un impact sur les coûts qui s'exprime dans la hausse marginale du coût de l'électricité associée à ce nouvel approvisionnement énergétique. Cette hausse marginale de coût est cependant pondérée par la valeur des actifs en exploitation beaucoup plus considérables[167].

---

166. Le réseau de distribution représente la plus forte ramification du réseau électrique. Par exemple au Québec, on compte plus de 100 000 km de lignes de distribution qui rayonnent à partir des postes de distribution. C'est au moins trois fois la longueur des lignes de transport. La longueur spécifique des lignes de distribution (km per capita) est nettement plus faible dans les zones les plus densément habitées du territoire. C'est dans le réseau de distribution et particulièrement en zone urbaine que l'alimentation des clients présente les plus fortes contraintes spatiales pour les ingénieurs de conception et d'exploitation. La pression démographique est aussi plus intense dans les zones urbaines que rurales, ce qui explique pourquoi elles contribuent à une bonne part de la croissance de la demande autour des grandes villes. Au fur et à mesure de la croissance de la demande, les problèmes de congestion des artères, d'expansion de postes et de coordination s'intensifient. Cela exerce une pression de plus en plus forte sur les coûts du distributeur qui doit continuer de remplir son mandat de livraison sécuritaire et fiable à ses clientèles. Les investissements faits en distribution pour répondre à cette croissance contribuent à la croissance du coût des services de distribution. Le coût de distribution est ainsi entraîné dans une cadence de hausses qui sont marginalement les plus significatives des trois fonctions – la situation est compliquée par le fait qu'un tarif peut cacher des éléments de coûts parfois significatifs : c'est le cas de la Loi 116 sur la production. Cette situation est de nature à forcer une réflexion en profondeur sur la nécessité d'une évolution des méthodes de planification et d'intégration des options technico-économiques disponibles en distribution. C'est véritablement au niveau du réseau de distribution que se retrouvent les enjeux d'exploitation d'avenir auxquels font face tous les réseaux électriques du monde.

167. Pour donner une idée de l'effet de cette pondération en 2009, on peut donner l'exemple d'Hydro-Québec consolidée dont les actifs en exploitation représentaient une valeur globale de quelque 55 milliards de dollars au 31 décembre 2007. Selon la prévision 2004 du plan d'approvisionnements d'HQD, le coût de production unitaire moyen était, en excluant les taxes de vente, d'environ 5,7 ¢/ kWh pour une production totale de quelque 192,3 TWh, incluant les

TENDANCE DES COÛTS

Les nouveaux projets hydroélectriques coûtent plus cher que ceux réalisés il y a 20 ans en raison du fait que les principaux et plus lucratifs gisements ont déjà été harnachés. Dans le cas de l'éolien, la situation est différente : les meilleurs gisements sont encore inexploités et la technologie continue d'intégrer dans ses nouvelles générations de turbines des développements technologiques qui les rendent de plus en plus intéressantes pour les exploitants du réseau. Par ailleurs, toutes les sources d'énergie sont frappées par l'augmentation des coûts, qui ont plus que doublé depuis 2000, à la suite de l'augmentation des coûts des métaux et des transports[1]. Bien que les années 2006-2008 aient vu une hausse du prix des turbines éoliennes – attribuable, en grande partie, à l'insuffisance de l'offre des grands turbiniers devant une très forte demande mondiale pour ces produits –, les analystes du secteur estiment que l'industrie sera en mesure de poursuivre ses avancées technologiques tout en minimisant la hausse du coût de ses produits. « Un facteur stabilisant des prix réside dans la tendance vers de plus grandes centrales éoliennes, qui entraîne des économies d'échelle importantes », affirme le spécialiste David Millborough dans la revue *WindPower Monthly*[2].

1. *Construction Costs for New Power Plants Continue to Escalate : IHS CERA Power Capital Costs Index*, Cambridge, MA (May 27, 2008), http://energy.ihs.com/News/Press-Releases/2008/IHS-CERA-Power-Capital-Costs-Index.htm
2. « The Windicator, section "Economics" », David Millborough, *WindPower Monthly*, October 2007, p. 78.

11.3.4 Les coûts d'équilibrage

Au-delà du coût de production et d'acheminement discuté aux sections précédentes, les exploitants du réseau électrique doivent également s'assurer de la disponibilité de réserves d'équilibrage adéquates pour l'opération du réseau au quotidien. Ces services sont fournis par les producteurs.

Au Québec, la gestion des aléas éoliens fait en sorte qu'HQD ajoute aux projets éoliens un coût d'équilibrage. Le prix de ce service est établi dans un contrat d'achats de services entre HQD et HQP. Pour les producteurs privés ayant remporté l'appel d'offres de 2 000 MW(A/O-2005-03), l'équilibrage ajoute 0,5 ¢/kWh au coût de l'éolien. Le prix chargé par HQP pour le service d'équilibrage était initialement de 0,9 ¢/kWh lors du premier appel d'offres.

pertes d'acheminement. Un nouveau projet produisant annuellement 5 TWh d'électricité, pertes incluses, à un coût de 10 ¢/kWh apporterait 2,6 % d'énergie additionnelle au volume total produit, mais ne contribuerait qu'à hausser de 1,9 % le coût unitaire moyen de production du Québec.

Nous verrons au chapitre 12 que, surtout dans un réseau à dominance hydro-électrique, l'expérience internationale[168] montre des coûts d'équilibrage beaucoup moins élevés que le prix du service fourni par HQP.

11.3.5 La comparaison des options : croissance de la demande en puissance et en énergie

Il faut dire un mot sur un important aspect de l'équilibre offre-demande tel qu'il se retrouve dans les nouveaux besoins d'approvisionnements établis par le distributeur. L'ensemble des nouveaux besoins énergétiques est associé à des appareils, des procédés et des usages qui ont des caractéristiques de consommation connues. Par exemple, une ampoule de lecture consomme moins de puissance qu'un chauffe-eau, mais tous deux contribuent à la croissance de la demande électrique et entraînent des besoins additionnels en énergie et en puissance. Dans la préparation de son plan d'approvisionnement, le distributeur doit anticiper le volume et la nature de tous les nouveaux besoins de chacune de ses clientèles – résidentielle, commerciale, institutionnelle et industrielle, par secteur et par région. Nous avons surtout parlé des volumes d'énergie, mais il faut se rappeler qu'une capacité de production correspondante doit y être associée. Cette prévision de croissance de la demande en énergie et en puissance forme la base de la planification des nouveaux approvisionnements énergétiques. La croissance de la demande d'énergie et de puissance peut être comblée par un équipement de production déjà en service, mais il arrive inévitablement un moment où une capacité de production additionnelle devient nécessaire. La fourniture de ces nouveaux besoins énergétiques pourra être répartie au besoin entre des produits spécialisés dits de base, cyclables, occasionnels ou auxiliaires que le distributeur se procurera par des appels d'offres complémentaires[169].

Comme on l'a vu au chapitre 9, les moyens de production possèdent des caractéristiques variées en termes de capacité disponible de modularité et d'énergie produite annuellement. Le distributeur recherchera idéalement des technologies de production qui présentent globalement le même profil puissance-durée que les besoins additionnels de la demande qu'il anticipe. Dans la pratique, il ne serait pas réaliste d'exiger une centrale dédiée qui se verrait imposer une séquence chronologique de

---

168. Agence Internationale de l'Énergie (IEA), « Design and operation of power systems with large amounts of wind power : State of the art report, Task 25 », *Wind*, octobre 2007. Disponible à : http://www.vtt.fi/inf/pdf/workingpapers/2007/W82.pdf

169. C'est ainsi que fonctionne le marché de l'électricité intérieur du Québec depuis l'adoption de la Loi 116.

production identique à celle de la nouvelle consommation globale anticipée d'un quartier urbain ou même de l'ensemble des nouveaux besoins des clientèles regroupées pendant l'année en question. L'exploitation d'une centrale selon un tel modèle de production serait une absurdité. Elle serait inefficace et coûteuse. Dans la réalité, l'équation offre-demande pour les nouveaux besoins énergétiques se résout dans le plan d'exploitation quotidien de l'ensemble des actifs de production. Il est impossible de savoir à l'avance si une centrale nouvellement construite alimentera telle cuve de telle aluminerie le 24 juin de l'année qui vient ou si elle servira à alimenter les besoins de base de telle ville. On peut cependant savoir que la production de cette centrale nouvellement construite produira, bon an mal an, une certaine quantité d'énergie selon ses caractéristiques propres. Le plan d'exploitation de la production cherche à optimiser la production des centrales disponibles en les mobilisant au mieux de leurs caractéristiques et des aléas de leurs sources d'énergie – pétrole, gaz, eau, vent, etc. Ainsi, chaque centrale possède comme caractéristiques énergétiques de base une capacité de production déterminée (sa puissance nominale, en MW), un facteur d'utilisation estimé qui donne le niveau annuel de ses apports énergétiques au réseau (en TWh) et une disponibilité qui tient compte de ses contraintes spécifiques d'exploitation et/ou des caractéristiques et cycles particuliers de ses apports sur un horizon horaire, quotidien, hebdomadaire, saisonnier et annuel.

Tout nouvel équipement de production qui est raccordé au réseau électrique intéressera les planificateurs par sa valeur en puissance, c'est-à-dire la capacité reconnue à un équipement de production de prendre en charge une partie de la demande en période de pointe une fois en exploitation. Il s'agit évidemment d'une caractéristique très importante pour ceux qui planifient l'expansion du réseau (voir les encadrés de la section 9.2). Elle fera partie des moyens de gestion qui intéressent la conduite du réseau au quotidien : séquence de mise en route des équipements de production au quotidien selon les besoins de la demande et minimisation des coûts d'équilibrage en exploitation.

Ainsi, tout planificateur de réseau électrique reconnaît une valeur économique générique à la valeur en puissance d'une centrale. Le coût de cette valeur en puissance s'exprime en $/MW et est fortement associé à la problématique de la pointe de demande (au Québec, les périodes de pointe représentent moins de 300 heures de l'année) où la capacité de production totale du réseau subit son plus difficile test annuel de participation. Lorsqu'une forte surcapacité de production existe, ce coût diminue fortement.

Dans notre analyse du cas d'une grande centrale éolienne, nous comblerons le déficit en puissance associé à l'éolien par un support en puissance[170] dont le coût additionnel en $/MW est associé à un service auxiliaire que des centrales de pointe peuvent fournir en vertu de ce que le planificateur du réseau a anticipé plusieurs années à l'avance. Il s'agit simplement de se rappeler que pour pouvoir comparer différentes options de production, tous les coûts nécessaires pour rendre un service équivalent, au point de livraison désiré, doivent être pris en compte.

11.3.6 Service équivalent ou exploitation complémentaire

Pour être tout à fait clair, il faut préciser encore qu'une centrale qui possède une valeur en puissance plus faible qu'une autre ne signifie absolument pas qu'elle ait moins d'intérêt. La valeur en puissance d'un équipement de production est un critère de planification à caractère statistique qui intéresse l'adéquation des besoins en puissance de la pointe du réseau dans un horizon multi-annuel (voir la discussion sur la valeur en puissance de l'éolien à la section 9.2.1). Pour l'exploitation en temps réel, l'aspect statistique de la valeur en puissance de l'éolien n'est pas d'une très grande utilité devant la disponibilité d'outils de prévision à court terme de la production éolienne, nettement plus utiles pour l'opérateur (voir section 9.7.2). Chaque centrale apporte sa contribution à la fourniture des besoins énergétiques en temps réel en tout temps. C'est la complémentarité des ressources gérées de manière à assurer la fourniture des besoins actuels et futurs qui importe. Une valeur essentielle à la performance énergétique globale du réseau se trouve dans la manière d'exploiter ces différentes ressources au quotidien de façon coordonnée. Dans cette manière de faire qui appartient à l'univers de gestion en temps réel de l'exploitant se trouve une marge de manœuvre et de flexibilité dans l'utilisation du parc de production que les statistiques ne peuvent traduire. À un point tel que la logique de la valeur en puissance se trouve confrontée à un paradoxe dans le cas de l'éolien au Québec en raison de la corrélation vent-demande. (Voir l'encadré Fiabilité du réseau : le paradoxe de la production éolienne à la section 9.2.1.) La prise en compte au moment de l'exploitation en temps réel des synergies et des liens de dépendance entre les centrales permet d'optimiser l'utilisation des actifs du réseau et d'accroître la marge bénéficiaire combinée des centrales exploitées sur les marchés intérieurs et extérieurs (voir l'encadré Texas, la

---

170. Le support en puissance de l'éolien représente la différence entre la capacité que devrait avoir une centrale hydraulique conventionnelle (opérant à FU de 0,6) de même production énergétique annuelle qu'une centrale éolienne considérée, et la valeur en puissance à la pointe de cette centrale éolienne. Voir aussi la discussion sur les particularités de la valeur en puissance de l'éolien et la Terminologie de la fiabilité du réseau à la section 9.2.1.

crise du 26 février 2008, p. 236). Le mode éolien-hydraulique représente un excellent exemple de l'utilité de la mise en valeur de ces synergies entre filières de production, comme on l'a vu au chapitre 9.

11.3.7 Valeur des attributs environnementaux

De la même façon, dans la mesure où des marchés spécialisés requis sont accessibles, il est possible de valoriser les attributs environnementaux spécifiques des projets énergétiques. Cela peut se faire dans les juridictions et les marchés où ces projets sont assujettis à des lois et des réglementations visant une réduction des impacts sociaux et environnementaux mesurables de la consommation d'énergie. Il appartient aux gouvernements d'assurer l'opérationnalité de ces marchés grâce à des mécanismes budgétaires conséquents.

Ailleurs, c'est par l'adoption de tarifs incitatifs prescrits que la valeur de ces attributs est reconnue explicitement dans la base tarifaire avec l'objectif avoué de créer par effet d'entraînement l'émergence d'une industrie de fabrication de produits énergétiques innovateurs (éolien, PV). Ce coût additionnel assure le leadership technologique de nouvelles industries sur le territoire et des retombées économiques durables en revenus de fiscalité, en produits commerciaux, en création d'emplois et en croissance de la richesse collective à long terme. Le Danemark, l'Allemagne et l'Espagne en témoignent.

11.4 Optimisation économique et évolution technologique du réseau

Chacun sait que, au fur et à mesure que le coût des nouveaux approvisionnements énergétiques augmente, la compétitivité de solutions technologiques dormantes les amènera naturellement dans le cercle des options qui demandent à être considérées. Cette dynamique économique constitue le carburant premier de l'évolution technologique dans tous les domaines d'activité. Le réseau électrique bien géré et planifié ne saurait échapper à cette pression technico-économique qui le conduit inévitablement à repenser ses méthodes de planification et de gestion. Depuis quelques années, la dynamique des marchés de l'énergie est très fortement stimulée par la reconnaissance du coût social des impacts environnementaux directement associés aux émissions polluantes des technologies de production énergétiques. Ces coûts réels, systématiquement externalisés de l'analyse économique traditionnelle, clarifient dans l'intérêt de tous la notion de compétitivité économique. Ces coûts, que la société civile doit assumer, permettent aux nouvelles technologies d'énergie renouvelable de transformer radicalement leur rapport de force avec les filières traditionnelles et les placent actuellement à l'avant-garde des filières énergétiques d'avenir.

Dans ce contexte, un examen attentif de chacun des trois blocs (production, transport et distribution) qui participent au coût global d'un projet d'approvisionnement énergétique intégré au réseau électrique est donc très important. C'est pourquoi les coûts de raccordement et de modifications au réseau qu'entraîne le recours à de nouveaux projets d'approvisionnements éoliens, hydrauliques ou autres doivent être examinés avec la rigueur qu'impose le caractère particulier du marché de l'électricité. Pris isolément, les coûts d'acheminement ne peuvent certainement pas prétendre emporter la comparaison du coût énergétique entre filières ni parfois même entre des projets de tailles significativement différentes pour une même filière.

Les coûts de production doivent également pouvoir se comparer sur une base technico-économique rigoureuse. Comme on l'a vu, il y a dans la répartition du coût de réalisation des projets énergétiques des dimensions structurelles qui sont de précieux indicateurs de comparaison des risques technico-économiques qui pèsent sur les filières et même entre des variantes de projets d'une même filière.

Pour ceux qui ont la responsabilité d'autoriser le « meilleur » projet, l'analyse de ces sensibilités constitue un exercice d'importance critique puisqu'il s'agit en définitive de décisions d'investissements de long terme liées à la nécessaire évolution technologique du réseau électrique et au maintien d'un service public essentiel qui doit rester fiable, performant et accessible au meilleur coût dans toutes les dimensions d'un développement durable.

Maintenant que le cadre général des enjeux technico-économiques d'un projet de production est circonscrit, on peut examiner de plus près ce que serait le coût d'une grande centrale éolienne réalisée selon le montage financier normalement utilisé par un grand promoteur. Nous avons choisi d'étudier un projet éolien d'envergure, financé et réalisé comme s'il s'agissait d'un grand complexe hydroélectrique. L'exercice qui suit vise à fournir une méthodologie technico-économique rigoureuse qui facilitera les discussions sur le coût des grands projets.

Dans la section économique qui suit, au chapitre 12, on examinera donc le détail des coûts de réalisation et la rentabilité d'un tel projet. Cet exercice illustrera le cas d'un investissement que réaliserait un promoteur qui entend développer et exploiter les projets de production énergétique au plus bas coût possible, tout en considérant les nouvelles synergies que ce projet apporte à son portefeuille de centrales déjà en exploitation afin de maximiser sa marge bénéficiaire sur les marchés. Pour cet exercice, nous avons choisi l'exemple du jumelage de complexes éoliens et hydrauliques dans les zones de production du Grand Nord québécois. Cet exemple présente d'autant plus d'intérêt que c'est dans cette vaste région que se côtoient les plus riches gisements éoliens et hydrauliques continentaux.

Centrale éolienne de Lake Benton II (Zond 750 kW), Minnesota, USA.
Gracieuseté : DOE/NREL
Photo : Jim Green

[CHAPITRE 12]

Éolien et électricité : de nouveaux horizons pour le Québec

Le gisement éolien disponible au Québec représente 100 fois la production totale d'électricité du Québec en 2008. C'est le plus important gisement de toute l'Amérique : sa richesse et sa qualité sont exceptionnelles. Ainsi, même au Québec où le coût de l'électricité est généralement considéré comme l'un des plus bas sur le continent nord-américain, l'électricité éolienne peut être produite à un prix compétitif[171] avec celui des grandes filières énergétiques traditionnelles (voir la figure 6.8).

En constatant la réalité des développements technologiques, remarquables à tous égards, de l'industrie éolienne des 20 dernières années, en prenant en compte les synergies qui existent entre la demande d'électricité et le cycle des apports éoliens au Québec, et en misant sur la flexibilité des actifs de production du réseau électrique existants, une conclusion s'impose : le Québec dispose de tous les atouts rêvés pour mettre en place une stratégie d'implantation et d'appropriation de cette filière d'avenir. C'est pourquoi nous prendrons la situation particulière du Québec pour illustrer ce que pourrait représenter une telle stratégie. Pour permettre de construire cette stratégie de façon concrète, ce chapitre procédera en deux temps.

Dans un premier temps, on étudiera le détail des coûts d'un complexe éolien d'envergure afin d'établir sa rentabilité pour répondre à la croissance de la demande intérieure. Cela permettra également de présenter la méthodologie de calcul économique qui doit s'appliquer aux projets énergétiques du secteur de l'électricité pour faciliter la comparaison du coût des différentes options énergétiques qui s'intègrent au grand réseau électrique. Les calculs qui figurent dans ce chapitre visent ainsi à familiariser le

---

171. Pour le coût de production d'une centrale éolienne, voir le chapitre 8.

lecteur avec une démarche méthodologique rigoureuse qui est la condition première d'une comparaison valable entre les options de projet disponibles. Les chiffres utilisés sont ceux disponibles à l'été 2008. Chacun pourra, à l'aide de la méthodologie exposée ici, reprendre la démarche pour tenir compte des aléas de l'économie, de la finance et des caractéristiques spécifiques des projets qu'il souhaite examiner pour répondre aux nouveaux approvisionnements du secteur de l'électricité[172].

Avec les résultats obtenus pour cet exercice de calcul de rentabilité, on s'intéressera, dans un deuxième temps, aux stratégies et orientations énergétiques qui permettent d'envisager la mise en valeur du potentiel éolien et d'espérer des retombées économiques durables dans le portefeuille énergétique comme dans l'économie et la structure industrielle du Québec.

Rappelons d'abord les principaux éléments technologiques démontrés qui appuient l'idée d'une forte intégration éolienne dans les réseaux électriques et viennent appuyer les orientations énergétiques présentées dans ce chapitre.

Comme on l'a vu au chapitre 9, il n'existe pas de barrières technologiques au taux de pénétration de l'éolien dans le réseau électrique. Avec plus de 100 000 MW de capacité éolienne installée dans le monde, la réalité d'une intégration harmonieuse de l'éolien aux réseaux existants est amplement démontrée dans plusieurs pays.

Des taux de pénétration éolienne élevés existent en Espagne (qui a très peu de liens d'interconnexions avec l'Europe), ainsi qu'au Danemark et en Allemagne. Le cas de l'Espagne est intéressant pour établir des parallèles avec le Québec[173, 174]. L'Espagne a une demande de pointe de 55 000 MW et comptait 15 145 MW de capacité éolienne

---

172. L'éolien est la source d'énergie ayant la plus faible empreinte environnementale parmi les sources de production d'électricité. Notre exercice ne prend pas en compte la valeur économique des attributs environnementaux de l'éolien, ni des crédits ou incitatifs à la production verte dont il pourrait se prévaloir. La valeur économique des émissions de GES évitées est déjà monétisée sur les marchés européens (Bourse du carbone : 4,38 ¢/kWh à la fin de 2008). Pour le moment, la valeur de différentiation d'autres attributs de l'éolien comme la modularité, la réversibilité des usages du territoire occupé par les éoliennes, la disponibilité universelle de la ressource, les courts délais de construction, la valeur de la sécurité des approvisionnements et de la stabilité des prix restent exclus des analyses économiques conventionnelles.

173. EWEA, *Large Scale Integration of Wind Energy in the European Power Supply: analysis, issues and recommendations,* décembre 2005, disponible à : http://www.ewea.org/fileadmin/ewea_documents/documents/publications/grid/051215_Grid_report.pdf

174. Agence Internationale de l'Énergie (IEA), « Design and operation of power systems with large amounts of wind power : State of the art report », Task 25, *Wind*, octobre 2007, disponible à : http://www.vtt.fi/inf/pdf/workingpapers/2007/W82.pdf

installée à la fin de 2007, soit un taux de pénétration en puissance installée de 27,5 %, et ce, avec des moyens d'équilibrage moins souples que ceux du Québec[175, 176, 177].

Deux études récentes démontrent que les coûts d'intégration sont de l'ordre de 0,3 à 0,5 ¢/kWh, pour des taux de pénétration allant jusqu'à 30 % des livraisons annuelles d'énergie électrique.

Un scénario de jumelage éolien-diesel développé par Hydro-Québec et appliqué commercialement en Alaska a démontré à l'échelle d'une communauté isolée qu'il n'y avait pas de limite technique au taux de pénétration (voir section 10.7.1). À l'île Saint-Paul, en Alaska, une capacité éolienne équivalant à 3,5 fois (on parle ici d'un taux de pénétration de 350 %) la demande de pointe est en exploitation depuis 1999.

Quant à la gestion de la variabilité de la production éolienne, les perceptions ont évolué à un point tel que les affirmations sur son intermittence apparaissent désormais anachroniques. On ne pourrait mieux l'exprimer que le président d'ELTRA, l'exploitant du réseau de l'Ouest du Danemark, en mai 2003 : O*n disait que le réseau électrique ne pouvait fonctionner au-delà de 500 MW de production éolienne. Actuellement, on en gère presque cinq fois plus. Et j'aimerais dire au gouvernement que nous sommes prêts à en gérer davantage, mais que pour cela il faudrait qu'on nous permette d'utiliser les outils appropriés de gestion du réseau*[178] (notre traduction).

---

175. La capacité de transport nette, disponible entre la France et l'Espagne, n'est que de 500 MW. Pourtant, la production éolienne du nord de l'Espagne atteint, à certaines heures, jusqu'à 80 % de la demande horaire sans problème d'instabilité de réseau. À la fin de 2007, l'Espagne affichait un taux de pénétration en puissance de 27,5 % (11,8 % en énergie). L'opérateur du réseau espagnol contrôle 575 centrales éoliennes, totalisant près de 15 000 MW et, durant quelques mois de l'année, l'éolien rencontre jusqu'à 40 % de la demande électrique totale du pays (voir la section 9.3). Sur une base annuelle, il s'agit pour l'Espagne de presque trois fois ce que la stratégie énergétique 2006-2015 du Québec considère actuellement comme étant la limite ultime de réception du réseau électrique au Québec (10 % de la capacité hydroélectrique totale en service).

176. Avec sa capacité de stockage hydraulique et ses actifs de production hydroélectriques, le Québec dispose de l'arsenal d'équilibrage le plus flexible qui soit (voir chapitre 9, section 9.9).

177. « Focus on grid integration: Checks and Balances:Integrating Europe's Growing Wind Capacity », *Wind Directions*, sept.-oct. 2008, p. 32.

178. *Empowering Variable Renewables Options for Flexible Electricity Systems*, Agence Internationale de l'Énergie, OCDE/AIE, juillet 2008, 36 pages.

UNE STRATÉGIE D'APPROPRIATION EN QUATRE ORIENTATIONS

Toute stratégie de mise en valeur du potentiel éolien doit désormais tenir compte de la nouvelle réalité de l'intégration harmonieuse de l'éolien démontrée dans les réseaux du monde entier. Nous examinerons la rentabilité et les retombées de l'activité éolienne dans la perspective où cette barrière technologique est abolie. Une stratégie de mise en valeur de l'immense gisement éolien québécois pourrait ainsi s'articuler selon **quatre orientations principales** :

A – Marché intérieur : fournir l'énergie nécessaire pour satisfaire la croissance de la demande interne.

B – Marchés d'exportation : fournir l'énergie nécessaire pour accroître et/ou stabiliser la capacité d'exportation d'électricité.

C – Substitution fossile-éolien au chauffage : fournir l'énergie nécessaire pour remplacer la chauffe au gaz et au pétrole par la chauffe électrique des locaux de façon à réduire les gaz à effet de serre tout en diminuant la facture d'énergie et la vulnérabilité des consommateurs québécois aux hausses des coûts du pétrole et du gaz.

D – Marchés des transports terrestres : fournir l'énergie nécessaire pour remplacer le pétrole dans le domaine des transports, soit en produisant l'électricité requise pour des véhicules électriques, soit en produisant de l'hydrogène par électrolyse de l'eau pour le marché des véhicules à hydrogène (pile à combustible ou moteur à combustion interne alimenté à l'hydrogène).

La technologie actuelle permet le démarrage des trois premières orientations dès maintenant, que ce soit concurremment ou en succession dans le temps. La quatrième orientation vise le domaine des transports terrestres ; elle est réalisable à plus long terme et implique un programme de recherche et développement visant à préparer le Québec à l'avènement du véhicule électrique et/ou de l'hydrogène comme vecteur énergétique se substituant au pétrole.

12.1 Orientation A – Marché intérieur : fournir l'énergie nécessaire à la croissance de la demande interne québécoise

Cette section établira la méthodologie du calcul des coûts de la production éolienne et démontrera la rentabilité d'un complexe éolien.

Puiser dans l'immense ressource éolienne québécoise et l'adosser aux actifs hydroélectriques québécois (immense capacité de stockage des réservoirs et flexibilité des groupes hydroélectriques existants) pourrait facilement répondre à 100 % de l'accroissement de la demande interne québécoise. Cela permettrait la création d'un marché éolien local atteignant 600 MW par année ; un tel marché pourrait attirer un fabricant d'éoliennes qui, en s'appuyant sur le marché intérieur québécois, établirait sa base manufacturière nord-américaine.

La prévision de la croissance de la demande varie dans le temps. Pour les fins de l'exercice, nous utiliserons une prévision de 1 % de croissance de la demande en énergie et en puissance (voir note 1 à l'annexe C). Cet accroissement de la demande représente des nouveaux besoins d'approvisionnements estimés à 2 TWh en énergie et 360 MW en puissance, annuellement. Notons que les délais de construction de l'éolien sont beaucoup plus courts que ceux de l'hydraulique ou du nucléaire, ce qui permet d'adapter le taux d'installation à la croissance de la demande annuelle tout en réduisant le risque financier associé à la durée de construction.

On partagera également ces 2 TWh d'énergie électrique requis chaque année entre les gisements de la Baie James et de la Côte-Nord (cibles 2 et 4 de la figure 6.7). La dispersion géographique amènera une production agrégée plus régulière du complexe éolien et contribuera à la valeur en puissance de l'éolien selon la définition traditionnelle des critères de planification à long terme du réseau.

Récolter 1 TWh par année de la région La Grande 4–Laforge exige la construction d'une centrale éolienne de 255 MW par année (vents moyens annuels de l'ordre de 9 à 9,5 m/s). Avec des vents moyens annuels de l'ordre de 8 à 8,5 mètres/seconde, récolter 1 TWh par année de la région Manic–Bersimis–Outarde, il faudra construire une centrale éolienne de 294 MW par année. Les 2 TWh de nouvelle demande annuelle peuvent donc être fournis par un complexe éolien d'une capacité installée de 549 MW répartie en 2 centrales.

Analyse économique :

L'analyse économique de ce complexe éolien annuel sera présentée en considérant quatre niveaux d'emboîtement successifs qui déterminent le coût de production de l'énergie livrée aux clients du réseau :

Poupées russes : Représentation des quatre niveaux d'emboîtement qui forment le coût de l'électricité livrée aux consommateurs.

1. Le coût de production de la centrale éolienne au point de raccordement au réseau de transport qui inclut :
   - le coût de la centrale installée, raccordée au réseau de transport,
   - le coût de la version nordique des éoliennes,
   - une réserve pour les imprévus (aussi appelés contingences),
   - les frais d'opération et d'entretien.
2. Le coût de production à service équivalent qui inclut :
   - le coût de production de la centrale éolienne (1 ci-dessus),
   - le support en puissance,
   - l'équilibrage.
3. Le coût de production et transport, c'est-à-dire coût de livraison aux clients industriels, à la frontière pour fins d'exportation ou au distributeur, qui inclut :
   - le coût de production à service équivalent, (2 ci-dessus)
   - le coût des lignes de transport,
   - le coût du renforcement du réseau,
   - une réserve pour les imprévus,
   - les frais d'opération et d'entretien du transport,
   - les pertes en transport.
4. Le coût de l'électricité livrée aux clients domestiques qui inclut :
   - le coût de production et transport (3 ci-dessus),
   - les coûts du service de distribution,
   - les pertes en distribution.

12.1.1 Coût de production de la centrale éolienne au point de raccordement au réseau de transport

En considérant un coût de 1 500 $/kW installé[179], le complexe éolien totalisant une capacité de 549 MW par année répartie en deux centrales, coûte 823,5 M$.

En utilisant les paramètres de financement indiqués par Hydro-Québec pour le projet de complexe hydroélectrique sur la rivière La Romaine[180], on obtient un coût de production du complexe éolien de 5,28 ¢/kWh. Le calcul est le suivant[181] :

Montage financier :

- propriété : Hydro-Québec Production
- ratio dette/équité : 60/40
- terme de l'emprunt = durée de vie des équipements = 20 ans pour l'éolien[182]
- taux d'intérêt sur la dette à long terme = 5,85 %
- frais de garantie liés à la dette à long terme = 0,5 %
- taux de la dette à long terme = 5,85 + 0,5 = 6,35 %
- rendement escompté sur l'équité = 12 %
- indexation des prix = 3 %

Le taux d'actualisation nominal est la somme pondérée de l'équité et de la dette, à leur taux de rendement respectif :

$0{,}40 \times 12\,\% + 0{,}60 \times 6{,}35\,\% = 8{,}61\,\%$

et le taux d'actualisation réel (net d'inflation) est :

$(1{,}0861 \div 1{,}03) - 1 = 0{,}0545$ ou $5{,}45\,\%$

---

179. Le coût installé de l'éolienne en centrale éolienne inclut la planification de la centrale éolienne, le coût des éoliennes, le coût de construction de la centrale éolienne, le réseau électrique collecteur et le poste élévateur de tension au niveau de tension du réseau ainsi que le raccordement au réseau. Pour une discussion du coût installé de l'éolien, voir le chapitre 8.

180. *Complexe de la Romaine : Étude d'impact sur l'environnement*, vol. 1, *Vue d'ensemble et description des aménagements*, Hydro-Québec Production, décembre 2007, p. 2-16.

181. Pour une discussion plus élaborée du montage financier, voir le chapitre 8, tableau 8.1.

182. Dans le cas des grands ouvrages hydroélectriques, on considère une durée de vie 50 ans.

Selon le coût installé de 823,5 M$ du complexe éolien de 549 MW, on calcule ;

- un facteur d'actualisation (FA), pour une durée de vie de 20 ans à un taux d'actualisation réel de 5,45 %, de 12,00[183]
- un coût de capital annuel de : 823,5M$ ÷ 12,00 = 68,63 M$
- un coût de capital en ¢/kWh de : 68,63 M$ ÷ 2 TWh = 3,43 ¢/kWh

Climat nordique et surcoût du complexe éolien

Des fabricants offrent une version nordique de leurs éoliennes à un coût majoré de l'ordre de 5 %. Ces éoliennes ont été conçues et sont certifiées pour fonctionner à basse température. Ce 5 % s'applique à la portion turbine d'une centrale éolienne, c'est-à-dire sur environ 80 % du coût de la centrale installée et raccordée au réseau, ce qui majore le coût de capital de la centrale éolienne d'environ 4 %. Ce surcoût doit être justifié par les besoins de sécurité des équipements, les exigences d'exploitation du réseau et/ou par les apports énergétiques additionnels associés à l'extension de la plage des températures d'opération.

Le coût de capital de la version nordique du complexe éolien devient :

3,43 ¢/kWh × 4 % = 0,14 ¢/kWh,

Réserve pour imprévus

À l'étape de l'étude préliminaire, il est prudent de prévoir une réserve pour imprévus (qu'on appelle aussi une réserve pour contingences) de l'ordre de 20 % sur les coûts de construction[184]. Cette réserve pour imprévus s'applique au coût installé de la centrale éolienne, incluant le coût de la version nordique des éoliennes.

La réserve pour imprévus s'applique donc au coût installé de 823,5 M$ du complexe éolien, majoré de 4 % par l'option nordique des éoliennes, soit à 856 M$:

856 M$ × 0,20 = 171,3 M$, pour un coût de capital annuel additionnel de

171,3 ÷ 12,00 = 14,27 M$,

14,27 M$ ÷ 2 TWh = 0,71 ¢/kWh

---

183. Voir le chapitre 8, section 8.2.

184. Puisque les aérogénérateurs représentent 80 % des coûts d'une centrale éolienne, la réserve pour imprévus ne devrait s'appliquer en fait que sur 20 % du coût de réalisation du complexe. En l'occurrence, cette réserve ne devrait pas dépasser 4 à 5 %. Pour notre exercice éolien, nous avons prévu la même réserve pour imprévus de 20 % du coût de la réalisation que pour un projet de centrale hydroélectrique.

Le coût du kW installé, incluant la version nordique et la réserve pour imprévus devient :

1 500 $/kW × 1,04 × 1,20 = 1872 $/kW.

Les frais d'opération et d'entretien sont de 1 ¢/kWh (voir la figure 8.6).

Le coût de production de la centrale éolienne au point de raccordement au réseau de transport se répartit ainsi :

- coût de capital = 3,43 ¢/kWh
- éoliennes nordiques = 0,14 ¢/kWh
- réserve pour imprévus = 0,71 ¢/kWh
- opération et entretien = 1,00 ¢/kWh

Coût de production de la centrale éolienne = 5,28 ¢/kWh[185]

12.1.2 Coût de production à service équivalent

On peut maintenant évaluer le coût de production à service équivalent. On ajoutera dans cette section les coûts de support en puissance et des besoins d'équilibrage au coût de production à la centrale éolienne raccordée au réseau de transport calculé à la section précédente.

Coût du support en puissance

Selon une étude récente de l'Agence internationale de l'énergie (IEA) sur les coûts d'intégration de grandes quantités d'éolien[186], la valeur en puissance de l'éolien répond à des questions comme : *Est-ce que l'éolien peut remplacer d'autres sources de production dans le réseau et jusqu'à quel point ? Est-ce que le système peut satisfaire une demande de pointe plus élevée si l'éolien est ajouté au réseau ?* (notre traduction). Ces questions sont reliées à la planification de la réserve à long terme et déterminent les moyens associés à la réserve d'exploitation planifiée dont les réseaux ont besoin pour l'exploitation en temps réel (voir l'encadré Terminologie de la fiabilité à la section 9.2.1).

---

185. On consultera la figure 8.7 qui présente l'analyse de sensibilité du coût de production de la centrale éolienne.

186. Design and operation of power systems with large amounts of wind power, State-of-the-art report, IEA Wind, Task 25, octobre 2007, section 7,4 "Summary of power adequacy/capacity credit results", p. 105. Disponible à : http://www.vtt.fi/inf/pdf/workingpapers/2007/W82.pdf

L'étude de l'IEA ajoute: *La production éolienne fournira une valeur en puissance additionnelle pour rencontrer les prévisions d'augmentation de la demande. Cette contribution peut aller jusqu'à 40 % de la capacité éolienne installée dans les situations où la pénétration éolienne est faible et où le facteur d'utilisation en période de forte demande est élevé. Elle peut être aussi basse que 5 % à plus haute pénétration, en cas de facteur d'utilisation éolien faible durant les périodes de forte demande ou lorsque la corrélation entre l'éolien et le profil de la demande est négative.*

La figure 40, à la page 105 de l'étude IEA, montre que la valeur en puissance de l'éolien diminue de 30 à 25 % lorsque le taux de pénétration éolienne, en termes d'énergie, passe de 10 % à 20 %. Bien que les 4500 MW d'éolien actuellement prévus au Québec à l'horizon 2015 (voir l'annexe B) et l'ajout de 1 % par année pour rencontrer les besoins de la croissance de la demande du Québec pendant 10 ans ne représenteraient qu'environ 16 % de l'électricité québécoise, nous utiliserons une valeur en puissance équivalente au taux de pénétration de 20 % en énergie telle qu'elle est documentée en Europe, soit 25 %. En raison de la cohérence vent-demande de chauffage au Québec, il s'agit là d'une hypothèse très conservatrice, comme l'a démontré une étude du producteur portant sur ce critère de planification appliqué à l'éolien (voir l'encadré Valeur en puissance de l'éolien, à la page 188, section 9.2.1).

Comme nous en avons discuté plus haut, les besoins en puissance d'Hydro-Québec croissent à peu près au même rythme que les besoins en énergie, à un taux d'environ 1 % par année, soit 362 MW par année[187]. Selon l'hypothèse conservatrice retenue, l'éolien a une valeur en puissance de 25 % ; la centrale éolienne de 549 MW fournira un support en puissance équivalent à 25 % de sa capacité, soit 137 MW. Elle devra donc se procurer (ou acheter) 362 – 137 = 225 MW de puissance pour satisfaire au critère de support en puissance du planificateur du réseau dans son calcul du coût des besoins en puissance associés à la croissance de la demande[188].

---

187. *Complexe de La Romaine: Étude d'impact sur l'environnement*, vol. 1, *Vue d'ensemble et description des aménagements*, Hydro-Québec Production, décembre 2007, tableau 2-4, p. 2-5. Les besoins à la pointe pour 2008-2009 s'établissent à 36 219 MW. Une croissance de 1 % représente 362,2 MW.

188. Il s'agit là d'un calcul conservateur pour le Québec où la corrélation vent-demande est particulièrement forte durant la saison froide. Voir l'encadré Terminologie de la fiabilité à la section 9.2.1.

Pour établir les prix de la puissance disponible sur commande sur le marché québécois[189] entre 2010 et 2020, on prendra le prix moyen de 5,36 $/kW-mois ou 64,38 $/kW-an comme référence pour 2015. En tenant compte de l'inflation, en $ 2008, ce montant devient 64,38 $ ÷ $1{,}03^7$ = 52,35 $. Notre complexe éolien devra donc acheter 225 MW de support en puissance à ce prix, sur une base annuelle[190], ce qui coûterait :

52,35 $/kW × 225 MW ÷ 2 TWh = 0,59 ¢/kWh

Coût d'équilibrage

L'étude IEA[191] montre que pour les pays utilisant majoritairement l'hydraulique, les coûts d'équilibrage de l'énergie éolienne vont de 0,2 à 0,4 €/MWh pour des taux de pénétration éoliens de 10 à 20 %. En prenant la moyenne et en utilisant un taux de conversion de 1,60 $/€, on obtient un coût de **0,05 ¢/kWh**. Pour les centrales éoliennes du deuxième appel d'offres éolien (A/O-2005-03 ; 2000 MW), le prix chargé pour l'équilibrage est de 0,5 ¢/kWh[192], mais, en l'occurrence, il ne s'agit pas dans ce cas d'un coût pour le service d'équilibrage, mais bien d'un prix d'opportunité.

Compte tenu des précisions précédentes, le coût de production à service équivalent (au point de raccordement au réseau de transport) devient donc :

• coût à la centrale éolienne	=	5,28 ¢/kWh
• coût du support en puissance	=	0,59 ¢/kWh
• coût de l'équilibrage	=	0,05 ¢/kW
Coût de production à service complet	=	5,92 ¢/kWh

189. *Complexe de La Romaine : Étude d'impact sur l'environnement*, vol. 1, *Vue d'ensemble et description des aménagements*, Hydro-Québec Production, décembre 2007, p. 2-13, tableau 2-12.

190. Une évaluation conservatrice puisque ce support en puissance n'est pas nécessaire 12 mois par année.

191. *Design and operation of power systems with large amounts of wind power*, State-of-the-art report, IEA Wind, Task 25, octobre 2007. Disponible à : http://www.vtt.fi/inf/pdf/workingpapers/2007/W82.pdf

192. Hydro-Québec Distribution devant la Régie de l'énergie, Demande R-3748-2007 – Phase II, *Réponse à la demande de renseignements nº 3 de UC*, HQD-6 Document 8, 2008-05-23, p. 6, Approvisionnements en cours d'acquisition (second bloc d'énergie éolienne de 2000 MW) : *Le coût du service d'équilibrage fourni par Hydro-Québec Production est estimé à 0,5 ¢/kWh.*

12.1.3 Coût de production et transport

Il faut maintenant évaluer le coût de production et transport. Il s'agit d'ajouter au coût de production à service équivalent du complexe éolien raccordé au réseau de transport calculé à la section précédente (correspondant au niveau d'emboîtement 2) les items suivants : le coût des lignes de transport, le coût de renforcement du réseau de transport, une réserve pour imprévus, les frais d'entretien reliés au réseau de transport et le coût des pertes en transport :

Coûts de transport (ligne 735 kV)

Pour évaluer le coût du transport de la production du complexe éolien, on prendra l'hypothèse d'une distance de 1000 km entre les centrales éoliennes du Nord et la région de Montréal.

La production électrique éolienne est équilibrée à la source au complexe La Grande et acheminée vers Montréal par une ligne de transport à 735 kV. En 2004, une ligne à 735 kV coûtait entre 1 et 1,3 M$ du kilomètre[193]. Pour un coût moyen de 1,15 M$/km, « inflationné » à 2008, au taux de 2,5 %[194], une ligne à 735 kV coûterait 1,27 M$/km ou 1,27 G$ pour les 1 000 km entre la Baie James et Montréal.

La capacité d'une ligne de transport de 735 kV est de 2 000 MW[195]. À un facteur d'utilisation (FU) de 0,6, sur une base annuelle, cette ligne peut transporter :

$$2\,000\,\text{MW} \times 0{,}6 \times 8\,760\ \text{heures} = 10{,}5\ \text{TWh par an}$$

soit l'équivalent de la production, régularisée par l'hydraulique[196], d'un complexe éolien de plus de 3 000 MW. L'exemple que nous utilisons donne une production annuelle de 2 TWh pour une centrale éolienne de 549 MW, soit :

$$2\ \text{TWh} \div 549\ \text{MW} = 3\,643\ \text{kWh/kW}$$

---

193. Régie de l'énergie, Demande R-3526-2004, document HQ-3, Document RRSE, Hydro-Québec, 2004-03-30, p. 35.

194. Hydro-Québec Production, Demande R-3526-2004, *Demande d'avis sur la sécurité énergétique des Québécois à l'égard des approvisionnements électriques et la contribution du projet du Suroît (R3526-2004)*, Réponses d'Hydro-Québec Production à la demande de renseignements N° 1 de la Régie au Producteur en date du 5 mars 2004", Original : 2004-03-19, HQP-3, document 1, p. 46.

195. Le rapport RSW Inc., *Évaluation de la capacité d'intégration du réseau intégré d'Hydro-Québec au regard de l'ajout de parcs de production d'électricité à partir d'énergie éolienne*, révision juin 2005, pour le Gouvernement du Québec, ministère des Ressources naturelles et de la Faune, mentionne qu'une ligne à 735 kV augmenterait la capacité de 3000 MW, mais la limite de stabilité du réseau ramènerait la capacité à 2000 MW, p. 4 et p. 9 du rapport RSW.

196. Voir chapitre 9, section 9.6.1, Corrélation apports vs demande, le rôle du stockage d'énergie (réservoirs) où l'éolien utilise la capacité de stockage, essentielle à une opération hydraulique, pour régulariser sa production sans réduire la capacité de régularisation de l'hydraulique.

Une ligne de transport de 735 kV peut donc transporter l'électricité de complexes éoliens, régularisés par les caractéristiques des réservoirs hydrauliques de :

10,5 TWh/3643 kWh/kW = 2 882 MW

Un complexe éolien de 2 882 MW produirait l'énergie nécessaire pour répondre à 5,25 années de croissance des besoins. Une nouvelle ligne à 735 kV serait donc nécessaire à tous les 5,25 ans environ.

Le facteur d'utilisation caractéristique de l'éolien est inférieur à 0,6[197], fréquemment utilisé comme le FU typique de la demande du réseau québécois. Dans la région immédiate de la Baie James où on trouve un gisement éolien de vitesse moyenne annuelle avoisinant les 9 m/s, le FU d'un complexe éolien se situe aux environs de 43 %. Sans la régularisation que permet le stockage hydraulique, il nous faudrait en principe compter sur une capacité de transport 40 % plus élevée que pour un projet hydroélectrique avec réservoir conçu pour respecter le FU de 0,6 de la demande québécoise.

On considère en première approximation que le FU de la ligne de transport est identique à celui de la demande annuelle intérieure de FU égal à 0,6. En équilibrant la production éolienne et hydraulique (par exemple, avec le complexe hydroélectrique de la Baie James), il s'agira donc de planifier et d'exploiter de manière coordonnée la production éolienne et la production hydraulique au départ de la Baie James pour répondre à la demande affectée à cette région de production par l'opérateur du réseau. En diminuant la production hydraulique lorsque l'éolien produit à pleine capacité, on réduit les soutirages d'eau des réservoirs, donc on stocke effectivement les excédents de production éolienne dans les réservoirs hydrauliques. Ces stocks d'eau crédités à l'éolien peuvent être turbinés plus tard (en augmentant la production hydraulique), lorsque l'éolien produira moins que la demande affectée aux complexes éolien-hydraulique de cette région. Annuellement, la production éolienne se trouve ainsi équilibrée, au FU dicté par l'affectation de demande établie par le transporteur pour cette portion du réseau de transport, en répartissant l'ensemble de la production régionale éolienne et hydraulique sur les lignes de transport qui alimentent les grands centres de consommation.

---

197. Ce FU de 0,6 a déterminé la conception des complexes hydrauliques dont s'est doté le Québec.

Selon les paramètres financiers présentés à la section 12.1.1, le taux d'actualisation réel de 5,45 % pour la vie utile de 50 ans de la ligne de transport donne un facteur d'actualisation de 17,06. On obtient un coût de capital annuel de :

1,27 G$ ÷ 17,06 (le facteur d'actualisation) = 74,41 M$/an

et un coût de 74,41 M$ ÷ 10,5 TWh = 0,71 ¢/kWh.

Puisqu'une ligne de transport exploitée à FU de 0,6 peut acheminer l'électricité de plus de 2 882 MW de centrales éoliennes, le coût de capital de la ligne de transport attribué à chaque complexe éolien de 549 MW construit serait de :

1,27 G$ ÷ (2 882 MW ÷ 549 MW) = 242 M$

Coûts de consolidation de renforcement du réseau

Une étude de l'IEA a examiné les besoins de consolidation ou renforcement du réseau nécessaires pour intégrer l'éolien[198] :

> Le renforcement du réseau peut être nécessaire pour permettre de gérer d'importants changements dans le transit de puissance (plus grande capacité, inversions d'écoulement) tout en assurant la stabilité du voltage. Il est généralement nécessaire lors de l'installation de nouveaux équipements de production sur des réseaux faibles et éloignés des grands centres de demande. Ce problème se pose pour faire transiter la production de toute nouvelle centrale qu'elle soit éolienne ou conventionnelle[199].
>
> Les coûts des besoins de renforcement du réseau associés à l'éolien ne peuvent pas être comparés directement d'un pays à l'autre ; ces coûts dépendent beaucoup de la localisation des centrales éoliennes par rapport à la demande et des caractéristiques du réseau concerné. Les coûts du renforcement du réseau ne sont pas continus ; il peut y avoir un coût important en un endroit. Il peut aussi y avoir des différences dans la façon dont ces coûts sont attribués à l'éolien. Il est aussi important de noter que les coûts de renforcement du réseau en général doivent être comparés à l'option consistant à restreindre la production éolienne (durant certains épisodes) ou à modifier le plan d'exploitation d'autres modes de production. Ces options peuvent être plus rentables, dans certains cas.

---

198. Rapport de l'agence internationale de l'énergie (IEA), Task 25, *Design and operation of power systems with large amounts of wind power*, State of the art report, octobre 2007, chapitre 4, p. 55 à 76. http://www.vtt.fi/inf/pdf/workingpapers/2007/W82.pdf

199. Par exemple le raccordement de 2 263 MW de production éolienne en Gaspésie à l'horizon 2015 ou encore lorsque des projets d'exportation le justifient, comme c'est le cas pour la construction d'une ligne 315 kV de 114 km entre les postes Chénier et Outaouais, par HQ-Trans-Énergie, au coût estimé de 214 millions de dollars 2007, qui permettra d'exporter 1 250 MW de production vers l'Ontario. Réf., « Ligne Chénier-Outaouais : le BAPE reconnaît le potentiel du projet », Jonathan Blouin, journal *Le Droit*, 10 octobre 2008. http://www.cyberpresse.ca/le-droit/actualites-regionales/200810/10/01-28473-ligne-chenier-outaouais-le-bape-reconnait-le-potentiel-du-projet.php)

En page 104 du rapport IEA, on fait état de dépenses de réseau allant de 53 à 162 €/kW, dépendant de l'état du réseau, de l'emplacement des centrales éoliennes, etc. Pour les besoins de notre exercice, on considérera que les coûts de renforcement sont une moyenne pondérée de 95 €/kW ou 152 $/kW (à 1,6 $/€), ce qui, pour 549 MW, entraînera un investissement de 83,45 M$. Actualisé sur 50 ans à un taux réel de 5,45 % (facteur d'actualisation de 17,06), on obtient pour l'item renforcement du réseau un coût de capital annuel de :

83,45 M$ ÷ 17,06 = 4,89 M$

et un coût par kWh de 4,89 M$ ÷ 2 TWh = 0,24 ¢/kWh

Coût de la réserve pour imprévus (ligne de transport et renforcement du réseau)

À ce stade de l'étude préliminaire, on ajoute au coût du transport une réserve pour imprévus (ou contingences) de l'ordre de 20 %. Cette réserve pour imprévus s'applique aux coûts de transport et de consolidation du réseau.

Le coût de la ligne de transport de 1,27 G$ est réparti sur une capacité de transport de 2 882 MW, soit 242 M$ pour un projet de 549 MW. Le coût de consolidation du réseau est de 83,45 M$ pour un projet éolien annuel de 549 MW. Le coût total sujet à la réserve pour imprévus est donc de 325,5 M$. La réserve pour imprévus pour le transport et la consolidation du réseau s'établit alors comme suit :

325,5 × 0,20 = 65,1 M$, pour un coût de capital annuel pour imprévus de (vie de 50 ans pour les équipements de transport) :

65,1 ÷ 17,06 = 3,82 M$

Le coût de capital pour la réserve pour imprévus du transport et de la consolidation du réseau devient ainsi :

3,82 M$ ÷ 2 TWh = 0,19 ¢/kWh

Coûts d'entretien des lignes et du renforcement (transport)

L'équipement de transport requis pour acheminer l'énergie éolienne doit évidemment être entretenu. Les frais d'entretien et d'exploitation du transport sont de 15 % des coûts d'équipements de transport et de renforcement requis par le projet éolien[200]. Ces frais d'entretien et d'exploitation représentent 0,17 ¢/kWh (voir note 2, annexe C).

---

200. *Réponses d'Hydro-Québec aux demandes de renseignement devant la Régie de l'énergie*, Demande R-3526-2004, HQ-3, Document RRSE, p. 42, Original ; 2004-03-30.

Le coût de transport avant pertes devient 1,31 ¢/kWh[201]

Coût des pertes dans le réseau de transport

Les pertes du réseau de transport sont de 5,2 %[202, 203].

Pour traduire l'impact de ces pertes sur le coût de l'électricité livrée au Distributeur (ou aux consommateurs industriels), on doit répartir l'ensemble des coûts sur une quantité d'énergie réduite des pertes. Cela a pour effet d'ajouter 0,40 ¢/kWh, le coût des pertes de transport, au coût des approvisionnements livrés au distributeur (voir note 3, annexe C).

Le coût de production et de transport, incluant les pertes devient :

- coût de production à service équivalent, ¢/kWh : 5,92
- construction d'une ligne de transport : 0,71
- renforcement du réseau, ¢/kWh : 0,24
- réserve pour imprévus, transport, ¢/kWh : 0,19
- opération et entretien du transport, ¢/kWh : 0,17
- coût des pertes en transport est de : 0,40
- Total 7,63

Ce montant représente le coût de production et transport, au point de livraison au distributeur, au point de livraison aux clients industriels (livraison à haute tension) ou encore au poste d'interconnexion pour fins d'exportation à un réseau voisin.

---

201. Hydro-Québec Distribution devant la Régie de l'énergie, Demande R-3748-2007 – Phase II, *Réponse à la demande de renseignements n° 3 de UC*, HQD-6 Document 8, 2008-05-23, p. 6, Approvisionnements en cours d'acquisition (Second bloc d'énergie éolienne de 2000 MW) : *Le coût de transport pour acheminer l'électricité produite est de 1,3 ¢/kWh.*

202. Demande R3526-2004 d'Hydro-Québec Production devant la Régie de l'énergie, HQP-3, Document 1, original : 2004-03-19 : *Demande d'avis sur la sécurité énergétique des Québécois à l'égard des approvisionnements électriques et la contribution du projet du Suroît*, Réponses d'Hydro-Québec Production à la demande de renseignements n° 1 de la Régie au Producteur en date du 5 mars 2004, p. 44 (5 projets hydroélectriques en construction et 2 en développement) et p. 45 (Projet hydroélectrique d'Hydro-Québec Production en développement La Romaine).

203. Demande R-3644-2007 d'Hydro-Québec *Distribution à la Régie de l'énergie, Réponse à la demande de renseignements n° 2 de la Régie,* HQD-15, Document 1.1, Révisé : 2007-11-21, p.12 pertes sur le réseau de TÉ (taux de pertes de 5,2 %), p. 13 et 14, Pertes de transport (5,2 %).

12.1.4 Coût de l'électricité livrée aux clients domestiques

Pour obtenir le coût de l'électricité livrée aux clients domestiques, il reste à ajouter les coûts de distribution au coût de production et transport (selon le calcul du niveau d'emboîtement 3 ci-dessus) et à tenir compte des pertes en distribution.

Coût de distribution incluant les pertes de distribution

Des documents déposés à la Régie de l'énergie[204] indiquent que les coûts de distribution et de service à la clientèle sont de l'ordre de 2,7 à 2,8 milliards de dollars par année. En divisant ce coût par les quelque 175 TWh d'approvisionnement du distributeur pour l'année 2008[205], on obtient un coût de distribution de l'ordre de 1,55 ¢/kWh[206]. Nous postulons que ce coût inclut le coût des pertes de distribution.

Le coût de l'énergie éolienne livrée au consommateur devient :

- coût de production et transport, ¢/kWh : 7,63
- coût de distribution, ¢/kWh, incluant pertes : 1,55
- Coût livré aux clients domestiques, en ¢/kWh : 9,18

Le tableau 12.1 présente un résumé des coûts de l'éolien en 4 niveaux d'emboîtement, dépendant du point de livraison de l'énergie :

Le niveau 1 représente le coût de livraison de la centrale éolienne au réseau de transport.

Le niveau 2 représente aussi le coût de livraison de la centrale éolienne au réseau de transport, mais il inclut les coûts d'équilibrage et du support en puissance.

Le niveau 3 ajoute les frais et les pertes en transport. Il représente donc la livraison de l'énergie éolienne, équilibrée et supportée en puissance, au réseau de distribution, aux clients industriels ou livrée à la frontière pour fins d'exportation.

---

204. Hydro-Québec Distribution, *Revenus requis, révisé suite à la mise à jour du taux de rendement sur l'avoir propre*, Régie de l'énergie, Demande R-3610-2006, HQD-6, Document 1, Révisé 2007-01-30 et : Hydro-Québec Distribution, *Contexte, objectifs et orientations de la demande tarifaire du distributeur 2008-2009*, Régie de l'énergie, Demande R-3644-2007, HQD-1, Document 1, Original 2007-08-01,

205. Hydro-Québec Distribution, *Plan d'approvisionnement 2008-2017 Réseau Intégré*, Régie de l'énergie, Demande R-3648-2007, HQD-1, Document 1, Original : 2007-11-01, page 14 de 60, tableau 2-3 ajusté pour refléter l'énergie livrée au Distributeur avant les pertes de distribution.

206. Conformément au plan d'approvisionnement d'HQD 2008-2017, le coût de distribution est réparti sur les besoins de toutes les clientèles.

Le niveau 4 ajoute les frais et les pertes en distribution. Il représente donc le coût de l'énergie éolienne livrée aux clients domestiques.

TABLEAU 12.1

Analyse des coûts de l'éolien en quatre niveaux d'emboîtement

ANALYSE DES COÛTS DE L'ÉOLIEN EN 4 NIVEAUX D'EMBOÎTEMENT RÉSUMÉ		
		¢/kWh
Niveau 1 centrale éolienne 5,28	coût de capital, centrale éolienne version nordique réserve pour imprévus opération et entretien	3,43 0,14 0,71 1,00
Niveau 2 = niveau 1 + service équivalent 5,92	support en puissance équilibrage	0,59 0,05
Niveau 3 = niveau 2 + transport 7,63	ligne de transport, coût de capital renforcement du réseau réserve pour imprévus opération et entretien coût des pertes en transport	0,71 0,24 0,19 0,17 0,40
Niveau 4 = niveau 3 + distribution 9,18	coût du service de distribution **Total**	1,55 **9,18**

COÛT DU RENDEMENT SUR L'AVOIR PROPRE DU COMPLEXE ÉOLIEN

Ce 9,18 ¢/kWh inclut le rendement sur l'avoir propre qui constitue la rente recherchée par le promoteur/producteur pour son propre capital investi. Pour calculer le coût de cette rente dans le coût de l'électricité livrée aux abonnés par sa centrale éolienne de 549 MW, on établit la différence des coûts de capital correspondant respectivement à un rendement sur l'avoir propre de 12 % et un rendement sur l'avoir propre de 0 %. On obtient ainsi un coût du rendement sur l'avoir propre de 2,54 ¢/kWh (voir la note 4 à l'annexe C).

Rappelons que ce rendement sur l'avoir propre de 2,54 ¢/kWh du complexe éolien correspond aux paramètres financiers associés au projet de complexe hydroélectrique sur la rivière La Romaine. Hydro-Québec est une société d'État et ce profit de 2,54 ¢/kWh est considéré à titre de rente collective pour les Québécois (75 % de ce bénéfice, soit 1,91 ¢/kWh, est versé au gouvernement).

Maintenant que cet exercice nous a donné un cas de référence basé sur un service équivalent, on peut tenter quelques rapprochements avec les coûts d'autres projets destinés à alimenter les nouveaux besoins énergétiques.

12.1.5 Comparaison avec le complexe hydroélectrique de la rivière La Romaine

À ce stade de notre exercice d'évaluation de coûts, on peut tenter une première comparaison avec les coûts anticipés du projet de complexe hydroélectrique sur la rivière La Romaine : 1 550 MW, 8 TWh, FU 58,9 %, coût de production projeté : 9,2 ¢/kWh[207] (en ¢ de l'année 2015). Avant de comparer le coût de production éolien à ce coût, on doit le ramener de 2015 à 2008 avec le taux d'inflation de 3 % par année utilisé dans la proposition du projet[208] :

$$9{,}2\ ¢/\text{kWh} \div (1{,}03)^7 = 7{,}48\ ¢/\text{kWh}$$

Coût du transport

L'étude d'impact sur l'environnement du projet de complexe hydroélectrique sur la rivière La Romaine[209], indique qu'en 2020, un montant de 83 M$ est prévu pour l'achat de transport de l'électricité livrée au poste d'interconnexion pour fins d'exportation. À ce moment, le complexe sera complété et la production devrait atteindre l'objectif prévu de 8 TWh qui, selon les indications fournies, sera totalement exportée. Donc, les coûts de transport en $ courants de 2020 sont :

$$83\ \text{M\$} \div 8\ \text{TWh} = 1{,}04\ ¢/\text{kWh}$$

ce coût en $ 2008 correspond à $1{,}04 \div (1{,}03)^{12} = 0{,}73$ ¢/kWh

Cependant, compte tenu du fait que des frais de transport de 1,3 ¢/kWh[210] sont chargés aux producteurs privés, ce même coût de transport doit également s'appliquer au projet de complexe hydroélectrique sur la rivière La Romaine. Le coût de production de référence à utiliser pour assurer une comparaison équitable avec notre analyse de complexe éolien devient ainsi :

$$7{,}48 + (1{,}3 - 0{,}73) = 7{,}48 + 0{,}57 = 8{,}05\ ¢/\text{kWh}.$$

---

207. *Complexe de la Romaine : Étude d'impact sur l'environnement*, vol. 1, *Vue d'ensemble et description des aménagements*, Hydro-Québec Production, décembre 2007.

208. *Ibid.*

209. *Ibid.*, p. 2-18, tableau 2-14.

210. Il semblerait que ce coût de 1,3 ¢/kWh soit utilisé comme un coût « timbre poste » et qu'il soit appliqué indépendamment de la distance de transport : il vaudrait donc aussi pour l'hydraulique.

Le coût éolien à comparer au projet de complexe hydroélectrique sur la rivière La Romaine serait donc le coût du niveau d'emboîtement 3, coût de production et transport de 7,63 ¢/kWh. Le coût à utiliser pour le projet hydroélectrique La Romaine serait le coût de 8,05 ¢/kWh après ajustement pour le transport. La comparaison entre l'éolien et l'hydraulique deviendrait donc :

7,63 ¢/kWh pour le complexe éolien

vs

8,05 ¢/kWh pour le complexe hydroélectrique de la rivière La Romaine.

Faire appel à un complexe éolien pour fournir le volume d'énergie planifié pour le complexe La Romaine permettrait à Hydro-Québec Production d'être présent plus tôt sur le marché d'exportation[211] et d'alimenter le réseau électrique à un coût moindre que celui projeté pour le harnachement de l'une des dernières grandes rivières du Nord québécois. L'économie de 0,42 ¢/kWh (ou 4,2 M$/TWh) par rapport au coût anticipé du complexe La Romaine serait de 33,6 M$ par année ou 573 M$ actualisé sur les 50 ans de vie du complexe La Romaine. L'empreinte environnementale d'un complexe éolien est nettement moindre que celle d'un aménagement hydroélectrique avec réservoir (moins de 9 km² du territoire utilisé par l'éolien se trouve modifié[212] comparativement à 279 km² dont la vocation est irréversiblement transformée dans le cas du complexe hydroélectrique).

L'éolien constitue bel et bien une alternative économique viable, compétitive avec le projet de complexe hydroélectrique sur la rivière La Romaine. De plus, rappelons-le, l'évaluation des coûts de l'éolien est basée sur des hypothèses conservatrices.

Un scénario moins conservateur dégagerait une meilleure marge compétitive. Par exemple, en concentrant la centrale éolienne entièrement dans la région La Grande 4 – Laforge dotée d'un gisement éolien de meilleure qualité que dans la région de la Manic, les coûts éoliens diminueraient d'environ 0,36 ¢/kWh, pour un coût de production et transport de l'éolien de 7,27 ¢/kWh.

---

211. Les délais de réalisation d'une centrale éolienne sont plus courts que ceux d'un aménagement hydroélectrique : 2 ans plutôt que 10.

212. Fournir le même volume d'énergie que le complexe de La Romaine nécessiterait ≈ 2 196 MW d'éolien et la centrale éolienne couvrirait un territoire d'environ 439 km². L'espace nécessaire pour les bases des éoliennes, les routes et les réseaux électriques à l'intérieur du territoire couvert par la centrale éolienne n'est que de 1 à 2 % du total, soit entre 4,4 et 8,8 km², le reste conservant sa vocation première.

La figure 8.7 montre les résultats d'une analyse de sensibilité du coût de production de notre complexe éolien considéré comme un cas de référence à une variation de +/– 20 % de la valeur des principaux paramètres de calcul. La figure indique bien que les paramètres dominants du coût sont le régime des vents, le productible et le coût installé.

Au niveau macro-économique, d'autres retombées structurantes pour l'industrie, l'emploi et les revenus de fiscalité du gouvernement méritent d'être évalués. Hydro-Québec prévoit des emplois correspondant à 33 410 années-personnes pour le projet de complexe hydroélectrique sur la rivière La Romaine. Fournir la même quantité d'énergie à partir de l'éolien, nécessiterait 44 568 personnes-années. Le calcul s'établit comme suit :

Une production de 8 TWh d'énergie, répartie également entre les régions La Grande 4 – Laforge et Manic–Outardes–Bersimis, exigerait un complexe éolien de 2 196 MW. **Douze personnes-années par MW**[213] pour la fabrication des éoliennes, la planification et la construction du complexe éolien et son raccordement au réseau correspondent à 26 352 personnes-années. Puisque les éoliennes ont une durée de vie de 20 ans, pour fournir cette énergie sur 50 ans (vie de la centrale hydraulique), on doit ajouter 26 352 personnes-années de plus à l'an 20 et à l'an 40 du projet. L'opération et l'entretien des centrales éoliennes requièrent **50 personnes-années par TWh produit**[214], de sorte que les besoins de main-d'œuvre représenteraient 400 personnes-années par année durant les 50 ans d'opération du projet. En actualisant tous ces emplois à l'an 1 du projet, on obtient un total d'emplois de 44 568 personnes-années.

12.1.6 Comparaison des coûts avec le second appel d'offres éolien (AO-2 – 2 000 MW)

Les résultats de l'appel d'offres éolien d'Hydro-Québec Distribution pour l'achat de la production de 2 000 MW de centrales éoliennes (AO-2 – 2 000 MW) ont été dévoilés le 5 mai 2008[215] (voir l'annexe B). L'investissement total requis pour les projets retenus est estimé à 4 G$, soit 2 000 $/kW.

---

213. *Wind Energy – The Facts, An analysis of Wind Energy in the EU-25*, EWEA, 2003-2004, vol. 3, *Industry and employment*, p. 130, « For 2002, the figure for total European manufacturing and installation employment is closer to 12 individuals per MW installed ».

214. Les coûts d'opération et d'entretien (O&M) sont de l'ordre de 1¢/kWh. Environ 50 % des coûts d'O&M sont les coûts d'entretien. Environ 50 % des coûts d'entretien sont des coûts de main-d'œuvre. D'où, les coûts de main-d'œuvre sont de l'ordre de 0,25 ¢/kWh ou 2,5 M$ du TWh. 2,5 M$ à 50 000 $ par emploi donnent 50 emplois, donc 50 emplois par TWh.

215. *Appel d'offres pour l'achat de 2000 MW d'énergie éolienne : Hydro-Québec retient 15 soumissions*, Hydro-Québec, Communiqué, Montréal, le lundi 5 mai 2008.

Nous avons utilisé 1 500 $/kW[216] pour le coût installé des éoliennes. Avec un programme d'implantation de 550 MW par année sur une base continue, il semble plausible que le gouvernement du Québec et/ou Hydro-Québec obtiendraient un meilleur coût que celui affiché par l'ensemble des producteurs privés au terme de cet appel d'offres (AO-2-2 000 MW). Cette hypothèse nous semble justifiée à plusieurs égards :

- Un programme continu de 550 MW par année pourrait attirer au moins un équipementier et ses fournisseurs. Un équipementier pourrait recourir à des sources d'approvisionnements locales et afficher des prix plus bas, car les salaires industriels québécois sont moindres que les salaires industriels européens ou américains.
- La plus importante des soumissions retenues par Hydro-Québec Distribution, au terme d'appels d'offres représente une capacité installée de 350 MW. Il semble raisonnable de croire qu'un niveau de commande annuelle récurrente de 550 MW contracté auprès d'un manufacturier réputé (qui pourrait même être choisi par appel d'offres international) entraînerait des prix plus avantageux que ceux de commandes isolées, réparties sur deux ans au plus.
- Il n'y a pas de continuité logistique dans la construction des centrales éoliennes. Aucun des promoteurs retenus dans le premier appel d'offres de 1 000 MW ne se retrouve dans le second, ce qui implique que de nouvelles équipes de travail devront être formées et entraînées.
- Les fabricants d'éoliennes choisis au second appel d'offres ne sont pas les mêmes que dans le premier. Cela signifie l'ouverture de nouvelles usines, la formation et l'entraînement de nouvelles équipes d'employés, des difficultés à développer un réseau de fournisseurs locaux entraînant un contenu importé plus élevé et donc un projet plus dispendieux.

En prenant le **coût de 2 000 $ par kW installé**, démontré par ce second appel d'offres (A/O-2005-03 ; 2 GW) plutôt que le 1 872 $/kW utilisé, le coût de production et transport (correspondant au niveau d'emboîtement 3) d'un projet réalisé selon le montage financier utilisé dans notre exercice, **s'établirait à 7,92 ¢/kWh** (voir la note 5 de l'annexe C).

216. Correspondant à 1 872 $/kW après ajout du coût des options climat froid et du coût de la réserve pour imprévus de 20 %, (voir la section 12.1.1).

COÛT DE DÉMANTÈLEMENT À LA FIN DU CYCLE DE VIE D'UN PROJET

Le coût moyen de 2000 $ du kW installé dévoilé au terme du second appel d'offres éolien inclut une provision pour le démantèlement à la fin de la vie utile des éoliennes. Cette exigence gouvernementale, qui régit pour la première fois le cadre comptable d'un appel d'offres compétitif au Québec, provient du concept de développement durable selon lequel un projet doit être évalué de la conception au démantèlement (du berceau au tombeau – *from cradle to grave*!). Cette provision vise à internaliser les coûts cachés d'un projet (un exemple : les équipements miniers abandonnés dans le Nord québécois que le gouvernement doit nettoyer aux frais des contribuables, longtemps après le départ des promoteurs/producteurs/exploitants). Dans un cadre de développement durable, il faut souhaiter que cette comptabilité environnementale à coûts complets des projets réalisés s'applique à tous les projets à portée énergétique.

Selon nos calculs, dans l'hypothèse que les frais de démantèlement seront approximativement équivalents aux coûts de construction, la facture associée aux frais de démantèlement des filières représente les surcoûts suivants :

pour l'éolien, démantèlement après 20 ans :	0,28 ¢/kWh[1]
pour le nucléaire, démantèlement après 25 ans :	0,56 ¢/kWh
pour l'hydraulique, démantèlement après 50 ans :	0,25 ¢/kWh

1. Pour une comparaison équitable avec le projet de La Romaine pour lequel le coût de démantèlement demeure externalisé, le coût de démantèlement de 0,28 ¢/kWh des appels d'offres éoliens doit être enlevé du coût moyen annoncé par HQD, ce qui donne un coût moyen de l'énergie acheminée au distributeur de 10,22 ¢/kWh.

Ce coût de 7,92 ¢/kWh est celui qui peut être comparé au coût moyen de 10,5 ¢/kWh du second appel d'offres de 2 000 MW dévoilé par Hydro-Québec Distribution en mai 2008. La différence de 2,58 ¢/kWh entre les deux coûts provient en partie des paramètres des montages financiers des projets des producteurs privés par rapport à ceux de la compagnie d'électricité (voir la section montage financier du chapitre 8), mais on retiendra également l'effet des éléments suivants : l'absence d'une planification du réseau misant sur l'accès aux meilleurs gisements éoliens du Nord, le coût d'équilibrage, la portion de coût associée au mandat de reconversion industrielle régionale, le démantèlement, la comptabilité du crédit de production fédéral. Tous ces aspects affectent, bien sûr, la comparaison avec notre cas de référence, mais l'examen de ces aspects dépasse le cadre de cet ouvrage.

En première approximation, on constate tout de même une économie de 2,87 ¢/kWh (10,5-7,63) pour le coût du complexe éolien de notre exercice par rapport au coût moyen des projets gagnants du second appel d'offres aux producteurs privés.

Pour mettre en évidence l'ensemble de l'écart financier entre les deux projets, il faut également prendre en compte le rendement sur l'avoir propre de 2,54 ¢/kWh du projet de complexe éolien (voir l'encadré de la section 12.1.4). En d'autres termes, en utilisant le montage financier de la compagnie d'électricité, il serait possible d'obtenir l'énergie éolienne avec un avantage de coût de 5,41 ¢/kWh (2,87 + 2,54 = 5,41). Cet avantage se répartit en une économie de **2,87 ¢/kWh sur la facture d'électricité et un enrichissement de la rente collective de 2,54 ¢/kWh.**

12.1.7 Retombées de l'Orientation A, Marché intérieur

À la lumière des résultats obtenus pour cet exercice de calcul de rentabilité, on constate que l'éolien permet de répondre aux nouveaux besoins énergétiques associés à toute la croissance de la demande interne du Québec à un coût compétitif avec l'hydroélectricité.

En effet, l'estimation du coût de l'éolien, à service équivalent, livré au distributeur serait de 7,63 ¢/kWh, soit un coût de 0,42 ¢/kWh inférieur à celui du prochain grand projet hydroélectrique planifié, le coût de comparaison avec le projet La Romaine étant de 8,05 ¢/kWh en 2008.

Aux fins de la comparaison, nous avons utilisé pour évaluer les coûts de l'éolien les mêmes paramètres de montage financier que celui du projet hydroélectrique de la rivière La Romaine et tenu compte de l'inflation et des coûts de transport de l'électricité, ce dernier élément de coût ayant été ajusté aux coûts de transport des autres sources de production (tarif timbre-poste).

De plus, les retombées sur l'emploi du complexe éolien sont de 33 % supérieures. Par rapport à l'hydraulique, l'éolien génère plus d'emplois en usine et, pour l'entretien du complexe, plus d'emplois dans les communautés locales où il s'implante. De plus, la faible empreinte environnementale du complexe éolien lui confère une plus-value au sens des critères du développement durable.

Un autre avantage doit être mis dans la balance : un programme éolien impliquant un engagement à long terme d'environ 550 MW par année pourrait être suffisant pour attirer un fabricant d'éoliennes au Québec, pour desservir le Québec et l'Est de l'Amérique du Nord. Un grand manufacturier installé ici pourrait-il répéter le succès de Gamesa en Espagne qui, après 3 ans, affichait un contenu local de 90 % et devenait l'un des principaux fabricants éoliens au niveau mondial ?

Fabriquer et installer 550 MW d'éoliennes par année pourrait avoir des retombées importantes en termes d'emplois. À un taux de 12 emplois par MW installé[217], cela créerait 6 600 emplois de qualité industrielle après une période de rodage d'environ 3 ans[218].

De plus, les activités d'opération et d'entretien des centrales éoliennes créent environ 50 emplois du TWh produit, soit 100 emplois par année pour 2 TWh par année, ce qui donnerait 2 000 emplois au bout de 20 ans. La majorité de ces emplois (permanents) d'opération et d'entretien sont créés en région et contribuent ainsi à l'économie durable de la région.

12.1.7.1 Revenus fiscaux aux gouvernements

Finalement, il ne faut pas négliger les retombées économiques que procurerait un programme de cette envergure aux gouvernements.

Nous nous limiterons à évaluer les revenus de taxes et d'impôts sur les emplois créés perçus par les gouvernements provincial et fédéral. Nous ne tenons pas compte des autres retombées (taxes et autres) locales, rentes payées aux propriétaires des terrains, etc. Pour une discussion plus complète de ces aspects, voir le rapport GE Energy Financial[219], qui analyse la situation américaine en tenant compte des revenus gouvernementaux provenant des projets, des salaires, des fournisseurs, de la location des terrains. Le rapport GE Financial démontre que le trésor américain dégage un profit de 250 M$ sur un déboursé de 2,5 G$ pour un crédit d'impôt à la production (*Production Tax Credit*) de l'ordre de 2,1 ¢/kWh.

Les retombées annuelles pour les gouvernements sont continues puisque, selon le scénario éolien considéré ici, le rythme de construction des centrales éoliennes serait constant année après année. À la 20e année, il doublerait puisqu'il faudrait remplacer les éoliennes de l'an 1 alors rendues à la fin de leur vie utile. Les revenus de fiscalité provenant des taxes et des impôts sur les salaires sont présentés dans le graphique de la figure 12.1. Les calculs sont présentés à la note 7 de l'annexe C.

---

217. Voir la note 213.

218. L'équipementier Siemens aurait fait une proposition de fabrication locale au gouvernement québécois. Sources : « Non à un projet de 4 G$ de Siemens », Pierre Couture, *Le Soleil*, 4 août 2006 ; « Québec a boudé un projet d'éoliennes de 4,5 milliards », Louis-Gilles Francoeur, *Le Devoir*, samedi 24 et dimanche 25 mars 2007.

219. Steve Taub, GE Energy Financial Services, *GE Energy Financial Services Study : Impact of 2007 Wind Farms on US Treasury*, June 18, 2008. Voir le site http://www.geenergyfinancialservices.com.

FIGURE 12.1

Retombées annuelles aux gouvernements, Orientation A, Marché intérieur

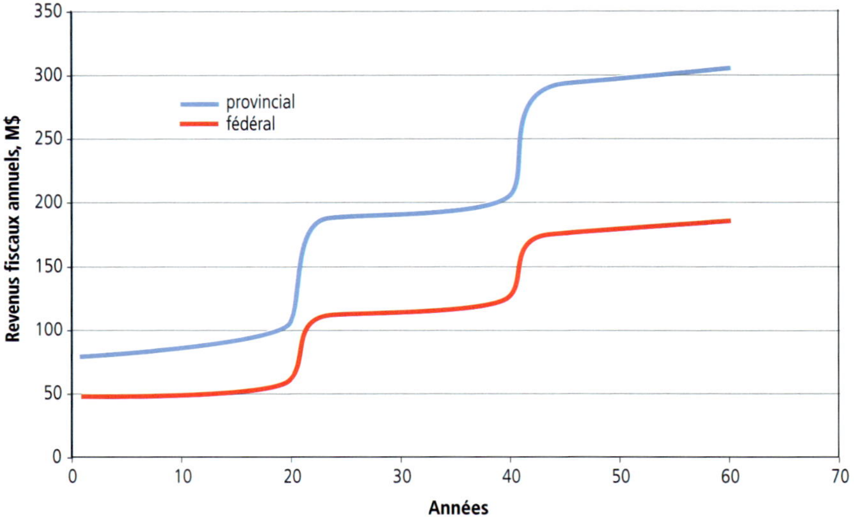

En termes de ¢/kWh, pour les premiers 20 ans, les revenus gouvernementaux s'établissent à 0,39 ¢/kWh[220] et 0,23 ¢/kWh, pour le Québec et pour le fédéral respectivement.

12.2 Orientation B – Marchés d'exportation – Fournir l'énergie nécessaire pour accroître et/ou stabiliser la capacité d'exportation d'électricité

Avec la continentalisation des réseaux électriques, les échanges d'énergie entre réseaux voisins s'intensifient. Les interconnexions du réseau québécois permettent d'exporter plus de 20 TWh par année. En 2000, Hydro-Québec vendait 22 TWh sur les marchés extérieurs[221]; les exportations ont atteint 28,8 TWh en 1987[222]. Mais les

---

220. À comparer avec la redevance de 0,33 ¢/kWh ($ 2006) que le gouvernement prélève à HQ pour le remboursement de la dette avec le Fonds des générations : « Le Fonds des générations, Pour favoriser l'équité entre les générations, la pérennité des programmes sociaux et la prospérité », Gouvernement du Québec, mars 2006. Tableau « Loi sur le régime des eaux », page 31, voir : http://www.budget.finances.gouv.qc.ca/budget/2006-2007/fr/pdf/LeFondsGen.pdf

221. « Complexe de la Romaine : Étude d'impact sur l'environnement, Volume 1, Vue d'ensemble et description des aménagements » Hydro-Québec Production, décembre 2007, tableau 2-5, page 2-7,

222. Cardinal François, « L'insatiable appétit des Québécois », *La Presse*, mardi 6 mai 2008.

aléas de l'hydraulicité (variations annuelles des apports hydrauliques) amènent des années 'sèches'. En 2004 les exportations n'ont pas dépassé 9 TWh. En 2007, la forte pluviométrie a permis de reconstituer un fort volume de surplus.

Or, l'éolien est moins variable que l'hydraulique en termes d'apports énergétiques annuels[223]. Le recours à l'éolien au Québec réduirait la variabilité combinée des apports énergétiques naturels et contribuerait directement à raffermir les volumes d'exportation à long terme.

De plus, les marchés d'exportation seront de plus en plus tributaires de la valeur que les marchés de l'énergie accordent aux attributs environnementaux des sources d'énergie vertes. Cela pourrait représenter une réelle opportunité de bénéfices pour la mise en valeur des riches gisements éoliens du Québec. C'est ce que cette orientation vise à mettre en évidence.

Selon cette orientation Marchés d'exportation, des complexes éoliens construits sur 20 ans[224], à raison de 290 MW par année, dispersés géographiquement entre la région La Grande 4 – Laforge et la région Manic-Outardes-Bersimis seraient construits. Au terme de 20 ans, l'ensemble de ces complexes, totalisant 5 790 MW fourniraient l'énergie nécessaire pour livrer 20 TWh par année sur les marchés extérieurs

À 7,63 ¢/kWh[225], le coût de la production du complexe éolien est de 0,42 ¢/kWh inférieur au coût de production de 8,05 ¢/kWh du projet de complexe hydroélectrique sur la rivière La Romaine (en $ 2008 et réajusté pour le transport) sur une base de service équivalent.

12.2.1 Retombées économiques de l'Orientation B, Marchés d'exportation

L'Orientation B : '**Marchés d'exportation**' entraînerait la construction de 5 790 MW de centrales éoliennes en 20 ans, au rythme de 290 MW par année. Énumérons quelques-unes des retombées de ce programme :

- L'augmentation de la capacité d'exportation du Québec de 1 TWh par année pour atteindre 20 TWh par année au bout de 20 ans, ce qui permettrait de raffermir la capacité d'exportation d'électricité québécoise.

---

223. Voir la figure 3.1 et la section 3.4.1 : « Variabilité annuelle ».

224. Pour fins d'analyse, nous avons choisi 20 ans pour la construction de centrales éoliennes. Le projet pourrait être réalisé en 3 ans ou plus, dépendamment des ententes avec les clients éventuels.

225. Selon le niveau d'emboîtement 3, section 12.1.3.

VALEUR AU MARCHÉ DES ÉNERGIES VERTES (CRÉDITS DE CARBONE)

L'exportation d'électricité verte capable de déplacer de l'électricité produite par les centrales à carburant fossile sur les marchés voisins devrait entraîner à moyen terme une valeur monétaire tangible sur la bourse du carbone Nord-Américain qui se met graduellement en place. En Europe, selon les données de juillet 2008, la tonne de CO_2 pour livraison en décembre 2008 se vendait 27,39 € et 30,82 € pour livraison en décembre 2012[1]. En utilisant un taux de change de 1,60 $/€, la valeur des émissions de GES évitées équivaut à 43,82 $/tonne pour livraison en décembre 2008 et 49,31 $/tonne pour livraison en décembre 2012.

En utilisant la valeur de décembre 2008 de 43,82 $/tonne ; une centrale au charbon ayant un rendement global de l'ordre de 40 %, émet ≈ 1 kg de CO_2 par kWh produit, ce qui lui impose une pénalité de 4,38 ¢/kWh associée à sa production de CO_2.

C'est-à-dire que lorsque des plafonds d'émission auront acquis force de loi et auront permis à la bourse du marché du carbone de s'établir solidement, les revenus tirés des échanges de crédits d'émission feront en sorte que le coût de l'électricité verte, comme l'énergie éolienne, livrée à la frontière ontarienne ou américaine où elle viendra remplacer la production au charbon, sera diminué de 4,38¢/kWh, abaissant le coût de l'énergie éolienne à :

7,63 ¢/kWh – 4,38 ¢/kWh = 3,25 ¢/kWh.

Un investissement dans l'éolien représentera une véritable mine d'or pour les revenus d'exportation.

À cet égard, il faut prendre note que les grandes centrales hydroélectriques risquent de se retrouver exclues de la liste des sources reconnues à titre de production verte aux États-Unis. La poursuite des développements de grandes centrales hydroélectriques pour fins d'exportation d'électricité présente un risque économique réel en termes d'opportunité et de rendement d'investissement. La Californie et le Vermont excluent notamment les grandes centrales hydrauliques de leur définition d'énergie verte.

Il est vrai que la Chine compte sur l'hydraulique pour atteindre son objectif de 15 % d'Énergie Renouvelable en 2020 : de 129 000 en 2006 à 300 000 MW en 2020 au motif que cela déplace ses centrales au charbon et contribue à réduire les effets de la pollution atmosphérique et environnementale intérieures, mais l'argument des autorités chinoises sur son marché intérieur est difficilement soutenable au plan des exportations pour le Québec.

La préservation des écosystèmes riverains encore vierges est un enjeu de biodiversité mondiale qui aura également des impacts sur l'admissibilité des produits transigés sur la bourse du carbone.

---

1. *Tendances Carbone*, Bulletin mensuel du marché européen du CO_2, numéro 27, juillet 2008, disponible à : http://www.bluenext.eu

- La fabrication en usine des éoliennes, la construction et le raccordement au réseau des complexes éoliens procurerait 3 480 emplois industriels de qualité, permanents (puisque les éoliennes ont une vie utile de 20 ans, un programme de remplacement de 290 MW par année reprend le cycle complet d'implantation à la 21e année).
- Les activités d'opération et d'entretien des centrales éoliennes ajouteraient 53 emplois par année pendant 20 ans pour totaliser 1 060 emplois lorsque tous ces complexes éoliens sont en service au bout de 20 ans (5 790 MW et 20 TWh). La majorité de ces emplois (permanents) d'opération et d'entretien se trouveront dans les régions où les centrales sont construites.
- En termes de revenus fiscaux aux gouvernements, les retombées de l'Orientation B 'Marchés d'exportation' seraient d'un peu plus de la moitié (290/550) des retombées de l'Orientation A 'Marché intérieur'.

12.3 Orientation C – Substitution fossile-éolien, chauffage : Fournir l'énergie nécessaire pour substituer la chauffe électrique à la chauffe au gaz et au pétrole

La richesse, la qualité et l'abondance du gisement éolien québécois permettent de remplacer progressivement la chauffe au pétrole et au gaz naturel par la chauffe à l'électricité dans le bâtiment. La forte volatilité des prix du pétrole et du gaz naturel rend cette substitution de plus en plus intéressante, tant du point de vue du consommateur que pour la société québécoise dans son ensemble. Selon les données du ministère des Ressources naturelles[226], le Québec consomme environ 673 PJ (pétajoules) de pétrole par année (2008 = moyenne de 2001 et 2016 ; 1 PJ = 0,28 TWh), soit l'équivalent d'environ 110 millions de barils (17,5 milliards de litres par année). Le pétrole et le gaz, deux sources d'énergie importées, totalisent un peu plus de 18 G$ (milliards de $) de sortie de capitaux de la province[227], alors que des gisements éoliens importants, gratuits et pérennes sont disponibles sur une grande partie de son territoire.

---

226. Ministère des Ressources naturelles et de la Faune, *Évolution de la demande d'énergie au Québec, Scénario de référence, horizon 2016*, juillet 2005.

227. Selon les données du ministère, à 140 $ le baril, cela représente une sortie de capitaux de 15,4 G$/année. De même, pour le gaz naturel, selon les chiffres du ministère, le Québec consomme 211 Gpi³ (65 TWh) par année, au prix de 13,20 $US/MM BTU (Nymex 08 06 18) ; cette consommation représente 2,8 G$US d'importation par année. Aux prix de l'été 2008, le total, pétrole plus gaz naturel représente donc plus de 18 milliards de dollars de sortie de capitaux du Québec, chaque année.

La combustion du mazout pour le chauffage des locaux des secteurs résidentiel et tertiaire produit annuellement 4,9 mégatonnes (Mt) de CO_2, un gaz à effet de serre (GES). De son côté, la consommation de gaz naturel pour le chauffage des bâtiments est responsable de l'émission de 4,2 Mt de CO_2 par année. Remplacer le chauffage des bâtiments au mazout et au gaz par le chauffage à l'électricité éolienne permettrait au Québec de réduire sa production de gaz à effet de serre de 9,1 Mt par an[228].

La note 8 de l'annexe C donne un aperçu de la production de gaz carbonique associée à la combustion des carburants fossiles utilisés pour la chauffe des locaux des secteurs résidentiel et tertiaire.

La portion chauffe de la demande de pétrole au Québec représente près de 10 % de la consommation totale de pétrole et 37,7 % de celle de gaz naturel. En 2008 (moyenne de 2001 et 2016 selon les données du ministère), la consommation de pétrole pour le chauffage des bâtiments était de 66 pétajoules (PJ) ≈ 18,4 TWh et de 79,5 Gpi^3 ≈ 23,3 TWh pour le gaz naturel (résidentiel et tertiaire).

Pour remplacer le gaz et le pétrole utilisés pour la chauffe par de l'électricité d'origine éolienne il faudrait, en considérant des rendements moyens de fournaise de 70 % pour le mazout et de 80 % pour le gaz [229], des nouveaux approvisionnements totalisant :

$$18{,}4 \text{ TWh} \times 70\,\% + 23{,}3 \text{ TWh} \times 80\,\% = 31{,}5 \text{ TWh.}$$

En tenant compte des pertes de transport et de distribution de 7,8 %, 34 TWh d'énergie éolienne devraient parvenir au point de raccordement des centrales éoliennes avec le réseau de transport ; 9 333 MW de complexes éoliens répartis entre les régions de la Baie James (région de La Grande 4 – Laforge) et de la Côte-Nord (région de Bersimis–Outardes–Manic) devraient suffire à cette fin.

En supposant que l'effort de substitution soit réalisé sur 20 ans, ce marché entraînerait la construction d'un complexe éolien de 467 MW par année. Étant donné que la vie d'une éolienne est de l'ordre de 20 ans, un programme réparti sur 20 ans assurerait une demande constante de 467 MW par année en continu, puisqu'à l'année 21, les éoliennes installées à l'année 1 devraient être remplacées. Ce volume annuel, récurrent, pourrait former la base d'un intérêt sérieux de la part d'un fabricant et de ses fournisseurs à s'installer au Québec. Ainsi, 5 600 emplois manufacturiers permanents seraient créés

---

228. À une valeur moyenne de 43,82 $/tonne à la bourse du carbone (expérience européenne), cette réduction de production de CO_2 représente un montant de près de 400 M$ par année. Référence : *Tendances Carbone*, Bulletin mensuel du marché européen du CO_2, numéro 27, juillet 2008, disponible à : http://www.bluenext.eu

229. Voir : AQME, Tableaux comparatifs des prix de l'énergie – avril 2008, p. 3, efficacité des chaudières considérées.

(12 emplois par MW pour l'assemblage des éoliennes et la fabrication des composantes, la planification et la construction des centrales éoliennes). L'opération et l'entretien de centrales éoliennes créent environ 50 emplois du TWh, ce qui amènerait un volume additionnel de 85 emplois par année jusqu'à un niveau, constant, de 1700 emplois permanents au bout de 20 ans. La majorité de ces emplois seraient créés en région, là où les centrales éoliennes seraient implantées.

12.3.1 Impact économique

Quel serait l'impact économique de cette orientation pour la société et pour le budget de chauffe du consommateur actuel de ces carburants fossiles ? Comment les coûts éoliens se comparent-ils aux coûts du pétrole et du gaz naturel ? Une telle orientation présente-t-elle un potentiel de rentabilité ? Cette section examine ces potentiels.

12.3.1.1 Rentabilité pour la société québécoise

Pour la société québécoise, les bénéfices d'une telle proposition correspondent à la valeur de la réduction des importations de pétrole de 10 % (1,54 G$ par année) et la réduction de 37,7 % des importations de gaz naturel, soit environ (1,06 G$ par année) pour un total de 2,6 G$ par année. En incluant les crédits de carbone, ce total passe à 3,0 G$[230].

Le coût de mise en œuvre de la proposition représente le total du coût de fourniture de l'énergie éolienne et de la conversion des systèmes de chauffage des locaux. Comme nous l'avons calculé pour l'Orientation A, Marché intérieur, le référencement du coût de livraison de l'énergie éolienne au client résidentiel correspond au niveau d'emboîtement 4 ; il est de 9,18 ¢/kWh (voir tableau 12.1).

Le rendement sur l'avoir propre est inclus dans ce coût total de 9,18 ¢/kWh. Le coût net à la société québécoise serait donc ce coût total soustrait du rendement sur l'avoir propre (voir l'encadré Coût du rendement sur l'avoir propre du complexe éolien à la section 12.1.4) selon les hypothèses du cas de référence présenté à la section 12.1 :

9,18 – 2,54 = 6,64 ¢/kWh.

À terme, le coût d'approvisionnement total de 31,5 TWh d'énergie éolienne livrée aux abonnés pour cette nouvelle demande d'électricité serait de :

31,5 TWh × 6,64 ¢/kWh = 2,09 G$ par année.

---

230. La valeur des crédits de carbone de 400 M$ calculés ci-haut à 43,82 $/tonne porterait les revenus annuels à 3,0 G$ (1,54 + 1,06 + 0,4) à mettre au crédit du remplacement du pétrole et du gaz par l'électricité éolienne pour la chauffe des locaux.

Pour couvrir le coût de conversion des systèmes de chauffage du pétrole et du gaz à des systèmes électriques, nous disposons d'un revenu annuel de 3,0 G$, moins le coût de fourniture de l'énergie éolienne de 2,09 G$ par année, soit un revenu annuel de 0,91 G$. En utilisant une vie moyenne des équipements de 20 ans et un rendement de 0 sur l'équité[231], le facteur d'actualisation du programme de substitution est de 18,43. On peut alors calculer le montant actualisé disponible pour procéder à la conversion des systèmes de chauffage :

0,91 G$ × 18,43 = 16,77 G$

Le coût de conversion des systèmes de chauffage du pétrole à l'électricité est supposé égal à 2 800 $ par résidence, et on ajoutera un coût de 1 500 $ pour augmenter la capacité de l'entrée électrique de chaque résidence visée à 200 ampères, pour un total par résidence de 4 300 $. Nous utiliserons le même montant pour la conversion du gaz naturel à l'électricité. Selon le document du MRNF[232], sur un total d'environ 3 200 000 logements québécois (interpolation pour l'année 2008), 10,8 % utilisent le mazout pour le chauffage et 7,8 % utilisent le gaz naturel. Le nombre de logements à convertir serait donc de 595 200 (18,6 % des 3 200 000 logements).

Un programme réparti sur 20 ans viserait à convertir 29 760 logements par année. Le coût annuel de conversion serait de :

29 760 × 4 300 $ = 128 M$,

à un FA de 18,43, la valeur actualisée du coût du programme de conversion sur 20 ans serait 18,43 × 128 = 2,36 G$.

Mais la consommation de l'ensemble des logements ne représente que 45,7 % du mazout et du gaz utilisés pour la chauffe des locaux au Québec, le secteur tertiaire consomme le reste : 54,3 %. En supposant des coûts de conversion des systèmes de chauffage du secteur tertiaire comparables aux coûts de conversion des systèmes domestiques, on obtient un coût total de conversion de :

2,36 G$ ÷ 45,7 % = 5,16 G$.

---

231. Artifice qui nous a permis de calculer le rendement de 2,54 ¢/kWh sur l'équité (avoir propre investi) (voir la note 4 de l'annexe C). Le coût à rendement 0 sur l'avoir propre est le coût avant prise de profit.

232. Ministère des Ressources naturelles et de la Faune, *Évolution de la demande d'énergie au Québec, Scénario de référence, horizon 2016*, produit en septembre 2004, mis à jour en juillet 2005. Disponible en ligne à http:\\www.mrnf.gouv.qc.ca/energie/energie/energie-prevision.jsp.

TABLEAU 12.2
Substitution de la chauffe au mazout et au gaz par la chauffe à l'électricité d'origine éolienne : rentabilité pour la société

	SUBSTITUTION DE LA CHAUFFE AU GAZ ET AU MAZOUT PAR L'ÉLECTRICITÉ D'ORIGINE ÉOLIENNE	
	Rentabilité à la société, G$	
	avec crédit de carbone	sans crédit de carbone
revenu de la réduction des importations de carburant	2,6	2,6
revenu crédit de carbone	0,4	
revenu total	3	2,6
coût de fourniture de l'électricité aux résidences à équité = 0 %	2,09	2,09
Revenu net annuel	0,91	0,51
Revenu net actualisé	16,77	9,39
Coût actualisé de la conversion des systèmes de chauffage	5,16	5,16
Profit actualisé à société	11,61	4,23
Profits annuels	0,63	0,23
Profits annuels en ¢/kWh	2	0,73
Profits en rendement sur équité d'Hydro-Québec	9,20%	3,40%

On vérifie ainsi qu'il existe en principe une marge de financement appréciable considérant les revenus anticipés de 16,77 G$ de ce programme de substitution énergétique.

Le tableau 12.2 montre les résultats de rentabilité de ce programme pour la société avec ou sans les crédits de carbone. À noter que la rentabilité, pour la société civile, convertie en rendement sur l'avoir propre d'Hydro-Québec est de 9,2 % avec les crédits de carbone et de 3,4 % sans ces crédits. Ces résultats sont à comparer avec les rendements escomptés de 12 % pour les nouveaux projets d'Hydro-Québec. Ce rendement est remarquable, considérant qu'il s'agit d'un investissement de société dans un changement d'infrastructure d'utilisation énergétique complet dont les retombées en termes d'emplois sont très importantes, comme on le verra plus loin.

12.3.1.2 *Rentabilité pour le consommateur*

Pour le consommateur, la rentabilité sur la durée de vie des équipements sera au rendez-vous si, en prenant en compte ses coûts de conversion, il réalise une économie sur ses coûts de chauffage par rapport à sa situation antérieure. Selon le document du MRNF précité[233], un logement unifamilial ou jumelé, de construction assez récente (1982-2001), consomme 64,3 gigajoules pour le chauffage (interpolation à l'année 2008), soit 17 863 kWh par année.

Substitution mazout-électricité

Une installation de chauffage au mazout d'un rendement saisonnier de 70 %[234], consommerait 17 863 kWh ÷ 70 % ÷ 10,7 kWh/litre = 2 385 litres par année. À un prix de 1,10 $/litre, le coût annuel du mazout serait de 2 624 $; il faut y ajouter des frais annuels d'inspection et d'entretien d'environ 150 $, pour un coût de chauffage au mazout total de 2 774 $ par année.

En comparaison, un chauffage électrique a un rendement saisonnier de 97 % ; il consommera 17 863 kWh ÷ 97 % = 18 415 kWh par année.

Coût de chauffage à l'électricité (après conversion)

Intégrer 31,5 TWh de nouveaux approvisionnements électriques d'origine éolienne livrés chez l'abonné à un coût de 9,18 ¢/kWh contribuera à faire augmenter marginalement le coût de l'électricité des abonnés. Pour donner une idée de l'impact tarifaire éventuel de ce programme de substitution, posons l'hypothèse que le coût résultant est constitué par la pondération des 175 TWh prévus par HQD en 2008 à un coût au client domestique de 7,33 ¢/kWh[235] et des 31,5 TWh éoliens à 9,18 ¢/kWh, soit :

$$(175 \times 7{,}33 \text{ ¢/kWh} + 31{,}5 \times 9{,}18 \text{ ¢/kWh}) \div (175 + 31{,}5) = 7{,}61 \text{ ¢/kWh}$$

pour une augmentation du coût de l'électricité au consommateur de 0,28 ¢/kWh correspondant à l'ajout de 31,5 TWh d'électricité d'origine éolienne livrée aux clients domestiques.

---

233 Ministère des Ressources naturelles et de la Faune, *Évolution de la demande d'énergie au Québec, Scénario de référence, horizon 2016*, juillet 2005.

234. Dans sa discussion des rendements saisonniers, l'AQME utilise 70 % pour le mazout, 80 % pour le gaz et 97 % pour l'électricité ; *Tableaux comparatifs des prix de l'énergie – juin 2008*, AQME, http://aqme.org/TableauxComparatifsCoutsEnergie.aspx.

235. Le 7,33¢/kWh est le tarif D et représente le coût de l'électricité au client résidentiel.

Pour se donner une échelle d'impact linéarisée sur la base d'un TWh produit, notre résultat correspond à une hausse moyenne de 0,009 ¢/kWh pour chaque TWh éolien livré aux clients domestiques en vertu de ce programme de substitution.

À ce nouveau coût de l'électricité de 7,61 ¢/kWh, ajusté pour tenir compte de l'augmentation causée par l'ajout des 31,5 TWh de nouvelle production d'électricité d'origine éolienne, le coût annuel du chauffage électrique serait de 1 401 $:

18 415 kWh par année × 7,61 ¢/kWh = 1 401 $

IMPACT D'UN NOUVEAU PROJET SUR LES COÛTS AUX CONSOMMATEURS

Tout nouveau projet a un impact sur le coût de l'électricité livrée au consommateur.

Par exemple, le projet de complexe hydroélectrique de La Romaine (1 550 MW de puissance et 8 TWh d'énergie annuelle produite, à un coût de production de 8,05 ¢/kWh livré au distributeur).

Le coût de l'électricité livrée aux consommateurs serait :

- Coût livré au distributeur : 8,05 ¢/kWh
- Coût de la distribution : 1,55 ¢/kWh

Total : 9,60 ¢/kWh

Pour donner une idée de l'éventuel impact tarifaire de cette production, posons l'hypothèse que le coût résultant est constitué par la pondération des 175 TWh prévus par HQD en 2008 à un coût au client domestique de 7,33 ¢/kWh et des 8,0 TWh hydrauliques à 9,60 ¢/kWh.

L'impact du projet de complexe hydroélectrique de la rivière La Romaine sur le coût de l'électricité au consommateur serait de :

(175 × 7,33 ¢/kWh + 8 × 9,60 ¢/kWh) ÷ (175 + 8) = 7,43 ¢/kWh,

Soit une augmentation globale de 0,10 ¢/kWh pour les 8 TWh du complexe La Romaine, c'est-à-dire 0,0124 ¢/kWh pour chaque TWh d'hydroélectricité ajouté au réseau.

Pour compléter les approvisionnements nécessaires aux besoins énergétiques de l'Orientation C – Substitution fossile-éolien, chauffage, par de l'électricité d'origine hydraulique, il faudrait ériger 23,5 TWh de nouveaux complexes. En considérant un FU de 0,6, c'est 4 500 MW de nouvelle capacité hydraulique qu'il faudrait mettre en service. En admettant que le tarissement du gisement hydraulique encore exploitable au Québec permette de développer un tel volume d'apports énergétiques, les difficiles conditions de leur mise en valeur en comparaison de ce que permet la filière éolienne suggèrent qu'il ne s'agit pas d'une option viable économiquement.

Substitution gaz naturel-électricité

Une installation de chauffage au gaz naturel d'un rendement saisonnier de 80 % consommerait 17 863 kWh ÷ 80 % ÷ 10,5 kWh/m^3 = 2 127 m^3 de gaz naturel par année. Le coût annuel de chauffage au gaz naturel pour une résidence québécoise moyenne serait de l'ordre de 2 141 $. Le calcul détaillé est présenté à la note 9 de l'annexe C.

Le calcul de la rentabilité aux consommateurs pour la substitution de la chauffe au gaz naturel et au mazout par l'électricité d'origine éolienne est présenté au tableau 12.3.

TABLEAU 12.3

Rentabilité pour les consommateurs de la substitution de la chauffe au mazout et au gaz naturel par l'électricité d'origine éolienne

	SUBSTITUTION DE LA CHAUFFE AU GAZ ET AU MAZOUT PAR L'ÉLECTRICITÉ D'ORIGINE ÉOLIENNE	
	Rentabilité aux consommateurs	
	Mazout	Gaz naturel
Consommation annuelle	2 385 litres	2 127 m^3
Coût du carburant, $	2 624	2 041
Entretien annuel, $	150	100
Coût annuel total, $	2 774	2 141
Besoins électriques, kWh	18 145	18 145
Coût à 7,64 ¢/kWh, $	1 401	1 401
Économie annuelle, $	1 373	740
FA, taux nominal 8 %, inflation 3 %, taux réel 4,85 %, vie 20 ans	12,62	12,62
Économie actualisée, $	17 327	9 339
Coût de la conversion, $	4 300	4 300
Économie nette actualisée, $	13 027	5 039
Économie nette annuelle, $	1 032	399
Nouveau FA, 4 300 $/économie annuelle	3,13	5,81
Période de récupération, ans	3,5	7

Valeur des crédits d'émission de carbone au consommateur

Comme le montre le tableau 12.4, si on appliquait les crédits de carbone gagnés par les consommateurs en substituant leurs systèmes de chauffage au mazout ou au gaz naturel par la chauffe à l'électricité d'origine éolienne, on obtiendrait une rente annuelle additionnelle qui augmenterait la valeur actualisée et réduirait la période de récupération.

TABLEAU 12.4

Substitution de la chauffe au gaz et au mazout par l'électricité d'origine éolienne : rentabilité pour les consommateurs (incluant la valeur des crédits de carbone)

	SUBSTITUTION DE LA CHAUFFE AU GAZ ET AU MAZOUT PAR L'ÉLECTRICITÉ D'ORIGINE ÉOLIENNE	
	Rentabilité aux consommateurs incluant les crédits de carbone	
	Mazout	gaz naturel
Consommation annuelle	2 385 litres	2 127 m^3
Mazout, CO_2 produit par litre, kg	2,83	
Gaz naturel, CO_2 produit par m^3, kg		1,86
Production annuelle de CO_2, kg	6 749	3 956
Crédit annuel, CO_2 à 43,82 $/tonne, $	296	173
Valeur actualisée, crédits de carbone, $	3 732	2 188
Économie actualisée totale, $	21 059	11 527
Économie annuelle, (÷ FA), $	1 669	913
Valeur actualisée nette, économie moins conversion (4 300 $), $	16 759	7 227
Nouveau FA, 4 300 $/économie annuelle	2,58	4,71
Période de récupération (ans)	2,8	5,5

En conclusion, selon l'Orientation C, Substitution fossile-éolien (Chauffage), la rentabilité pour la société québécoise dans son ensemble est assurée par la diminution des sorties de capitaux de la province pour l'achat de carburants fossiles auxquels vient se substituer de l'électricité d'origine éolienne pour le chauffage des locaux du domestique et du tertiaire. De plus, la substitution de l'électricité d'origine éolienne au mazout et au gaz naturel pour le chauffage des résidences est rentable pour le consommateur, même s'il devait financer lui-même la conversion. Elle est beaucoup plus rentable dans le cas du chauffage au mazout que dans le cas du chauffage au gaz naturel. De plus, l'accès aux crédits de carbone en améliore la rentabilité, et ce, tant pour la société que pour les consommateurs individuels.

12.3.2 Retombées de l'Orientation C – Substitution fossile-éolien, chauffage

En résumé, un programme Substitution fossile-éolien (Chauffage) réalisé sur 20 ans entraînerait la fabrication et la construction de centrales éoliennes d'une capacité de 9 333 MW, à un taux de 467 MW par année. Les retombées d'un tel programme en création d'emplois représenteraient, à terme, en incluant les emplois d'entretien, environ 7 300 emplois permanents. Les revenus fiscaux des gouvernements équivaudraient à 85 % (467/550) de ceux de l'Orientation A (fournir l'énergie nécessaire à la croissance de la demande interne québécoise). Des bénéfices additionnels importants y sont également associés :

- Ces estimés ne tiennent pas compte de l'activité économique créée par le remplacement des systèmes de chauffage à combustion par des systèmes de chauffage électrique. Rappelons que le programme viserait 595 200 logements à convertir sur 20 ans, pour une valeur économique actualisée de 2,36 G$, ainsi que le remplacement de systèmes de chauffage au mazout et au gaz naturel dans le secteur tertiaire (commerces, institutions, etc.), pour une valeur actualisée additionnelle de 2,80 G$.

  On peut imaginer que les travaux associés à la substitution des systèmes de chauffage fourniraient une belle occasion de mettre en œuvre un plan d'efficacité énergétique d'envergure visant à réduire l'intensité énergétique du parc immobilier du Québec tout en stimulant l'économie de toutes les régions.

- Une réduction des sorties de capitaux québécois pour l'importation de carburants fossiles d'environ 2,6 G$ par année.

- Une réduction de la production québécoise de gaz à effet de serre de 9,1 mégatonnes par année, qui pourrait représenter à terme, selon la valeur à la Bourse européenne du carbone à la fin de 2008 (43,82 $/tonne CO_2), une somme de près de 400 M$ par année sur un marché nord-américain de l'énergie verte qui serait l'équivalent de la Bourse européenne.

- Les consommateurs, surtout ceux qui chauffent présentement au mazout, réaliseraient des économies appréciables pour la chauffe de leurs résidences.

- Une amélioration de la qualité de l'air dans les villes, une plus grande stabilité du prix de l'énergie et une meilleure sécurité d'approvisionnements.

12.4 Orientation D – Marchés des Transports terrestres : à plus long terme, fournir l'énergie nécessaire pour remplacer le pétrole dans le domaine des transports au Québec

Cette section présente le dernier volet de notre exploration des secteurs de consommation de masse susceptibles de donner lieu à des changements multisectoriels dans l'évolution de l'infrastructure énergétique du Québec. Il s'agit cette fois du secteur des transports. Une mise en contexte de ce secteur sera utile avant d'aborder la partie des calculs.

La récente flambée des coûts du pétrole en 2008 et la forte volatilité qui marque les marchés pétroliers depuis plusieurs années alimentent l'intérêt pour des sources d'énergie alternatives dans le domaine des transports. La majorité des solutions proposées parlent de véhicules électriques. Des compagnies du domaine automobile travaillent à mettre au point des véhicules électriques ou travaillent ardemment au développement du véhicule à pile à combustible ou pile à hydrogène (pile à combustible fonctionnant à l'hydrogène). Des autobus à pile à hydrogène commencent à circuler ; par exemple, en septembre 2008, BC Transit a pris possession de 20 autobus à hydrogène pour la ville de Whistler, qui opérera alors la plus importante flotte d'autobus à hydrogène au monde[236].

Entre le véhicule électrique et le véhicule à hydrogène, lequel occupera la plus grande part de marché ? Cela reste à voir et il pourrait arriver qu'aucune des deux approches ne réussisse à éliminer complètement le moteur à combustion interne qui peut encore réserver des surprises.

Selon ce que nous dit l'actualité sur les défis de la grande industrie nord-américaine à la fin 2008, l'évolution du marché des transports est parvenue à un carrefour, si l'on peut dire. Quelle sera son évolution ? Elle pourrait emprunter le cheminement suivant :

- des véhicules hybrides,
- des véhicules hybrides branchables[237] ; technologie hybride mais avec un stockage d'énergie permettant une autonomie électrique de 20 à 50 km,
- des véhicules 100 % électriques,

---

236. Thurston, Charles W, « Hydrogen Projects Finding Mixed Funding Sources », *Renewable Energy World.com*, 22 août 2008. Voir http://www.renewableenergyworld.com/rea/news/story?id=53335.

237. Branchable signifie que les accumulateurs peuvent être rechargés par le réseau électrique.

- des véhicules équipés de moteurs à combustion interne fonctionnant à l'hydrogène,
- des véhicules munis de piles à combustible fonctionnant à l'hydrogène.

Plusieurs concurrents travaillent à cette évolution de l'industrie du transport.

Le concept du véhicule électrique remonte en fait aux débuts de l'automobile. Rappelons que c'est un véhicule électrique qui, le 1er mai 1899 à Archères (France), a été le premier véhicule automoteur à dépasser le cap des 100 km/h ; la *Jamais contente* (figure 12.2) atteignait une vitesse de 105,882 km/h[238]. Depuis lors, le véhicule électrique a toujours été présent mais le plus souvent dans des applications spécialisées : flottes de livraisons, karts de golf, déplacements de charge en entrepôts… où l'autonomie de distance, de vitesse ou de temps de recharge ne sont pas des contraintes importantes. On commence, malgré tout, à permettre l'utilisation de certains véhicules électriques en ville.

Le grand handicap du véhicule électrique réside dans la faible capacité (densité) de stockage énergétique des accumulateurs que ce soit en termes de poids, de volume ou de temps de charge. Pour illustrer ce problème, faisons la comparaison suivante : un accumulateur au plomb-acide, couramment utilisé dans l'automobile, pèse environ 20 kg et peut stocker environ 1 kWh ; un litre d'essence pèse 0,76 kg et contient 10,7 kWh d'énergie. L'énergie chimique stockée dans le carburant fossile liquide est donc 282 fois plus facile à transporter. Tout un avantage pour la mobilité. C'est cette transportabilité qui a favorisé, et qui continue de favoriser le pétrole dans le domaine des transports.

La R&D (entre autres) pour les ordinateurs portatifs a fourni une forte impulsion au développement des piles électriques, développements qui contribuent à rapprocher le véhicule électrique de certains créneaux du marché du transport. Un exemple probant de l'usage accru des accumulateurs électriques dans les transports est la venue des véhicules hybrides et bientôt des véhicules hybrides branchables, où les piles pourront être rechargées à la résidence, en donnant une autonomie de 20 à 50 km en mode tout électrique.

La pile à combustible est en développement depuis assez longtemps. On a vu son application dans l'exploration spatiale. Plusieurs compagnies, dont Ballard de

---

238. http://fr.wikipedia.org/wiki/Jamais_Contente.

Colombie-Britannique, en proposent des versions pour véhicules de transport terrestre. Certains autobus circulent à Vancouver, en Californie et, comme mentionné plus haut, en septembre 2008, une flotte de 20 autobus à hydrogène sera en opération à Whistler. Dans leur publicité, les compagnies Ford et GM vantent le concept de la pile à combustible. Les grands fabricants d'automobiles mènent d'importantes activités de recherche et développement dans ce domaine. De son côté, Honda met une flotte de 200 véhicules FX Clarity (en location) dans la région de Los Angeles où Shell a récemment ouvert la première station publique de remplissage à l'hydrogène[239].

La promesse de la pile à combustible est celle de la propulsion par un véhicule n'émettant ni émissions nocives, ni gaz à effet de serre. L'échappement d'une pile à combustible alimentée à l'hydrogène ne contient que de l'eau. Le remplissage du réservoir à hydrogène du véhicule est presque aussi rapide que le remplissage d'un réservoir à essence. L'autonomie du véhicule à hydrogène est donc comparable à celle du véhicule à essence. Un des problèmes majeurs de la pile à combustible reste son coût de production élevé. Cet obstacle fait l'objet d'intenses travaux de recherche. La récente flambée des coûts du pétrole relativise ce coût et contribue à rapprocher la pile à combustible du marché.

FIGURE 12.2
La Jamais contente

Source : http://fr.wikipedia.org/wiki/Jamais_Contente

L'hydrogène est un élément très abondant sur la planète Terre, mais il n'y existe cependant pas à l'état libre. Il se retrouve surtout dans son état le plus dégradé, mais si essentiel, allié à l'oxygène sous forme d'eau (formule chimique : H_2O). L'hydrogène n'est donc pas un carburant au sens où l'est le pétrole ; ce n'est pas un élément que l'on peut miner ou extraire par forage pour le convertir en énergie. Pour obtenir l'hydrogène, il faut recourir à une source d'énergie pour briser les liens des molécules d'eau (l'électrolyse de l'eau), puis le stocker, afin de pouvoir s'en servir comme carburant en temps

239. Thurston, Charles W, « Hydrogen Projects Finding Mixed Funding Sources », *Renewable Energy World.com*, 22 août 2008. Voir http://www.renewableenergyworld.com/rea/news/story?id=53335.

opportun. Au moment d'en faire usage, une partie seulement de l'énergie utilisée pour le produire sera récupérée (aucun procédé n'a un rendement de 100 %). On peut aussi extraire l'hydrogène du gaz naturel. Dans ce cas, la libération de carbone lui fait perdre de ses atouts comme carburant propre, et le disqualifie davantage encore si l'énergie de dissociation provient d'une centrale thermique.

L'hydrogène n'est donc pas une source d'énergie. Il s'agit plutôt d'un vecteur énergétique permettant, dans le domaine des transports, de rendre indirectement transportable et/ou stockable des formes d'énergie comme l'électricité qui n'est pas facile à stocker. Voici le cycle complet : fabrication de l'hydrogène par hydrolyse, compression, stockage, transport, distribution et, finalement, combustion dans la pile à hydrogène. Cela entraîne des pertes, mais il semblerait que le cycle complet soit plus efficace que l'utilisation des carburants fossiles pour les transports. N'oublions pas que le rendement moyen d'un véhicule à essence ne dépasse pas 10 % à 15 % ; alors que le rendement moyen d'un véhicule équipé d'une pile à hydrogène avoisine les 50 %, ce qui compense pour les pertes encourues dans la chaîne de production, de transport et de distribution de l'hydrogène.

Si l'énergie utilisée pour produire l'hydrogène provient de sources renouvelables, vertes, un véhicule à pile à combustible se rapproche du véhicule zéro émission idéal.

Qu'il s'agisse de véhicules électriques, de véhicules à pile à hydrogène ou d'une combinaison des deux, le Québec, appuyé sur son fantastique gisement éolien, peut envisager de produire l'énergie nécessaire pour remplacer le pétrole dans les transports terrestres et ainsi réduire ses émissions de carbone dans ce secteur dominant de l'économie. La réalité d'une « société sans carbone » n'est pas pour demain ; il restera toujours des productions industrielles où les dérivés du pétrole resteront une matière première précieuse : fabrication des plastiques, lubrifiants, pétrochimie…

Convertir à l'électricité la flotte de véhicules québécois qui compte environ 3 millions de véhicules parcourant 20 000 km par année, avec un rendement de 8 litres/100 km, exigerait environ 7 TWh d'énergie avec un rendement global d'environ 75 %.

Le rendement global de la conversion à l'hydrogène (électrolyse, compression et transport : rendement de conversion de la pile à hydrogène) est d'environ la moitié du rendement du véhicule tout électrique, ce qui nous amène à des nouveaux besoins énergétiques d'environ 14 TWh pour combler les besoins de l'ensemble des véhicules québécois.

Quand on songe aux effets de ces véhicules sur la qualité de l'air des villes et à leur impact sur la santé de ses habitants, on ne peut qu'être frappé par le faible volume d'énergie utile réellement requis pour assurer le déplacement des biens et des personnes. Ces 14 TWh pour l'ensemble des besoins de déplacement des véhicules automobiles doivent être comparées aux 34 TWh d'énergie électrique nécessaires pour remplacer la chauffe au pétrole et au gaz naturel dans 18,6 % seulement des résidences québécoises en plus du secteur tertiaire (commerces, institutions, etc.).

Le véhicule qui compterait uniquement sur des piles électrochimiques ou sur une pile à combustible alimentées par hydrogène pour concurrencer l'automobile à combustion interne est encore loin du marché de masse. Mais la récente flambée des coûts du pétrole et du gaz naturel, la réduction de la consommation de carburants fossiles nécessaire pour contrer les changements climatiques ainsi que le tarissement des réserves fossiles mondiales montrent l'urgence de préparer l'arrivée d'énergies de remplacement.

Les recherches réalisées à travers le monde dans le domaine de l'hydrogène ainsi que les prévisions de l'émergence de cette technologie à l'horizon 2020-2025 sont une invitation lancée au Québec d'exploiter son gisement éolien pour s'engager sur la voie de la filière hydrogène, vecteur énergétique qui attire l'attention de plus en plus de pays. Des centrales éoliennes pourraient fournir l'énergie nécessaire à l'électrolyse de l'eau. L'hydrogène ainsi produite serait acheminée vers les marchés de Montréal, Québec, Boston, par gazoducs. On peut imaginer un complexe industriel de production d'hydrogène opérant en mode autonome (non relié aux réseaux électriques) et exploité selon le scénario du jumelage éolien-diesel à haute pénétration (voir la section 10.7.1). La chose n'est sans doute pas pour demain, car la voiture à hydrogène à prix abordable se fait attendre, mais ce scénario industriel présente moins de difficultés techniques opérationnelles qu'on ne pourrait le croire à première vue. Voici à quoi il pourrait ressembler :

- Un complexe industriel éolien-hydrolyseur de 6 000 MW, installé (près du réservoir Caniapiscau, par exemple) et opéré en mode autonome produirait l'hydrogène. Ce carburant serait comprimé puis transporté par gazoduc vers des postes de répartition/distribution aux véhicules du Québec et/ou de la Nouvelle-Angleterre.
- À 5 MW de capacité éolienne installée par km^2, la superficie du territoire d'implantation visé par ce complexe de production industrielle représente 1 200 km^2 (pour donner une idée de la superficie de ce projet, cela représente l'équivalent

d'une fois et demie l'île de Montréal, 15 % de l'île d'Anticosti ou moins de 0,4 % de la superficie totale de la Côte-Nord). Rappelons que de 98 % à 99 % du terrain d'implantation d'une centrale éolienne garde sa vocation initiale et que seuls 24 km^2 de sol verraient leur usage modifié sur cette superficie !

- Les coûts globaux seraient d'environ 15 G$ (Milliards) pour le complexe éolien autonome. Il serait opéré selon les règles du scénario de jumelage éolien-diesel à haute pénétration sans stockage. De plus, l'hydrolyseur coûterait 15 G$ et le gazoduc entre le complexe d'hydrolyse et Montréal ou Québec, environ 1 G$.

UNE CENTRALE ÉOLIENNE AUTONOME

Une centrale éolienne autonome est une centrale indépendante des grands réseaux électriques. Elle est opérée selon le scénario de jumelage éolien-diesel à haute pénétration sans stockage (JEDHPSS) développé à l'Institut de recherche d'Hydro-Québec (IREQ). Le système est schématisé à la figure 10.2. Pour fins de production d'hydrogène, la centrale éolienne autonome fonctionne comme toute centrale éolienne, à l'intérieur de sa plage d'opération normale (voir chapitre 5), entre sa vitesse d'amorçage et sa vitesse d'éclipsage, et alimente le complexe hydrolyseur. Le complexe de production d'hydrogène comprend :

- une centrale éolienne, d'une capacité installée, de quelques milliers de MW,
- une petite centrale diesel de quelques dizaines de MW servant à démarrer les premières éoliennes de la centrale éolienne. Mais le scénario de jumelage à haute pénétration sans stockage n'est pas limité aux groupes électrogènes-diesel. Des groupes électrogènes à moteurs à hydrogène seraient parfaitement viables surtout que leur carburant serait fabriqué sur place.
- une usine d'électrolyse mise en marche parallèlement à la centrale éolienne, les modules venant s'ajouter ou se retrancher selon la production de la centrale éolienne,
- un stockage d'hydrogène à la tête du gazoduc afin de régulariser le débit durant les périodes où les vents ne permettent pas à l'usine de fonctionner, de façon à minimiser les coûts du gazoduc.

Lorsque les vents sont faibles, le système d'hydrolyse est en dormance. Lorsque les vents augmentent, la centrale diesel est mise en marche, les éoliennes sont graduellement démarrées et synchronisées au réseau (autonome) selon le mode d'exploitation (AC ou DC). Lorsque la centrale éolienne est opérationnelle, la centrale diesel est fermée et le système fonctionne en mode tout éolien.

Des calculs préliminaires indiquent que le coût de ce carburant pour une voiture à hydrogène serait d'environ 3 $/100 km, comparé à environ 8 $/100 km pour un véhicule à essence.

Pour devenir un joueur dans ce vecteur énergétique qu'est l'hydrogène, le Québec pourrait dans un premier temps adopter un programme de recherche et développement ciblé dans le domaine tout en assurant une présence active avec les équipes de R&D de pays où des travaux significatifs sont engagés dans ce domaine et où des avancées commerciales se mettent en place.

12.5 Bilan des retombées

L'exercice confirme que l'éolien s'affirme comme une filière rentable et compétitive dès aujourd'hui. Elle représente également un important vecteur de création d'emplois tout en permettant au Québec de réduire sa forte dépendance au pétrole importé qui grèvera progressivement et de plus en plus lourdement sa balance des paiements ainsi que le budget annuel des citoyens. De plus, le carburant de substitution, abondant, virtuellement illimité et disponible partout sur le territoire, restera gratuit.

12.5.1 Retombées

Les retombées des Orientations A (satisfaire 100 % de l'accroissement de la demande québécoise), B (raffermir et/ou accroître la capacité d'exportation d'électricité québécoise) et C (substituer la chauffe électrique à la chauffe au mazout et au gaz naturel) seraient :

- Une source d'énergie électrique moins dispendieuse que l'hydroélectricité. En effet, comme nous l'avons démontré, l'éolien présente une alternative économique viable et compétitive.
- Une forte probabilité d'attirer un fabricant majeur d'éoliennes au Québec et la création de près de 16 000 emplois pendant 20 ans, suivie d'un accroissement jusqu'à plus de 24 000 à la 21e année avec le remplacement des éoliennes ayant atteint 20 ans d'usage. Ces emplois de qualité industrielle seraient requis pour fabriquer les composantes des éoliennes, les assembler et construire 1 307 MW de centrales éoliennes par année pendant 20 ans, suivi de 1 857 MW par année de l'an 21 à l'an 40[240].

---

240. Si les opportunités à l'exportation l'exigeaient, le taux d'implantation de l'Orientation B pourrait être accéléré.

FIGURE 12.3
Création d'emplois selon les Orientations A, B et C combinées

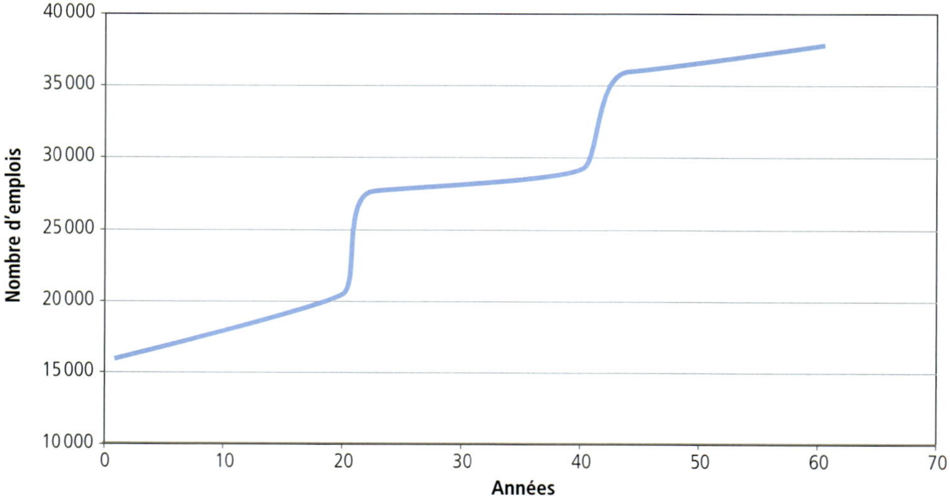

- Une croissance des emplois d'opération et d'entretien de 285 à la 1re année jusqu'à 4 700 la 20e année. La majorité des emplois d'O&E seront créés dans les régions où les centrales éoliennes sont érigées.
- Le sommaire des emplois de qualité industrielle créés pour les orientations A, B et C est présenté à la note 10 de l'Annexe C, et, sous forme graphique, à la figure 12.3.
- Une réduction des aléas de la variabilité annuelle des apports permettant de réduire les réserves nécessaires à la rencontre des exigences de sécurité énergétique.
- L'encaissement de crédits de carbone, si l'électricité exportée déplace de la production au charbon, permettrait d'abaisser le coût de l'électricité pour fins d'exportation (production, équilibrage, transport et pertes en transport) à 3,25 ¢/kWh, amenant une très forte rentabilité du projet.

- La substitution de l'électricité d'origine éolienne au mazout et au gaz naturel pour le chauffage des locaux permettrait une réduction des sorties de capitaux québécois de 2,6 G$ par année. Ces capitaux servent présentement à l'importation de carburants fossiles. De plus, la substitution permettrait la réduction de la production québécoise de gaz à effet de serre de 9,1 mégatonnes par année. En plus d'orienter le Québec vers une société sans carbone, les consommateurs réaliseraient des économies appréciables pour la chauffe de leurs résidences.

Les retombées de l'Orientation D, **Marchés des transports terrestres**, seraient :

- Préparer le Québec pour l'avènement des technologies de substitution du pétrole dans le domaine des transports.
- Engager résolument le Québec vers une société sans carbone.

12.5.2 Revenus fiscaux aux gouvernements

Pour les Orientations A, B et C, les revenus fiscaux des gouvernements sont illustrés à la figure 12.4. On peut les résumer ainsi :

- Le gouvernement du Québec encaisserait des revenus annuels allant de 188 M$ la 1re année, à 241 M$ la 20e année, pour passer de 302 M$ à 343 M$ de la 21e à la 40e année. Pour sa part, le gouvernement fédéral encaisserait des revenus annuels allant de 114 M$ la 1re année à 146 M$ la 20e année, pour passer de 193 M$ à 207 M$ de la 21e à la 40e année. La figure 12.4 montre les revenus d'impôts et de taxes sur les emplois créés pour l'ensemble des Orientations A, B et C.

Sans faire une étude aussi exhaustive que celle réalisée par GE Financial Services, nous avons calculé les impôts et prélèvements des gouvernements du Québec et du gouvernement fédéral canadien sur les emplois créés.

Les deux paliers de gouvernement bénéficieraient grandement des retombées produites par les centrales éoliennes, leur fabrication, leur construction et leur opération ainsi que par les impôts perçus sur les emplois créés.

Comme nous l'avons démontré dans l'Orientation A (Marché intérieur), en comparant le cas d'un grand complexe éolien à celui du projet de complexe hydroélectrique sur la rivière La Romaine, l'éolien crée 33 % plus d'emplois que la filière hydraulique, augmentant d'autant les revenus escomptés des impôts et des taxes perçues par les gouvernements.

FIGURE 12.4
Retombées annuelles aux gouvernements, en M$, Orientations A, B et C combinées

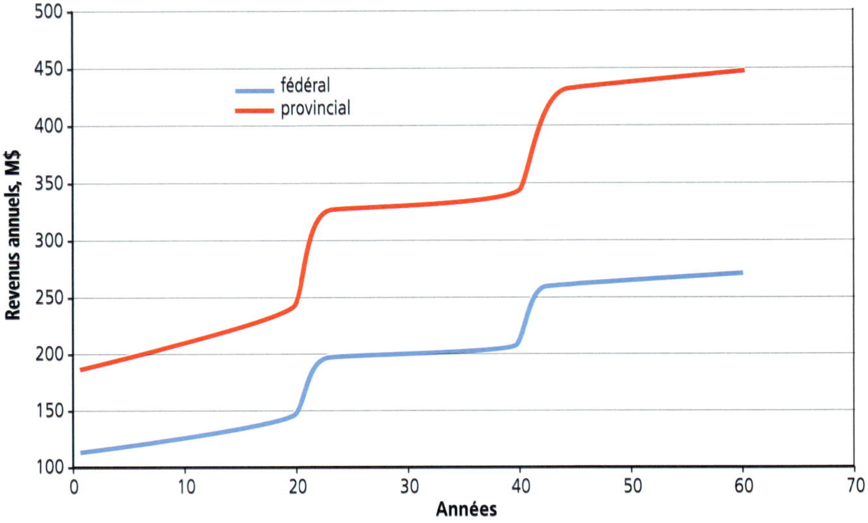

12.6 En résumé

En exploitant son immense gisement éolien grâce à la technologie éolienne moderne, le Québec peut :

- satisfaire sa demande croissante en énergie électrique et maintenir les coûts d'électricité les plus bas possible tout en assurant la sécurité des approvisionnements énergétiques à long terme ;
- raffermir sa capacité d'exportation d'énergie électrique ;
- substituer la chauffe électrique de provenance éolienne à la chauffe au mazout et au gaz naturel pour diminuer ses importations coûteuses de carburants fossiles, réduire sa production de gaz à effet de serre tout en permettant aux consommateurs de réaliser des économies appréciables ;
- se préparer aux technologies de substitution au pétrole dans le domaine des transports.

Pour ce faire, le Québec doit tirer avantage de son immense gisement éolien, ce qui lui permettra :

- de respecter les principes du développement durable ;
- de s'engager vers une société sans carbone ;
- de créer des emplois de qualité (en usine) au Québec ;
- de créer des emplois d'opération et d'entretien en région ;
- d'éviter le recours à la filière thermique ;
- de préserver à leur état naturel les dernières rivières québécoises.

Ce dernier chapitre a permis d'explorer quatre grandes orientations énergétiques auxquelles l'éolien pourrait contribuer tout en amenant une réduction majeure de la dépendance aux carburants fossiles importés et en ouvrant des perspectives économiques et industrielles majeures.

Même si notre exercice d'exploration s'est appuyé sur l'exemple énergétique du Québec, les perspectives évoquées gardent une portée générale qui dépasse largement le cadre géographique québécois.

Éolienne Liberty 2,5 MW (Clipper WindPower) à Medecine Bow, Wyoming, États-Unis.
Gracieuseté : DOE/NREL
Photo : Clipper WindPower

Éolienne GE 1,5 SE de la centrale Century Wind, Blairsburg, Iowa, États-Unis.
Gracieuseté : DOE/NREL
Photo : Todd Spink

Conclusion

Le besoin de faire le point, de revoir et de mieux approfondir les remarquables caractéristiques de la filière éolienne nous a incités à écrire ce texte. Tout au cours de son élaboration, nous avons tenté de répondre aux questions, nombreuses et parfois complexes, qui surgissent lorsqu'on réfléchit aux multiples facettes de l'évolution continuelle de cet étonnant système qu'on appelle le réseau électrique. Nous avons cherché à aller à l'essentiel des concepts, et surtout à les placer dans le contexte de planification, de conception et d'exploitation des réseaux électriques auxquels ils appartiennent. Un réseau électrique fiable ne saurait s'embarrasser de complications inutiles. Nous avons tenté d'en présenter la complexité d'une manière qui invite le lecteur à creuser davantage chacun des domaines, selon son intérêt. Nous espérons sincèrement que ce travail sera utile à tous ceux qui apprécient tout ce que la fée électricité a à offrir. Ils pourront aussi mieux comprendre comment l'incroyable faisceau de fonctions et de tâches réalisées en coopération à chaque seconde de chaque année assure la fiabilité du réseau électrique québécois, tout en préparant le réseau à de nouvelles possibilités.

Ce livre vise aussi à amener le lecteur à s'intéresser aux tenants et aboutissants de l'évolution du réseau électrique en illustrant comment les réseaux du monde entier intègrent des sources d'approvisionnement énergétique vertes dont l'éolien est aujourd'hui le fer de lance. Il nous est apparu nécessaire de rappeler la nature des enjeux techniques qui encadrent l'exploitation du réseau électrique où s'intègrent les projets éoliens et de souligner comment les règles d'exploitation de ces réseaux ont un impact déterminant sur le succès de l'intégration réussie des nouvelles filières énergétiques. Cette appréciation passe nécessairement par l'analyse économique des nouveaux projets de production. Car le coût de chacun de ces projets se retrouve forcément dans les coûts d'approvisionnements et fait donc partie intégrante de la base tarifaire des abonnés du réseau électrique.

Cet ouvrage décrit les atouts de l'éolien, ce mode de production d'avenir, grâce à une présentation détaillée de ses caractéristiques technologiques trop souvent sous-estimées, sinon escamotées. L'énergie éolienne est une option de production compétitive, mature et fiable. Au Québec, elle peut compter sur le plus fabuleux gisement d'énergie durable disponible en Amérique du Nord. De plus, l'exceptionnelle infrastructure de production hydraulique du Québec constitue incontestablement un partenaire de rêve de la production éolienne. Enfin, la filière éolienne possède toutes les qualités essentielles susceptibles de contribuer durablement à la stabilité des prix de l'énergie et à la sécurité des approvisionnements à long terme, avec le plus faible impact environnemental connu parmi toutes les filières.

C'est vers une croissance accélérée de cette filière que pointent tous les indicateurs technico-économiques pertinents à l'analyse comparée, rigoureuse, des filières de production énergétique.

Nous espérons que ce livre aura démontré que les obstacles à une plus grande pénétration de l'éolien dans les réseaux électriques ne sont pas techniques et qu'ils ne sont pas davantage limités par des contraintes industrielles ou commerciales. Le seul critère capable de la restreindre reste l'économique, mais sur ce plan, toutes les considérations et tous les indicateurs de compétitivité entre les filières permettent d'anticiper des niveaux de pénétration éolienne importants dans les réseaux électriques. Des pays européens récoltent aujourd'hui les retombées extrêmement positives de leurs décisions antérieures en matière d'éolien. Dans ces pays et dans certains États américains, il y a, au point de départ, une volonté politique appuyée par une vision claire de la valeur stratégique associée au déploiement d'une infrastructure énergétique durable. Danemark, Allemagne, Espagne, France, Portugal, Texas, Californie et Minnesota ont concrétisé cette vision avec succès.

Pour le Québec, qui entend affirmer son leadership en matière d'énergie durable en Amérique du Nord, y a-t-il une seule autre filière énergétique qui présente autant d'avantages tangibles et autant de perspectives de partage de richesse collective à travers le service public essentiel par excellence que constitue le réseau électrique ?

De combien de temps dispose le Québec pour se positionner dans ce marché d'avenir ? Il n'est jamais trop tard diront certains. D'autres affirmeront qu'il est déjà trop tard ! Ce qui est sûr, c'est que le gisement québécois est d'une telle richesse, d'une telle abondance que des scénarios ambitieux s'imposent naturellement. Nous en avons proposé plusieurs qui montrent l'immense potentiel de déploiement, de création d'emplois et d'économie durable de ces gisements disponibles sur tout le territoire.

Nous espérons sincèrement que le lecteur trouvera dans cet ouvrage une réflexion utile à la compréhension des enjeux concrets qui déterminent les choix dans lesquels il faut investir dès aujourd'hui pour assurer à ceux qui nous suivent des approvisionnements énergétiques durables, essentiels à la qualité de vie en société à long terme. Nous souhaitons aussi qu'il inspire le lecteur qui trouvera dans les exemples que nous avons présentés tout au long de ce livre les raisons qui militent en faveur d'une plus forte pénétration de cette filière remarquable à tous égards dans le réseau électrique de leur arrondissement, de leur région, de leur pays.

À l'évidence, l'industrie éolienne, par le rôle de leadership qu'elle exerce sur l'évolution des idées, des pratiques et des règles de conception, de planification et d'exploitation des réseaux d'énergie, continuera de participer activement au mouvement d'évolution des réseaux irréversiblement entamé. La pénétration de l'éolien dans les réseaux ne peut qu'augmenter. Le coût de toutes les technologies de production d'énergie est à la hausse, mais pour celles dont le carburant est gratuit et dont la disponibilité est universelle, l'avenir est prometteur. Nul doute que l'énergie éolienne figure bien en tête de ces filières renouvelables, vertes, et son territoire d'implantation est aussi vaste que chacun veut bien l'imaginer.

La réalité de l'industrie éolienne s'impose à tous. Elle est là pour rester, elle est là pour longtemps et la demande pour ses produits ne faiblira pas. Sa pénétration dans les réseaux augmente partout dans le monde grâce à des avancées technologiques continues et à une volonté démontrée de faire sa place comme joueur majeur sur la scène énergétique. Il appartient à chaque juridiction de trouver les mécanismes de marché qui lui permettront équitablement et efficacement de maximiser les retombées de cette industrie d'avenir sur son territoire en termes d'emplois, de sécurité d'approvisionnement et de stabilité des prix de l'énergie, dans l'intérêt pour tous.

L'éolien a fait ses preuves. Son coût, fort compétitif – les dures lois de la rentabilité obligent –, continuera de le maintenir bien au centre de l'écran-radar du secteur énergétique. C'est lui qui amène l'intégration du mode de production décentralisé dans les réseaux énergétiques aujourd'hui ; c'est également lui qui pourra fournir les grands blocs d'énergie de substitution qui seront rendus nécessaires par le tarissement des carburants fossiles, même si tout cela nous semble encore loin aujourd'hui.

L'industrie éolienne poursuit son chemin.

Nous formulons le vœu que ce travail serve d'assise à la mise en œuvre d'une stratégie structurante d'appropriation par le Québec de son fabuleux gisement éolien et que cette stratégie soit assortie d'un plan de déploiement économique de cette filière qui soit créateur de richesse collective durable pour les Québécois d'aujourd'hui et de demain. Un tel projet peut compter sur l'inventivité du génie québécois pour préparer les solutions énergétiques les plus sûres, les approvisionnements énergétiques les plus fiables et les meilleures perspectives de stabilité des prix de l'énergie à long terme, dans le respect de l'environnement et de la biodiversité.

L'éolien est un passage obligé sur le chemin d'un développement soutenable pour nos petits-enfants.

Types d'éoliennes

Éolienne de Kuujjuaq, 1986.
Photo : Luc Martell

En cherchant sur Internet sous le vocable « types d'éoliennes », on trouve plusieurs exemples de conception d'éoliennes à axe horizontal (pompe à eau multipale, tripale, bipale ou monopale) ou vertical (Savonius, à pales droites ou Darrieus à pales incurvées). Le site l'énergie éolienne (http://domsweb.org/ecolo/eolien.php), par exemple, décrit plusieurs conceptions d'éoliennes.

Pour illustrer l'évolution vers les éoliennes modernes, survolons rapidement, par ordre chronologique approximatif, quelques éoliennes qui ont jalonné les trois dernières décennies de développements et ont mené aux grandes éoliennes commerciales modernes présentement utilisées dans des centrales de plus en plus performantes.

Éolienne à pas fixe

Comme le montrent les figures 2.14 et 3.4, les éoliennes à pas fixe ont un rotor généralement tripale, fonctionnant face au vent, un multiplicateur de vitesse, un ou deux moteurs à induction (2 vitesses). C'est le modèle danois qui a marqué le début de l'industrie éolienne moderne. Branchée directement au réseau, la machine à induction maintient la vitesse du système au glissement électrique près. (1-3 % de la vitesse synchrone selon la conception de la machine électrique). La puissance maximale du système est limitée par décrochage aérodynamique. Le facteur de puissance est compensé à l'aide de condensateurs ; un banc de condensateurs variables peut être ajouté à une centrale éolienne et commuté au besoin pour corriger le facteur de puissance au point de raccordement.

Mécanisme de protection contre la survitesse: freinage aérodynamique à déclenchement centrifuge (bout de pale).

Avantages:

- Simplicité, robustesse et fiabilité, qui se traduisent par un coût relativement faible.

Désavantage:

- Le décrochage dynamique est décalé par temps froid, ce qui peut mener à une surproduction allant jusqu'à 50 % et exige une structure plus robuste.

Éoliennes à pas variable

Semblable à l'éolienne à pas fixe avec une exception notable: le pas des pales est ajustable grâce à un mécanisme à commande automatisée (voir figure 2.15).

Avantages:

- Augmentation du productible de 0 à 10 %.
- La courbe puissance-vitesse du vent (moyenne de 10 minutes) est plus régulière que pour l'éolienne à pas fixe.
- Le problème de surproduction à basses températures peut être géré.

Désavantages:

- Le temps de réponse du système d'ajustement du pas de la pale ne permet pas de corriger les variations instantanées dues au vent et doit être contrôlé de manière à éviter une surproduction susceptible de dépasser largement la puissance nominale.
- Exige une conception soignée pour éviter la fatigue prématurée de la machine ou des problèmes d'entretien excessifs.
- Mécanique plus complexe.

Éolienne à contrôle souple autour de la zone de décrochage dynamique (ex. Combi-stall[241]):

Comme le montre la figure 2.11, cette éolienne offre le même contrôle de la puissance captée que l'éolienne à pas fixe (la puissance maximale est limitée par le décrochage), mais la commande du pas variable de la pale est conçue de manière à limiter la surproduction à l'approche de la zone de décrochage et à contrôler ainsi plus finement la production de puissance par vents forts.

Avantages:

- Mécanique relativement simple.
- Dans la zone de décrochage, la portance de la pale varie peu avec l'angle d'incidence du vent résultant, ce qui permet d'anticiper les problèmes de surproduction de l'éolienne à basse température en contrôlant l'arrivée du décrochage.

Désavantage:

- Profite peu de l'augmentation de la performance aérodynamique permise par le pas variable dans la portion où la variation de la portance par rapport à l'angle d'incidence est forte.

241. Marque de commerce de Siemens (anciennement Bonus).

Éolienne et machine électrique à rotor bobiné (ex. opti-slip[242])

Le rotor de cette éolienne est du type à pas variable. Une commande à interface optique permet de changer la résistance du bobinage du rotor de la génératrice et de modifier la caractéristique couple-glissement de la génératrice, donnant un couplage mécanique-électrique de la génératrice plus souple. Ce système permet un glissement (plage de variation de vitesse) allant jusqu'à 10 % de la vitesse d'opération nominale. La combinaison de la vitesse de rotation et du calage variables permet d'amortir les fluctuations de production tout en réduisant les contraintes mécaniques sur les pales. Le temps de réponse de la commande électrique du rotor étant très rapide, lorsque les turbulences du vent occasionnent par exemple un surcroît de puissance, la résistance du rotor de la machine électrique est variée par l'intermédiaire d'une commande numérique, de manière à laisser tout le rotor accélérer. Le système de commande du pas de la pale (réaction beaucoup plus lente) dispose ainsi d'un certain délai pour repositionner la pale sur une courbe de performance aérodynamique mieux adaptée aux conditions de vent du moment, pendant que la machine électrique récupère graduellement l'énergie accumulée pendant la phase d'accélération et la réinjecte au réseau tout en reprenant sa vitesse d'opération normale (voir figure 2.13).

Avantages :

- Permet de maintenir les avantages du pas variable tout en évitant les surcharges sur la structure.
- Permet de concevoir des éoliennes plus légères et d'optimiser le ratio productible/kg de nacelle.

Désavantages :

- Système un peu plus complexe exigeant une machine électrique à rotor bobiné.
- Ajoute un peu au coût, mais est compensé par la réduction du coût des matériaux (structure et nacelle plus légère).

---

242. Marque de commerce de Vestas.

Éolienne avec convertisseur de puissance (lien CA-CC-CA)

Le système de conversion d'une éolienne équipée d'un rotor à pas variable peut bénéficier davantage d'une machine électrique dotée d'un convertisseur de puissance, lien courant alternatif-courant continu-courant alternatif qui permet de contrôler la vitesse du rotor de l'éolienne, tout en garantissant que la production électrique soit livrée à la fréquence du réseau. Une commande automatisée souple assure l'équilibre dynamique entre les vents, le pas des pales et le contrôleur du convertisseur CA-CC-CA de la machine électrique. Une hausse de la vitesse des vents est compensée par une hausse de la vitesse du rotor pendant que le pas des pales est corrigé pour l'énergie cinétique accumulée dans le rotor, tout en réduisant les contraintes mécaniques sur les pales et en amortissant les variations subites de la puissance produite.

Avantages:

- La vitesse variable permet d'augmenter le productible de 0 à 10 % par rapport à l'éolienne équipée de calage variable seulement.
- Limite les contraintes et/ou l'accroissement subit de la puissance, permettant de concevoir une structure plus légère.
- Permet de moduler le facteur de puissance électrique (ajustement de la puissance réactive de l'éolienne) pour les besoins du réseau de raccordement local.

Désavantage:

- Bien que les coûts de l'électronique de puissance soient à la baisse, l'éolienne est plus dispendieuse (mais la production d'électricité est potentiellement accrue).

Éolienne équipée d'une machine électrique à double alimentation (*doubly-fed induction generator*)

Autre variante du système précédent, le stator de la génératrice est relié directement au réseau, mais son rotor (bobiné) est également relié au réseau via un convertisseur de puissance (lien courant alternatif-courant continu-courant alternatif), ce qui permet de varier la vitesse du rotor de l'éolienne sur une plage d'opération allant cette fois jusqu'à 40 % de la vitesse d'opération (rpm) nominale. Une commande automatisée souple assure l'équilibre dynamique entre les vents, le pas de chacune des pales et le contrôleur du convertisseur CA-CC-CA de la machine électrique. Une croissance de la vitesse des vents augmente la vitesse du rotor pendant que le pas de chacune des pales est corrigé pour récupérer l'énergie cinétique accumulée dans le rotor. On évite ainsi les contraintes excessives et en réduisant les variations subites de puissance par vents forts ou en période de forte turbulence.

Avantages :

- L'opération à vitesse variable (40%) permet d'augmenter la capture d'énergie de 0 à 10 %.
- Elle réduit les contraintes mécaniques ou l'accroissement soudain de la puissance, permettant de concevoir une structure plus légère.

Désavantage :

- Bien que les coûts de l'électronique de puissance soient à la baisse, cette éolienne est plus dispendieuse (possiblement compensée par une production d'électricité accrue).

Éolienne à prise directe

La génératrice est branchée directement sur le rotor de l'éolienne, sans boîte d'engrenage. Nécessite une génératrice conçue et fabriquée spécialement pour l'éolienne. Une telle éolienne est équipée de pales à pas variable et intègre également un convertisseur de puissance.

Avantages :

- Pas de boîte d'engrenages.
- Réduction des frais d'entretien.
- Le pourcentage de contenu local dans la fabrication sera plus élevé puisque la génératrice très spécialisée est généralement construite en usine et son assemblage final effectué près de l'éolienne.
- Excellent contrôle de la puissance captée.

Désavantages :

- Coût plus élevé.
- Diamètre de la génératrice imposant.
- Nacelle plus lourde.

Éolienne multibrid[243]

Décrite comme une hybride entre les deux types d'éoliennes courants : avec et sans boîte d'engrenages. La multibride a une boîte d'engrenage qui augmente la vitesse de rotation par un facteur de 10 seulement, donnant une vitesse d'entraînement de la génératrice de 147 r/min. Les éoliennes à boîte d'engrenages traditionnelles entraînent leurs génératrices à 1000 ou 1500 r/min en Europe (respectivement 1 200 ou 1 800 r/min en Amérique du Nord où les réseaux sont opérés à 60 Hz).

Avantages :

- Génératrice plus légère que pour le cas sans boîte d'engrenages.
- Boîte d'engrenages plus simple.

Désavantages :

- Génératrice spécialement conçue pour l'éolienne.
- Génératrice plus lourde que les éoliennes conventionnelles.

Remarque complémentaire

On peut voir le schéma électrique de quatre de ces types d'éoliennes en page 50 du magazine *Power Engineering* de janvier 2009[244].

Comme on peut le constater, le développement a démarré par des éoliennes relativement simples, à pas et à vitesse fixes, pour évoluer vers des éoliennes souples, à pas et à vitesse variables, utilisant graduellement l'électronique de puissance de plus en plus sophistiquée pour un contrôle toujours plus fin de la puissance captée. L'avantage de l'utilisation ou non d'un multiplicateur de vitesse (boîte d'engrenage) fait encore l'objet de débats.

La figure A-1 illustre les chemins qu'a suivis la cohorte des principaux concepteurs de systèmes de conversion d'énergie éolienne en électricité et qui ont permis d'amener l'industrie éolienne moderne à se positionner comme un des acteurs incontournables du domaine de la production d'énergie. On peut y retrouver les aspects des différents types d'éoliennes décrites sommairement ci-haut. La figure A-2 schématise la conception générale des systèmes de conversion éoliens.

243. Marque de commerce d'Areva, *Windpower Monthly*, octobre 2007, p. 44.

244. Wojszczyk, B., Herbst, D. & Bradt, M., « Assuring Wind Flows Smoothly Into the Grid », *Power Engineering*, janvier 2009, p. 48-57, www.power-eng.com.

FIGURE A-1

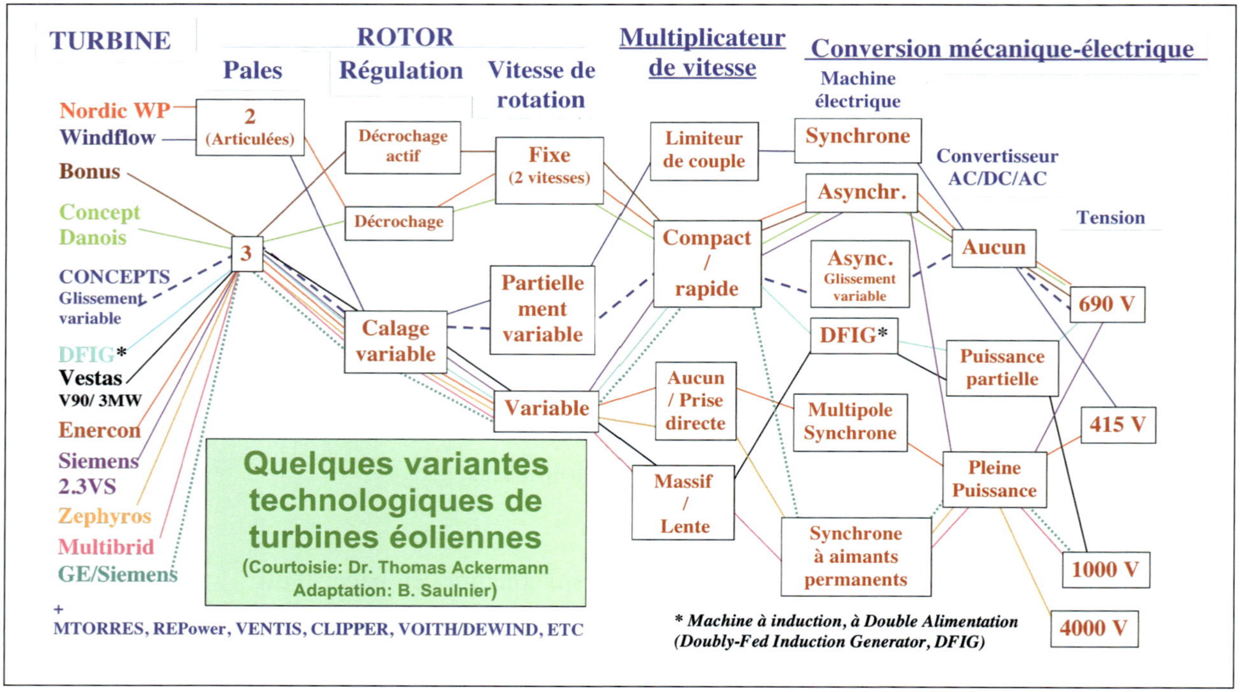
TURBINE
ROTOR
Pales
Régulation
Vitesse de rotation
Multiplicateur de vitesse
Conversion mécanique-électrique
Machine électrique
Nordic WP
Windflow
Bonus
Concept Danois
CONCEPTS Glissement variable
DFIG*
Vestas V90/ 3MW
Enercon
Siemens 2.3VS
Zephyros
Multibrid
GE/Siemens
2 (Articulées)
3
Décrochage actif
Décrochage
Calage variable
Fixe (2 vitesses)
Partiellement variable
Variable
Limiteur de couple
Compact / rapide
Aucun / Prise directe
Massif / Lente
Synchrone
Asynchr.
Async. Glissement variable
DFIG*
Multipole Synchrone
Synchrone à aimants permanents
Convertisseur AC/DC/AC
Aucun
Puissance partielle
Pleine Puissance
Tension
690 V
415 V
1000 V
4000 V
Quelques variantes technologiques de turbines éoliennes
(Courtoisie: Dr. Thomas Ackermann
Adaptation: B. Saulnier)
+
MTORRES, REPower, VENTIS, CLIPPER, VOITH/DEWIND, ETC
* Machine à induction, à Double Alimentation
(Doubly-Fed Induction Generator, DFIG)

FIGURE A-2

Schémas illustrant la conception générale des principaux systèmes de conversion mécanique-électrique exploités dans les éoliennes commerciales modernes

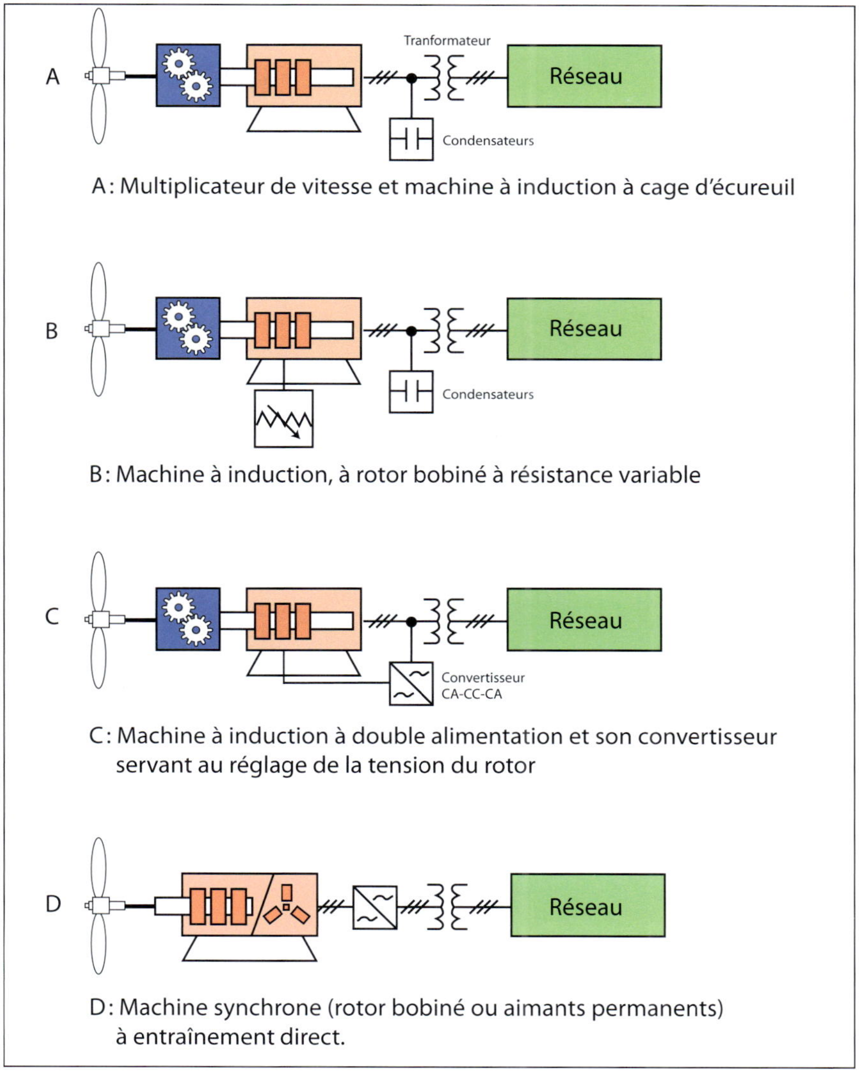

A : Multiplicateur de vitesse et machine à induction à cage d'écureuil

B : Machine à induction, à rotor bobiné à résistance variable

C : Machine à induction à double alimentation et son convertisseur servant au réglage de la tension du rotor

D : Machine synchrone (rotor bobiné ou aimants permanents) à entraînement direct.

Adapté de *Power Engineering*, janvier 2009.

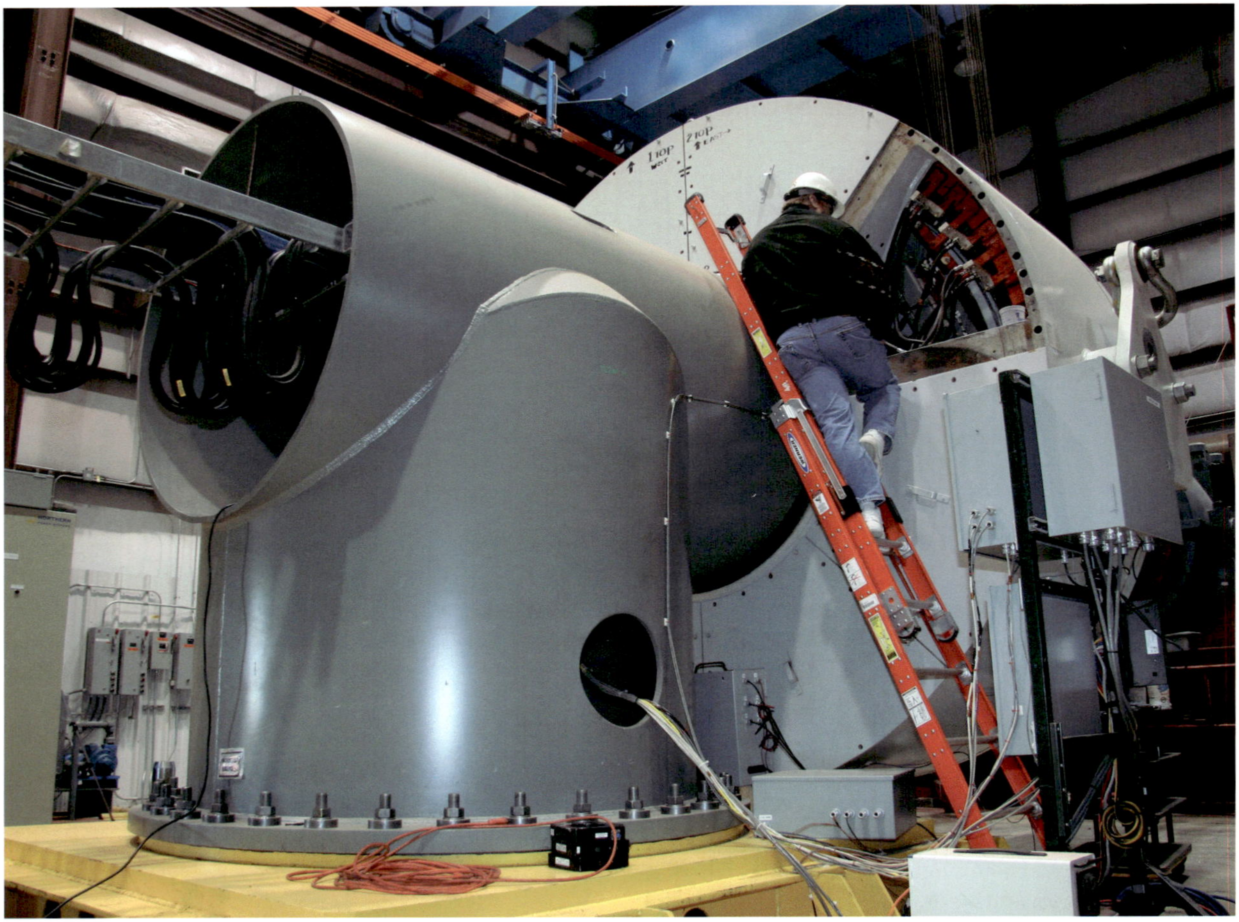

Essais dynamométriques d'une machine électrique de 1,5 MW (entraînement direct, Northern Power) au National Wind Technology Center, Boulder, Colorado, États-Unis.
Gracieuseté : DOE/NREL
Photo : L. Fingersh

[ANNEXE B]

Portrait, en décembre 2008, de la capacité éolienne anticipée au Québec en 2015 (AO-3 exclus)

Cette annexe présente les chiffres et les faits saillants de l'évolution de la capacité éolienne en service et projetée à l'horizon 2015 au Québec, telle qu'elle apparaissait au 30 novembre 2008. L'ensemble de la capacité éolienne présentée se répartit en trois blocs éoliens bien distincts.

Le premier bloc est constitué par le banc d'essais éolien de 2,25 MW, propriété d'Hydro-Québec Production qui l'a construit en 1998. Le second bloc concerne la capacité éolienne associée aux contrats de gré à gré (GÀG) signés par Hydro-Québec Production (HQP) avec quelques promoteurs privés entre 1993 et 2004. Le troisième bloc, de loin le plus important, est celui formé par l'ensemble des contrats qui ont résulté des deux Appels d'offres éoliens (AOÉ) réalisés au Québec par Hydro-Québec Distribution (HQD), entre 2003 et 2008.

Les ententes contractuelles de gré à gré pour la fourniture d'électricité éolienne avec HQP représentent une capacité éolienne totale de 598,25 MW répartie en sept projets de centrales éoliennes, tous situés dans la péninsule gaspésienne. Les blocs Appels d'offres éoliens sont identifiés dans cette section comme l'AOÉ1 (1 000 MW) et l'AOÉ2 (2 000 MW). À eux deux, ces appels d'offres visaient la mise sous contrat d'une capacité éolienne totale de 3 000 MW. Cette capacité se trouve engagée contractuellement entre HQD et divers promoteurs privés sous la forme de 23 contrats d'approvisionnements d'électricité éolienne dûment signés et approuvés par La Régie de l'énergie du Québec. La capacité éolienne totale associée à l'ensemble des contrats d'approvisionnements éoliens signés au Québec (blocs GÀG et AOÉ) s'élevait à 3 592,75 MW[245] à la fin 2008.

---

245. On prendra note du fait que ce total inclut cependant un projet de gré à gré de 200 MW dont le promoteur a annoncé l'abandon en décembre 2008. Voir *Parc éolien Terravents Skypower abandonne*: http://www.radio-canada.ca/regions/est-quebec/2008/12/04/001-Skypower-abandon.asp.

Pour compléter le tableau à l'horizon 2015, il faudrait tenir compte des deux autres blocs de capacité éolienne de 250 MW chacun, réservés aux projets communautaires et autochtones. Ces projets feront l'objet d'un troisième appel d'offres éolien d'HQD, ce qui amènera à terme le total des contrats d'approvisionnements d'électricité éolienne signés par HQD à près de 3500 MW. Ce troisième Appel d'offres éolien (AOÉ-3 – 500 MW), prévu par la Stratégie énergétique 2006-2015 du gouvernement du Québec, serait réalisé entre 2012 et 2014[246]. Ces 500 MW (2 × 250 MW) de capacité éolienne sont cependant exclus du bilan présenté dans les figures qui paraissent dans cette annexe.

FIGURE B-1

Répartition par blocs éoliens de la capacité éolienne annuelle installée, en service et projetée, à l'horizon 2015 au Québec. Portrait au 30 novembre 2008

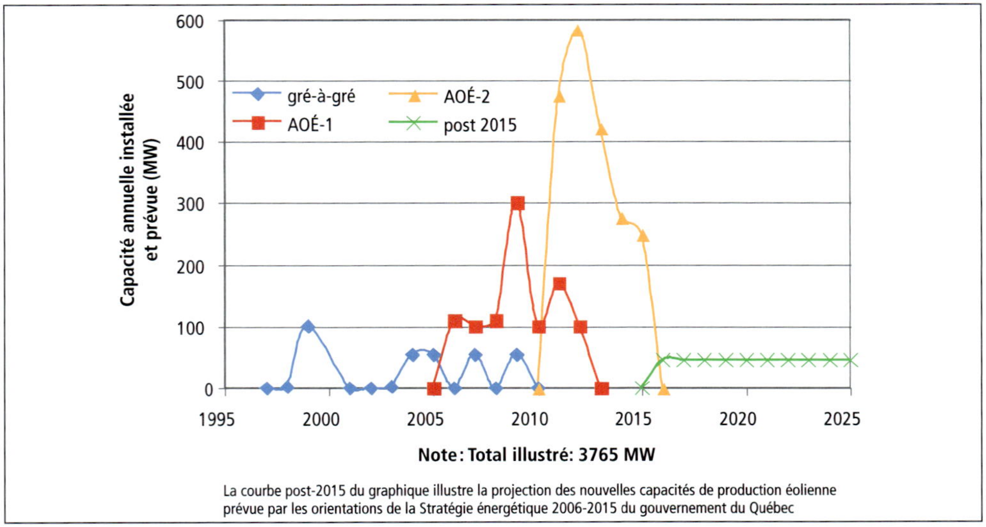

La courbe post-2015 du graphique illustre la projection des nouvelles capacités de production éolienne installées après 2015 selon les orientations de la Stratégie énergétique 2006-2015 du gouvernement du Québec.

---

246. *Développement de la filière éolienne – Projet de règlement sur deux blocs de 250 MW d'énergie éolienne issus de projets communautaires et autochtones*, 13 mai 2008, MRNF http://www.mrnf.gouv.qc.ca/presse/communiques-detail.jsp?id=6883

FIGURE B-2
Courbe illustrant la capacité éolienne cumulative prévue à l'horizon 2015. Portrait au 30 novembre 2008 (AOÉ-3 exclus)

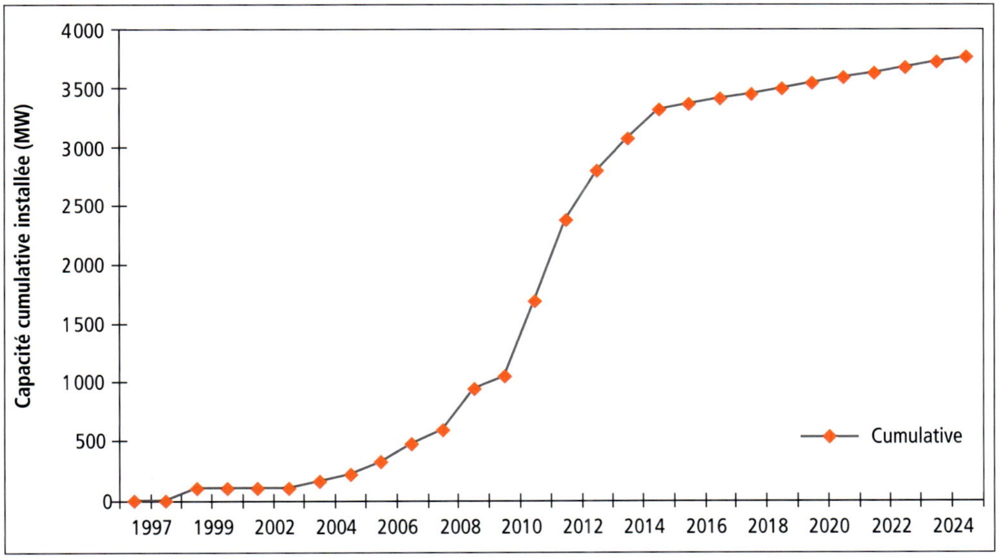

Note : Le gisement éolien exploitable du Québec est de 4 000 000 MW.

Dates et faits saillants des Appels d'offres éoliens (2003 à 2008)

AOÉ1 -1000 MW :

Décret #352-2003, « Règlement sur l'énergie éolienne et sur l'énergie produite par la biomasse », adopté par le gouvernement le 5 mars 2003.

Lancement par HQD le 12 mai 2003

Soumissions :

Ouverture le 16 juin 2004 : 4292 MW/32 projets/9 promoteurs/3 manufacturiers

Annonce des attributions : 4 octobre 2004 : 990 MW/8 projets/2 promoteurs/ 1 manufacturier : GE Wind

Source : http://www.bape.gouv.qc.ca/sections/mandats/eole_matane/documents/DB4.pdf

AOÉ2 - 2000 MW :

Décret #926-2005 adopté par le gouvernement du Québec, le 2 octobre 2005, et modifié, le 8 février 2007, par le décret # 548-2007 (préoccupations sociales).

Lancement par HQD : 31 octobre 2005

Soumissions :

Ouverture : 19 septembre 2007

7 722 MW/66 projets/22 promoteurs/5 manufacturiers

Annonce des attributions : 5 mai 2008

2004,5 MW/15 projets/8 promoteurs/
2 manufacturiers : Enercon et REPower Systems AG.

N.B. Le Statut des projets éoliens du Québec est disponible au site du Techno-centre éolien : https://www.eolien.qc.ca/?id=29&em=6387

FIGURE B-3

Distribution du nombre de projets éoliens en service et prévus à l'horizon 2015 au Québec, par fourchette de taille des projets (en MW). Portrait au 30 novembre 2008

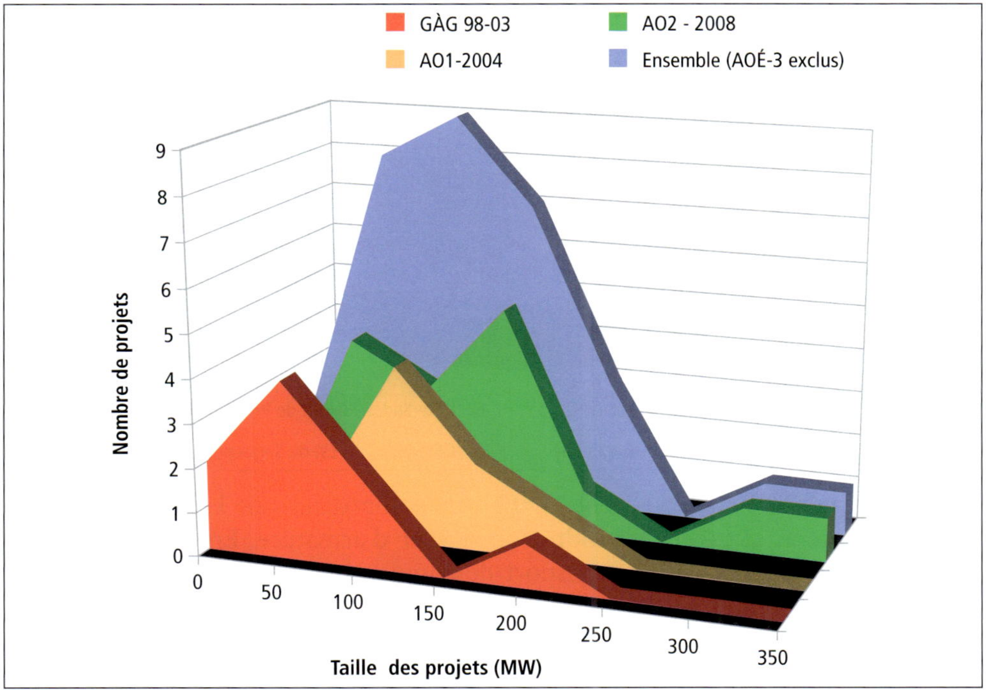

Création d'emplois industriels

Le portrait des retombées d'emplois à caractère industriel résultant du premier appel d'offres éolien d'HQD dans la péninsule gaspésienne en mai 2008 est le suivant[247].

Au total, ce sont ~ 800 emplois permanents qui ont été créés autour de l'activité économique déclenchée par le premier appel d'offres éolien de 1 000 MW. Ces emplois incluent environ 600 emplois manufacturiers liés à la fabrication industrielle de composants éoliens, répartis dans des usines de fabrications de pales (~300), de

247. Source : *Les appels d'offres d'Hydro-Québec : survol des occasions d'affaires*, André Lemieux, DG, Technocentre éolien, 7e forum québécois sur l'électricité, Marriott Château Champlain, Montréal, 13 mai 2008.

FIGURE B-4
Répartition par secteur géographique des 3595 MW de capacité éolienne en service et projetée à l'horizon 2015 au Québec (en MW). Portrait au 30 novembre 2008

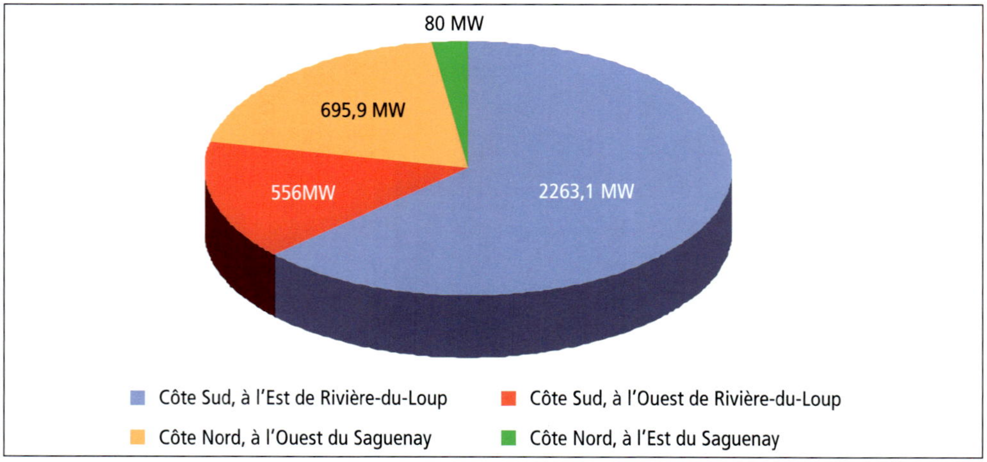

tours éoliennes (~100), de nacelles (~85), de composantes de la nacelle (~50) et tours anémométriques, et de production d'acier d'armature. Environ 50 emplois additionnels connexes, liés au transport de composantes, complètent ce bilan des retombées industrielles.

Les projets éoliens du premier appel d'offres ont également entraîné la diversification de firmes de services professionnels existantes de la région, créant quelque 200 emplois : études d'impact environnemental, acquisition de données, gestion de projets, formation professionnelle et technique (opération et entretien de centrales éoliennes et besoins de l'industrie) de même que la création d'activités de Recherche régionale (givre et alternateurs).

Les investissements liés à la construction des centrales éoliennes dans la péninsule représentent plus de 3,4 milliards de $ d'investissements.

Comment ce momentum industriel pourra-t-il se maintenir après 2015 sans un marché intérieur dynamique ? La grappe industrielle éolienne du Québec ne pourra alors compter que sur l'exportation de ses produits pour survivre. À ce moment, elle devra faire face à une féroce concurrence internationale dans un marché éolien en pleine effervescence…

[ANNEXE C]

Notes de calcul se rapportant au chapitre 12

Note 1 : Prévisions de croissance de la demande

La prévision de la croissance de la demande varie dans le temps :

- Dans le dossier R-3470-2001 (dossier de la Régie de l'énergie) intitulé *Demande d'approbation de son plan d'approvisionnement pour le réseau intégré* et daté du 25 octobre 2001, Hydro-Québec Distribution évaluait la croissance annuelle moyenne de la demande à 1,2 % en termes d'énergie et de puissance, pour la période 2001-2011.
- Dans un document déposé à la régie de l'énergie dans le dossier R-3526-2004 intitulé *État d'avancement du plan d'approvisionnement 2002-2011* et daté du 31 octobre 2003, chapitre 3, prévision de la demande, Hydro-Québec Distribution estimait la croissance moyenne de la demande annuelle à 1,8 % ou environ 3 TWh par année (page 11 de 39). En page 14, on estimait une croissance annuelle moyenne de la demande en puissance à 560 MW ou 1,6 %.
- Dans un document du ministère des Ressources naturelles, de la Faune et des Parcs (MRNFP) daté de mars 2004 et intitulé *Évolution de la demande d'électricité au Québec – Scénario 2003 du MRNFP, secteur de l'énergie et des changements climatiques*, on évaluait la croissance annuelle moyenne à 1,3 %, pour la période 2002-2016.
- Dans sa demande R-3648-2007 à la Régie de l'énergie intitulée *Plan d'approvisionnement 2008-2017, réseau intégré* et datée du 1er novembre 2007, Hydro-Québec Distribution évalue le taux annuel moyen de la croissance de la demande en énergie à 0,8 % et le taux annuel moyen de la croissance de la demande en puissance à 1,0 %.

- Dans son étude d'impact sur l'environnement, Complexe de La Romaine, volume 1, en page 2, *Vue d'ensemble et description des aménagements*, datée de décembre 2007, Hydro-Québec Production affirme qu'Hydro-Québec Distribution prévoit une croissance à long terme de l'ordre de 1 % par année.

Dans notre exercice, nous utiliserons cette dernière prévision de 1 % de croissance de la demande en énergie et en puissance.

Note 2 : Coût d'entretien des lignes et du renforcement (transport)

Coût de transport avant opération et entretien :

coût du transport, ¢/kWh :	0,71
coût du renforcement du réseau, ¢/kWh :	0,24
réserve pour imprévus, transport, ¢/kWh :	0,19
Coût total, ¢/kWh :	1,14

Et le coût d'entretien du transport sera :

15 % de 1,14 ¢/kWh :	0,17

Note 3 : Coût des pertes en transport

Le coût de revient de l'énergie éolienne avant pertes en transport se détaille de la façon suivante :

coût de production à service équivalent, ¢/kWh :	5,92
transport :	0,71
renforcement du réseau, ¢/kWh :	0,24
réserve pour imprévus, transport, ¢/kWh :	0,19
opération et entretien du transport, ¢/kWh :	0,17
Coût avant pertes en transport, ¢/kWh :	7,23

Le coût des pertes en transport est de :

7,23 ¢/kWh ÷ (100 – 5,2) % – 7,23 ¢/kWh :	0,40

Note 4 : Rendement sur l'avoir propre d'Hydro-Québec Production pour l'Orientation A – Marché intérieur

Impact du rendement sur l'avoir propre

Note : en ne tenant compte que des items affectés

ratio dette/équité : 60/40

vie de la centrale éolienne = durée du prêt : 20 ans

vie de la ligne de transport et renforcement du réseau : 50 ans

taux d'intérêt sur la dette à long terme : 5,85 %

frais de garantie liés à la dette à long terme : 0,5 %

taux de la dette à long terme (5,85 + 05) : 6,35 %

indexation des prix : 3 %

coût de capital centrale éolienne : 823,5 M$

coût de capital ligne de transport : 242 M$

coût de capital consolidation du réseau : 83,5 M$

Réserve pour imprévus, coût de capital centrale éolienne : 171,4 M$

Réserve pour imprévus, ligne de transport + renforcement du réseau : 65,1 M$

	Rendement sur l'avoir propre, %			
	12	8	4	0
Taux d'actualisation nominal	8,61	7,01	5,41	3,81
Taux d'actualisation réel	5,45	3,89	2,34	0,79
	CENTRALE ÉOLIENNE			
Facteur d'actualisation, FA	12	13,72	15,83	18,43
Coût de capital annuel	68,63	60,02 M$	52,02 M$	44,68 M$
en ¢/kWh	3,43	3	2,6	2,23
version nordique (+ 4 %)	3,57	3,12	2,71	2,32

	TRANSPORT			
Facteur d'actualisation, FA	17,06	21,89	29,29	49,01
ligne de transport				
Coût de capital annuel	14,18 M$	11,06 M$	8,26 M$	4,94 M$
en ¢/kWh	0,71	0,55	0,41	0,25
consolidation du réseau				
Coût de capital annuel	4,89 M$	3,81 M$	2,85 M$	1,70 M$
en ¢/kWh	0,24	0,19	0,14	0,09
	RÉSERVE POUR IMPRÉVUS (20 %)			
Coût de capital annuel				
centrale éolienne	14,27 M$	13,59 M$	10,82 M$	9,29 M$
transport + consolidation	3,82 M$	2,97 M$	2,22 M$	1,33 M$
Somme :	18,09 M$	16,56 M$	13,04 M$	10,62M$
en ¢/kWh	0,9	0,83	0,65	0,53
Somme des coûts du kWh affectés par le rendement sur l'avoir propre				
en ¢/kWh	5,42	4,69	3,91	3,19
Pertes trspt et dist, (impact sur portion affectée par rendement sur équité)				
en ¢/kWh	0,42	0,37	0,31	0,25
Somme, en ¢/kWh	5,84	5,06	4,22	3,44
	Distribution rendement de départ ≈ 8 %			
en ¢/kWh	1,55	1,55	1,48	1,41
Somme, en ¢/kWh	7,39	6,61	5,7	4,85
Différence du cas de base				
en ¢/kWh	**0**	**0,78**	**1,69**	**2,54**

Note 5 : Coût de production et transport, niveau d'emboîtement 3, avec un coût du kW installé de 2000 $/kW, selon l'appel d'offres de 2000 MW, l'A/O-2005-03 (2 GW)

- Notre coût de capital de la centrale éolienne serait majoré du tiers (2 000/1 500 = 1,33). Il passerait de 3,43 ¢/kWh (article 12.1.1) à 4,57 ¢/kWh, soit une majoration de 1,14 ¢/kWh.
- Par contre, on peut supposer que les éoliennes qui seront installées pour répondre à ce second appel d'offres incluent déjà la version nordique, d'où une réduction de 0,14 ¢/kWh (article 12.1.1 ci-haut).
- La réserve pour imprévus de 20 % est très probablement comprise dans le coût de 2000 $/kW, ce qui amène à soustraire la réserve pour imprévus de la centrale éolienne de 0,71 ¢/kWh calculée précédemment à l'article 12.1.1.

Le coût

À un coût installé de 2000 $/kW, le coût de production et de transport de l'énergie éolienne, livrée au distributeur serait de :

• coût de production et transport à un coût installé de 1500 $/kW, ¢/kWh :	7,63
• majoration du coût de capital de la centrale éolienne, ¢/kWh :	1,14
• déduction du coût, version nordique (incluse dans le 2000 $/kW), ¢/kWh :	–0,14
• diminution de la réserve pour imprévus, ¢/kWh :	–0,71
Coût total, ¢/kWh :	7,92

Note 6 : Coût de l'électricité éolienne livrée aux alumineries

coût niveau d'emboîtement 2, production à service équivalent,	
production + support en puissance + équilibrage, ¢/kWh :	5,92
50 % du coût de transport, 0,71 × 0,5, en ¢/kWh :	0,36
renforcement du réseau, ¢/kWh :	0,24
réserve pour imprévus du transport, ¢/kWh :	0,19
entretien du transport, ¢/kWh :	0,09
Coût avant pertes en transport, ¢/kWh :	6,80
Pertes en transport : 2,6 % (50 % des pertes en transport)	
6,80 ÷ (1 – 0,026) – 6,80 =	0,18
Coût total de l'électricité éolienne livrée aux alumineries, ¢/kWh :	6,98[248]

Note 7 : Retombées annuelles aux deux paliers de gouvernement

Basés sur les tables d'impôt de 2007, les revenus de fiscalité provenant des taxes et impôts sur des salaires moyens de 50 000 $ par année par emploi, sont :

- Pour le gouvernement du Québec, l'impôt sur les salaires, le régime québécois d'aide parentale (RQAP), la contribution de l'employé et de l'employeur au régime des rentes du Québec (RRQ) et la taxe de vente du Québec (TVQ) appliquée à 80 % du salaire net d'impôt de l'employé.
- Pour le gouvernement fédéral, l'impôt sur les salaires, la contribution de l'employé et de l'employeur à l'assurance emploi et la taxe sur les produits et services (TPS) appliquée à 80 % du salaire net d'impôt de l'employé.

248. Peut-être devrions-nous utiliser le tarif timbre-poste de transport à 1,3 ¢/kWh ? Dans ce cas, le 6,98 ¢/kWh deviendrait 7,22 ¢/kWh et le coût après crédit de carbone deviendrait 2,84 ¢/kWh.

Chaque emploi créé générera des retombées de :

	Québec	Fédéral
Impôt	5727 $	4780 $
RQAP	245 $	
RRQ, contribution de l'employé	1990 $	
RRQ – contribution de l'employeur	1990 $	
Assurance emploi – contribution de l'employé :		584 $
Assurance emploi – contribution de l'employeur :		584 $
TVQ et TPS :	1879 $	1193 $
Revenu annuel aux gouvernements, par emploi :	11831 $	7141 $

Les revenus annuels des 6 600 emplois créés pour la fabrication des éoliennes et la construction des centrales éoliennes généreront des retombées de :

	78,1 M$	47,1 M$

Les revenus annuels créés pour les emplois d'opération et d'entretien progresseront linéairement de :

• la 1re année, 100 emplois :	1,2 M$	0,7 M$
• à la 20e année, 2000 emplois :	23,7 M$	14,2 M$
Revenus gouvernementaux en ¢/kWh :		
• fabrication et construction :	0,33 ¢/kWh	0,20 ¢/kWh
• opération et entretien :	0,06 ¢/kWh	0,04 ¢/kWh
Total :	0,39 ¢/kWh[249]	0,23 ¢/kWh

249. Pour mettre ce chiffre en perspective, notons que la redevance chargée à HQ par le gouvernement pour le remboursement de la dette via le Fonds des générations est de 0,33 ¢/kWh ($ 2006). Le Fonds des générations, *Pour favoriser l'équité entre les générations, la pérennité des programmes sociaux et la prospérité*, Gouvernement du Québec, mars 2006. Tableau Loi sur le régime des eaux, p.31. Voir http://www.budget.finances.gouv.qc.ca/budget/2006-2007/fr/pdf/LeFondsGen.pdf.

Note 8 : Production de gaz carbonique par la combustion des carburants fossiles

Les longues chaînes des molécules qui constituent le mazout # 2 (le diesel automobile est chimiquement identique) contiennent approximativement 2 atomes d'hydrogène par atome de carbone. On peut représenter ce produit fossile par la formule générique CH_2. Son équation stoichiométrique de combustion est :

$$CH_2 + 1{,}5\ O_2 + 5{,}64\ N_2 \rightarrow CO_2 + H_2O + 5{,}64\ N_2$$

Poids moléculaire 14 44

Un litre de mazout # 2 pèse 0,9 kg (densité spécifique de 0,9). Donc la combustion d'un litre de mazout # 2 produit 2,83 kg de CO_2 :

$$0{,}9\ \text{kg} \times 44\ /\ 14 = 2{,}83\ \text{kg de}\ CO_2$$

Le gaz naturel est formé presque exclusivement de méthane de formule CH_4. L'équation stoichiométrique de sa combustion est :

$$CH_4 + 2\ O_2 + 7{,}52\ N_2 \rightarrow CO_2 + 2\ H_2O + 7{,}52\ N_2$$

Poids moléculaire 16 44

Un mètre cube de gaz naturel (35,3 pi^3) pèse 0,68 kg (16/29 du poids de l'air) et sa combustion résulte en 1,86 kg de CO_2 :

$$0{,}68\ \text{kg} \times 44\ /\ 16 = 1{,}86\ \text{kg de}\ CO_2\ \text{par}\ m^3\ \text{de gaz naturel.}$$

Rappelons que le contenu énergétique d'un litre de mazout # 2 est d'environ 10,7 kWh et celui d'un m^3 de gaz naturel est d'environ 10,5 kWh.

La production de CO_2 du kWh effectif sera :

pour le mazout #2 : 2,83 kg/l ÷ 10,7 kWh/l ÷ rendement thermique. Un rendement thermique de 70 %[250] (moyenne saisonnière) donnera 0,38 kg de CO_2 par kWh effectif,

pour le gaz naturel : 1,86 kg/m^3 ÷ 10,5 ÷ rendement thermique. Un rendement thermique de 80 % (moyenne saisonnière) donnera 0,22 kg de CO_2 par kWh effectif,

---

250. Voir : AQME, *Tableaux comparatifs des prix de l'énergie – avril 2008*, p. 3, Efficacité des chaudières considérées.

Note 9 : Coût du chauffage au gaz naturel

En 2005, selon l'Agence de l'efficacité énergétique[251], le coût de l'énergie pour une résidence équipée d'un système de chauffage au gaz naturel récent, d'un rendement saisonnier de 80 %, était de 1 600 $ par année. Généralement, les prix du gaz suivent les prix du pétrole, qui a atteint, en 2008, des sommets inégalés. L'évolution des prix du gaz naturel peut être suivie sur le marché new-yorkais (NYMEX Henry-Hub Natural Gas Price[252]). À la mi-juin 2008, le prix a atteint 13,20 $US par million de BTU (1 MMBTU ≈ 293 KWH ou 27,8 m^3).

En supposant la parité entre les dollars américains et canadiens, ce 13,20 $/MMBTU se traduit en un prix du gaz naturel de 47,44 ¢/m^3. Nous avons postulé que tous les coûts de la grille tarifaire du distributeur gazier seraient augmentés du ratio des coûts du 18 juin 2008 sur le NYMEX au coût de gaz naturel chez Gaz Métro au 1er novembre 2007 (grille tarifaire), à l'exception du coût du transport fixé à 5,295 ¢/m^3 par la Régie de l'énergie et du coût de la distribution pour laquelle on attend une augmentation de 6 %[253] :

Le ratio est 47,44 ¢/m^3 ÷ 21,863 ¢/m^3 =	2,17

En utilisant la grille tarifaire de Gaz Métro[254], et une consommation de gaz naturel annuelle de 2 127 m^3 par résidence chauffée par ce combustible, nous obtenons le tableau suivant (tous les montants de la colonne de droite sont exprimés en $) :

Gaz naturel fourni, 2 127 m^3 × 47,44 ¢/m^3 :	1 009,05
Gaz de compression, 2 127 m^3 × 1,093 ¢/m^3 × 2,17 :	50,44
Transport, 2 127 m^3 × 5,295 ¢/m^3 (description des tarifs) :	112,62
Équilibrage, 2 127 m^3 × 3,887 ¢/ m^3 × 2,17 :	179,40
Ajustements reliés aux inventaires, 2 127 m^3 × 1,324 ¢/ m^3 × 2,17 :	61,11
Distribution, 2 127 m^3 × 27,877 ¢/ m^3 × 1,06[255] :	628,52
Total, 2 127 m^3 × 95,96 ¢/ m^3 :	2 041,14

251. Agence de l'efficacité énergétique du Québec, *Comparez vos coûts d'énergie*, http://www.aee.gouv.qc.ca
252. Peut être consulté à http://www.oilnergy.com/1gnymex.htm
253. Fournier, Marie-Ève, « Gaz Métro Tarifs », *Journal de Montréal*, 26 juin 2008, p. 45. Selon cet article, les tarifs de distribution augmenteraient de 6 % à l'automne 2008 (demande d'autorisation à la Régie de l'énergie).
254. Le site de Gaz Métropolitain peut être consulté à http://www.gazmetro.com. Un exemple de grille tarifaire peut être consulté à http://www.gazmetro.com/Data/Media/Residentiel. Une description des tarifs au 1er novembre 2007 peut être consultée à http://www.bazmetro.com/data/media/Texte_tarifs_fr.pdf. Nous avons utilisé les coûts de transport de juin 2008 de ce site.
255. Fournier, Marie-Ève, « Gaz Métro Tarifs », *Journal de Montréal*, 26 juin 2008, p. 45. Selon cet article, les tarifs de distribution augmenteraient de 6 % à l'automne 2008 (demande d'autorisation à la Régie de l'énergie).

À ce coût, il faut ajouter des frais annuels de l'ordre de 100 $ pour l'inspection et l'entretien. Le coût de chauffage au gaz naturel est donc de 2141,14 $ par année.

Note 10 : Sommaire des emplois créés pour les Orientations A, B et C

TABLEAU C-10

Sommaire des emplois créés pour les Orientations A, B et C

ANNÉES	ORIENTATION A		ORIENTATION B		ORIENTATION C		TOTAL A+ B + C		EMPLOIS	EMPLOIS
									Fab + Constr	O & E
	P, MW	E, TWh	P, MW	E, TWh	P, MW	E, TWh	P, MW	E, TWh		
1 à 20	550	2	290	1	467	1,7	1307	4,7	15684	235 à 4700
21 à 40										
Remplacement	550	0	290	0	467	0	1307	0	15684	4700
Nouveau	550	2	0	0	0	0	550	2	6600	100 à 2000
Total (21-40)	1100	2	290	0	467	0	1857	2	22284	4800 à 6700
41 à 60										
Remplacement	1100	0	290	0	467	0	1857	0	22284	6700
Nouveau	550	2	0	0	0	0	550	2	6600	100 à 2000
Total (41-60)	1650	2	290	0	467	0	2407	2	28884	6800 à 8700

Bibliographie

En plus des notes en bas de page dans le texte, nous avons regroupé dans cette courte bibliographie les principaux sites et des principales sources consultées et/ou utilisées dans cet ouvrage.

Références générales

Wind Power Monthly News Magazine, PMB 217, P.O. Box 496007, Redding, CA 96049-6007, USA, voir aussi : www.windpower-monthly.com.

North American Windpower, published by Zackin Publications, P.O. Box 2180, Waterbury, CT 06722, USA, voir aussi : www.nawindpower.com.

Association canadienne de l'énergie éolienne (ACÉÉ–CanWEA) : http://www.canwea.ca.

American Wind Energy Association (AWEA) : http://www.awea.org.

European Wind Energy Association (EWEA) : http://www.ewea.org.

Global Wind Energy Council (GWEC) : http://www.gwec.net.

Utility Wind Integration Group (UWIG) : http://www.uwig.org.

Association danoise des fabricants d'éoliennes : http://www.windpower.org.

Pure Power, *Wind Energy Scenarios up to 2030*, European Wind Energy Association, March 2008, http://www.awea.org.

Wind Energy, The Facts – An analysis of wind energy in the EU-25, EWEA, 2003-2004, July 2008, disponible à : http://www.ewea.org/index.php?id=91.

Nelson, Vaughn, Alternative Energy Institute, West Texas A&M University, Canyon, USA : 'Wind Energy – Renewable energy and the environment' CRC Press, Catalog n° 75683, March 2009, ISBN : 978-1-4200-7568-7.

Gipe, Paul, *Le grand livre de l'éolien*, janvier 2007, disponible chez : www.energies-renouvelables.org.

Gipe, Paul, *Wind Power : Renewable Energy for Home, Farm, and Business (2004)*, janvier 2007, disponible à : www.energies-renouvelables.org.

Gipe, Paul, *Wind Energy Comes of Age*, John Wiley & Sons Inc., New York, 1995,

Mémoire déposé dans le cadre des travaux de la Commission parlementaire de l'économie et du travail : *La filière éolienne – pour assurer l'approvisionnement électrique du Québec – pour raffermir la capacité d'exportation d'Hydro-Québec – pour améliorer la profitabilité d'Hydro-Québec*, Syndicat professionnel des scientifiques de l'IREQ, 210 boul. de Montarville, bureau 3014, Boucherville (Québec) J4B 6T3, janvier 2005.

Reid, R., *Choix de la filière énergétique pour la production d'électricité au Québec – Éolien vs Thermique*, Expertise préparée pour le Regroupement pour la responsabilité sociale des entreprises (RRSE), Dossier R-3526-2004, Régie de l'énergie du Québec, avril 2004, document nº RRSE-DOC.7.

Mémoire déposé auprès de la Régie de l'énergie : *Demande d'avis sur le développement de l'énergie éolienne au Québec*, Dossier nº R-3395-97, Syndicat Professionnel des Scientifiques de l'IREQ, 210 boul. de Montarville, bureau 3014, Boucherville (Québec) J4B 6T3, 30 avril 1998.

International Wind Energy Development – World Market Update 2004, BTM Consult ApS- www.btm.dk, March 2005.

Global Wind Energy Council, *Global Wind Energy Outlook 2006*, September 2006, http://www.gwec.net.

Global Wind Energy Council, *Global Wind 2006 Report*, September 2006, http://www.gwec.net.

Global Wind Energy Council, *Global Wind 2007 Report*, http://www.gwec.net.

Strategic Research Agenda : Market Deployment Strategy, from 2008 to 2030, European Wind Energy Technology Platform, July 2008, disponible à : http://www.ewea.org/fileadmin/ewea_documents/documents/publications/reports/SRA_Final_Version_July_2008.pdf.

Renewables 2007, Global Status Report, REN 21 (Renewable Energy Policy Network for the 21st century), http://www.ren21.net/pdf/RE2007_Global_Status_Report.pdf.

Wind Force 12 – A Blueprint to achieve 12 % of the World's Electricity from Wind Power by 2020, EWEA & Greenpeace, May 2004.

Lafrance, G., *Vivre après le pétrole, mission impossible ?*, Éditions MultiMondes, Québec, 2007, 468 pages, ISBN 978-2-89544-103-8.

No fuel – Wind Power without fuel – Europe's Energy Crisis – The No Fuel Solution, EWEA, The European Wind Energy Association, EWEA Briefing, February 2006.

American Energy – The Renewable Path to Energy Security, Worldwatch Institute, Center for American Progress, September 2006.

Futu[r]e investment – A Sustainable Investment Plan for the Power Sector to Save the Climate, European Renewable Energy Council (EREC) & Greenpeace, July 2007.

20 Percent Wind Energy Penetration in the United States – A Technical Analysis of the Energy Resource, Black & Veatch Project 144864, Prepared for American Wind Energy Association, Final Report, October 2007.

Évaluation de la ressource

Benoît, Dr R. et Yu, Dr Wei, *Recherche en prévision numérique*, Environnement Canada, Dorval, Québec, « Cartographie et analyse du gisement éolien du Québec par le système WEST », RRSE-doc.6, R-3526-2004, Expertise pour le Regroupement pour la responsabilité sociale des entreprises (RRSE), Régie de l'énergie du Québec, avril 2004.

Atlas canadien d'énergie éolienne, disponible à : http://www.atlaseolien.ca/fr/maps.php.

Inventaire du potentiel éolien exploitable du Québec, préparé pour le ministère des Ressources naturelles et de la Faune du Québec par Hélimax Énergies inc. et Aws Truewind, LLC, Montréal, juin 2005.

Économique

Wiser, R. & Bolinger, M., *Annual Report on U.S. Wind Power Installation, Cost, and Performance Trends : 2007*, LBNL-275E ; U.S. Department of Energy, Energy Efficiency and renewable Energy, DOE/GO-102008-2590, Revised May 2008. Pour plus d'information : www.eere.energy.gov.

Voir aussi : Wiser, R. & Bolinger, M., *Annual Report on U.S. Wind Power Installation, Cost, and Performance Trends : 2006*, U.S. Department of Energy, Enerrgy Efficiency and renewable Energy, May 2007.

Harper J. P., Birch tree Capital LLC, Karcher, M. D., Deacon Harbor financial, L.P., Bolinger, M., Lawrence Berkeley Laboratory, *Wind project Financing Structures : A Review & Comparative Analysis*, Ernest Orlando Lawrence Berkeley national Laboratory, Environmental Energy Technologies Division, September 2007, Download from : http://eetd.lbl.gov/ea/emp.

GE Energy Financial Services Study, *Impact of 2007 Wind Farms on US Treasury*, Steve Taub, Senior Vice President, GE Energy Financial Services, June 18, 2008. http://www.geenergyfinancialservices.com/press_room/PTC_StudyFinal.pdf

Bolinger, M., Wiser, R. & Golove, B., *Revisiting the Buy versus Build Decision for Publicly Owned Utilities in California Considering Wind and geothermal Resources*. Ernest Orlando Lawrence Berkeley national Laboratory, Environmental Energy Technologies Division, October 2001: http://eetd.lbl.gov/EA/EMP.

Intégration au réseau

Agence internationale de l'énergie (IEA), *Design and operation of power systems with large amounts of wind power, State of the art report,* Task 25, octobre 2007, http://www.vtt.fi/inf/pdf/workingpapers/2007/W82.pdf.

Association européenne de l'énergie éolienne, *Large Scale Integration of Wind Energy in the European Power Supply: analysis, issues and recommendations*, A report by EWEA, décembre 2005, http://www.ewea.org.

Ackermann, Thomas (ed.), *Wind Power in Power Systems*, Wiley 2005; 691 pp, ISBN 0-470-85508-8, ouvrage rédigé par un collectif de 40 experts reconnus du domaine éolien comprend 29 chapitres: http://www.windpowerinpowersystems.info/TOC.html

IEEE Power&Energy, « Working with Wind, Integrating Wind into the Power System », November/December 2005 issue of *IEEE Power & Energy Magazine*, Vol. 3, No. 6.

IEEE Power&Energy, « The Power of Wind – Generation and Appplications », six articles de fond sur l'intégration de centrales éoliennes aux réseaux électriques, numéro spécial de Novembre/Décembre 2007 de *IEEE Power & Energy Magazine*, Vol. 5, No. 6; http://www.ieee.org/organizations/pes/public/2007/nov/

Bialasiewicz, J.T. & Muljadi, E., *The Wind Farm Aggregation Impact on Power Quality*, Conference Paper NREL/CP-500-39870, November 2006, to be presented at the 32nd annual Conference of the IEEE Industrial Electronics Society (IECON'06), Paris, France, November 7-10 2006.

Cadogan, J. US DOE, Miligan M. and Wan, Y. NREL & Kirby, B. Oak Ridge National Laboratory, *Short-Term Output Variations in Wind Farms – Implications for Ancillary Services in the United States*, NREL/CP-500-29155, September 2000, Presented at the Wind Power for the 21st Century Conference, Kassel, Germany, September 26-28 2000.

Gouvernement du Québec, Ministère des Ressources naturelles et de la Faune, *Évaluation de la capacité d'intégration du réseau intégré d'Hydro-Québec au regard de l'ajout de parcs de production d'électricité à partir d'énergie éolienne*, rapport préparé par RSW inc., révision juin 2005.

Environnement

Ottinger, R., D.R.Wooley, N.A.Robinson, D.R.Hodas, and S.E.Barb., *Environmental Costs of Electricity*, Oceana Publications Inc., New York, 1990.

Hohmeyer, Olav, *Social Costs of Energy Consumption*, Springer-Verlag, Berlin, 1988.

Tendances carbone: http://www.bluenext.eu/, http://www.bluenext.eu/fic/000/036/340/363405.pdf,

Petites éoliennes

HomePower Magazine, disponible à: http://www.homepower.com/home/